华章IT
HZBOOKS | Information Technology

云原生落地

企业级DevOps实践

应阔浩 李建宇 付天时 赵耀 ◎ 著

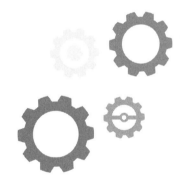

机械工业出版社
China Machine Press

图书在版编目（CIP）数据

云原生落地：企业级 DevOps 实践 / 应阔浩等著 . -- 北京：机械工业出版社，2022.8
ISBN 978-7-111-71045-5

Ⅰ. ①云…　Ⅱ. ①应…　Ⅲ. ①云计算　Ⅳ. ① TP393.027

中国版本图书馆 CIP 数据核字（2022）第 104890 号

云原生落地：企业级 DevOps 实践

出版发行：机械工业出版社（北京市西城区百万庄大街 22 号　邮政编码：100037）	
责任编辑：韩　蕊	责任校对：马荣敏
印　　刷：北京铭成印刷有限公司	版　　次：2022 年 8 月第 1 版第 1 次印刷
开　　本：186mm×240mm　1/16	印　　张：25
书　　号：ISBN 978-7-111-71045-5	定　　价：109.00 元

客服电话：（010）88361066　88379833　68326294　　投稿热线：（010）88379604
华章网站：www.hzbook.com　　　　　　　　　　　　　读者信箱：hzjsj@hzbook.com

自如技术团队是如何思考、架构、打造、实施和上线企业级云原生平台的，如何打通微服务与 Service Mesh 以实现内部业务和 IT 价值资产的全面治理与激活的，本书都将给出答案。

——胡鹏飞　数通十方 CTO

很高兴看到阔浩带领的自如基础架构和技术中台团队的核心成员把过往三年我们曾面对的问题、形成的解决方案、拥抱的技术路线、走过的历程进行了总结和梳理。本书对于正面临业务数字化升级，且资源有限的中小企业技术团队具有典型的借鉴意义。

——王迪　星星充电云业务 CEO

自如的业务场景非常复杂，阔浩和他的团队将微服务架构与容器编排等技术成功落地，大幅提高了服务稳定性，提升了开发效率，同时降低了运维成本。本书将云原生技术与自如的实践相结合，有原理有实操，非常推荐有志于成为企业技术架构师的读者阅读。

——张宇宙　自如首席科学家

云原生是企业数字化转型的技术底座。本书对云原生有非常系统化的讲解，从理论到实践，从架构到运维，有思考有总结，内容翔实，给在云原生路上的同行提供了很好的借鉴。

——陈保安　京东研发总监

本书详细阐述了自如的技术体系如何紧跟云计算发展趋势，并针对自身的特点进行深度云原生实践，这些经验真正将行业概念落地为实际业务价值。本书作者非常慷慨地将知识输出到业界，其经验值得借鉴！

——周剑　阿里云研发总监

本书以云原生在自如工程化落地的路径为主线，展开介绍相关技术细节，并一针见血地点透了云原生在企业级落地中的现实困难与解决方案，避免了很多学习资料"一看就会，一用就废"的尴尬情形。本书能够为正在或准备进行云原生落地的企业提供实践指南。

——刘荣遂　每日优鲜资深技术总监、技术委员会主席

本书介绍了自如的技术发展史、云原生战略、技术架构演进过程中的思考，以及云原生实施路径、操盘实践，能为各行各业的数字化指挥官、技术带头人提供参考和借鉴，帮助大家实现云转型。

——刘付强　MSUP 创始人兼 CEO

本书由自如一线工程师精心编撰而成，书中把自如在云原生落地过程中的实践如实展示出来，书中没有空洞的理论，只有在落地过程中遇到的具体问题以及解决方案。本书是企业落地云原生架构，尤其是从传统架构迁移到云原生架构，不可多得的参考。

——李祥兵　美菜网云计算技术部负责人

本书所介绍的云原生落地路径背后，是自如利用技术优势，通过产业互联网的基础云建设，并与各行各业紧密协同，推动数字经济迈向新的阶段。

——郭苏扬　自如家服平台总经理

本书深入浅出地剖析云原生的核心原理、实战案例以及系统架构等技术方法论，帮助读者真正掌握云原生架构设计的哲学本质，从而在面向不同业务场景时给出优雅的云原生架构设计方案，使得企业真正实现降本增效。

——孙玄　奈学科技创始人兼 CEO、58 集团技术委员会前主席

本书非常细致地讲解了云原生、容器化相关的技术，难得的是介绍了自如技术架构的演进历程和技术选型，在企业级容器云落地层面具有指导意义，能极大地促进读者对云原生和容器技术的深入认识和思考。

——柯友亮　永辉超市科技服务负责人

2012 年——自如成立的第二年，一位在 IBM 工作的朋友语重心长地对我说："你们这个业务撑不过第三年。"我惶恐地问："为什么？"他说："明年你们团队会忙得连租金都收不上来。"2012 年年底，自如开启了线上支付租金的功能。2013 年，自如实现了客户找房、签约、支付租金、服务的全线上操作。

2015 年以前，我也认为自如的互联网系统的可用性要求不需要太高，但当我们实现每间房都配备智能门锁后，自如技术团队明白了，我们的系统一刻也不能宕机。

当自如从单一的租赁业务扩展到家庭服务、资产管理平台、智能家居等业务领域，公司业务布局突破 10 城，员工规模过万时，为更多业务、职能提供更敏捷可靠的前、中、后台技术的云服务支持成了每年产品技术团队制定增长目标的首要任务。

这样的例子在自如还有很多，相信自如的产业互联网实践是很多快速成长的技术驱动型企业正在经历或将要经历的。

应阔浩加入自如后，伴随自如互联网建设，快速进步迭代，他不仅与团队一起在技术上不断精进，更时刻拥抱公司的业务变化，积极探索以技术创新支持、赋能、引领业务。在这个过程中，他和团队都获得了快速的成长。如今，应阔浩已经是自如的技术中台负责人。

作为一个曾经的程序员、产品经理，我非常高兴看到阔浩和他的团队在认真工作的同时，勤于思考与总结，并积极在公司内部和跨行业进行技术分享和交流。如今，他们更是将多年的学习与实践总结成书，真是可喜可贺！

自如的产业互联网创新才刚刚开始，中国的科技创新也必定日新月异。让我们一起加油！

熊　林

自如董事长兼 CEO

2022 年 7 月

前 言 *Preface*

为什么要写这本书

数年前读吴军老师的《浪潮之巅》，书中写到 100 多年来，总有一些公司很幸运地、有意识或无意识地站在技术革命的浪尖之上。在这十几年间，它们代表着科技的浪潮，直到下一波浪潮的来临。随着时代的发展，用户的需求在不断改变，技术也在不断地推陈出新。

10 年前，云计算的概念被炒得火热，犹记得当时偶遇多年不见的高中同学，问及近期的工作，他说在读研，搞云计算方向，当时我感觉他一定是被导师"忽悠"了——"云计算"太虚无缥缈了，一如今天的"元宇宙"。

质疑阻挡不了技术前进的脚步，新技术对于一些企业来说，往往从最开始的"看不见"，到后来"看不起"，再到"看不懂"，最后终于"跟不上"了。经过 10 年的演进，无论国外还是国内，云计算的概念已经耳熟能详，上云已经成为许多中小互联网公司的首选。

在"云"这种基础设施平台"摸爬滚打"的 10 年中，技术架构也在进行着不断的突破。最开始接触 Spring Cloud 是在 2015 年，看 Spring 官网推出了一套组件，网关、负载均衡、熔断器、定时任务，一套框架全部搞定。这大概就是《增长黑客》中提到"啊哈时刻"。后来公司开始提供多种通用的组件包，Spring Cloud 在公司内部逐渐流行。

后来机缘巧合下做一个印度项目，阿里系的技术栈一时间都打了水漂，全都没法用，阿里云在印度也没有节点。为了支持业务，只能闭门造轮子，从开源的 ELK 取代 EagleEye 开始入手，重新搭建了一套监控报警体系。为了便于 ELK 集群的反复快捷构建，不得不去熟悉 Dockerfile、Compose 等新技术。

对于云、以 Spring Cloud 为代表的微服务、Docker 来说，有的工程师可能接触得较晚，而 CI/CD 对于每一个工程师来说都是一入行便形影不离的体系。犹记得 2011 年京东的早期发布流程，10 个步骤可能有 5 个步骤都是线下进行的，每次发布都会排队到凌晨，我们今天说的"敏捷""持续",在当时看来简直就是神话。直至后来体验了阿里的 Aone,我才感受到原来应用发布还可以如此"丝滑"。

对于云原生的实践,完全是来自架构师对新技术的尝试,如同网游中出了新的角色,总想去充值抽卡一样。2018 年的自如技术故障连连,发布的问题、环境的问题尤为凸显,因此保障中心最先动手的就是容器化和 CI/CD。云当然是第一选择,我们发现当时很多云厂商的云原生配套基本也是在试点阶段,同时 Kubernetes 已经是众星捧月般的存在了,因此当时的形势造就了自研云原生的落地。

后来的几年间,各大互联网技术会议都少不了云原生相关话题的讨论。自如作为同类型的中型互联网企业,在落地云原生的过程中,有很多共性的问题,于是,我也想把落地过程中的思考、选择、实施路径、走的弯路等一一呈现给大家,期待能够为更多热爱云原生、拥抱新技术的团队提供一些值得借鉴的经验。

读者对象

技术无边界,本书对于广大工程师群体皆适用,尤其适合以下读者阅读。

❑ 架构师群体
❑ SRE(Site Reliability Engineer,站点可靠性工程师)或应用运维工程师
❑ 想了解容器化转型的运维工程师
❑ 想进行开发提效的基础架构工程师
❑ 想进行服务网格实践的工程师
❑ DevOps 团队
❑ 技术负责人、运维负责人、CTO

本书特色

与其他讲解云原生的图书不同,本书会缩减关于云原生理论部分的篇幅,侧重讲解实践。比如:运维侧后台系统如何选择,容器化迁移如何分阶段实施,Kubernetes 中的网络模型、存储模型、日志模型如何建设,基于 client-go 如何做业务功能开发,等等。同时,在开发侧,会给大家呈现建设 CI/CD 的元数据如何定义,分支模型、环境模型如何统一标准,如何降低研发人员的使用门槛,配套的工具有哪些等内容。

如何阅读本书

本书分为 4 个部分。

第一部分"云原生基础"（第 1～4 章） 第 1～3 章简单介绍了云原生的发展历史、自如技术的发展历程和选择云原生落地的背景。第 4 章对 Docker 的核心概念做了简要回顾，没有接触过容器的读者可以阅读此部分，对容器的核心概念做一个宏观了解。

第二部分"云原生落地"（第 5～9 章） 第 5 章对 Kubernetes 的核心概念做了介绍，第 6、7 章讲解了 Kubernetes 管理后台以及核心组件如何选择。第 8、9 章面向企业级的定制开发，对必备的 client-go 核心组件做了深入剖析。

第三部分"云原生发布平台"（第 10～14 章） 第 10、11 章重点对环境、分支等概念做了统一，为后续的 CI/CD 落地奠定基础。第 12、13 章分别从持续集成和持续部署两个方面具体介绍云原生架构下的具体实现，比如镜像如何管理、集成工具如何选择、流水线怎么构建、资源如何管理、发布策略如何定义等。第 14 章介绍一些常用的工具，为整个 CI/CD 工具锦上添花。

第四部分"云原生迭代"（第 15～17 章） 第 15 章侧重讲解平台的推广与运营，第 16 章对服务网格的落地做了重点展现，比如接入 Istio 的方法、数据面的配置、限流熔断的实现等内容。第 17 章是对整本书的总结，重点介绍了在云原生实践过程中的得与失，并提供一些鲜活的案例供读者参考。

勘误和支持

由于作者的水平有限，加之编写时间仓促，书中难免会出现错误或者表述不准确的地方，恳请读者批评指正。

致谢

感谢所有致力于云原生实践的同行，本书的很多实践案例和思路都源于他们的杰出成果。

感谢机械工业出版社华章分社的编辑老师杨福川和韩蕊，他们在这一年多的时间里始终支持我们的写作，鼓励、帮助和引导我们顺利完成书稿写作。

最后感谢在背后支持我们的家人，感谢他们的无声支持！

应阔浩
2022 年 7 月

Contents 目 录

云原生基础

近年来,"云原生"一词成为高频、前沿的架构用语,业界技术大会到处可见云原生的影子,然而在大多数中小型企业看来,云原生依然像"中台"一样遥不可及。所谓的弹性伸缩、服务网格都是大厂的专利,作为技术人员数量在500人以内的中小型企业,更多的只能是望洋兴叹,临渊羡鱼。其实大家或多或少都接触过服务化、持续交付、容器化、DevOps相关的一些概念,有些企业或技术团队也在实践其中的理念,有的在小范围内成功落地,有的可能水土不服而不幸夭折。

本书第一部分的主要目的是"拉齐"信息,第1章介绍云原生的由来、定义、核心的几个组成部分,让大家对云原生有一个宏观的认识。第2章通过自如技术架构的更迭之路来介绍中型互联网公司的架构演进历程。架构并不是越新越好,第2章会介绍企业在不同的阶段如何选择适合自己的架构。第3章介绍开启云原生架构的艰难抉择,对未来的架构趋势、当下困境做了深刻的分析。第4章介绍Kubernetes的常见名词和概念。

由于本书的重点是第二、三部分的实战,因此第一部分中概念的介绍会适当缩减,大家可以自行参考业界相关的知识类图书。

第 1 章 *Chapter 1*

云原生概述

近年来，云原生像中台、低代码一样，已经成为各种技术大会的热门主题。如果你的应用与云原生无关，就意味着架构不够前沿，技术栈滞后。各大互联网公司都在争相进行云原生的落地实践。前有各种云厂商相继推出自己的云原生系列产品，后有各大技术公司基于自己的企业特色推出不同的落地实践。

关于云原生的落地实践，有很多共性的方法，也有很多相似的陷阱。本章通过介绍云原生的概念与历史，引出云原生的 5 个基础要素，让读者对云原生技术有一个宏观的认识。

1.1 云原生的概念

本节介绍云原生的概念，以及几个平台对云原生的定义。

1.1.1 初识云原生

1. 大家眼中的云原生

第一次听到"云原生"这 3 个字是在 2018 年，在 Qcon 大会结束后，有一个小型的闭门会，会上有一个主题是——云原生（Cloud Native）。听了演讲嘉宾的讲解后，我发现云原生包含的无非就是微服务、DevOps、持续集成、持续部署、容器化，这些都是工作中很熟悉的内容，只是这个名字起得太过"高深莫测"。

有的人认为云原生就是"云"，比如国内几朵云的基础设施。相比于传统机房，云有更多的应用封装，云上服务器、云存储、云数据库、云缓存等，把 IaaS 层全部封装起来，大大降低了基础设施的运维成本。有的人认为云原生就是容器化。相比于通用的物理机、虚拟机，容器化技术使基础设施具有更大的使用率和弹性。

相比于容器化，在大家的印象中，云原生的一个代名词可能是 Kubernetes。随着 Kubernetes 这几年的爆发性增长，很多工程师认为云原生就是 Kubernetes。而 Sidecar 概念的普及，又使不少人认为，云原生等价于服务网格（Service Mesh）。

2. 云原生是什么

从字面上看，还是将云原生按照其英文拆成"云"（Cloud）和"原生"（Native）两部分更直观一些。"云"与本地 IDC（Internet Data Center，互联网数据中心）相对，在云计算大潮风卷残云之前，大部分企业服务都是运行在 IDC 中的，也就是大家常说的"本地服务"。随着阿里云、腾讯云、AWS、Azure 等云厂商的崛起，越来越多的企业应用都迁移到"云端"，也就是我们常说的企业上云。

以阿里云为例，它基本包含了企业应用需要的 IaaS、PaaS、SaaS 三层所有资源，如图 1-1 所示。

图 1-1 阿里云云原生应用平台示意图

得益于云生态的日趋丰富和完善，综合运维的复杂性和成本越来越低，很多企业逐步放弃了自研基础设施，直接利用云的优势，达到业务快速迭代的目的。

个人认为上云有以下几个优势。

（1）基础设施标准化

应用上云解决了 IT 系统及基础设施更新迭代难、故障率高、风险大的问题。云将基础设施全部标准化，有着规范的版本、类型、升级管理，企业基本不用担心因为系统升级带来的故障。

（2）资源使用率高

云的冷热部署、潮汐调度能够使单机房、单机架、单服务器的使用率充分发挥其规模优势，达到高利用率的效果。

（3）IT 资源管理容易

一方面云设施提供了丰富的可操作 UI 界面，另一方面云厂商提供了强大的后台技术、客服资源支持。上云后，企业基本不需要投入庞大的运维资源支持。

（4）安全程度高

一般而言，企业的基础设施都会经历单机房、同城双机房、异地多机房的发展阶段。而在企业发展的中前期，基本都是把业务放在第一位，安全性、容灾性一定不是当前阶段考虑的首要因素，这就意味着这个阶段的应用程序基本都是"裸奔"的。云服务允许用户定制各种级别的灾备方案，省去安全、稳定性建设方面的大量成本。

云计算的分布式特性让我们对虚拟机基础设施的认知有所改变。读者可能听过"牛与宠物"的比喻：将容器比作牲畜而不是宠物，以此重塑人们对容器和基础设施本质的看法。

容器及其基础设施都是不可变的。一般而言，容器或服务器部署后，我们就再也不会对其进行修改。由于云基础设施不与特定资源相关联，因此云基础设施被视为短暂的和一次性的。云服务器更像是牛而不是宠物，人们并不认为家庭中需要小牛并且要保证它的健康，一旦云服务器遇到问题，不会进行分析并尝试修复它。相反，出问题的云服务器会被终止，并快速被另一个云服务器替代。

传统的基础设施既昂贵又个性化，是可更改的。当它们遇到问题时，我们会通过实际管理来评估、诊断和护理它们，直到它们恢复健康。我们会将它们视为"家庭"的一部分，类似宠物。

不可变基础设施是可编程的，我们可以实现自动化。基础设施即代码（Infrastructure As Code，IAC）是基础设施的关键属性之一，不可变基础设施、容器编排、基于 IAC 的自动化等技术，为云环境下应用程序的管理提供了很高的灵活性和扩展性。

了解了"云"之后，我们再看"原生"，"原生"的含义是让架构师从一开始设计应用的时候就考虑到应用未来是在云环境下运行的，可以充分利用云的先天优势，比如弹性、快速迁移和拉起新服务。

3. 云原生的历史

云原生的使用最早可以追溯到 2005 年，在谷歌前后经历了如图 1-2 所示的几个关键时期。

2004 ～ 2007 年，Google 已在内部大规模使用 Cgroups 这类容器技术。

2006 年，亚马逊成立 AWS。

2009 年，阿里云成立。

2010 年，NASA 发布了 OpenStack，相对于 AWS 和阿里云，用户可以用其架构搭建自己的私有云。同年，Paul Fremantle 在一篇博客中提到云原生应该具备的一些特性，如分布式、动态插拔、弹性、多租户、自服务、精确计量及计费、增量部署和测试。

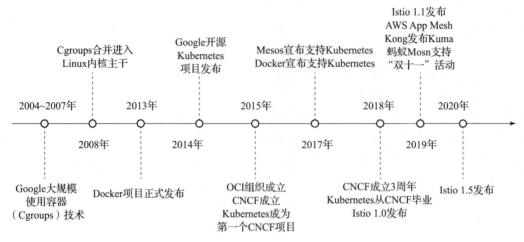

图 1-2　云原生发展路线图

2013 年，伴随着 Cloud Foundry 项目的开源，云计算正式从 IaaS 时代进入 PaaS 时代，开发者只需要上传自己的应用到 Cloud Foundry 服务器，就可以对外提供服务。为了解决 Cloud Foundry 打包难的问题，Docker 项目的镜像解决方案横空出世，并且在几个月内迅速崛起，成为 PaaS 社区的当红项目。同年，Matt Stine 在推特上迅速推广云原生概念。

2014 年，Kubernetes 项目正式发布。有了容器和 Docker 之后，就需要有一种方式去帮助大家方便、快速、优雅地管理这些容器，这是 Kubernetes 项目诞生的初衷。

2015 年，CNCF（Cloud Native Computing Foundation，云原生计算基金会）成立，标志着云原生正式进入高速发展轨道，Google、Cisco、Docker 各大厂商纷纷加入，并逐步构建出围绕云原生的具体工具，而云原生这个概念也逐渐变得更具体。Kubernetes 成为 CNCF 托管的第一个开源项目。同年，《迁移到云原生应用架构》（*Migrating to Cloud-Native Application Architectures*）一书出版，其中提到了符合云原生架构的特征，包括 12 要素、微服务、自服务、基于 API 协作、抗脆弱性。

2017 年，CNCF 快速发展，包括 170 个成员和 14 个基金项目。云原生应用的提出者之一——Pivotal 在其官网上将云原生的定义概括为 DevOps、持续交付、微服务、容器这 4 个特征。

2018 年，CNCF 成立 3 周年时，共有 195 个成员、19 个基金项目和 11 个孵化项目，服务网格开始崭露头角。CNCF 对云原生的定义也发生了改变，增加了服务网格和声明式 API。

2020 年、2021 年，云原生已经被各大一线互联网公司认同和使用。

1.1.2　官方的定义

1. Pivotal 的定义

2015 年，Pivotal 的高级产品经理 Matt Stine 在《迁移到云原生应用架构》一书中探讨了云原生应用架构的 5 个主要特征，即应用符合 12 要素、面向微服务架构、自服务敏捷架构、基于 API 的协作和抗脆弱性。

同年，Google 作为发起方成立 CNCF，并阐述了云原生的定义。

❑ 应用容器化

❑ 面向微服务架构

❑ 应用支持容器的编排调度

2. CNCF 的定义

随着云计算的不断发展，云原生的内涵不断丰富和明确，它的定义也经历了几次修正。云原生的拥趸者越来越多，这一体系在反复的修正与探索中逐渐成熟。截至 2021 年，CNCF 官网对云原生的最新[○]定义如下。

云原生技术有利于各组织在公有云、私有云和混合云等新型动态环境中，构建和运行可弹性扩展的应用。云原生的代表技术包括容器、服务网格、微服务、不可变基础设施和声明式 API。

这些技术能够构建容错性好、易于管理和便于观察的松耦合系统。结合可靠的自动化手段，云原生技术使工程师能够轻松地对系统做出频繁和可预测的重大变更。

CNCF 致力于培育和维护一个厂商中立的开源生态系统来推广云原生技术。我们通过将最前沿的模式民主化，让这些创新为大众所用。

3. VMware 的定义

2019 年，VMware 以 27 亿美元的价格收购 Pivotal，几乎同一时间，VMware 发布新产品 Tanzu，基于 Kubernetes 实现了 Tanzu 应用现代化战略——帮助客户构建现代化应用程序，使用 Kubernetes 运行它们，并在单一控制面上进行管理。

VMware 官网的 VMware Tanzu 界面上关于云原生应用的介绍如下。

云原生是一种方法，用于构建和运行充分利用云计算优势的应用。云计算不再将重点放在资本投资和员工上来运行企业数据中心，而是提供无限制的按需计算能力和根据使用情况付费的能力，从而重新定义了绝大多数行业的竞争格局。IT 开销的减少意味着入行的壁垒更低，这一竞争优势使得各团队可以快速将新想法推向市场，这就是初创公司正在使用云原生方法来颠覆传统行业的原因。

但是，企业需要一个构建和运行云原生应用和服务的平台，来自动执行并集成 DevOps、持续交付、微服务和容器等技术。

下面介绍云原生的 4 个核心要点——DevOps、持续交付、微服务、容器，如图 1-3 所示，这 4 个核心要点被众多开发者看作对云原生的最佳诠释。

○　原文链接为 https://www.cncf.io/about/who-we-are/。

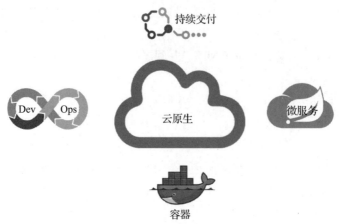

图 1-3 云原生的 4 个核心要点

结合 CNCF 的定义，我认为"不可变基础设施和声明式 API"属于云相关的技术，与企业自身的关系不大。同时，微服务更多属于架构升级的层面，大部分企业在微服务架构下才会去尝试新的架构。在我看来，对于企业来说，更重要的是容器化、持续交付（持续交付是 DevOps 的关键落地，因此这里没有单独来讲 DevOps）、服务网格，本书将重点从这 3 个维度来阐述企业级云原生落地的最佳实战。

1.2 云原生的特性

了解了云原生的定义之后，我们来看一下云原生的特性，本节主要围绕 12 要素展开，介绍云原生的核心设计理念。

Heroku 创始人 Adam Wiggins 在"The Twelve-Factor App"一文中提出了 12 要素方法论，如表 1-1 所示，给出了开发人员应该遵循的一组原则和实践，以构建针对现代云环境优化的应用。相比于不符合这些特征的传统应用服务，具备这些特征的应用更适合云化。

表 1-1 12 要素

要素	描述
基准代码	代码仓库中一套代码，多次部署
依赖	每个微服务显式声明并打包自己的依赖项、变更项
配置	在环境中外挂配置
后端服务	将支撑性服务（数据存储、缓存、消息代理）看作附加资源，通过可寻址的 URL 公开，解耦资源与应用
构建、发布、运行	严格区分构建和运行阶段，现代 CI/CD 技术实现了这一原则
进程	将应用程序作为一个或多个无状态进程执行
端口绑定	通过端口绑定暴露的服务
并发	对进程模型进行横向扩展

（续）

要素	描　　述
易处理	快速启动和正常关闭可最大限度地提高鲁棒性
开发与线上环境等价	保持开发、生产尽可能相似
日志	将日志视为事件流，使用事件聚合器将事件传递给数据挖掘 / 日志管理工具
管理进程	用一次性动作执行管理任务

1. 基准代码

要理解"一套代码，多次部署"的理念，首先要区分什么是应用，什么是部署。一个应用对应的是一个代码仓库，比如一个"消息推送应用"的名称是"api-push"，对应的 Git 地址是 https://gitlab.ziroom.com/tech-base/api-push，由此可见，一套代码是一个静态的概念。一次部署对应的是一个运行起来的应用，更多的是一个运行时的表述。代码与部署是一对多的关系，这种关系体现了代码的可重用性，一套代码可以多次、反复部署，不同部署之间区分的是配置。代码基线是相同的，比如常见的多环境部署，一次需求的特性代码分支一般会部署到开发环境、测试环境、预发环境、生产环境中，而生产环境可能根据业务需要有不同的 4 个服务或 8 个服务。不同的环境中一天可能有多次重新部署，中型互联网公司平均一天 500 ～ 1000 次部署是非常常见的。

同时，这一理念也是对康威定律的证明，即团队的组织形态最终将反映在团队构建的产品架构图中。功能障碍、组织不力和团队间缺乏纪律将导致代码出现相同的问题。

2. 依赖

每个微服务显式声明、隔离自己的依赖项（Explicitly Declare and Isolate Dependencies）。

在经典的企业环境中，我们习惯了"Mommy server"（妈妈服务器）这个概念，给应用提供需要的一切，并满足应用的依赖关系。云是经典企业模式的成熟阶段，我们的应用也应该像云一样成熟，应用不能假设云服务器能提供它需要的一切，相反，应用需要将其依赖项与自身聚合到一起。迁移到云，使开发变得成熟，意味着我们的组织可以摆脱对"Mommy server"的依赖。

这条理念强调了两点：一是依赖要显式声明，Java 体系有成熟且完整的 Maven 体系，通过 Maven 配置加上可视化的工具，能够很好地查看依赖树；二是做好依赖的隔离，一般可以通过分组、名称、版本区分不同的依赖。开发人员经常会遇到版本冲突的问题，很多是因为依赖的三方包中存在间接依赖，导致层级低的版本覆盖了所需的高版本，常见的如 Log4j、Logback。做好显式声明和隔离格外重要。

3. 配置

将配置信息存储到环境的上下文中（Store Configuration in the Environment）。

不同的部署共享一套代码，但是不共享同套配置。代码是存储在代码仓库中的，而配置往往不是存储在代码仓库中，更多是根据环境变量来动态读取或加载的。我们通常会有开发环境、测试环境、预发环境、生产环境等用于不同生命周期的环境，不同的环境一般会有网络或存储的隔离，对应的数据库地址、缓存连接、注册中心的集群配置显然都是不一样的，这些信息如果与代码一起写到代码仓库中，极有可能造成生产环境读取配置信息错误，进而引发灾难性故障。在更成熟的企业中，一般都是配置与代码分离，通过 Apollo、Nacos、Dockerfile、不同的 YAML 等手段来动态加载。

这里要注意，并不是所有以 .xml 结尾的文件都是配置文件，比如 web.xml、log4j.xml、mybatis.xml 等，这些形似配置信息的文件其实仍属于代码的范畴。大家对此可能有些疑惑，在此推荐有一个很好用的判断标准——代码变化的频率。代码的变动往往会导致产品功能的迭代，使产品更新。而配置的变更往往只是环境信息的变化，不会导致产品功能版本更新。

以上标准适合大部分代码与配置的区分，当然不是绝对的，比如秒杀开关、大促价格开关等属于配置项，有时候也会影响前台业务的信息。我们也可以把代码想象成推送到 GitHub 开源后的后果，如果公众都能访问到你的代码，你是否暴露了应用所依赖的资源或服务的敏感信息，比如内部网址、支持服务的凭据等。

Beyond the Twelve-Factor App 中有一个比喻，将配置、凭据、代码视为组合时会爆炸的易变物质。我们需要把配置（尤其是密钥、功能开关、策略类配置）的重要性提升到很高的级别，并小心翼翼地管理。

4. 后端服务

将后台服务作为挂载资源来使用（Treat Backing Services as Attached Resources）。

这一理念强调把中后台的服务看成黑盒，且都是等价的，可以随时挂载和切换。所有依赖的基础组件或者其他应用服务，比如数据库、缓存服务、消息队列、二方 / 三方服务，都视为外部资源，独立部署，通过网络访问。不同服务间的区别只是 URL 的差异，即环境变量不同，而应用本身不会因为环境变量的不同而有所区别。

这一理念的本质就是解耦，把微服务与基础设施从强关联变成弱连接，服务本身会关注容错、降级的逻辑，增强自身的鲁棒性。比如，常见的后台服务数据库、缓存，换一套环境，做一个主备切换，虽然后台资源变了，但不会导致服务无法运行。

5. 构建、发布、运行

严格区分构建和运行阶段（Strictly Separate Build and Run Stages）。

企业中常见的构建、发布、运行流程如图 1-4 所示。

早期的应用发布形态比较粗放，往往是开发人员直接告诉运维人员需要上线 A 文件、B 文件、C 文件，运维人员从线上环境的 SVN 仓库中抽取对应的最新版本文件，重启应用后即完成了发布。无论对开发运维还是产品人员，这样的过程都是极大的灾难，产品经理不知道上线了什么功能，运维人员不知道故障是如何发生的。这个现象就是因为没有把构建、发布、运行流程区分开。

本条规则本质上也是为了区分运行时和非运行时。构建阶段是将应用的代码抽取、打包、编译成可运行制品的过程，是非运行时行为。运行阶段就是应用部署后拉起进程的运行状态，运行状态禁止改动代码，这样才能保证运行中应用的稳定性。构建、发布、运行 3 个阶段的分离有两个好处。

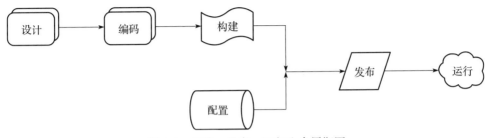

图 1-4　构建、发布、运行生命周期图

❑ 职责分离：在传统的开发流程下，开发人员更关注构建阶段，产品和项目人员更关注发布阶段，运维人员更关注运行阶段。

❑ 效率提升：流水线使构建和发布阶段更加清晰，每个阶段都有成熟的工具和方法论。

6. 进程

将应用作为无状态进程来运行（Execute the App as One or More Stateless Processes）。

先介绍什么是状态，有状态的服务是指多次请求都是为了同一个用户或 ID 服务的，通常通过 session、cookie、数据库等来持久化状态信息，进而实现同一个用户或事务。以电商平台为例，用户张三购买一件商品，会经历浏览、加购、确认订单、付款等多个环节，而每次请求都是通过 HTTP，HTTP 本身是无状态的，这时如何确认每次请求都是张三这个用户发出的呢？就要借助 session、cookie 等信息。有状态服务经常用于实现本地事务，它在不需要考虑水平伸缩时是比较好的选择。如果服务是有状态的，那么就可能发生张三的身份信息只保留在 server1 上，下次如果请求路由到了 server2，就会找不到有效的身份信息，需要借助额外的方案实现 session 共享，比如通过负载均衡让张三的请求恒定路由到 server1，或者通过 session 复制方案让 server2 也能读取到 server1 的 session。

无状态服务更多考虑的是水平伸缩。还是以张三购买商品为例，session 可以放到共享存储中，独立于 server 存在，这样底层 server 就是无状态的，状态的信息可以直接通过共享 session 实现，server 还可以进行平滑、无限制的水平伸缩。至于每次请求是落到 server1 还是 server2，都没有关系，因为状态信息已经被持久化到共享存储里了，如图 1-5 所示。

这一理念表达了应用本身应该是无状

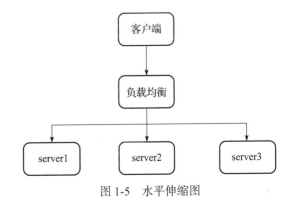

图 1-5　水平伸缩图

态的，以方便更好地实现水平伸缩，从而利用云平台的弹性能力。

7. 端口绑定

通过端口绑定暴露服务（Export Services via Port Binding）。

这一理念强调应用本身对于发布环境不应该有过多的要求或依赖，而应该是自包含的。也就是说，不需要云平台提供的运行时容器，只要云平台提供一个端口，即可对外发布服务。这一理念保证应用可以使用云平台任意分配的端口，而不耦合某个指定的端口。以Java应用为例，传统的发布部署依赖于Tomcat，需要把War包放到Tomcat中，Tomcat的server.xml用来描述通信的端口，以此对外提供服务。而Spring Boot应用则内嵌了Tomcat、Undertow、Jetty等Java Web容器，直接构建出绑定了端口的Fat-Jar。显然，后者更符合此项原则，应用的完整性更好。

8. 并发

对进程模型进行水平伸缩（Scale Out via the Process Model）。

想要提升传统应用的服务性能，往往依靠的是提升单机配置，升级、扩容、迁移都比较低效。而对于云原生应用来说，无状态的服务很容易实现水平伸缩，自身不会制约并发能力。

9. 易处理

可以快速启动和优雅关闭（Maximize Robustness with Fast Startup and Graceful Shutdown）。

快速启动是为了充分利用云平台的资源调度优势，按需以最小的时延快速扩展服务。优雅关闭一方面为了释放资源，另一方面为了保障业务逻辑的完整性，将未处理完的请求正确结束。

为了实现更好的弹性伸缩能力，服务本身应该具备很好的机动创建和销毁能力。如果启动不够快速，水平扩容的速度就会受到制约。如果不具备优雅退出的能力，缩容或滚动发布时就会影响到未处理的业务请求。传统应用模式下，有的应用启动会花费数分钟，杀掉进程只能通过"kill -9"命令，这些都是此项规则的反例。

许多应用在启动过程中会执行大量的长期活动，比如获取数据以填充缓存或准备其他运行时之间的依赖关系。要真正采用云原生架构，此类活动需要单独处理。比如，可以将缓存外化为支持服务，以便应用可以在不执行前置操作的情况下快速启停。

10. 开发环境与线上环境等价

保持开发、预发、生产环境尽量一致（Keep Development，Staging and Production as Similar as Possible）。

对以往的线上故障进行复盘，往往会发现这样一个场景：明明在测试环境运行正常，上线后发现因为某个配置项不对，或者Tomcat的参数不对，导致生产事故。环境是服务稳定的基础，保持环境一致，能更好地避免这类低端问题，更好地保障单元测试、功能测试和集成测试的有效性。

11. 日志

将日志作为事件流来处理（Treat Logs as Event Streams）。

这条理念有些违反开发的常识，我们打印日志时通常会避免打印到标准输出，业务类的日志会有特殊的日志配置 "appender"，比如配置存放路径、滚动方式、保留多久删除等内容。而在云原生环境下，如果日志不通过简单统一的方式来处理，任由应用个性化配置，将会给日志收集、系统空间、运维造成极大压力。此条理念建议应用仅保留打印到标准输出和标准错误，把日志作为一个事件流抛出即可，我们应该将日志的聚合、处理和存储视为非功能性需求，不是由应用满足，应该交给云提供商或其他配套工具来实现，比如 ELK、Graylog、Splunk 等。

应用不应该控制其日志的众多原因之一是弹性伸缩。当我们在固定数量的服务器上拥有固定数量的实例时，在磁盘上存储日志也许是有意义的。当应用可以动态地从 1 个运行实例转到 100 个实例，并且我们不知道实例在哪里运行时，只能由云提供商来处理这些日志。

简化应用的日志输出过程可以减少代码，并更加关注应用的核心业务价值，这本质上也是一种日志的解耦。

12. 管理进程

将应用管理任务当作一次性进程来运行（Run Admin/Management Tasks as One-Off Processes）。

对于管理类的任务，比如数据库 DDL[⊖]、权限配置、黑白名单、单次程序触发等，不建议与业务应用耦合在一起，将它们独立作为一个 Admin 后台应用更合适。

Kevin Hoffman 在 2016 年写的 *Beyond the Twelve-Factor App* 一书中修订了 12 要素，另外添加了 "API 第一""遥测""认证和授权" 3 个要素。

13. API 第一

以 API 为中心的协作模式，先定义好 API 再做其他事情。"API 第一"这一要素首先使团队能够在不干扰内部开发流程的情况下签订公共合同，达成约定。将 API 作为团队间沟通协作的桥梁，先定义好 API，再做具体的实现。这样前后端或者服务的上下游就可以并行开发，从而大大提效。

14. 遥测

遥测属于可观测性的一部分。德鲁克说过："如果你不能度量它，你将无法管理它。"对于云原生系统也一样，尽量不要让应用变成一个黑盒，要通过一切可视化的工具将应用的链路、大盘、上下游展示清楚，比如常用的监控、报警、链路追踪体系。

15. 认证和授权

认证和授权属于安全性方面的要素，同样适用于传统的应用服务。云原生应用实现认证和授权的方式有所不同，对终端用户的认证和授权往往在网关层就通过 OAuth 2.0/OpenID Connect 等协议统一处理了，对服务之间调用的认证和授权通过服务网格可以建立

⊖ DDL（Data Definition Language，数据定义语言）主要用于创建数据库对象。

零信任安全模式。

　　第 13、14 个要素对于微服务系统非常重要，第 15 个要素则是安全性的核心保障机制。

1.3　微服务

　　云原生环境下，一个微服务就是一个对外提供服务的独立单元，云原生落地的第一步就是做好微服务的治理。本节会简单介绍微服务与单体架构的区别，以及微服务架构的优点。

1.3.1　微服务与单体架构的区别

　　在公司业务发展早期，业务功能相对单一，应用程序也相对较小，单体架构可以很好地支持业务开发，构建与部署简单明了，测试相对直观，也不用过多考虑扩展的问题。随着时间的推移，业务发展逐步加速，应用程序需要不断增加新功能来支持业务增长，开发、测试、部署、扩展都会变得更加困难，单个应用程序也会越来越臃肿。同时，随着代码库规模变大，研发团队的规模也会激增，团队管理的成本不断提高，《微服务架构设计模式》一书中把此时的单体架构称为"单体地狱"。

　　在这种架构模式下，开发变得缓慢、低效，从代码提交到实际部署的周期被拉长，可靠的部署或功能交付将越来越困难，且系统非常脆弱，很容易因为一个小问题导致整个系统宕机。我曾遇到过因为增加了一个数据库字段，导致另一个业务线功能大面积故障的场景。

　　随着新技术栈的更新换代，单体架构不得不长期依赖某些可能已经过时的技术栈，当 Elasticsearch 已经到 7.x 版本时，某些团队还在使用 2.x 的技术栈，可想而知，在这几年间团队错过了多少高效好用的新特性。

1.3.2　什么是微服务

　　微服务是由单体架构演变而来的。在业务早期，基本上就是由单体的一个应用支撑着各种业务功能。以电商为例，用户、订单、商品、交易、支付最开始都在一个应用中实现。随着业务规模的扩大，单体架构很难支撑业务功能的平滑扩展，同时某一个功能的迭代或故障会引起整体服务的不可用。为了降低各功能模块的耦合性，提升整体业务架构的高可用性，SOA（Service-Oriented Architecture，面向服务架构）开始盛行。微服务其实是 SOA 的一种演进，这个概念最早是由 Martin Fowler 提出的。那么什么是微服务架构呢？

　　Martin 指出："微服务架构是一种架构模式，它提倡将单一应用划分成一组小的服务（多个微服务），服务之间相互协调、互相配合，为用户提供最终价值。每个服务运行在独立的进程中，服务与服务之间采用轻量级的通信机制进行沟通。每个服务都围绕着具体业务进行构建，并且能够独立部署到生产环境、类生产环境中。另外，应尽量避免统一的、集中的服务管理机制，对具体的服务而言，应根据业务上下文，选择合适的语言、工具对其进行构建。"

在这段话中，重要的关键词是**多个微服务、独立的进程、轻量级的通信机制**。

Netflix 是微服务的先驱，其原本的应用架构是典型的巨石应用，虽然实现了应用层面的多活，但是仍然使用单一且巨大的代码库和数据库，如果数据库宕机，整个系统都将瘫痪。Netflix 认为微服务必须具备以下能力。

❏ 关注点分离：单一职责，一个微服务不能既处理用户信息，又处理订单信息。

❏ 水平扩展：微服务可以快速水平扩展，流量实现负载均衡。

❏ 虚拟化和弹性计算：微服务需要能够实现自动化运维，按需创建计算环境。

Netflix 根据业务拆出了很多微服务，在 AWS 上拥有数万个虚拟机。Netflix 同时为 Spring Cloud 社区贡献了大量优秀的开源软件，例如 Eureka、Zuul、Turbine、Hystrix 等。

引用《微服务：从设计到部署》里的案例，一个好的微服务架构依赖关系可以参考图 1-6。

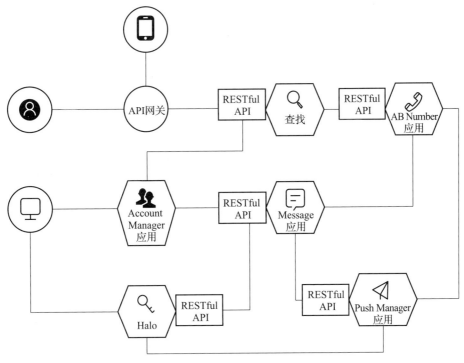

图 1-6　微服务架构依赖关系图

1.3.3　微服务架构的优点

微服务是架构演变的一个阶段，也是云原生架构的一个要素，它有很多优点。

❏ 每个微服务足够内聚、足够小，代码职责清晰、容易理解，开发效率高。

❏ 微服务之间可以独立部署，互不影响，让持续部署成为可能。

❏ 扩展性更强，每个微服务的水平扩展会更加容易和灵活，可以更细粒度地进行负载均衡数据库的扩展，而且每个微服务可以根据自己的业务需求或特性选择不同的硬件服务器。

❑ 参照康威定律，可以根据微服务的范围和边界来组织研发团队。

❑ 容错性大大增强，一个微服务不可用并不会让整个系统瘫痪。

❑ 创新能力机动性强，系统不会被长期限制在某个技术栈上，更容易采纳新技术，比如 Web Service 可能快速演变成 Dubbo、Spring Cloud。

微服务并不是解决所有问题的"银弹"，不是所有问题都可以通过微服务架构来解决。关注微服务的本质和思想比关注技术和工具本身更重要，拥抱 DevOps 的原则和实践，在组织架构上实现跨职能的自治团队，这是必不可少的。

1.4 容器化

容器化是实现云原生的前置条件，没有容器化技术，云原生下的弹性能力、高资源利用率将不具备任何优势。本节会从虚拟化与容器化的区别展开，介绍容器化的核心原理及 Docker 的优点。

1.4.1 虚拟化与容器化的区别

最早接触虚拟机是在学生时代，通过给装有 Windows 系统的 PC 装一个 Ubuntu 系统来体验不一样的操作系统，后来为了玩游戏，给 Mac 电脑安装了 Windows 系统的虚拟机。依稀记得那时通过 VirtualBox 等软件找各种操作系统镜像，笨重地拉起一个新窗口，指定一些硬盘、内存大小，里面就是一个全新的隔离世界了。那时候不理解虚拟机的原理，只记得硬盘、内存的大小是有限制的，不能设置得太大，否则主机就会变得运行缓慢。

后来才慢慢理解，虚拟机技术是通过 Hypervisor 层抽象底层的基础设施资源，隔离出一个个独立虚拟机空间。虚拟机与物理机的区别如图 1-7 所示。

在虚拟化环境下，物理服务器的 CPU、内存、硬盘和网卡等硬件资源被虚拟化并接受 Hypervisor[○]的调度，多个操作系统在 Hypervisor 的协调下可以共享这些虚拟化后的硬件资源，同时每个操作系统又可以保持彼此的独立性。根据所处的层次不同，Hypervisor 又被分为 Bare-metal（裸机）虚拟化方式和 Host OS 虚拟化方式。裸机虚拟化方式的 Hypervisor 不需要完整的主机操作系统，可以直接将 Hypervisor 部署在裸机上并将硬件资源虚拟机化，常见的这类 Hypervisor 有支持 MacOS 的 HyperKit，支持 Windows 的 Hyper-V、Xen 以及 KVM（Kernel-based Virtual Machine）。Host OS 虚拟化方式是将 Hypervisor 安装在操作系统中，虚拟化软件以应用程序的形式运行在 Windows 或 Linux 操作系统中，常见的这类 Hypervisor 有 VirtualBox 和 VMWare Workstation。两者的区别如图 1-8 所示。

○ Hypervisor 又称虚拟机监视器（Virtual Machine Monitor，VMM）。

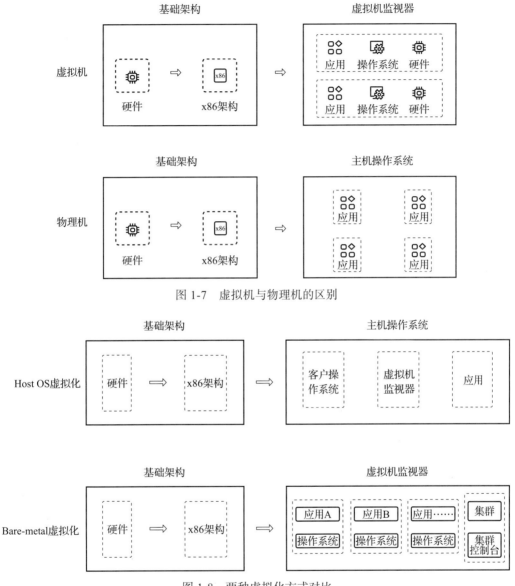

图 1-7　虚拟机与物理机的区别

图 1-8　两种虚拟化方式对比

容器化可以像虚拟机一样虚拟化基础计算机，而无须虚拟化操作系统，如图 1-9 所示。容器位于物理服务器及其主机操作系统的顶部。每个容器共享主机操作系统内核，相比于虚拟机，容器非常轻量。

容器化其实有很多技术，比如 LXC、BSD Jails、Solaris Zones。Docker 的出现使容器更加易用，更多的技术人员把 Docker 作为容器化的代表。Docker 的主要原理是把 Linux 的控制组（Control Groups，简称 Cgroups）、命名空间（Namespace）、联合文件系统（Union

File System，UFS）等容器底层技术进行抽象和封装，包含了镜像、容器、仓库三大组件，并为用户提供创建和管理容器的界面。Docker 的主要特点是一次构建，多处运行，很好地诠释了容器化的跨平台和强一致性。我们通过表 1-2 来对比虚拟机与容器的差异。

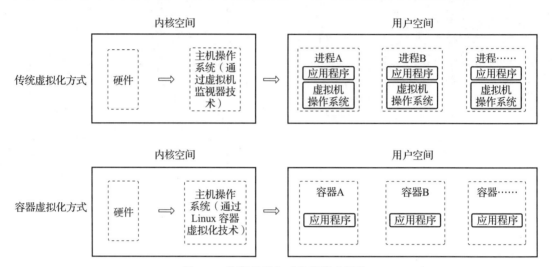

图 1-9　传统虚拟化对比容器虚拟化

表 1-2　虚拟机与容器差异表

特性	虚拟机	容器
量级	重量	轻量
性能	有限	宿主机性能
操作系统	每个虚拟机有独立的操作系统	所有容器共享主机的操作系统
虚拟化技术	硬件级虚拟化	操作系统虚拟化
启动时间	分钟级	秒级
隔离性	高	低
资源占用	高	少

1.4.2　容器化的核心原理

无论 LXC 还是 Docker，底层主要的核心技术是 Cgroups、Namespace。Cgroups 是 Linux 内核提供的一种用来限定进程资源使用的技术，可以限制和隔离进程所使用的物理资源，比如 CPU、内存、磁盘和网络 I/O。相对于物理资源隔离，Namespace 则是用来隔离进程 ID、网络等系统资源的，类似 Java 中的类加载器（classloader）。即使是同样的 PID、同样的 IP，不同的 Namespace 之间也是相互独立的，毫无影响。比如父容器通过调用 clone() 函数创建两个子进程，ID 分别为 100、101，这两个子进程拥有自己的 Namespace，映射到子进程后，分别对应 PID 为 1 的 init 进程，虽然在两个 Namespace 里 PID 都为 1，但是有了 Namespace 的隔离，两者互不影响，如图 1-10 所示。

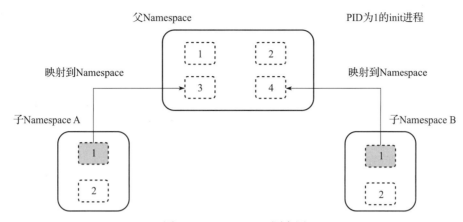

图 1-10　Namespace 隔离图

　　有了隔离，子容器之间可以相对独立、互不打扰地工作。每个容器都是为了处理特定工作的，比如有的容器负责提供数据库服务，有的容器负责提供缓存服务，有的容器负责应用系统的运行。如何决定容器创建后做什么工作呢？答案是通过 Dockerfile。

　　我把 Dockerfile 比作人体的 DNA，它记录了容器运行的子进程，进而决定了容器的核心功能。通过 Dockerfile 我们可以构建镜像，随时拉起多个容器，实现应用的高速扩展。业务应用的镜像本质上都很相似，假设应用 A 的 Dockerfile 为 DockerfileA，应用 B 的 Dockerfile 为 DockerfileB，它们都依赖于操作系统、JDK、Tomcat、日志采集器等，只有应用的 War 包不一样。如果每个镜像都重复维护多个共性的部分，带来的资源损耗和维护成本都是巨大的。

　　Docker 采用分层技术来解决这个问题，每个容器都有自己独立的容器层，不同的容器共享一个镜像层，这样容器之间就可以共享基础资源。我们保存一个基础镜像（通常称作 base 镜像）到磁盘后，它就可以被其他镜像共享了，如图 1-11 所示。

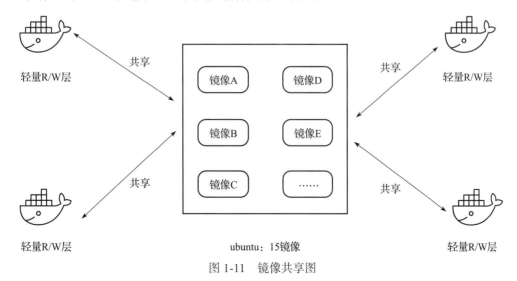

图 1-11　镜像共享图

Dockerfile 底层用的核心文件共享技术就是 UFS。UFS 是一种轻量级、高性能、分层的文件系统。UFS 把文件系统的每次修改作为一个个层进行叠加，同时可以将不同目录挂载到同一个虚拟文件系统下。如果一次同时加载多个文件系统，UFS 会把各层文件叠加起来，最终文件系统会包含所有底层文件和目录，从外部视角来看，用户看到的是一个文件系统。镜像就是利用 UFS 的特性，通过分层来进行继承、叠加，通常我们会先制作一个基础镜像，通过基础镜像衍生出各种具体的应用镜像。UFS 是 Docker 镜像的基础。

1.4.3 Docker 的优点

Docker 的普及，得益于它的众多优势，本节介绍与研发过程比较紧密的几个优势。

1. 提高资源利用率

以前一台 32 核 128GB 的物理机最多可以创建 20 台 4 核 8GB 的虚拟机，每台虚拟机部署一个应用，机器使用率常年在 10% 以下，导致极大的资源浪费。换成 Docker 的方式启动应用后，由于共享操作系统网络、CPU、内存，一台物理机平均能运行超过 60 个容器，对应超过 60 个应用。在实际生产环境中，我所在公司 1 台 32 核 128GB 的物理机可以稳定运行 110 个应用，效率提升 3 ～ 5 倍，CPU 使用率为 35% ～ 40%，大大提升了资源使用率，如图 1-12 所示。

```
[root@dc2_kvm_server_5_27 ~]# virsh list --all | grep running | wc -l
12
[root@dc2_kvm_server_5_27 ~]# lscpu | grep 'CPU(s)'
CPU(s):                40
On-line CPU(s) list:   0-39
[root@dc2_kvm_server_5_27 ~]#
[root@dc2_kvm_server_5_27 ~]# free -g
              total        used        free      shared  buff/cache   available
Mem:            250         176          12           3          62          66
Swap:            15          15           0
[root@dc2_kvm_server_5_27 ~]# top
top - 14:24:17 up 1187 days,  4:51,  2 users,  load average: 6.13, 6.38, 6.40
Tasks: 716 total,   1 running, 715 sleeping,   0 stopped,   0 zombie
%Cpu(s):  4.5 us,  1.3 sy,  0.0 ni, 93.9 id,  0.0 wa,  0.0 hi,  0.3 si,  0.0 st
KiB Mem : 26312480+total, 12896788 free, 18468467+used, 65543332 buff/cache
KiB Swap: 16777212 total,    96932 free, 16680280 used. 69887416 avail Mem


[root@k8s-server-15-17 ~]#kubectl get pod --all-namespaces -owide | grep k8s-server-15-17 | wc -l
119
[root@k8s-server-15-17 ~]#lscpu | grep 'CPU(s)'
CPU(s):                32
On-line CPU(s) list:   0-31
[root@k8s-server-15-17 ~]#free -g
              total        used        free      shared  buff/cache   available
Mem:            251         193           4           0          53          47
Swap:             0           0           0
[root@k8s-server-15-17 ~]#top
top - 14:26:54 up 291 days, 13:44,  3 users,  load average: 31.35, 23.54, 22.74
Tasks: 2849 total,   1 running, 2612 sleeping,   0 stopped,   0 zombie
%Cpu(s): 28.6 us,  5.8 sy,  0.2 ni, 60.9 id,  0.4 wa,  1.1 hi,  2.9 si,  0.0 st
KiB Mem : 26358489+total,  4750732 free, 20288528+used, 55948888 buff/cache
KiB Swap:        0 total,        0 free,        0 used. 49705372 avail Mem
```

图 1-12 新旧物理机对比

2. 提升运维效率

之前申请一套数据库或者 Redis，我们都会经过开发需求工单申请→运维机器调拨→系统环境初始化→数据库参数配置→数据库部署→数据库数据备份和恢复→开发业务库申请→交付使用，整个流程需要 3 ～ 5 天。换成 Docker 后，通过一套标准的基线 Dockerfile 直接调度，整个流程降到分钟级别。

3. 提高标准化程度

在传统的 KVM（Kernel-based Virtual Machines，基于内核的虚拟机）形态下，总是存在应用架构升级或版本升级的情况，有升级就有过渡期，新老版本并存，老版本被遗留很久，或者测试环境与生产环境配置不一致等问题，有了 Dockerfile 的标准化，这些问题都将不复存在。

4. 提升交付效率

传统的虚拟机部署流程一般是编码→编译→打成 War 包或 Jar 包→提交发布单→选择目标虚拟机 IP 并发布→验证，过程中如果遇到问题需要回滚，就非常麻烦了，往往需要运维人员登录具体的虚拟机，找到历史 War 包，覆盖最新的 War 包并回退。容器化之后的流程变为编码（Dockerfile 初始化后很少修改）→编译→打 Fat-Jar 包→提交发布单→自动构建为 Docker 镜像→拉起容器，过程中若发现问题，直接拉取上一个最新版本的镜像，一键回滚。整个过程与环境的交互程度、人工参与度会大大降低，可流程化、重复化的步骤全都变为平台化操作，进而大大提升交付效率。

5. 无缝支持微服务落地

微服务主张将独立的功能抽象为独立的进程，原来的单体应用有可能一下变为 10 个微服务应用，对服务的维护、迭代都是很大的挑战。容器化后，业界比较认同的最佳实践是一个容器一个微服务，这样对微服务的运维管理会非常简洁轻量。

6. 更符合无状态理念

容器化后，由于根据 Dockerfile 可以在各种机房、不同环境随意调度，弹性能力大大增强，更符合云原生环境下对无状态的要求，因此能够更快捷、更原生地支持企业上云或多数据中心建设。

1.5 编排

编排是在容器化技术出现后为了解决容器集群的管理而出现的一种技术。编排技术的出现使容器的管理更加容易和便捷。本章会介绍什么是编排以及编排的优点有哪些。

1.5.1 为什么要有编排

Google 早在 2010 年之前就开始使用容器化技术了，在 2013 年 Docker 统一天下的时候，Google 为了与 Docker 公司竞争，扶持了 Docker 的竞争对手——CoreOS。2014 年，Google 发现 CoreOS 在容器生态领域竞争不过 Docker，于是决定改变战略，聚焦更具有商业价值的容器编排领域，转而推出 Kubernetes 容器集群编排工具，并于当年 6 月 7 日提交到 GitHub 上开源。Kubernetes 的原型来自 Google 内部的 Borg/Omega 系统。

Docker 公司雄心勃勃，2014 年年底在 DockerCon 上发布了自己研发的 Docker 原生容器集群管理项目 DockerSwarm，想与 Kubernetes 展开竞争。同时，Mesosphere 公司的 Mesos + Marathon（马拉松）项目也得到了很多公司的拥趸，此时容器编排大战逐步拉响，进入"三国鼎立"时代。直到 2017 年 10 月 17 日，Docker 宣布支持 Kubernetes，容器编排的战争随之结束。Kubernetes 已经被广大技术公司所接受，占据了将近 80% 的市场份额。

随着云原生技术理念的普及，Kubernetes 以及容器都成为云厂商的既定标准，以"云"为核心的软件研发思想逐步形成。

1.5.2 什么是编排

容器化之后，以 Docker 为例，可以通过 CLI（Command Line Interface，命令行界面）来管理容器的生命周期，比如将容器提交到新镜像上、上传镜像到注册中心、终止运行中的容器、资源调度和部署、配置管理、资源分配、根据负载扩展或移除容器、流量路由、监控报警、滚动更新等。CLI 虽然可以满足单个主机上管理容器的需求，但是面对集群、跨主机的容器管理就显得无所适从了。同时，大部分工作都需要人工操作，重复、低效且容易出错，容器编排工具的出现消除了部署和扩展应用过程中的很多手动操作，提供了一个管理容器生命周期和可扩展微服务架构的框架。随着企业的使用和社区的活跃，Kubernetes 目前已经是企业实践的主流编排工具。

当使用容器编排工具时，需要使用 YAML 或 JSON 文件来描述应用程序的配置。配置文件会告知配置管理工具在哪里下载容器镜像、如何设置网络、如何保存日志等。容器编排工具同时会定义很多新的概念，如 Node、Pod、Service、Deployment、Kubelet 等以方便对容器进行操作，这里不做具体展开。下面介绍容器编排的优点。

1.5.3 编排的优点

1. 高效的资源管理

通过标准化的 YAML、配置中心、自定义 CRD、可视化后台工具，可以屏蔽很多关于容器、编排本身的概念，大大降低用户的认知成本，降低容器管理的复杂性，从单机到大规模集群管理、从命令行维护到标准化配置、从白盒到黑盒、从无法度量到可视化控制，编排工具大大减轻了应用运维人员的工作量。

2. 自动化程度高

编排工具提供自动部署、自动重启、自动复制、自动扩缩容等能力，使容器和微服务有更好的灵活性。

3. 高可用性

以 Kubernetes 为例，一个成熟的集群通常有 3 个主节点，如果跨 IDC 可能需要更多的主节点来保证整个集群的高可用。同时对于微服务所在的 Pod，一旦发现心跳异常，通过 Deployment 的限制可以快速弹起，保障固定实例正常运行，不会出现传统环境下挂了一台服务器几个月不知道的情况。

4. 大规模运维

对于微服务实例节点比较少的环境，不用编排工具也可控，当开发或运维人员面临的是成百上千，甚至上万的微服务实例时，如果没有编排工具的管理，极有可能造成实例节点的漏发或误发。我所在的团队就曾因为开发人员手动操作失误，导致有 1 台服务器漏发，结果一部分线上流量流入旧版本服务，最后错误率飙升。这种问题往往定位起来非常麻烦。

5. 安全

编排工具提供了安全插件，通过 RBAC（Role Based Access Control，基于角色的访问控制）限制不同的角色拥有不同的权限，对于企业的合规、安全生产有更好的支持。

1.6 CI/CD

发布与部署是开发过程中最常见的动作，高效的流程、丰富的工具能够使整个交付过程更加快速。CI/CD 是云原生中非常重要的一个组件，只有高效的 CI/CD 流程才能使云原生的弹性、效率发挥出更大的价值。

1.6.1 CI/CD 诞生的背景

大多数技术公司的软件交付模式都经历过从瀑布模型到敏捷开发的阶段，同时软件的交付周期也从年、季、月逐步缩短到双周、周。随着互联网 2.0、3.0 时代的到来，企业对用户体验的响应也要求更加及时，软件功能的发布也逐步缩短到周和天，甚至可以随时发布。在这样的背景下，CI/CD 也就应运而生了。

CI（Continuous Integration，持续集成）与 CD（Continuous Deployment，持续部署）两者整合起来反映的是持续交付（Continuous Delivery）的能力。在互联网时代的商业竞争中，企业都会追求闪电式扩张，快速发布 MVP（Minimum Viable Product，最简化可实行产品）版本，快速试错。代码越早上线，用户就可以越早用到新的特性，企业也就可以越快实现商业价值。得到用户反馈，产品才能及时修正。如果需求不断积压、合并，新的特性代码库得不到及时交付，代码间交叉感染的概率会越来越大，进而影响线上的业务。CI/CD 是否高效，流水线是否敏捷，直接关系到业务迭代的效率高低。

1.6.2 什么是 CI/CD

CI/CD 的重点在于持续，持续并不是一直运行，而是"随时"可运行。在软件开发领域，CI/CD 重点涵盖如下几个方面。

1. 高频发布

此处重点反映的是发布频率，由团队自主定义和控制，有些低频的产品或功能按月、按季发布即可，对于一些高频场景，需要系统支持按天、按小时甚至随时发布，也就是按需发布。我所在公司目前发布的频率是 500 次 / 天（含测试环境），不同团队或场景的频率方差很大。

2. 自动化流程

实现高频发布的关键是流程自动化，尽量减少人工的参与和卡点的控制，能够线上解决的不要混合线下交互，尽量让研发人员可以通过自动化工具自主完成上线流程。

3. 可重复

高频发布对于源代码的管理和制品的版本管理有很高的要求，历史版本要明晰，可以快速根据不同的版本进行回滚。

整个代码从源代码到上线的生命周期包括代码仓库检出分支、编写特性代码、提交到远程仓库、代码构建（编译、构建、打包、发布）、测试（单元测试、静态代码扫描、安全测试、功能测试）、修改漏洞、重新构建、提交到线上、金丝雀发布、蓝绿部署、全量部署、分支合并到主干、打标签等阶段，如图 1-13 所示。

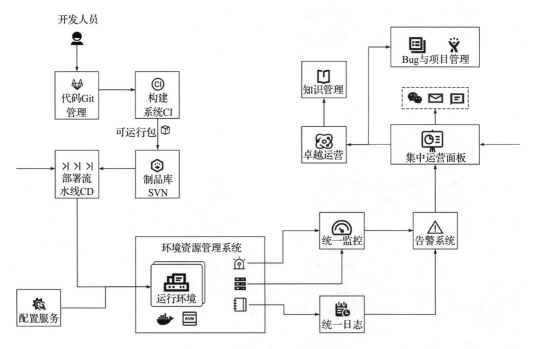

图 1-13　旧版持续部署流程图

我们把研发工程师提交代码到远程仓库，通过 Jenkins 或者 GitLab CI 自动拉取源代码、代码检测、编译打包、单元测试的过程称作 CI（持续集成）的过程。一旦开发人员对应用所做的更改被合并，系统就会通过自动构建应用并运行不同级别的自动化测试来验证这些更改，确保这些更改没有对应用造成破坏。如果自动化测试发现新代码与旧代码之间存在冲突，CI 过程可以更加轻松、快速地修复这些错误。

测试环境验证通过之后，开发人员需要把更改的功能发布到生产环境，供用户使用。如何高效、准确、自动化地把新功能发布到生产环境，是 CD 环节聚焦的内容。为了保障这个过程的可持续，一般都会进行分批发布和灰度发布。分批发布是为了避免单一服务器的手工操作，提高大批量发布任务的并行效率；灰度发布是为了更加稳妥、高质量地替换老的功能，使用户体验更加平滑。

1.6.3　CI/CD 的优点

1. 避免重复

我经历过比较低效的 CI/CD 流程，开发人员提交代码→主管审核并合并到主干→找测试人员进行 Jenkins 打包→测试验证→找配置工程师抽取部署包→发邮件给运维人员提交发布→找运维人员排队上线，往往这个流程结束时已经是凌晨。集成、合并代码、配置、提测、提交发布单、找人这些重复性的工作每次发布都要重新并频繁地进行。重复即意味着可优化，CI/CD 的出现把这些重复的劳动全部交给平台自动完成，大大解放了生产力。有了 CI/CD 平台后，开发人员完全可以自助发布，1 个小时内轻松完成一个应用的上线流程。

2. 大大减少低级错误

之前我的团队经常遇到代码合并的问题，当从测试环境进入准生产环境时，要将代码合并到主干，这个过程经常出现少合、合错的问题，往往在新一轮的测试验证中发现重复的漏洞，到了生产环境可能又有因为人工参与导致的低级错误。有了 CI/CD 平台后，代码合并、分支都是平台管理的，避免出现手工合并代码导致的漏洞。

3. 更高的标准化程度

提到 CI/CD 不得不提环境问题和代码分支模型，很多公司有测试环境、预发环境、生产环境、集成环境、二套环境等，每个人的认知和过往经验对环境的认知都是不一样的，这样就会导致团队间的语言不统一。除了环境，另一个不统一的概念是分支模型，有的团队是基于主干开发，有的团队是基于开发（Develop）分支，有的团队是基于特性分支。因为分支开发模式的千差万别，导致分支的管理和运维成本急剧上升。通过 CI/CD 平台，所有的环境和分支模型都被平台化，开发人员无须关注任何一个细粒度的底层操作，团队间的认知也提升到了一个统一的位置，发布效率也随之大大提升。

4. 敏捷提效

在发布流程之前，我还经历过通过邮件提交上线计划、手工抽取部署包的原始发布流程，这种低效的发布流程往往会导致排队上线到凌晨。为了保证上线质量，流程上往往会规范周二、周四才允许上线的窗口期。有了 CI/CD 平台后，开发人员可以在任意时间自主发布，我所在的团队每天平均发布 500 次，如果没有 CI/CD 平台的支持，如此高频的发布是无法想象的。

5. 更高的产品质量

在 CI/CD 流水线中，往往会有些钩子的扩展，如项目管理、测试用例、代码审查、代码 Bug 清单、安全 Bug 清单等扩展功能，会极大提升代码交付的质量。同时可以提供灰度发布、分批发布、金丝雀发布、蓝绿部署等多种校验形式，便于代码更高质量的验证与交付。

1.7　服务网格

服务网格是一个非常新的名词，于 2016 年由开发 Linkerd 的 Buoyant 公司提出，伴随着 Linkerd 的推广，服务网格的概念也慢慢进入国内技术社区。

1.7.1　服务网格诞生的背景

任何一个架构都会有缺点，当微服务数量越来越多时，也逐步暴露出了一些问题。

❑ 微服务的拆分和边界如何定义？应该拆分多少微服务？

❑ 微服务间相互调用时，如何快速找到目标服务提供者？如何保障调用方的身份安全？

❑ 下游微服务不可用时，如何快速熔断，保护当前微服务从而避免雪崩？

❑ 如何通过调整权重和路由快速上下线微服务，治理微服务的负载均衡？

❑ 如何管理复杂的上下游微服务依赖，快速定位出问题的微服务？

工程师除了关注业务功能实现外，还要聚焦微服务治理的控制。上述问题基本就是微服务治理要关注的服务发现、服务鉴权、服务熔断、负载均衡、服务依赖等内容。当然这些功能的实现有很多种方法，我们直接往微服务中增加对应的服务治理功能就好，但这样做往往有一个致命的缺点，就是复用性很差。当只有 1 个微服务的时候，服务治理的功能放在哪里都无可厚非，但是当我们拥有成百上千，甚至上万个微服务时，我们不能对每个微服务都增加相同的功能模块。更合理的做法是把共用的能力抽象后提取出来，作为一个独立的模块，常用的做法是抽象出通用的 SDK（Software Development Kit，软件开发工具包），比如 common-hystrix（熔断功能的通用包）。

通过通用能力的抽象，实现了服务治理功能的复用。它与业务功能耦合在同一个进程、同一个代码仓库里，业务开发人员还是会关注 Common 包的更新和维护，既然通用服务治理能力相对独立，能不能像 PaaS 或 AOP（Aspect Oriented Programming，面向切面编程）一样，把它抽象成独立的一个层次出来，与业务代码解耦，交给专人来维护呢？答案就是服务网格。

1.7.2　什么是服务网格

相对于 1.7.1 节提到 Common 包，服务网格有如下特点。

❑ 作为应用程序间通信的中间层。

❑ 轻量级网络代理。

❑ 应用程序无感知。

❑ 解耦应用程序的重试 / 超时、监控、追踪和服务发现。

可见，服务网格的本质是一种代理，请求在微服务之间调用的过程中增加了一层代理来进行路由，而为了降低代理对微服务的侵入性，代理往往通过 Sidecar 的形式运行，类似于 Spring 的 AOP，只不过这个切面增强不是在某段代码里，而是在统一的 Java 进程外，这样众多 Sidecar 之间形成了一个庞大的切面网络，我们形象地称之为服务网格，如图 1-14 所示。

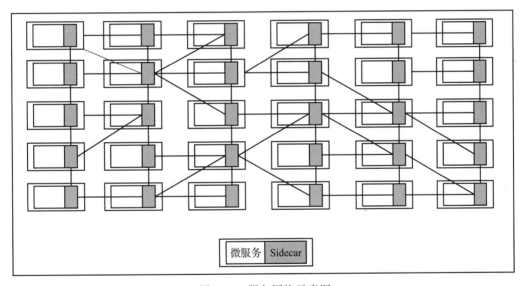

图 1-14　服务网格示意图

服务网格涉及两个概念，一个是数据平面，另一个是控制面。图 1-14 中的 Sidecar 就是数据面，通过接收控制面发送的路由与控制信息来定向转发或处理数据。数据面通常有如下职责。

❑ 服务发现：发现后端服务实例中哪些是可用的。

❑ 健康检查：定时向服务发送心跳，探测服务实例是否存活。

❑ 鉴权：对于访问的请求，通过加解密来验证访问是否合法。

❑ 负载均衡：对于多个下游服务，均衡分配流量。

- 流量统计：对于每个请求，每分钟的流量，trace 信息如何统计。
- 熔断限流：确定最大 QPS（Queries-Per-Second，每秒查询率）、最大并发数，以及何时拒绝请求。

数据面主要接收系统中的每一个包和请求，具体什么时间进行熔断限流、如何确认服务是否健康，这些逻辑关系都需要控制面的支持。目前业界常见的数据面有 Linkerd、Envoy、HAProxy、Nginx，控制面有 Istio、SmartStack 等。

1.7.3　服务网格的优点

服务网格最大的优势就是实现了微服务业务架构和服务控制的解耦，应用服务不再需要为了接入微服务框架而在代码中配置繁多的依赖库和配置项，可以专注于实现自己的业务逻辑。如果没有服务网格，每项微服务的共性需求都要进行重复编码，比如大家常见的流量统计、trace 埋点、限流控制等操作，这些操作可能是大部分微服务都要关注的，而通用功能的实现方式千差万别。

每个微服务的维护者能力参差不齐，实现业务功能的同时，还要关注稳定性、性能，必然会牵扯一定的精力，服务网格恰恰就是把这些共性的能力抽象出来，作为统一的实现层，由基础架构团队实现，统一部署为微服务的 Sidecar，实现全局的流量统计、trace 埋点、流量控制等功能。同时，由基础架构团队对服务网格进行升级和维护，这样业务开发人员可以更好地聚焦业务功能的实现，进而实现组织效率的大幅提升。

服务网格提供的常用功能如下。

- 服务发现。
- 负载均衡。
- 加密通信。
- 观察与追踪微服务之间的拓扑。
- 服务之间访问的鉴权与授权。
- 熔断机制。

1.8　不可变基础设施和声明式 API

不可变基础设施和声明式 API 听起来比较晦涩，其实它们是指一种云原生下的设计理念。明确哪些是不可变的，哪些是可变的，对于我们理解云原生有很大的帮助。

1.8.1　什么是不可变基础设施

不可变基础设施（Immutable Infrastructure）由 Chad Fowler 在 2013 年提出，其核心思想是任何基础设施的实例一旦创建后即变为只读状态，若需修改和升级，则应使用新实例进行替换。不可变基础设施与程序设计中不可变变量（Immutable Variable）一样，赋值后不可变更，要想重新定义，只能通过创建新的变量来替换。

与不可变基础设施对应的是可变基础设施。在上容器之前，开发或运维人员的常见操作是根据应用名称，找到对应的服务器 IP，之后进行代码文件的替换。一般来说，如果不进行扩容，服务器 IP 是常年不变的。比如我所在公司曾有一个用 PHP 语言写的搜索服务，对应的 4 台服务器 IP 是 172.168.1.100-103，运维人员上线时通常是通过 SSH（Secure SHell，安全外壳）协议找到这 4 台服务器，手动替换对应的代码文件，相当于这几台服务器虽然一直固定，但是代码在不断地更新迭代，久而久之补丁越大越多，可能同一段逻辑有多个不同的冗余版本，线上代码居然有 1GB 之大，无人敢去优化，逐步变成了一个极大的"代码肿瘤"。换言之，这些服务器创建之后，可以对它们进行更改、升级、调整，这就是之前的可变基础设施。

不可变基础架构是另一种基础架构范例，其中服务器在部署后永远不会被修改。如果需要以任何方式更新、修复或修改某些内容，则应根据具有相应更改的公共映像构建新服务器以替换旧服务器。经过验证后，新服务器投入使用，而旧的则会退役。比如 Kubernetes 中的 Pod 滚动更新，旧的 4 台 Pod 进行发布后，会有 4 台新的 Pod 被创建，它们具有新的 Pod IP，旧的 4 台 Pod 会被停止，如图 1-15 所示。

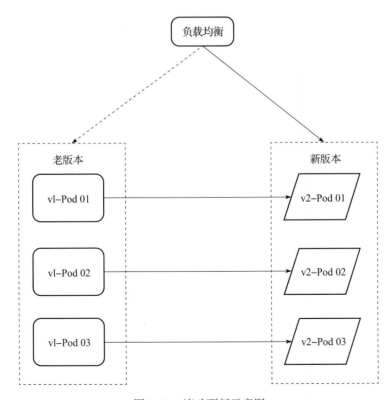

图 1-15　滚动更新示意图

1.8.2 可变与不可变基础设施之间的差异

1.1.1 节介绍云计算时,我们用"牛与宠物"来类比可变与不可变基础设施在处理服务器(例如创建、维护、更新、销毁)方面的巨大差异。传统可变基础设施中的服务器是不可替代的,其独特的系统必须始终保持运行。在这种方式下,服务器就像宠物一样,独一无二,无法模仿,并且倾向于手工制作。不可变基础设施中的服务器是一次性的,易于复制或使用自动化工具进行扩展。在这种方式下,服务器就像牛一样,牛群中没有哪个是独一无二或不可或缺的。

可变与不可变基础设施之间最根本的区别在于它们的核心思想:前者旨在部署后进行更改;后者旨在通过完整替换来保持更新与迭代。在容器和云出现之前,实现不可变基础设施是很难的,因为一个服务的正常运行包括多个组成部分,我们通过虚拟机等技术可以实现多个环境底层操作系统、库、运行时的统一,但是配置项、代码合并很容易引发开发环境与测试环境不一致,以及生产环境间不一致的问题。处理这样的问题只能通过人工接入的方式在服务器上修修补补,进而导致了基础设施的可变。

容器镜像的出现,使不同的环境、标准化配置变成了可能,我们可以快速拉起成千上万个一模一样的服务,服务的版本升级、快速拉起变为常态,进而不可变基础设施也逐步变为可能。

1.8.3 不可变基础设施的优点

在看不可变基础设施的优点前,我们先分析一下可变基础设施有什么问题。

❑ 服务器维护日趋复杂,逐步变为"雪花型"服务器。可变基础设施中的服务器可能会受到配置偏差的影响,在未记录的情况下,即兴更改会导致服务器的配置变得越来越不同,这些不同会像雪花一样越积越多,不同服务间的差异可能越来越大,进而运维也会越来越困难。

❑ 线上问题排查困难。在服务运行过程中,持续地修改服务器会引入中间状态,从而导致不可预知的问题。我之前帮别的团队定位线上问题时发现,堆转文件中提示的报错信息是 56 行,然而在代码仓库中 56 行对应的是一个空行,确认了好久才发现,生产上部署的代码是某一次为了修改 Bug 直接替换的 class 文件,导致与主干代码不一致。

❑ 容灾后的快速恢复极其困难。老服务一旦发生故障,很难快速重新构建。由于之前持续做过太多的手工操作,而且缺乏记录,这很容易造成生产环境运行的服务与代码仓库中严重不一致,可能使得 GitLab 中的代码无法直接运行,只能依靠复制生产环境运行的 War 包来重新拉起。

与上述问题对应的就是不可变基础设施的优点。

❑ 一致性。在不可变基础设施下,所有的配置都通过标准的描述文件(如 YAML、

Dockerfile）来统一定义，不同的 Pod 都是按照同样的定义来创建的，可以说是完整复制。不同服务器间配置不一致的情况基本不会出现。

- 简单清晰。运维人员不会再去维护冗长繁多的服务器列表，查找对应服务的服务器 IP，只需要维护好应用的描述，老服务有异常时直接停掉，快速使用新的服务取代即可。
- 自动化快速容灾。当线上服务压力增大或使用率过低时，不可变基础设施可以快速进行弹性扩缩容、升级回滚，应对突发问题也更加快速和自动化，极大地提升了持续部署的效率。

1.9 本章小结

本章首先介绍了云原生的概念，然后对比了 CNCF 和 VMware 的定义，介绍了云原生的几个关键组件，并通过 12 要素方法论带领读者了解了云原生的设计理念，最后对关键的几个要素做了分类描述。

云原生的定义是不断演进的，本章是对云原生介绍的一个总纲，读者可以参考 CNCF 等官方论坛，关注云原生的最新定义。

第 2 章我们会介绍自如架构的演进过程。

Chapter 2 第 2 章

自如架构演进

在云原生架构出现之前，大家谈论最多的是微服务架构。有的企业可能只有一种架构，有的企业经历过多种架构的演变。架构的选择与企业当前所处的阶段有很大关系，好的架构都是为了解决当下企业面临的业务问题而诞生的。

引用王小川老师在中国计算机大会（CNCC）分享的一句话："技术与业务的关系就像汽车，汽车有三大组件——车轮、发动机、方向盘，分别代表了 3 种技术与业务的关系，分别是技术支持、技术驱动、技术颠覆。"95% 的企业是技术支持型企业，一般都是先追求业务的快速迭代试错，架构一般会滞后于业务的发展，在架构跟不上业务的迭代速度，或有巨大的历史技术债务出现时，技术架构才会进行新一轮的迭代。同时，没有任何一个架构是"银弹"，凡是能够解决当下企业面临的问题的架构就是好架构。

本章首先介绍企业级架构的演变过程，包括大部分企业都会经历的单体架构、分布式架构、微服务架构，以及最近几年比较火爆的中台架构；然后结合自如的业务特性介绍自如技术架构的历史变迁，还原一个中型互联网公司的架构演进之路。相信很多读者在读完本章后，能够找到自己企业的影子。

2.1 技术架构的演进

什么是架构？架构有哪些特点？架构有哪些分类？一万个读者可能有一万个答案。

本节将从架构的定义出发，介绍几类常见的架构形态及其演变路径，从单体到分布式、从分布式到微服务、从微服务到中台。并不是最新的架构就是最好的，符合企业当下业务形态的架构才是好架构。那么，如何选择符合自己业务的架构呢？让我们从了解每个架构的特点开始。

2.1.1　架构的定义与分类

1. 架构的定义

架构（Architecture）这个词源自建筑行业，以下引用百度百科的描述。

软件架构（Software Architecture）是一系列相关的抽象模式，用于指导大型软件系统各个方面的设计。软件架构是一个系统的草图。

通俗地来讲，技术架构就是对软件系统各个维度进行不同模块化的抽象，通过抽象使原本复杂的工程变得易于理解和分工实现。就像泰勒提出的科学管理，通过标准化的作业流程和分工，原本混沌复杂的软件工程被拆分出前端、后端、质量、运维等多个岗位。以后端为例，根据不同的岗位职责，按照康威定律又被拆分出不同的组织，比如订单组、用户组、交易组等，进而使整体的生产力大大提升。因此，架构的本质是抽象分类，进而指导软件系统的实现。

2. 好的架构特征

通常好的架构要能够支持高并发、高可用、高扩展。这些都是架构设计中应该关注的特性。除此之外，好的架构还应该关注如下特性。

- ❑ 可用性和可靠性。由于软件系统对于用户的商业经营和管理来说极为重要，因此软件系统必须非常可靠。可用性和可靠性虽然是两个不同的属性，但本质都是为了提升业务连续性，使企业的业务尽可能不中断。
- ❑ 高性能。高性能体现了架构在同样的物理配置下的业务支撑能力，更高的吞吐量、更低的响应时间意味着对用户更快速地响应。
- ❑ 易维护性。软件系统的维护包括两方面，一是排除现有的错误，二是将新的软件需求反映给现有系统。一个易于维护的系统可以有效降低技术支持的费用。
- ❑ 可扩展性。市场和用户总是在不断变化的，为了适应业务的高速迭代，尤其是一些2B 企业的个性化需求，架构要求能够在最小的改动成本下满足更多的需求。这要求架构可以根据客户群的不同和市场需求的变化进行调整。
- ❑ 安全性。随着《个人信息保护法》和《数据安全法》的出台，信息安全已经成为架构设计中最重要的因素，安全合规不容小觑。

3. 架构的分类

我们常听到各种关于架构的名词，比如业务架构、功能架构、应用架构、技术架构、物理架构等，很多读者可能分不清，这里我们简单梳理一下这几个架构的区别。

（1）业务架构

业务架构一般是指业务的关键流程、组织形式、信息流。以电商为例，业务架构包括选品、采购、仓储、物流、供应商、订单等一系列的业务版块。业务架构体现的主要是业务模式和流程，核心是定义业务痛点，厘清功能需求和非功能性需求。

（2）功能架构

功能架构一般是指产品具备的细分功能。例如，电商系统的功能架构可细分为用户管

理、登录注册、商品管理、仓库管理、订单管理、购物车管理、支付管理等核心模块。功能
架构图体现的是一个产品的核心功能模块。

（3）应用架构

应用架构一般是指根据业务场景设计出应用的层次结构，制定好应用间的调用、交互
方式，确保它们能够融合在一起并满足业务需要。比如，电商系统的应用架构可能有用户中
心、权限中心、登录系统、商品中心、搜索引擎、推荐体系、订单系统、交易系统等。应用
架构体现的是用什么样的微服务去支持功能的实现。

（4）技术架构

技术架构一般是指实现应用架构的关键技术栈，如 Spring Cloud、ZooKeeper、RocketMQ、
Redis、MySQL、Elasticsearch 等中间件，以及各种核心流程的时序图、状态图等信息。

（5）物理架构

物理架构一般是指从物理视角来看 IDC 中的物理拓扑关系，如防火墙、Nginx、网络、
应用服务器、数据库间的调用和数据流转关系。物理架构关注的是如何通过硬件配置硬件和
网络来配合软件系统达到可靠性、高可用性、性能、安全性等方面的要求。

除了以上大家耳熟能详的架构分类，还有很多与架构相关的名词，如下所示。

- 框架（Framework）：通常指的是为了实现某个业界标准或完成特定基本任务的软件
  组件规范，往往是基于一组类库或工具，在特定领域里根据一定的规则组合而成。
- 组件（Component）：一组可以复用的业务功能的集合，包含一些对象及其行为。组
  件可以直接用作业务系统的组成部分，颗粒度一般小于模块，也是一种功能的聚合
  形式，比如日志组件、权限组件等。
- 模块（Module）：基于业务数据或一组相关功能按照特定维度的逻辑划分，也可以看
  作各种功能按照某种分类的聚合。例如，电商系统可以从业务上划分为用户模块、
  商品模块、订单模块、支付模块、物流模块等。模块使一个复杂的软件变得更加容
  易管理和维护。
- 服务（Service）：一组对外提供业务处理能力的功能，服务需要使用明确的接口方式
  （比如 Web Service、RESTful 等）。服务描述里应该包括约束和策略（比如参数、返
  回值、通信协议、数据格式等）。
- 平台（Platform）：一般来说，是一个领域或方向上的生态系统，是很多解决方案的集
  大成者，提供了很多服务、接口、规范、标准、功能、工具等。

2.1.2　单体架构

在 Web 应用发展早期，大部分工程都是将所有的服务和功能模块打包到一个单一的应
用中，如以 War 包的形式运行在 Tomcat 进程中，直接与数据库和文件系统交互。

在业务发展早期，业务功能往往比较单一，为了快速支持业务，一般一台服务器、一
个应用、一个数据库，就足够支撑起一个单一的业务功能。比如电商业务，登录、下单、商

品、库存都在一个单一的应用中进行管理和维护。单体架构在业务发展早期非常轻便，易于搭建开发环境，易于测试和部署。

　　随着业务的不断增长，用户的访问越来越多，单一应用对磁盘、CPU、内存、数据库的访问要求也越来越高。一台服务器一个应用的配置开始捉襟见肘，更改任何一个小的功能模块，整个应用都要重新进行编译和部署。同时，当有多个需求并行时，发布效率会非常低下，整体的功能耦合性非常大，一个小功能的变动可能会引起整个应用不可用。多种功能的强耦合迫使单体架构走向分布式架构。

2.1.3　分布式架构

　　随着业务压力增大，并发访问会成为单体架构的瓶颈，最简单的解决方案就是把单体服务横向扩展为多体架构，即将 1 台服务器分散扩容为 N 台，分而治之，也就是从单体架构变为分布式架构。但是，扩容为分布式架构也有一个问题，即如何保证用户的请求均匀分散到这 N 台服务器？倘若用户的流量仍然集中访问其中的某台服务器，这样的分布式架构在本质上与单体架构没有任何区别。要解决这个问题就必须增加一个新模块——负载均衡，此时的架构变成了如图 2-1 所示。

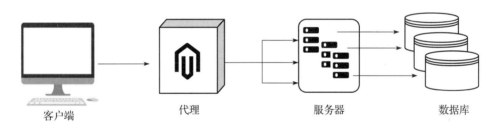

客户端　　　　　　代理　　　　　　服务器　　　　数据库

图 2-1　负载均衡架构图

　　负载均衡一般分为硬负载和软负载，常见的负载均衡算法有轮询、加权、地址散列、最少链接等。有了负载均衡后，不会因为某一个服务的宕机而导致整体服务不可用，架构的可用性大大加强。除了应用的分布式，根据业务量的大小，数据库也会进行水平或垂直拆分，通过分布式架构赋予整体架构高负载的能力。

　　分布式架构 2.0 阶段不仅是在部署上实现分布式，应用的边界也更加清晰，从单一架构的大单一职责，拆分出一些大的应用，逐步形成多种服务之间的分布式调用。还是以电商为例，这里可能会拆分出用户服务、订单服务、商品服务、库存服务四大应用，应用之间通过接口进行交互，调用形式可能是 REST 或者 RPC。

1. 分布式架构的优点

❏ 低耦合：有了功能模块的拆分，使用接口进行通信，降低了对数据库的依赖，模块耦合性降低。

❏ 职责清晰：把应用拆成若干个子应用后，一般也是由不同团队进行维护的，这样一来，不同团队与应用的职责也就更加清晰了。

❑ 部署方便：每个应用的发布互相独立、互不干扰，发布和部署更加灵活方便。

❑ 稳定性更高：不会因为某一个应用或功能模块出现问题导致整体服务不可用，整个系统的稳定性更高。

2. 分布式架构的缺点

系统间的依赖和链路增多，会增加接口开发的工作量，同时增大服务之间的维护成本，但整体上利大于弊。

2.1.4 微服务架构

分布式架构实现了应用从单进程到多进程的转变，做了粗粒度的服务拆分，微服务架构是在分布式架构的基础上对应用架构进行更细粒度的拆分。在微服务架构出现以前，SOA也曾风靡一时，本书将 SOA 和微服务合并到一起来讨论。还是以电商为例，用户服务可能会拆分成用户中心、权限、登录等服务，如图 2-2 所示。

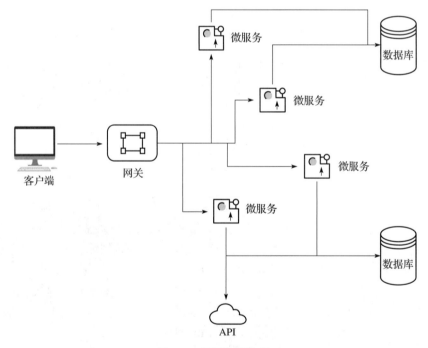

图 2-2 微服务架构图

随着 Spring Cloud 的普及，微服务架构逐步成为大中型企业的主流架构。我们来看下微服务架构有哪些优点。

❑ 耦合性进一步降低：模块更独立，功能拆分更加细化，使代码间的耦合以及数据库、中间件的耦合进一步降低。

❑ 自治性更强：一个微服务就是一个独立的实体，它可以独立部署、升级，微服务与微服务之间通过 REST 等标准接口进行通信，微服务只与其上下游有关，各个微服务之间更加独立。

❑ 技术独立：各个微服务之间可以用不同的技术栈，服务端应用可以用 Java、Go、Python 等多种语言实现，数据库可以是 MySQL、MongoDB、HBase 等不同的类型。

❑ 高可用：随着微服务增多、链路增长，异常也会被分散，一个微服务异常可以通过线程池隔离，利用熔断等技术避免故障扩散和雪崩，大大增加了整个系统的高可用性。

在微服务架构成为主流架构的同时，很多缺点也被暴露出来。

❑ 复杂度高：微服务采用 RPC 或 REST 等方式进行交互，需要考虑网络抖动、消息丢失、幂等、分布式事务等问题，代码的逻辑处理更加复杂。

❑ 粒度难定义：微服务拆成几个合适？什么样的功能模块需要独立成一个微服务？服务拆分的粒度是不好准确定义的，倘若拆得过粗，不利于服务间解耦；如果拆得过细，则会导致应用爆炸，增加系统的复杂性。

❑ 运维复杂度高：微服务的调用关系最终会形成一个大网，故障的定位和排查依托于更加完善的监控报警系统等配套工具。

❑ 性能变慢：微服务一般有一个很长的调用链路，链路过长导致整体接口的性能变慢，响应时间（Response Time，RT）会变长。

2.1.5　中台架构

随着阿里巴巴"大中台、小前台"概念的提出，一线大厂纷纷建立自己的中台体系，公认比较成熟有效的是数据中台、业务中台、技术中台。中台的本质是进一步提升应用系统的复用性，当组织规模扩大，更多业务场景纷纷涌现时，各部门之间会形成一个个"系统烟囱"。在"系统烟囱"中，重复冗余的功能不断被造出来。

以阿里巴巴为例，淘宝、天猫两个事业部都需要用户管理、商品管理、订单管理等功能，许多业务功能是重复的，如果两个事业部都重复建设，必然会造成极大的资源浪费。阿里巴巴技术栈全景图如图 2-3 所示。

架构重要的功能之一就是避免重复开发、提升复用能力。在这种背景下，如何避免重复造轮子，如何利用同样的能力快速支撑相似的业务需求是架构需要考虑的问题，于是中台思想应运而生。

中台架构有哪些优点呢？我总结了以下几点。

❑ 降本增效：中台的关键就是降本增效，通过复用、抽象避免不必要的重复开发，提升开发效率。

❑ 支持业务更加快速迭代：通用的能力域可以快速支持新业务线落地，比如新的业务也需要登录、订单的能力，完全不用从 0 到 1 构建一套新的体系，直接用中台的能力即可。

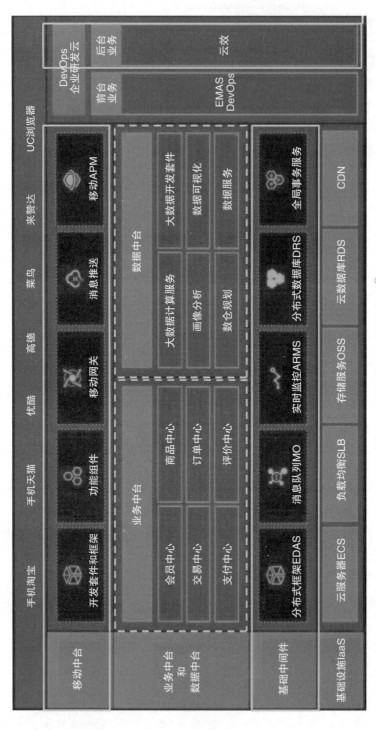

图 2-3 阿里巴巴技术栈全景图 [一]

○ 图片来源为 https://developer.aliyun.com/article/717510。

❑ 打造数字化运营能力：数据中台使企业的数据化价值有更宏观的体现，通过分析核心数据，能够更加精确地对业务进行调整和优化。

❑ 提升组织能力：中台架构的落地一定伴随着组织的调整，中台会打破"部门孤岛"，加深团队间的合作。

然而，中台在企业中落地很难，经过几年的发展，真正落地中台架构的企业很少。现在又有很多企业在质疑中台，在拆中台。并不是中台架构不好，而是企业要根据自己的业务特性和当前所处阶段去选择是否要用中台。

2.2　自如的技术发展史

自如是提供租房产品和服务的 O2O 互联网品牌，成立于 2011 年 10 月，目前已为近 50 万业主、300 万自如客提供服务，管理房源超过 100 万间。自如的主要客群是租房用户，由于租房这个动作并不像电商、社交一样高频，因此自如的互联网属性也很少有高并发、高流量的特征。

针对流量逐步从线下转到线上、业务线从 1 条到 10 条、访客从 1 万到 20 万的业务场景，我们应该选择什么样的架构呢？本节会为读者呈现一个典型的中型互联网公司的技术架构变迁过程。

2.2.1　业务背景介绍

自如是一家连接业主、房子、租客的 C2B2C 公司，业务逻辑如图 2-4 所示。

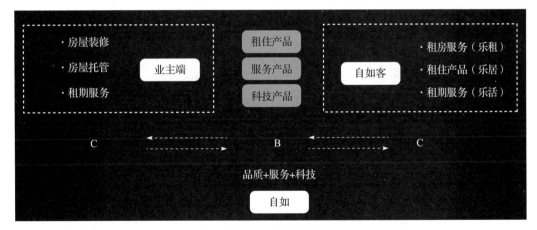

图 2-4　业务逻辑

左侧的 C 是业主，作为市场的供给方，业主有房源，想要更快捷、更安全、更高收益地出租。业主的痛点是找不到合适的租客、拿不到高的租金，同时，业主也没有精力打理房屋托管租期内的事宜。右侧的 C 是租客，作为市场的需求方，广大租客的核心痛点是找不到合适的房源、享受不到优质的租房服务。

在以自如为首的品牌公寓出现之前，房屋租赁市场有 3 个错配。

首先是供需错配，因为信息差异，业主找不到放心的租客，租客找不到诚信的业主。其次是装修错配，业主房子的新旧程度、装修风格差异性极大，对于租客而言，房子品质的可选范围非常有限。最后是服务错配，租客租到房子后，基本上都是"自扫门前雪"，厕所、客厅、厨房等公共区域脏乱差、噪声大等问题非常突出。

自如先把业主的房源收集上来，然后进行精致的装修，为租客打造全新体验的租住和服务产品。同时，自如通过开发 App、小程序、线下管家使这一匹配模式更加高效。

2.2.2　自如的技术演进过程

经过 10 年的发展，自如的业务规模和业务领域都大大增加。在业务规模巨增的背后，是自如业务系统的飞速演进。自如的技术发展大概经历了如下几个阶段。

2015 年之前，自如以资产应用为主，管理房源信息、合同信息、客户信息，为了快速迭代业务，主语言以 PHP 为主，代码仓库以 SVN 来管理。到目前为止，老应用还存在部分未下线的功能，但是历史代码已经达到了 1GB。

2015 年到 2018 年是架构服务化的阶段，这时自如业务蓬勃发展，长租、短租、优品、家装、服务等多条业务线崛起，各个业务线开始构建独立的专属服务，此时 Java 开始逐步替代 PHP，成为新业务线使用的语言。各个服务间开始通过 RPC 进行通信。这个阶段自如从单体架构迈向了分布式架构，度过爆发性增长的 3 年。

到了 2018 年 7 月，基础平台成立，自如开始对已有的持续交付流程进行重构，引入大量开源技术栈，如 Spring Cloud、Nacos、Pinpoint、Graylog、Apollo 等，使各个业务线通用的能力得到下沉，同时建设了第二机房，使自如的架构第一次具备了同城灾备的能力。

2019 年，自如开始搭建 DevOps 体系，所有应用运维往 SRE（Site Reliability Engineer，站点可靠性工程师）方向转型，开始学习编码，准备为 Kubernetes 落地储备人才。自如建设了大量的平台功能，如网关、监控报警、配置中心、消息队列平台、权限平台、用户中心等，使技术中台已具雏形。

2020 年，伴随着容器、Kubernetes 的广泛传播，自如对持续交付流程做了颠覆性重构，完全改变了之前的发布部署方式，对环境、分支模型都进行了重新定义，成为整个自如的技术演进过程中一个新的里程碑。

2.2.3　当前技术架构

经过了 10 年的技术演进，当前自如的技术架构如图 2-5 所示。

自如前台有多条业务线，如业主、租住、家装、客服等，每条业务线有独自的产研团队进行信息系统的构建，下方有三大中台进行支持。

业务中台：主要整合各条业务的通用业务能力，如卡券中心、评价中心、价格中心、消息中心等至少能给 2 条业务线复用的能力才会抽象成中台能力。自如业务中台的建设还不是很成熟，真正可以复用的核心能力还在不断完善中。

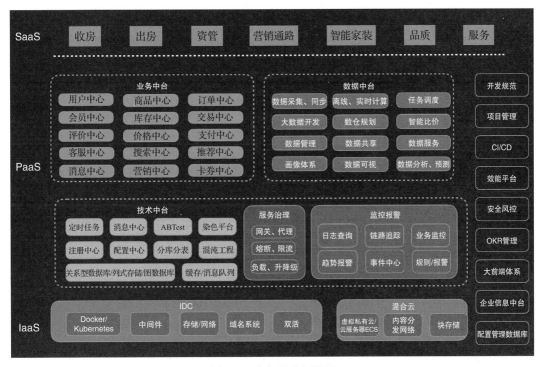

图 2-5 自如技术架构图

数据中台：数据中台基本上是最能有效赋能业务的通用能力域集合，核心的能力是自如的定价系统、用户档案、楼盘档案、业主档案、推荐系统，这些核心数据奠定了前台业务快速响应、多维度聚合数据的基础。

技术中台：相比于业务中台和数据中台，技术中台是自如目前能力域最多、最为成熟的中台。技术中台包括两部分：一部分侧重业务能力域，如用户登录、权限系统、敏感词系统、即时通信、推送服务、搜索服务；另一部分侧重基础架构，如配置中心、注册中心、监控报警、混沌工程、网关、熔断限流、业务开关、服务治理、流量染色。技术中台是自如业务研发使用最高频的能力，是工程效能最核心的部分。

2.3 自如技术架构遇到的问题

自如的技术架构经过 10 年发展，达到目前的架构状态，并非一蹴而就，而是跟随业务的增长不断迭代和演化的。在这个迭代过程中，我们总结了许多当时遇到的问题，相信与众多中小型互联网公司有不少相似之处。本节会通过一些数据来解析自如在云原生架构落地之前遇到的 3 个问题——稳定性问题、研发效率问题和流程体系问题。

2.3.1 稳定性问题

2019 年之前，自如某业务线的系统在 30 天内出现了 13 次线上故障，基本达到 2 天一次的故障频率，面对如此高频的线上问题，开发工程师疲于奔命，根本无暇迭代新功能，一线业务人员对系统也怨声载道。如何保证系统稳定性、功能可用是当时开发团队最为困扰的问题。

2018 年年底，基础平台团队的成立是自如系统从"易变"走向"稳定"的转折点。基础平台重新盘点了线上故障类型，抓住核心短板，发现当时最迫切的问题是中间件的治理。

首先是版本问题，各中心使用的 MQ、Elasticsearch、Redis 版本都极其老旧。以 Elasticsearch 为例，当时最新版本已经到了 6.*x*，生产集群使用的还是 2.*x* 版本，导致许多陈旧、低效的语法仍在使用，一些中间件新的特性没有用于生产。

其次是集群耦合太大，数个中心共用一个 MQ、一个 Redis 实例，经常发生业务部门 A 的队列拥堵导致业务部门 B 的业务不可用，一个中间件瘫痪，整个公司的业务停转。经排查发现，这个情形与 2.1.2 小节介绍到的单体架构相似，原因是历史研发人员为了方便，直接复制中间件配置代码，导致业务应用虽然做了解耦和独立，中间件的依赖却没有分开。

最后是环境问题，代码分支、环境变量、开关配置经常出现测试环境与生产环境不一致等问题；人工参与过多，很多人为问题导致线上代码污染，进而引发故障。

经过 2 年的治理，因中间件、人为配置导致的故障率大大降低，我们重新盘点了一下 2019 年的故障情况，大体分布如图 2-6 所示。

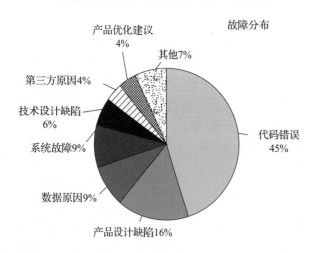

代码错误	1068
产品设计缺陷	372
数据原因	224
系统故障	219
技术设计缺陷	130
第三方原因	98
产品优化建议	97
配置错误	63
未知原因	39
业务流程优化	33
需求变更	12
硬件问题	4
安全问题	6

图 2-6 故障分布图

可以发现，占比最高的 3 个问题变成了代码错误、产品设计缺陷、数据原因，其中代码错误占比 45%。稳定性问题终于不再是系统故障的首要原因。

2.3.2 研发效率问题

经济学上讲生产力有三要素——劳动对象、劳动者、劳动资料。对应在研发过程中，劳动对象是需求、项目、任务；劳动者是产品、研发、测试、前端、运维；劳动资料是原型、代码、环境、组件库、IDE（Integrated Development Environment，集成开发环境）、硬件资源等，如图 2-7 所示。

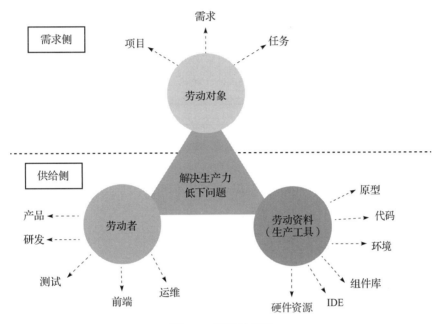

图 2-7　研发效率图

在 2019 年之前，自如研发的全生命周期是没有完全数字化的，一个项目的开发周期、测试周期、上线周期、人员投入等数据是不完整的，90% 的项目没有管理，开发人员根据倒排时间进行排期上线。项目的线上质量指标也基本是原始状态，研发效率低下。

2.3.3 流程体系问题

研发效率低下，在很大程度上是劳动资料的问题，CI/CD 是研发人员的必备工具。2019年，自如想重做 CI/CD，对研发人员进行了一次摸底调研，发现研发人员对当前流程体系的满意度平均只有 5.76 分。

问卷中几个比较典型的用户反馈值得与大家分享。

1. 对于"代码发布列表"你有哪些痛点?

❑ 编译错误时无法自动发送编译错误提醒邮件。

❑ "合并"与"发布"的操作过于晦涩、比较难理解。

❑ 发布时效锁定为 2 分钟有点固化。

❑ 准生产环境经常不稳定，希望有所改善。

❑ 希望可以进行多分支并行发布。

2. 代码发布上线过程你遇到的问题有哪些?

❑ 上线操作烦琐、流程复杂。

❑ 发布报错后无法查看相关的报错信息。

❑ 发布时没有优雅关闭，会有流量损失和启动过程中的流量冲击。

❑ 代码发布过程可视化程度不够，没有任何提示。

❑ 功能很全，但是人工操作过多。

3. 在使用操作系统平台打包编译时你遇到过哪些问题?

❑ 脚本编写复杂，无法自动化打包、编译。

❑ 浏览器兼容性不足，除了 Win10 自带浏览器外，使用其他浏览器会报错。

❑ 自动创建发布环境时需要配置的项目过多。

❑ 不同环境的配置可能不一致，导致出问题后的排查与定位非常困难。

❑ 发布权限与审批流程控制不合理。

❑ 非发布窗口发布时，无法收到审批信息。

类似的反馈还有代码发布历史的体验、发布审批流程的问题、版本信息管理、环境配置查看问题等。

同时，问卷也统计了研发人员对新平台的期待。

1. 你觉得在项目上线流程中还需要添加哪些功能?

❑ 建议增加代码检查功能，提升代码质量。

❑ 建议精简审批流程。

❑ 建议增加进度可视化、发布结果状态可检测功能。

❑ 建议增加分组灰度发布功能。

❑ 建议增加预发布环境进行上线前验证。

❑ 建议增加测试环境服务器监控以及恢复机制。

❑ 建议增加日志查询、进度查询、批量发布功能。

2. 你对操作系统自动化平台的愿景是怎样的，希望它是一个怎样的自动化平台?

❑ 希望是一个高度自动化的平台，人工介入越少越好。

❑ 希望可以自己申请添加机器配置、查看负载情况。

❑ 希望能够更智能、更灵活、更可视、更易用、更高效可靠。

❑ 希望在发布上线前就做代码规范自动化检测，功能更简单易用。

❑ 希望每个环境的项目信息、IP、项目域名能够完全正确匹配。

❑ 希望发布配置更加智能化、简易化。

经过此次调研，我们下定了重建 CI/CD 流程体系的决心，通过重建体系解决发布部署的效率问题。

2.4　本章小结

本章介绍了技术架构的概念，对常见的技术架构定义及分类做了区分，梳理了自如技术架构的演变过程。技术架构是随着企业的发展阶段不断演变的，自如在启动云原生之路时遇到了稳定性、研发效率、流程体系问题，从第 3 章开始，将介绍自如是如何应对这些问题的。

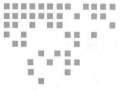

Chapter 3 第 3 章

开启云原生之路

自如在 2018～2019 年已经步入微服务架构阶段，在中台的探索上其实并不深入。当时研发团队比较头痛的问题是交付流程、基础设施，容器化此时成为团队新技术迭代的催化剂。

本章会从行业趋势的角度分析云原生的必要性。虽然团队从上到下都很坚定要实施云原生战略，但是在体系建设的初期，我们并没有大刀阔斧地进行变革。相反，我们是在摸索中一步步迭代，从 DevOps 意识的转变，到从 KVM 往 Docker 的迁移，逐步让云原生的几大组件落地开花。

3.1 制定云原生战略

从 2017 年开始，互联网大会上关于容器的主题越来越多，Swarm、Mesos、Kubernetes 等百花齐放；2018 年，比较热门的主题有容器化、容器云、服务网格、DevOps；2019 年的大会，关于容器编排的主题分享越来越多，如大规模业务 Kubernetes 集群托管、云原生的开源分布式文件系统、云原生数据库，等等。在外部大环境的影响下，自如技术团队也有了尝试云原生技术的想法。

3.1.1 行业趋势分析

曾鸣博士在《智能商业 20 讲》一书中提到，自 2000 年以来，中国互联网行业创造出了前所未有的奇迹，尤其是最近的 10 年，互联网行业在应用层面为用户、为行业带来了翻天覆地的变化。从历史的角度来说，互联网叫"联互网"更贴切，基本上经历了连接、互动、结网 3 个阶段。在这 3 个阶段中，诞生了许多伟大的公司和产品，如三大门户网站、百度、QQ、微信、微博、淘宝、京东、头条、美团等。从连接、互动到结网的过程，是一个应用更加丰富、人与人的交互不断扩大、效率不断提升的过程，而支持这些变化的核心力量是技术的创新。云原生技术也是在技术浪潮中不断迭代而来的产物。

自 2010 年以来，云计算从被质疑到被肯定再到蓬勃发展，经历了举步维艰的 10 余年。到今天，云计算凭借高可用、易维护、弹性、低成本的特性成为众多互联网公司首选的技术基础设施。尤其对于创业公司来说，快速的业务迭代是当前阶段的首要战略，不会花太多的精力去自研基础设施。因此，新业务快速上云逐步成为许多企业的首选，云厂商的 IaaS、PaaS、SaaS 基本可以满足绝大多数业务场景的需求。在此环境下，企业的技术架构只有更适合在云环境下构建，才能更好、更灵活地支持业务。

同时，如第 2 章所述，一线互联网公司的技术架构也在从微服务架构不断走向云原生架构。所谓云原生，即"云"+"原生"。"云"是指应用程序运行在云中，而非传统的数据中心；"原生"表示应用程序从设计之初即考虑到云的环境，天生为云而设计，在云上以最佳方式运行，充分利用和发挥云平台的弹性、分布式等优势。因此，企业的技术架构也将朝着如下几个趋势发展。

（1）云环境将成为常态

云环境大大降低了企业自建基础设施的成本，甚至无须组建整个运维团队，上云已是大势所趋。部分企业出于数据安全的考虑，会采用混合云架构。云环境能帮助企业更快地解决跨区域、升降级、安全合规、成本优化等痛点，云平台已经成为企业数字化转型的创新平台。同时，成熟的云厂商越来越多，企业的可选择性也更多，多云会逐步成为企业的主流选择。

（2）基础设施更加独立，研发人员不需要再花大力气建设基础设施

云厂商经过十年的发展，已经把每个层次的基础设施都逐步封装成了服务，从最基础的虚拟机、网络、存储到消息队列、缓存、搜索引擎等中间件，再到监控报警、服务治理等工具平台，所有企业共性、通用的基础设施都可以在云环境中找到。研发人员不再需要花大量的精力去重复建设自己的基础设施，拿来即用。

（3）分工更加明确，运维更加下沉

云原生使得开发工程师更聚焦业务代码的开发，不用关注底层 Dockerfile 如何编写、Deployment 如何配置、CRD 如何定义，关于容器相关的操作、配置都交给更加专业的运维工程师来处理。甚至，Kubernetes 已经成为云时代的操作系统，与 Linux 一样，Kubernetes 也定义了开放的标准接口，向下封装了计算、存储、网络、权限等通用系统资源，同时向上支撑业务应用。通用的技术栈可以加速运维体系的标准化，大大降低人力成本。

3.1.2　战略方向分析

2015 年 12 月 7 日，阿里巴巴推出"大中台、小前台"战略，新设立中台事业群，我第

一次听到技术被提升到企业的战略高度。

2017 年 7 月 5 日，百度掌门人李彦宏用"把无人车开上五环"的营销事件，撕下了百度"搜索公司"的标签，告诉外界百度已经不再是一家互联网公司，"All in AI"是百度的全新技术战略。

2019 年 3 月 7 日，小米集团组织部宣布成立 AIoT 战略委员会，负责促进 AIoT 相关业务和技术部门的协同，推动战略落地执行。

国家层面有 5 年战略规划，企业也有每年的商业战略计划，技术战略是依托于企业战略的，是对企业战略的技术支持和补充。随着互联网的高速发展，"互联网 +""互联网 ×"成为很多企业正在摸索的方向。互联网对传统企业的推动力有多大，能否产生十倍、百倍的增效，很大程度上取决于新技术的应用程度，如边缘计算、分布式存储、容器化、5G 等。

新技术、新架构一定会跨越鸿沟逐步从早期使用者普及成熟大众，早点拥抱新技术，就可以快速支持突发的业务增长。如果没有快速的弹性能力，业务上就很难应对热点事件带来的瞬时流量；如果没有高效稳定的 CI/CD 体系，就很难进行每日成百上千次的服务发布；如果没有依托于服务网格的统一服务治理，就很难对成千上万个微服务进行统一的限流降级操作。

在业务上，自如每年的请求量都会翻番，服务器数量也以每年 60% 的速度在增长，应用数量以每年 200 个的速度在增加。在技术战略上我们应该做什么呢？我们做了如图 3-1 的思考。

第一步，搞清楚公司今年大的基调是什么。前面提到，阿里要做中台，百度要做"All in AI"，小米要做 AIoT。自如当时全年的口号是做"心服务"，聚焦于服务质量的提升，大幅提升用户净推荐值。

第二步，进一步分解，对应战略方向，公司层面大的目标是什么。即我们的 OKR（Objectives and Key Results，目标与关键成果）中的"O"是什么，公司 2019 年的 3 个"O"分别是"主营业务规模到 150 万间""继续发力服务、旅居等稳定业务线""创新业务加大投入"。

第三步，分析可能采用的举措会有哪些。比如，是否会开发新的城市？是否会拓展新的业务？是否会挖掘新的渠道？是否会扩大组织规模。这一层要找到关键的 5 个方向。

上面 3 个步骤都是对业务的自我理解，接下来就是根据业务方向来分析技术战略了——针对公司业务目标，在技术层面需要具备哪些能力？以图 3-1 为例，需要技术从稳定性、效率提升、智能化、平台化、用户体验、安全 6 个方面发力。

下一步要对技术方向做技术能力的详细拆解，比如稳定性维度需要报警体系、业务隔离、异地多活等多种能力的支撑，效率提升维度需要服务治理、容器化、故障平台等能力的支撑。

最后，进一步拆解需要的人力、服务器资源。

经过上述步骤的拆解，我们发现持续发布、持续部署、容器化是当下最需要聚焦的技术要点。同时，从外部技术趋势来看，容器化、Kubernetes 逐步成为一种技术的新方向。于是，整个基础架构部门把 Kubernetes 体系作为部门的核心 OKR。

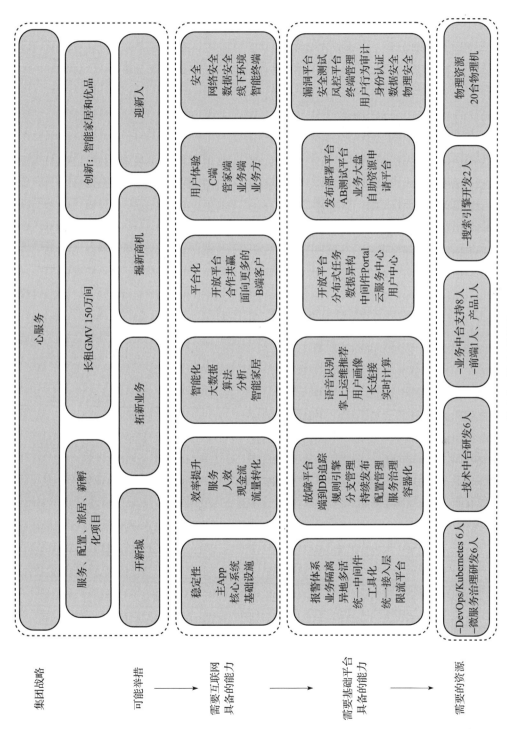

图 3-1 技术战略图

3.2 建设 DevOps 体系

从外部视角来看，整个行业的发展趋势肯定是趋于云原生的；从内部视角来看，云原生对研发人员和运维人员其实是一个不小的挑战。与云原生并行甚至更早的一个侧重于研发的方向是 DevOps 体系的建设。

3.2.1 DevOps 体系的发展方向

关于 DevOps，我们会听到各种声音：DevOps 就是研发人员要懂运维，DevOps 就是自动化运维，DevOps 就是敏捷开发，DevOps 就是一种理念。站在不同的角度，大家对 DevOps 的解读确实仁者见仁、智者见智。

我们引用百度对 DevOps 的定义。

DevOps（Development 和 Operations 的组合词）是一组过程、方法与系统的统称，用于促进开发（应用程序 / 软件工程）、技术运营和质量保障（Quality Assurance，QA）部门之间的沟通、协作与整合。它是一种重视"软件开发人员（Dev）"和"IT 运维技术人员（Ops）"之间沟通合作的文化、运动或惯例。通过自动化"软件交付"和"架构变更"的流程，来使得构建、测试、发布软件能够更加地快捷、频繁和可靠。

DevOps 的出现是由于软件行业日益清晰地认识到：为了按时交付软件产品和服务，开发和运维工作必须紧密合作。DevOps 是软件工程、技术运营、质量保障 3 者的交集，如图 3-2 所示。

传统的软件组织基本都是按照职能划分的职能型组织。项目管理、软件开发、测试、运维都是不同的职能部门，负责软件生命周期的某一项垂直环节。大部分软件的编码迭代是由开发工程师主导，但是上线发布及线上问题的运营工作往往交给了运维人员。

垂直的分工方式并非不好，而是当高频的发布与部署出现时，明确的局部分工反而会降低组织整体生产力。当发布从每周 2 次到每周上百次、上千次时，很难保证流水的线式发布能够正常高效，某个重要的需求可能会导致测试或运维资源吃紧，进

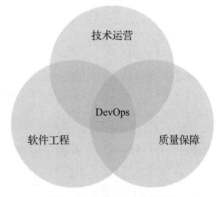

图 3-2　DevOps 交集图

而影响项目整体的吞吐量。同时，由于不同部门的组织目标不一致，因此会导致"组织深井"更加明显，从而减慢了 IT 交付业务价值的速度。

在 DevOps 模式下，开发团队和运维团队都不再是孤立的。有时，这两个团队会合并成为一个大团队，工程师会在应用程序的整个生命周期内紧密协作，开发出一系列不限于单一

职能的技能。有的公司可能不会做组织的调整，但是会重新定义职责和岗位，让开发工程师具备开发、质量、运维的意识，除了开发代码外，还要自己做单元测试，甚至自测回归，最后自己上线发布、线上验证。线上问题也是开发工程师第一时间收到报警，根据日志、链路追踪等工具定位分析问题，重新修复问题并上线。

所有的问题都交给开发工程师做了，那运维工程师和质量工程师做什么？我们可以看到，开发工程师的职责变大的前提是他们有了更多工具和平台。如同前两年非常火的中台一样，一线的"士兵"可以随时呼唤炮火，这些炮火是怎么来的呢？往往就是由 DevOps 团队或者运维质量工程师构建的。当年，阿里进行 DevOps 调整时，原来的技术保障团队全部开始学习编程，后来转战阿里云，最终成就了今天面向中小企业的优秀基础设施。

DevOps 看起来大大缩短了软件开发的周期，我们来分析一下它有什么优势。

（1）快速交付

DevOps 模式使开发工程师拥有更多的工具和自主权，可以更快捷地完成开发、测试、部署、验证等工作。相比于传统开发模式下的跨团队沟通和多层审批，整个过程降低了许多不必要的冲突和沟通噪声，变得非常扁平，进而大大提升了交付速度。

（2）快速运维

之前线上故障的修复链路是一线业务人员发现问题并通过即时通信工具找到开发工程师，开发工程师再找运维团队去定位和修复。这样的沟通路径和修复链路很长，同时会存在沟通不到位的情况。

在 DevOps 模式下，丰富的工具会让线上问题的暴露更加提前，定位问题和修复问题也更加及时，线上版本的发布与回退也更加便捷。开发工程师可以随时拉一个 Bugfix 分支快速自测上线，不用因等着多方审批而"贻误战机"。

（3）更高的质量

近几年，比较热的一个词是"质量左移"。在 DevOps 模式下，开发工程师能够更早地在上线前做用例验证、安全验证、灰度验证、AB 测试，这样一来，线上的产品问题会更早地暴露在测试环境中或上线前，相当于运维的工作前置或左移，这样的模式能够大大提高产品质量。

（4）团队协作

DevOps 其实更是一种文化，这种文化强调 Owner 意识，打破组织的束缚，开发团队和运营团队更加密切地合作，共同承担责任，将各自的工作流程相互融合。这有助于减少效率低下的工作，同时节约大家的时间。

DevOps 的种种优势，使其逐步成为各个互联网公司争相采用的一种模式。

3.2.2 开发能力差距分析

回到 2018 年，我们从整个研发生期来看自如当时的研发生产过程，如图 3-3 所示。

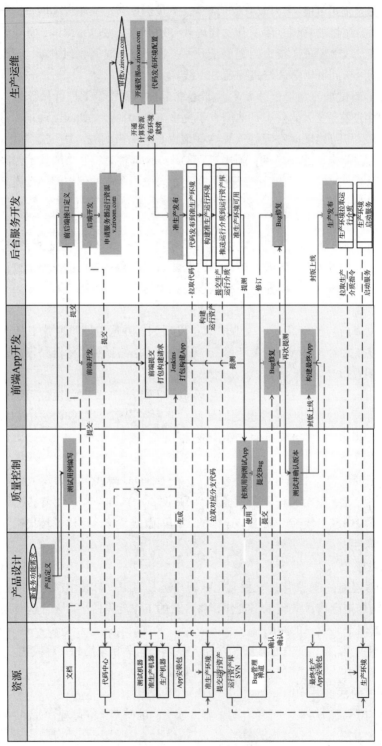

图 3-3 研发过程图

❑ 需求阶段：需求的管理曾经是杂乱无章的，需求由业务方录入 Jira，但是对于业务人员而言，Jira 的使用略微复杂，进而造成 Jira 上的数据正确率很低，往往没有完整的需求池。

❑ 产品阶段：产品设计阶段一般作为对接开发的直接上层阶段，会有多轮的 PRD（Product Requirement Document，产品需求文档）评审，梳理清楚产品需求，产品评审通过，测试工程师进行测试用例的编写，开发工程师进入架构设计阶段。这个环节当时并没有统一的工具和平台进行管理。

❑ 开发阶段：开发阶段是整个需求交付生命周期中最长也是最重要的环节，这个阶段开发工程师会申请代码环境、机器资源（域名、服务器地址、数据库地址、中间件信息等）、权限，然后进行编码开发。这里与运维工程师的交互较多。

❑ 测试阶段：开发完毕后会进入第二个重要阶段——测试阶段。这个阶段会进行多轮 Bug 修复与重新提测。通过测试环境验证后，还有一个准生产环境，开发工程师会手动合并代码到主干并进入待发布状态，准生产环境的代码对应主干的代码。很显然，这个过程极易造成手工错误。

❑ 发布阶段：发布阶段会进入生产环境，进入生产环境阶段前需要测试工程师进行签发，签发后运维工程师操作工具从 GitLab 的主干分支拉取代码到打包机进行编译，打包机编译后的代码由 SVN 管理，生产环境再从 SVN 拉取 class 文件并重启发布。

从现在的视角来看，图 3-3 的发布和部署过程中的"低效点"非常多，我们来分析几个典型的差距。

❑ 需求产品管理混乱：没有统一的工具和流程进行标准化的 BRD、PRD 管理，导致上游需求可能非常易变和不透明。

❑ 人工交互过多，自动化程度低：申请资源、申请权限、提测、签发都要有人工交互，上线发布的过程更多地转移到了线下，效率不高，沟通成本很大。同时，代码的合并、资源的配置都是线下开发工程师手工操作，出问题的概率极大。

❑ 工具薄弱：分支管理、环境管理混乱，GitLab 和 SVN 两种代码协同工具并存，定位不清，流程冗长，导致运维成本急剧上升。

❑ 系统脆弱性大：整个交付链路过长，环节层层相扣，一旦出现一个脆弱环节，就很容易导致整个流程阻滞。

系统和流程层面的问题其实都是冰山上面可见的部分，冰山底下的差距是人的差距。人的差距反映在两个层面：能力和思维。

（1）员工能力层面

大部分开发人员都只聚焦于业务开发，虽然对常用的开发技术栈很熟悉，但是对于技术背后的原理探索甚少，对于底层用到的基础设施和技术平台背后的知识接触得就更少了。有些工程师对于 DNS（Domain Name System，域名系统）、Nginx 毫无经验，甚至有些开发人员连 Host 都不会配置。

开发人员能力不足主要有两方面的原因：一是接触的场景太少，以 JVM 知识为例，我们面试时经常会问底层的垃圾回收算法、内存的分代、垃圾收集器、常用的定位 JVM 问题的命令等，但是实际上，在生产环境中能够接触这些场景，真正定位问题的机会极其稀少；二是主动性不足，一个开发工程师能力的高低，很大程度上取决于他愿不愿意去提升自己的能力。意愿和态度比能力现状更重要，这也是我们要讲的第二个层面——思维。

（2）员工思维层面

无论是开发工程师、测试工程师还是运维工程师，岗位名称有时候限制了大家的思维方式，思维方式被限制之后，对应的行动就会有所制约。开发工程师会把与服务器操作的工作留给运维工程师，运维工程师会把开发的工作留给开发工程师，双方分工明确。相反，如果我们的思维是成长性思维，是积极主动的，当我们搞不明白 CDN 和 DNS 的区别时，就会去查域名解析后的完整交互路径。大公司一般都有成熟的技术论坛、线上学习资源，但是一个只知道做业务的员工和一个不给自己设限的员工两者之间的差异是巨大的。

自如当时的研发团队和运维团队也是同样的情况，各人自扫门前雪，对于边界不清晰的工作，往往会有说不清、扯皮多的问题。开发工程师和运维工程师的能力水平与二线互联网公司也有巨大的差距，运维工作尤甚，大家还是以比较传统的手工运维为主，加班成为常态，整个团队疲于应对各种低端、重复的故障。

基于以上几个问题的剖析，我们开始重设方向，决心打造 DevOps 体系，帮助自如的产品研发流程走向一个新的阶段。如何改变这些差距呢，我分析了研发效能的效率飞轮，如图 3-4 所示。

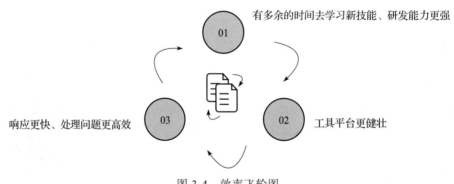

图 3-4　效率飞轮图

研发（运维）人员能力变强，才能构建更加成熟、健壮的工具和平台；工具和平台更加健壮，能够大大提升研发人员响应问题、处理问题的效率；快速处理完问题，能够使研发人员有更多的时间去学习和迭代新的技能。研发人员的能力越来越强，整个研发组织的效率会螺旋式上升，这样研发效能的效率飞轮就飞速转了起来。

3.2.3　建设 DevOps 体系的路线图

通过对开发能力的差距分析，我们横向剖析了开发交付过程中的几个阶段，同时调研了阿里的云效、腾讯的 Coding 平台和 TAPD（Tencent Agile Product Development，腾讯敏捷协作平台）。这几个工具非常成熟，由于自如当时没有上云，因此也无法直接使用，只能基于现状。像云效这样强大的平台不是一朝一夕建成的，我们制定了自如 DevOps 体系的路径规划，大体分为 3 个阶段，如图 3-5 所示。

图 3-5　阶段发展图

1.0 阶段：打基础，提升研发工程师和运维工程师的专业技能，修炼内功。

前面我们分析了能力差距，要想提高研发生产力，最重要的是提升人员能力，这是打造 DevOps 体系的第一步。只有研发人员熟悉运维知识，知道常用的服务器如何操作、出了线上问题可以快速识别是内存问题还是 I/O 问题，才能更加高效地发布与部署、定位问题、解决问题。同样，只有运维人员掌握了一定的开发知识，才能够从繁杂的日常事务中解放出来，去研发一些提效的工具和平台。

2.0 阶段：优平台，模仿业界一流的平台，提升研发工具的易用性。

当运维人员转型 SRE，研发人员转型 DevOps 后，人员能力有了一定的提升，我们需要开始分析研发过程的"飞轮阻碍点"——哪个环节、哪个流程、哪个工具在阻碍研发过程的高效流转。是环境的问题吗？是代码分支的问题吗？是提测环节不清晰吗？是发布审批太冗长吗？类似的问题我们要深问，在挖掘到整个研发生命周期的"减速点""卡顿点"后，下一步通过改造平台来解决问题。

3.0 阶段：赋能力，为研发、运维、测试工程师赋能，打造 DevOps 文化。

"酒香也怕巷子深"，有了工具，就要为广大工程师赋能，让全生命周期的角色都参与起来，用好工具。能够通过大盘看报表就不要用 Excel；能够通过平台做一键代码分支合并，就不要用 GitLab 的命令手动合并；能够一键链路追踪，就不要人工查日志、写脚本过滤。

3.3　从 KVM 迁移到 Docker

制定好 DevOps 体系的路径规划后，下一步就是实际落地执行。DevOps 是为云原生服务的，云原生的第一步是容器化，从 KVM 到 Docker，全部容器化打响了自如云原生落地的第一枪。

3.3.1　现状分析

2019 年，自如的服务器大概有 400 台，每个业务线分布不均，而且使用率不均，整体数据在 CMDB（Configuration Management Database，配置管理数据库）平台上也没有准确的统计，服务器的使用量和缺口完全是个黑盒，每次做服务器的预算都是一项极其艰难的挑战。

1. 资源使用率

宏观上，微服务的使用率是伴随业务的增长而增加的，针对不同的微服务，运维团队给出了相应的资源使用标准。例如，从环境角度来看，生产环境的应用服务一般建议配置为4C8G，测试环境配置为2C4G，数据库配置为8C32G。

我们分析了一些微服务的资源使用情况，发现CPU使用率基本在10%以下，即便是大数据计算型应用，CPU使用率也很低，不会超过20%；内存使用率相对较高，但也参差不齐，平均在60%左右；硬盘使用率一般。服务以Java微服务居多，是典型的内存密集型服务。具体使用情况如表3-1所示。

表 3-1　资源使用情况表

IP	CPU核数	内存（GB）	硬盘（GB）	资源类型	CPU使用率	内存使用率	硬盘使用率
10.216.5.180	2	12	60	KVM虚拟机	0.025	0.1538	0.7333
10.216.5.181	2	12	60	KVM虚拟机	0.01	0.1538	0.7333
10.16.8.147	4	16	60	KVM虚拟机	0.0025	0	0.8833
10.16.8.148	4	16	60	KVM虚拟机	0.0328	0.5294	0.5167
10.16.8.149	4	16	60	KVM虚拟机	0.0201	0.5294	0.4833
10.16.35.100	8	32	50	KVM虚拟机	0.0902	0.4545	0.62
10.216.5.158	2	12	60	KVM虚拟机	0.0201	0.2308	0.6833
10.216.5.159	2	12	60	KVM虚拟机	0.0152	0.3077	0.6833
10.216.5.193	2	12	60	KVM虚拟机	0.1633	0.3077	0.35

导致资源使用率低的原因有如下3点。

（1）微服务冷热不均

微服务的冷热不均必然会导致调用程度不一样，一个后端应用可能每天只有1位管理员使用，4C8G的配置就会造成浪费。

（2）微服务粒度拆分不均

当时整个公司只有800多个应用，以部门为单位盘点了微服务数量，发现有一个部门居然有120个微服务，微服务数量与业务的重要程度完全不成正比。大约从2016年开始，很多技术团队都开始关注服务解耦，原来1个大的服务被拆成了5个、10个，滥用架构理念导致了微服务的泛滥。

（3）基础设施的利用率低

前两个原因是从研发的视角来分析资源使用率低的问题，从硬件革新视角来看，我们都知道摩尔定律，18个月甚至更短时间内，服务器的性能会翻一番。为什么我们的服务器承载的应用量依然没有降低？核心原因还是单机的使用率太低。KVM的虚拟技术限制了单机的潜能，它基本上把一台宿主机的能力根据虚拟机的配置限制在了一个固定的范围内，很难有倍数的提升。

2. 可运维性

当时自如服务器的第二个痛点是可运维性差，具体表现为两个方面。

（1）标准化程度低

标准化程度低会导致两个问题。

第一，对运维人员来说，会有重复而低效的劳动。比如一次线上故障，EMQ（Elastic MQTT）中有一个 Topic 无法消费消息，而其他 Topic 都正常，想了很多解决方案都无法解决，最后决定保留现场，重新搭建一套同样配置的 EMQ。首先尝试二进制包复制的方式，结果启动后报错；然后尝试官方安装方式，虽然可以正常启动，但是生产者无法连接。后来对比两套环境，发现是由于一个 Namespace 参数未配置导致的。类似这样的配置问题还有很多，标准化程度过低就会导致零碎的问题分散到服务器的各个角落，无故障时风平浪静，一旦出现紧急问题就会导致运维人员手足无措。

第二，对于研发人员来说，会出现令人迷惑的诡异故障。我们经常会在故障群里听到研发人员反馈，同样的代码为什么在测试环境运行没问题，上了生产环境就问题连连，排除研发侧的合并代码、配置项等问题，很多时候也是由非标准化导致的两端环境不一致所致。

（2）微服务太多导致的运维熵增

微服务设计理念的普及导致产生大量的微服务。虽然微服务的耦合性大大降低，但是微服务之间的调用关系越来越复杂，调用链路越来越深，原来的整体服务可能是简单的 A → B → C 链式结构，现在就变成了一个网状结构。

KVM 的种种不便和低效，加上云原生的风生水起，使运维团队有了尝试新技术的想法，于是我们开启了云原生的第一步——全部容器化。当然，从传统的虚拟技术过渡到全新的技术栈，要实现全量且稳定的容器化覆盖，的确不是一件一蹴而就的事，我们大概分了两个维度来做迁移，一是按环境迁移，二是按业务线迁移。

3.3.2　按环境迁移

从物理上划分，环境包括测试环境和生产环境。大的原则是先做测试环境的切换，测试环境以 10% 为梯度逐步从 0 加到 100%，验证 2 个月后，再开始进行生产环境的切换，切换迁移如图 3-6 所示。

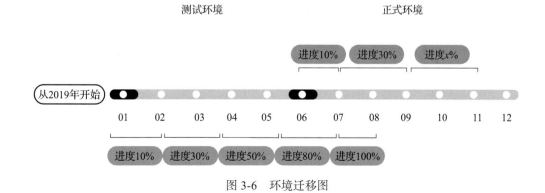

图 3-6　环境迁移图

3.3.3 按业务线迁移

环境迁移时要避免大规模迁移，我们进行业务线切割，按照各业务线进行迁移，迁移计划如表 3-2 所示。

表 3-2　业务线迁移计划

序号	应用名称	部门	是否迁移	迁移日期	负责人
1	资产交易应用	支付中心	否	2019-01-01	张 × ×
2	用户信息应用	用户中心	是	2019-04-01	李 × ×
3	数据分析应用	大数据中心	是	2019-05-01	王 × ×
4	营销推广应用	营销中心	是	2019-06-01	赵 × ×
5	前端应用	前端中心	否	2019-07-01	陈 × ×
6	组织结构应用	企业服务中心	是	2019-07-01	王 × ×
7	权限应用	基础服务中心	是	2019-08-01	王 × ×

通过一段时间的迁移试点，部分服务从 KVM 迁移到 Docker，研发人员对服务器的使用是零感知的，Docker 的覆盖为后续使用 Kubernetes 进行服务编排奠定了基础。

3.4　本章小结

承接第 2 章对架构痛点的分析，本章分析了当下技术领域的主流技术和架构趋势，坚定地开启云原生之路。在正式开始大动作之前，先分析了效率飞轮，即研发（运维）工程师能力提升、工具和平台更加健壮、新技能迭代。通过效率飞轮坚定了 DevOps 体系的建设。建设 DevOps 体系的第一步是面向容器化对服务进行全面升级，我们按环境和业务线两种视角去推动 KVM 往 Docker 的逐步迁移。第 4 章会介绍 Docker 的基础知识与核心原理，帮大家奠定云原生的基础。

第 4 章 *Chapter 4*

Docker 的基础知识与核心原理

　　Docker 是一个开源的应用容器引擎，可以让开发者将应用和依赖打包到一个可移植的镜像中，然后发布到任何流行的 Linux 或 Windows 机器上，也可以实现虚拟化。容器完全使用沙箱机制，相互之间不会有任何接口。从开发者角度来看，他们需要的是一个可以高效交付和稳定运行的环境，而不是一个独立的操作系统。相比于 KVM、Xen 等硬件虚拟化技术方案，容器技术是更轻量级的操作系统虚拟化方案。

　　本章将从虚拟化技术开始，逐一讲解操作系统虚拟化、容器、Docker 等的概念与原理，并对 Docker 镜像管理及常用的网络模式进行详细介绍。通过本章的学习，读者可以了解 Docker 运维常用的命令与 Dockerfile 的编写方法，包括从零开始安装 Docker 服务并运行一个 Nginx 容器，手动编写一个可构建 Redis 的 Dockerfile 文件。下面，让我们从容器技术开始，一步步进入云原生时代。

4.1　容器与 Docker

　　在开始介绍容器技术之前，要先明确一个概念：容器 ≠ Docker。换句话说，容器技术的概念包含 Docker，在 Docker 之外还有 CoreOS rkt、Mesos、LXC 等容器引擎可供选择。由于 Docker 是一个市场份额很大的容器引擎，因此在提到容器技术时，用户往往默认为是在讨论 Docker。

　　容器技术的概念最早出现在 1979 年，FreeBSD 推出了一种操作系统级虚拟化技术：FreeBSD jail，系统管理员可以通过这项技术将 FreeBSD 系统分出多个子系统。此时的容器技术，只实现了简单的 Namespace 机制，经过不断的发展，Cgroups 技术在 2008 年被合并到 Linux 内核中。至此，Linux 操作系统虚拟化的资源隔离技术已基本成型。下面，就让我们来了解一下虚拟化技术的分类以及容器与 Docker 技术的虚拟化原理。

4.1.1 虚拟化技术

虚拟化技术是将一台计算机虚拟为多台逻辑计算机。虚拟化使用软件的方法重新定义和划分 IT 资源，从而实现 IT 资源的动态分配、灵活调度、跨域共享，提高 IT 资源利用率，使 IT 资源能够真正成为社会基础设施，满足各行各业中灵活多变的应用需求。

根据虚拟化实现的方法，目前主流的虚拟化技术可以分为如下几类。

1. 操作系统级别虚拟化（OS-Level Virtulization）

不需要对底层进行改动，也没有所谓的 VMM（Virtual Machine Manager，虚拟机管理器）去监管和分配底层资源，而是通过操作系统共享内核的方式，为上层应用提供多个完整且隔离的环境，这些实例（instance）被称为容器（container）。容器的虚拟化资源和性能开销很小，而且不需要硬件的支持，是一种轻量化的虚拟化实现技术。

2. 全虚拟化（Full Virtualization）

全虚拟化又叫硬件辅助虚拟化，最初的虚拟化技术就是全虚拟化技术，它在虚拟机和硬件之间加了一个软件层——Hypervisor，又称作虚拟机管理器。因为运行在虚拟机上的操作系统通过 Hypervisor 来分享硬件，所以虚拟机发出的指令需经过 Hypervisor 捕获并处理。Guest OS（客户操作系统）不知道自己在一个虚拟化的环境里，硬件的虚拟化都在 VMM 或者宿主机中完成，客户机认为自己在用真实的控制命令调用硬件。

3. 类/半虚拟化（Para Virtulization）

半虚拟化技术也叫准虚拟化技术，现在比较热门。它在全虚拟化的基础上，对 Guest OS 进行了修改，增加了一个专门的 API，这个 API 可以将 Guest OS 发出的指令进行最优化，即不需要 Hypervisor 耗费资源进行翻译操作，因此 Hypervisor 的工作负担变得非常小，整体的性能也有很大的提高。缺点是，要修改包含该 API 的操作系统，对于某些不含该 API 的操作系统（主要是 Windows）来说，就不能用这种方法了。

4.1.2 容器技术

容器是一种沙盒技术，主要目的是让应用运行在其中并与外界隔离。这个沙盒可以被转移到其他宿主机器上。本质上，它是一个特殊的进程。通过命名空间、控制组（Control Groups）、切根（Chroot）技术把资源、文件、设备、状态和配置划分到一个独立的空间中。

虚拟化技术通过在虚拟机与硬件之间增加的 Hypervisor，虚拟化了硬件资源。通过 Hypervisor，系统管理员可以按需创建虚拟机并交付，这样就在资源隔离的前提下提高了物理资源的使用率。以 KVM 虚拟化技术为例，系统管理员可以创建几个常用的虚拟机模板，用户按需申请，资源交付效率有了稳定的保障。在日常运维过程中，管理员对宿主机的资源做好管控，在资源不足时，水平扩展物理机或虚拟机资源即可。当规模持续增加时，可以很方便地通过运维平台对外提供服务，降低运维成本。

可以看到，虚拟化技术提高了服务器资源的交付效率、使用效率及运维效率。那么，容器技术的出现又解决了什么问题呢？

在本章开始处提到过，开发者更关注的是高效交付与稳定运行的环境而非操作系统。为每个应用分配一个独立的操作系统其实还是存在一定资源开销的，尤其是当虚拟机的规模增加时，每个宿主机所消耗的每个虚拟机操作系统上的资源也会相应增加。但是，从开发者（即虚拟机的使用者）的角度来看，这种资源开销往往是无意义的。

在资源开销之外，还有一个场景，那就是环境的标准化。从应用的生命周期看，至少要在开发、测试与生产环境中发布，而开发工程师与运维工程师经常遭遇开发、测试、生产环境不统一导致的各种问题。虽然这些问题可能会在上线前被及时识别并处理，但是处理因环境不一致导致的问题是一件很耗费精力的事情。开发者期望的是，在开发环境中调试好的应用，可以符合预期地运行在测试与生产环境中。

要保持统一的不只是代码，还包括环境本身。这也是容器的理念集装箱，不同的货物（应用）按照标准存放（封装）在不同的集装箱（容器）中，可以用任意货轮运输（运行），集装箱之间互不影响。接下来，我们来看看 Docker 技术是如何实现这一理念的。

4.1.3　Docker 架构

1. Docker 的应用场景

当我们提到容器技术时，都默认是在谈论 Docker，这是为什么呢？因为 Docker 使用起来简单方便，解决了绝大多数用户的需求。其他容器引擎或多或少存在打包不方便、兼容性差等问题。而 Docker 的方案中，不仅打包了本地应用程序，同时将本地环境（操作系统的一部分）一起打包，实现本地环境与服务器环境完全一致，真正做到了"一次开发，随处运行"。

2. Docker 架构

开发者期望自己的应用可以随时在开发、测试和生产环境中运行，Docker 能在众多容器引擎中脱颖而出，其制胜法宝就是将本地环境与应用程序打包成一个镜像（Image），并托管在镜像仓库（Repository）中。当开发者或管理员想要运行一个应用时，只需从镜像仓库拉取该应用的镜像并依托镜像启动容器。这样描述有些抽象，简单梳理下这些概念之间的关系，如图 4-1 所示。

从图 4-1 中可以看到，一个完整的 Docker 架构包括如下概念。

- 镜像：Docker 镜像相当于一个 Root 文件系统。比如，官方镜像 ubuntu:16.04 就包含了一套完整且精简的 Ubuntu16.04 系统。
- 容器：镜像和容器的关系，就像面向对象程序设计中的类和实例的关系，镜像是静态的定义，容器是镜像运行时的实体。容器可以被创建、启动、停止、删除、暂停等。

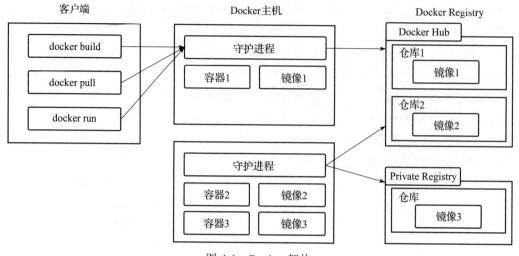

图 4-1　Docker 架构

❑ 仓库：仓库可以看作一个代码控制中心，用来保存镜像。

❑ Docker 客户端：Docker 客户端通过命令行或者其他工具来使用 Docker SDK（https://docs.docker.com/develop/sdk/）与 Docker 的守护进程通信。

❑ Docker 主机：一个物理或者虚拟的机器，用于执行 Docker 守护进程和容器。

❑ Docker Registry：一个 Docker Registry 中可以包含多个仓库。

4.1.4　Docker 安装与命令

我们简单了解了 Docker 架构之后，如何运行 Docker 服务并最终将应用放在容器中运行呢？本节我们先讲解如何部署并运行 Docker 服务。

关于 Docker 安装和部署的资料很多，这里以在 CentOS7 系统下安装 Docker 为例进行介绍。

（1）检查服务器内核版本

Docker 支持 64 位的 CentOS7/8，并且要求内核版本不低于 3.10，如果内核版本比较低，部分功能将无法使用，而且可能不太稳定。在安装前需要先检查操作系统内核的版本。

```
uname -r
```

（2）安装 Docker

在安装前，需要确保 yum 已经更新到最新版本。

```
sudo yum update
```

可以查看仓库中所有的 Docker 版本，并选择特定版本进行安装。

```
yum list docker -showduplicates
```

安装 Docker。

```
sudo yum install docker
```

（3）启动 Docker 并设置开机启动

启动 Docker 服务。

```
sudo systemctl start docker
```

设置 Docker 服务开机自启。

```
sudo systemctl enable docker
```

（4）验证 Docker 安装是否成功

查看 Docker 版本。

```
docker version
```

4.1.5　Docker 常用命令

Docker 服务安装完毕后，准备工作已经完成。下面我们可以正式体验一个容器从镜像拉取 / 构建、容器启动提供服务、容器停止回收的全过程，如图 4-2 所示。

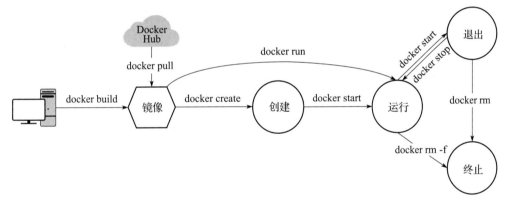

图 4-2　容器生命周期

在这样一个完整的生命周期中，涉及的命令详见表 4-1，各位读者可以先熟悉这些常用命令。在 4.2 节，我们将以启动一个 Nginx Server 为例，为大家演示如何拉取镜像并以目标镜像为依托启动容器。

表 4-1　Docker 常用命令

命　　令	用　　途
docker \<command> --help	查看指定命令的使用方法
docker pull nginx	拉取 Nginx 镜像
docker run –it nginx /bin/bash	启动 Nginx 容器
docker ps –a	查看所有容器
docker start \< 容器 ID>	启动容器

（续）

命　令	用　途
docker stop < 容器 ID>	停止容器
docker exec –it ＜容器 ID> /bin/bash	进入容器
docker rm –f < 容器 ID>	删除容器

4.2　镜像管理

从本节开始，我们将着手在容器中运行一个 Nginx 服务。如果想运行一个应用的容器，就要先有这个应用的镜像。什么是容器镜像？为什么有了镜像才可以运行容器？镜像又是如何产生与管理的呢？本节将通过具体案例剖析镜像的概念并介绍两种生成镜像的方法。

4.2.1　什么是镜像

Docker 镜像包含运行某个应用所需的所有内容，包括代码、运行环境和配置文件等。简单来说，Docker 镜像是一个包含了运行容器所需各种资源和配置信息的文件，可以将其理解为一个停止运行的容器。如果想启动一个容器，必须要先有一个镜像，镜像是 Docker 容器启动的先决条件。

4.2.2　镜像仓库服务

在图 4-1 中，我们看到管理员从 Docker Hub 中拉取了镜像 1 和 2，分别启动了容器 1 与容器 2，从 Private Repository 中拉取镜像 3 并启动了容器 3。其实，Docker Hub 和 Private Repository 有一个统称，那就是 Docker Registry（镜像仓库服务）。镜像仓库服务包含多个 Image Repository（镜像仓库）。同理，一个镜像仓库中可以包含多个镜像，它们之间的关系如图 4-3 所示。

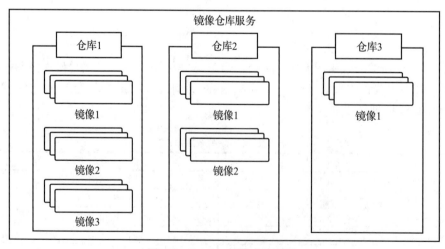

图 4-3　Docker 镜像仓库服务

4.2.3　镜像的创建与操作

容器依托于镜像运行，那么镜像又是如何生产的呢？创建镜像的方法主要有两种。

❑ 从镜像仓库中拉取已有的镜像。

❑ 使用 Dockerfile 构建自己的镜像。

下面演示如何使用 Docker Hub 上的 Nginx 镜像部署一个 Nginx 容器服务。

第一步，拉取官方的 Nginx 镜像。

```
docker pull nginx
```

第二步，查看本地镜像。

```
docker images nginx
```

第三步，使用 Nginx 镜像的默认配置来启动一个 Nginx 容器实例。

```
docker run --name nginx-server -p 8081:80 -d nginx
```

命令参数含义如下。

❑ --name：容器名为 nginx-server。

❑ -p：将服务器本地 8081 端口映射到容器内部的 80 端口上。

❑ -d：在后台运行启动的容器。

第四步，查看运行的容器。

```
docker ps
```

第五步，进入容器。

```
docker exec -it nginx-server /bin/bash
```

至此，访问 http://localhost:8081 就可以看到 Nginx 欢迎页面了。

4.2.4　Dockerfile

第二种创建 Docker 镜像的方法就是通过 Dockerfile 来构建 Docker 镜像文件。Dockerfile 文件中包含构建镜像所需的指令，Docker 通过读取 Docker 中的指令来生成镜像。可以将 Dockerfile 理解为一个文档，里面记录的是构建容器的全部指令。Docker 通过读取 Dockerfile 内的指令来构建容器。下面是一个精简后构建 Nginx 镜像的 Dockerfile。

```
# 指定基础镜像信息
FROM centos
# 镜像操作的指令
RUN yum install -y nginx
EXPOSE 80
# 容器启动执行的指令
CMD /usr/sbin/nginx
```

通过 Dockerfile 构建镜像时，Docker 按顺序读取 Dockerfile 内的指令，每执行一条指令，叠加一层镜像，指令越多，叠加的镜像层数越多。我们可以将重复的动作尽量合并到一条指令中实现。表 4-2 中列举了常用的 Dockerfile 指令。

表 4-2　Dockerfile 常用指令

指令	用途
FROM	指定构建新镜像的基础镜像
MAINTAINER	镜像维护者信息
RUN	构建镜像时运行的指令
COPY/ADD	复制文件或目录到镜像中 COPY 指令只能从执行 docker build 指令的主机上读取资源， ADD 指令支持从远程服务器读取资源
ENV	设置环境变量
USER	指定运行 RUN、CMD、COPY 等指令的用户
EXPOSE	声明容器运行的端口
WORKDIR	指定运行 RUN、CMD、COPY 等指令的工作目录
VOLUME	设置挂载卷
CMD	容器启动后运行的指令

在熟悉了常用的 Dockerfile 指令后，我们可以开始尝试通过 Dockerfile 构建一个 Redis 镜像。首先，我们来编写一个构建 Redis 镜像的 Dockerfile。

第一步，创建 Dockerfile。

```
cat Dockerfile
# 基础镜像
FROM centos
# 工作目录
WORKDIR /usr/local
RUN yum install -y gcc gcc-c++ net-tools make wget
# 下载并安装 Redis
RUN wget -O redis.tar.gz "http://download.redis.io/releases/redis-6.2.5.tar.gz"
RUN tar -xvf redis.tar.gz
WORKDIR /usr/local/redis-6.2.5/src
RUN make && make install
# 修改绑定的 IP 地址
RUN sed -i -e 's@bind 127.0.0.1@bind 0.0.0.0@g' /usr/local/redis-6.2.5/redis.conf
# 暴露 Redis 端口
EXPOSE 6379
# 容器运行后启动 Redis 的指令
CMD [ "/usr/local/bin/redis-server","/usr/local/redis-6.2.5/redis.conf"]
```

第二步，构建名为 Redis 的镜像。

```
docker build -t redis .
```

特别注意，本条命令的结尾有一个 "."

第三步，使用镜像 Redis 创建一个 Redis 容器。

```
docker run --name redis.server -p 6379:6379 -d redis
```

需要注意的是，Dockerfile 的指令每执行一次都会在 Docker 上新建一层。过多无意义的层会造成镜像膨胀过大，在 4.2.4 节展示的构建 Redis 的 Dockerfile 文件，可以用 && 精简，这样执行 3 条指令，只会创建一层镜像，代码如下。

```
RUN yum install -y gcc gcc-c++ net-tools make \
    && RUN wget -O redis.tar.gz "http://download.redis.io/releases/redis-
        6.2.5.tar.gz" \
    && RUN tar -xvf redis.tar.gz
```

经过组合后，构建 Redis 的 Dockerfile 如下。

```
# 基础镜像
FROM centos
# 工作目录
WORKDIR /usr/local
RUN yum install -y gcc gcc-c++ net-tools make \
    && RUN wget -O redis.tar.gz "http://download.redis.io/releases/redis-
        6.2.5.tar.gz" \
    && RUN tar -xvf redis.tar.gz
WORKDIR /usr/local/redis-6.2.5/src
RUN make && make install
# 修改绑定的 IP 地址
RUN sed -i -e 's@bind 127.0.0.1@bind 0.0.0.0@g' /usr/local/redis-6.2.5/redis.conf
# 暴露 Redis 端口
EXPOSE 6379
# 容器运行后启动 Redis 的指令
CMD [ "/usr/local/bin/redis-server","/usr/local/redis-6.2.5/redis.conf"]
```

至此，我们已经启动了一个端口号为 6379 的 Redis 服务。

4.3　Docker 网络管理

当安装完 Docker 并启动后，将默认创建一个虚拟网桥 docker0，容器启动后都会被连接到 docker0 上并分配一个 IP，以此来实现容器之间的通信。docker0 是宿主机虚拟出来的，并不是真实的网络设备，这就意味着外部网络无法直接使用容器 IP 进行通信，因此外部网络需要通过宿主机 IP+ 端口访问容器。本节将介绍 Docker 自身的 4 种网络工作方式。

1. host 模式

以 host 模式启动容器，容器将和宿主机共用一个网络命名空间（Network Namespace），容器可以直接使用宿主机的 IP 地址与外部通信，容器内部的服务也可以使用宿主机的端口，不需要进行 NAT（Network Address Translation，网络地址转换），但容器的文件系统与进程列表还是与宿主机隔离的。

2. container 模式

与 host 模式类似，container 模式是多个容器共用一个 Network Namespace，而不是和宿主机共享。以 container 模式新建的容器不会有独立的 IP，而是和一个指定的容器共享 IP、端口等。同理，共用一个 Network Namespace 的容器之间，文件系统与进程列表等还是隔离的。

3. none 模式

none 模式的容器有独立的 Network Namespace，但并不进行任何配置，即这个容器没有网卡、IP 等信息。这种模式下的容器只能使用内部的 loopback 网络设备，开发者可以根据自己的需求定制容器的网络。

4. bridge 模式

该模式是 Docker 的默认网络设置，也是最常用的网络模式。此模式下容器拥有独立的 Network Namespace 并连接到 docker0 网桥上，docker0 网桥作为虚拟交换机使容器可以相互通信。同时为了使外部网络可以访问容器中的进程，通过 iptables 的 NAT 将宿主机的端口流量转发到容器内的端口上，从而实现容器与外部网络的互通。显然，bridge 模式下的容器与外部通信，是基于 iptables NAT 的，并且需要占用宿主机端口，当容器量级上升后，需要考虑宿主机的性能开销及端口管理。

4.4 容器核心原理

通过 4.1 ～ 4.3 节的讲解，我们对 Docker 的基本概念与使用已经有了初步的了解，并直观感受到了以 Docker 为代表的操作系统级虚拟化技术在应用部署方面的便利性。那么这种高效稳定的运行环境又是如何实现的呢？本节将逐一介绍容器的核心原理。

4.4.1 Namespace 资源隔离

1. Namespace 介绍

Namespace 是 Linux 提供的一种内核级别的环境隔离的方法。处于不同 Namespace 的进程拥有独立的系统资源。同理，改变一个 Namespace 中的系统资源，只会影响当前 Namespace 中的进程，对其他 Namespace 中的进程没有影响。

2. Namespace 的 6 种隔离

相较于传统虚拟化技术中每个虚拟机在操作系统层是完全独立的，Docker 这类操作系统虚拟化技术，各容器间是共享操作系统的。Docker 容器本质上就是宿主机上的一个进程，那么各容器之间对于资源使用的冲突如何解决？ Namespace 技术用于实现容器与容器之间、容器与宿主机之间的资源隔离。常用的 Namespace 类型及具体功能，如表 4-3 所示。

表 4-3　Namespace 的 6 种类型

Namespace 类型	隔离内容	具体功能说明
UTS（Unix Time Sharing）	主机名与域名	主机名隔离能力，每个 Docker 可以配置独立的主机名和域名
IPC（Inter Process Communication）	信号量、消息队列和共享内存	进程间通信的隔离能力，信号量、消息队列、共享内存等在同一个 IPC Namespace 下彼此可见，而在不通 IPC Namespace 下不可见
PID（Process IDentification）	进程编号	进程隔离能力，不同 PID Namespace 下的进程可以有相同的 PID
Network	网络设备、网络栈、端口等	网络隔离能力，不同 Network Namespace 拥有独立的网络栈并通过创建网络虚拟设备（veth pair）进行通信
Mount	挂载点（文件系统）	磁盘挂载点和文件系统的隔离能力，每个 Mount Namespace 的挂载点列表是独立的，各自挂载互不影响
User	用户和用户组	用户隔离能力，同一个用户 ID 在不同 User Namespace 中会有不同权限。比如一个普通用户权限的进程在它创建的 User Namespace 中拥有超级用户权限

4.4.2　Cgroups 资源限制

表 4-3 列举的 6 种 Namespace 隔离技术，覆盖了主机名、信号量、消息队列、进程、网络、文件与用户组，直观感受上已经覆盖得非常全面，然而资源分配的问题其实并未完全解决，虽然容器与容器之间的资源是隔离的，但是如果有一个容器在大量执行计算任务并占用 CPU 资源，还是会对其他容器产生影响，因此我们还需要另一个容器资源管理利器——Cgroups（Control Groups）。Cgroups 是 Linux 内核提供的一种机制，这种机制可以根据特定的行为，把一系列系统任务及其子任务整合（或分隔）到按资源划分等级的不同组内，从而为系统资源管理提供一个统一的框架。简单来讲，Cgroups 将进程分组，然后对各组进程进行统一的资源管理。

Cgroups 主要功能如下。

❑ 资源限制（Resource Limitation）：对进程组使用的资源总额进行限制。

❑ 优先级分配（Prioritization）：通过分配 CPU 时间片与硬盘 I/O，控制进程运行优先级。

❑ 资源统计（Accounting）：统计系统实际资源使用量。

❑ 进程控制（Control）：对进程组执行挂起、恢复等操作。

4.4.3　联合文件系统

联合文件系统（Union File System，UnionFS）于 2004 年由纽约州立大学开发，它可以把多个目录内容联合、挂载到同一个目录下，而目录的物理位置是分开的。UnionFS 允许只读和可读写目录并存，也就是说可以同时删除和增加内容。要理解 UnionFS，需要了解以下两个概念。

❑ bootfs（boot file system）：包含操作系统 bootloader 和 kernel。用户不能修改 bootfs，在内核启动后，bootfs 会被卸载。

❑ rootfs（root file system）：包含一般系统常见的目录结构，如 /dev、/proc、/bin、/etc、/lib、/usr 等。

在 Docker 镜像设计中，引入了层（layer）的概念并通过 UnionFS 来实现镜像分层存储和管理。如 4.2 节所述，在构建 Docker 镜像时，每一条指令都会生成一个层，也就是一个增量的 rootfs，这样逐层构建，容器内部的更改都被保存到最上面的读写层，而其他层都是只读。

当用镜像创建容器时，在 bootfs 自检完毕后并不会把 rootfs 的 read-only 改为 read-write，而是在之前一层或多层的 rootfs 之上分配一层空的 read-write 的 rootfs，在加载了多层 rootfs 后，使用者接触到的仍是一个文件系统。

4.4.4 runC

在介绍 runC 之前，我们要先明确一个概念——容器运行时。通俗来讲，容器运行时指的是容器从拉取镜像创建、启动、销毁的一个完整的生命周期。而 runC 是一个根据 OCI（Open Container Initiative，开放容器计划）标准创建，用于运行容器的工具。OCI 由 Linux 基金会于 2015 年成立，旨在围绕容器格式和运行时制定一个开放的工业化标准。runC 是一个轻量级的工具，其本身运行并不依赖于 Docker，容器的创建、启动、销毁等操作最终都将通过调用 runC 完成。这样描述有些抽象，我们可以先了解一个标准容器的控制流程，如图 4-4 所示。

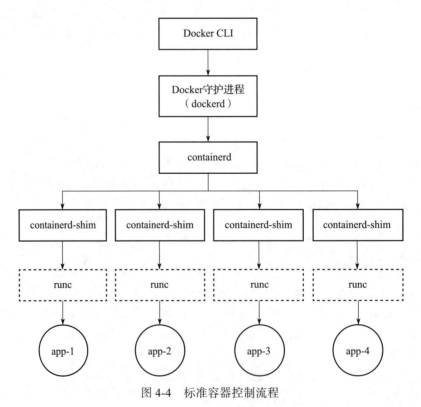

图 4-4　标准容器控制流程

以 4.2 节中介绍的启动 Nginx 容器为例，当管理员拉取 Nginx 镜像并启动一个 Nginx 容器后，会按照如下流程执行命令：dockerd → containerd → containerd-shim → runc。我们可以执行如下命令。

```
# 启动一个 Nginx 容器
docker run --name nginx-server -p 8081:80 -d nginx
# 启动一个 Redis 容器
docker run --name redis-server -d redis
# 查看 docker 进程运行状态
systemctl status docker
```

执行后，可以看到图 4-5 所示 docker 进程运行状态。

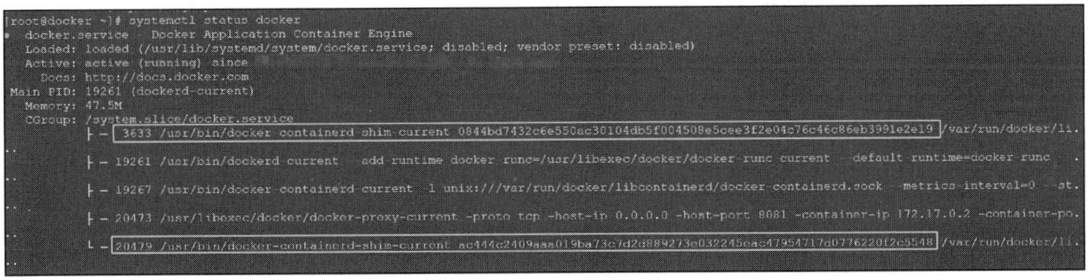

```
[root@docker ~]# systemctl status docker
● docker.service - Docker Application Container Engine
  Loaded: loaded (/usr/lib/systemd/system/docker.service; disabled; vendor preset: disabled)
  Active: active (running) since
    Docs: http://docs.docker.com
Main PID: 19261 (dockerd-current)
  Memory: 47.5M
  CGroup: /system.slice/docker.service
          ├─ 3633 /usr/bin/docker-containerd-shim-current 0844bd7432c6e550ac30104db5f004508e5cee3f2e04c76c46c86eb3991e2e19 /var/run/docker/li...
          ├─ 19261 /usr/bin/dockerd-current --add-runtime docker-runc=/usr/libexec/docker/docker-runc-current --default-runtime=docker-runc ...
          ├─ 19267 /usr/bin/docker-containerd-current -l unix:///var/run/docker/libcontainerd/docker-containerd.sock --metrics-interval=0 --st...
          ├─ 20473 /usr/libexec/docker/docker-proxy-current -proto tcp -host-ip 0.0.0.0 -host-port 8081 -container-ip 172.17.0.2 -container-po...
          └─ 20479 /usr/bin/docker-containerd-shim-current ac444c2409aaa019ba73c7d2d889273e032245eac47954717d0776220f2c5548 /var/run/docker/li...
```

图 4-5　docker 进程运行状态

图 4-5 可以看到运行中的 docker 进程，但是进程间的关系无法体现，下一步可以通过 ps 命令查看进程间的关系。

```
ps fxa|grep docker -A 1
```

执行后，可以看到图 4-6 所示的 docker 进程关系。

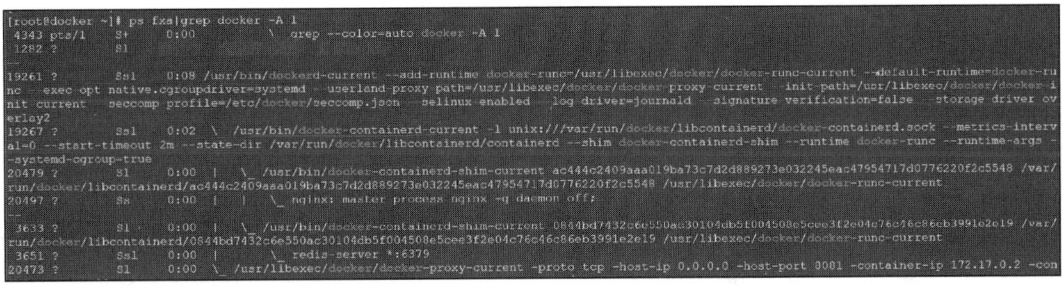

```
[root@docker ~]# ps fxa|grep docker -A 1
 4343 pts/1    S+     0:00          \_ grep --color=auto docker -A 1
 1282 ?        Sl
--
19261 ?        Ssl    0:08 /usr/bin/dockerd-current --add-runtime docker-runc=/usr/libexec/docker/docker-runc-current --default-runtime=docker-ru
nc --exec-opt native.cgroupdriver=systemd --userland-proxy-path=/usr/libexec/docker/docker-proxy-current --init-path=/usr/libexec/docker/docker-i
nit-current --seccomp-profile=/etc/docker/seccomp.json --selinux-enabled --log-driver=journald --signature-verification=false --storage-driver ov
erlay2
19267 ?        Ssl    0:02  \_ /usr/bin/docker-containerd-current -l unix:///var/run/docker/libcontainerd/docker-containerd.sock --metrics-interv
al=0 --start-timeout 2m --state-dir /var/run/docker/libcontainerd/containerd --shim docker-containerd-shim --runtime docker-runc --runtime-args -
-systemd-cgroup=true
20479 ?        Sl     0:00  |   \_ /usr/bin/docker-containerd-shim-current ac444c2409aaa019ba73c7d2d889273e032245eac47954717d0776220f2c5548 /var/
run/docker/libcontainerd/ac444c2409aaa019ba73c7d2d889273e032245eac47954717d0776220f2c5548 /usr/libexec/docker/docker-runc-current
20497 ?        Ss     0:00  |   |   \_ nginx: master process nginx -g daemon off;
--
 3633 ?        Sl     0:00  |   \_ /usr/bin/docker-containerd-shim-current 0844bd7432c6e550ac30104db5f004508e5cee3f2e04c76c46c86eb3991e2e19 /var/
run/docker/libcontainerd/0844bd7432c6e550ac30104db5f004508e5cee3f2e04c76c46c86eb3991e2e19 /usr/libexec/docker/docker-runc-current
 3651 ?        Ssl    0:00  |       \_ redis-server *:6379
20473 ?        Sl     0:00  \_ /usr/libexec/docker/docker-proxy-current -proto tcp -host-ip 0.0.0.0 -host-port 8081 -container-ip 172.17.0.2 -con
```

图 4-6　docker 进程关系

通过上述实验可以看到 docker-containerd 负责管理本机所有正在运行的容器，一个 docker-containerd-shim 进程对应一个启动运行的容器，对于容器的控制通过 docer-runc 来执行。

4.5 本章小结

本章对 Docker 技术架构、镜像管理服务、Docker 网络通信方案与容器技术核心原理进行了介绍，一些名词解释参考了官方文档（www.kernel.org/doc/Documentation/cgroup-v1/cgroups.txt）。本章以启动一个 Nginx 容器实例与构建一个 Redis 镜像为例，演示了 Docker 的安装与 DockerFile 编写。

如果说 Docker 开启了轻量级虚拟化技术的大门，那么 Kubernetes 则推动云原生技术发展进入快车道。第 5 章将介绍 Kubernetes 的基本知识，让我们一起开启云原生之旅。

第二部分 *Part 2*

云原生落地

通过第一部分的介绍，相信大家对云原生的概念已经有了一个宏观的认知，对于云原生时代开启的背景与落地后的收益也有所了解。尤其在第 3 章的介绍中，可以直观感受到在基于传统虚拟主机的架构中，研发团队受到资源交付效率、环境标准化、人工交互多、工具缺失等问题的制约。那么云原生技术体系是如何解决这些问题的？云原生整体的技术方案是什么？让我们带着这些问题，一起进入本书的第二部分。

第二部分会先讲解云原生体系中涉及的基本概念与技术架构。然后依次介绍云原生涉及的各类组件及其方案选型思路。在最后的实战环节，将展示如何依托 client-go 构建企业级 PaaS 平台。

让我们从被誉为"云原生操作系统"的 Kubernetes 入手，一起探寻云原生的技术体系与方法论。

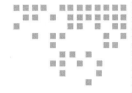

Kubernetes 基础知识

通过 Docker 可以非常便捷地将应用与其依赖环境从开发环境打包部署到生产环境。当我们准备在业务中大规模推动容器化落地时，又会面临另一个问题：如何管理每个应用的镜像？当前，微服务技术在实践中逐步推进和落地，业务系统由原先的单体集中式服务转为分布式架构，容器的数量进一步膨胀，其使用与维护的开销也越来越大，用户需要一套可协助完成容器镜像构建、托管、维护等一系列操作的工具，即容器编排系统。在这个背景下，Kubernetes 应运而生。

本章重点讲述什么是 Kubernetes，Kuberntest 能做什么，以及 Kubernetes 的技术架构。

5.1 初识 Kubernetes

继容器与 Docker 的概念大热后，Kubernetes 一词进入大众视野，这 3 个词经常一同出现。在第 4 章我们详细介绍了容器与 Docker 的异同，那么 Kubernetes 与这二者之间又是什么关系呢？ Kubernetes 官方的解释是："Kubernetes 是一个可移植的、可扩展的、开源的平台，用于管理容器化的工作负载和服务。"Kubernetes 一词源于希腊语，意思是舵手或飞行员。通过 Kubernetes 可以方便地对应用进行自动化部署与扩缩容。谷歌在 2014 年开源了 Kubernetes 项目。Kubernetes 融合了谷歌 15 年来大规模运行生产工作负载的经验，以及来自社区的最佳创意和实践。

通俗地说，可以将 Kubernetes 理解为一个开源的自动化容器管理平台，管理员可以通过 Kubernetes 完成容器的部署、调度与资源扩容。Docker 是 Kubernetes 支持的一个容器引擎，除 Docker 以外，Kubernetes 还支持如 container、rktlet 等容器引擎。Kubernetes 的主要功能包括：服务发现与负载均衡、存储编排、自动发布与回滚、自动调度、故障自愈、配置托管。下面我们从 Kubernetes 的架构入手，逐步了解它是如何实现上述功能的。

5.1.1 Kubernetes 架构

一个完整的 Kubernetes 集群由两部分构成：Master Node 和 Work Node。Master Node 有多种叫法，如 Master 节点、主节点，主要负责集群的控制，如监控集群状态、执行变更、调度决策等。它包含如下组件。

❑ ETCD：一个开源的、高可用的分布式 K-V（Key-Value，键 – 值）存储系统，用来保存整个集群的数据。

❑ API Server：操作 Kubernetes 集群各资源的应用接口。比如，处理完一个创建 Pod 的写请求后，将数据写入 ETCD 中。

❑ Scheduler（调度器）：负责调度 Pod 资源到合适的 Node 上。比如，通过 API Server 新建一个 Pod 后，Scheduler 将按照调度策略为其寻找一个合适的 Node。

❑ Controller Manager（集群控制器）：负责执行对集群的管理操作，如按照预期增加或删除某个 Pod，按照既定顺序启动一系列 Pod。

Work Node，通常又被叫作工作节点，简称为 Node，用于运行容器应用并根据 Master Node 的命令管理容器。它包含如下组件。

❑ Kubelet：Kubelet 运行在每个 Node 上，负责其所在 Node 的容器创建、销毁等全生命周期维护。

❑ Kube-Proxy：在 Kubernetes 中将一组特定的 Pod 抽象为一个 Service，而 Kube-Proxy 负责为 Service 提供集群内部的服务发现和负载均衡功能。

❑ Container Runtime（容器运行时）：负责 Pod 和容器的运行，第 4 章介绍的 runC 就是 Container Runtime 的一种。Kubernetes 支持多种容器运行时，如 Docker（runC）、container、rktlet 等。

对于上述 Master Node 与 Work Node 各组件之间的关系，可以用一张 Kubernetes 运行架构图展示，如图 5-1 所示。

5.1.2 Kubernetes 核心概念

5.1.1 节介绍了 Kubernetes 的架构，那么应用程序是如何运行在 Kubernetes 上并对外提供服务的呢？这其中还涉及如下几个核心概念。

❑ Pod：Pod 是 Kubernetes 集群运行与部署应用的最小单元，Kubernetes 并不直接调度容器，而是在外面封装了一层，一个 Pod 内可以运行多个容器。

❑ Service（服务）：Service 代表按照一定逻辑分成一组的 Pod 的访问策略，客户端通过 Service IP 访问这组 Pod。如图 5-2 所示，客户端通过 Service-A 访问 Pod-A 的服务。

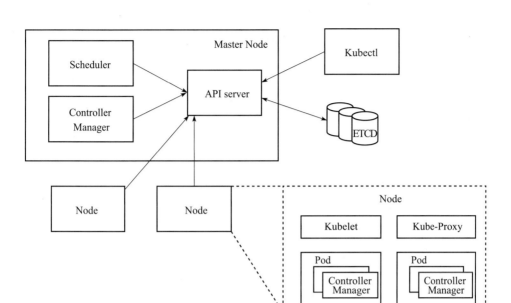

图 5-1　Kubernetes 运行架构图

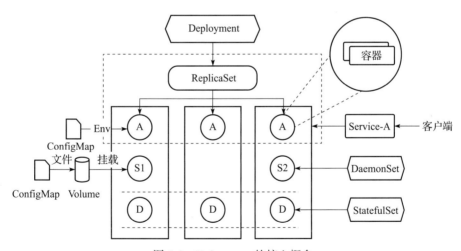

图 5-2　Kubernetes 的核心概念

❑ ReplicaSet（RS，副本集）：RS 负责创建和管理抽象为一个 Service 的一组 Pod，比如当这个 Service 的 Pod 数量需要从 2 个扩容到 4 个时，RS 负责按照模板（一般是 YAML 文件）在合适的 Node 上创建 Pod。

❑ Deployment：属于一种集群控制器，用于对 Pod 和 RS 进行更新。需要特别注意的是，Deployment 并不直接控制 Pod，而是通过控制 RS 来间接控制 Pod。在图 5-2 中，Deployment 通过控制 RS 间接控制 Pod-A。

❑ DaemonSet：属于一种集群控制器，用于确保其创建的 Pod 在集群中的每一个节点或指定的节点上运行一个 Daemon Pod，多用于存储、日志和监控等后台支撑型服务的部署。

❑ Statefulset：属于一种集群控制器，用于支持部署有状态服务，StatefulSet 中的每个 Pod 名称都是事先确定的，如果 Pod 出故障，会从其他 Node 启动一个同名称的 Pod。StatefulSet 本质上是 Deployment 的一种。

❑ Volume（存储卷）：Kubernetes 支持多种类型的存储卷，如公有云平台存储、分布式存储、逻辑存储等。

❑ ConfigMap：一种 API 对象，可以用来将配置以环境变量的方式注入 Pod，也支持以 Volume 形式挂载到 Pod 中，如图 5-2 中 Pod-A 与 Pod-S1 的使用形式。

上述概念之间的关系如图 5-2 所示。

5.1.3 Kubernetes 设计理念

本节我们换一个视角，从 Kubernetes 的架构设计方面来看一下各功能模块之间的关系。

Kubernetes 最核心的设计理念是容错性与易扩展性。容错性保证 Kubernetes 集群稳定并安全地运行，可扩展性保障 Kubernetes 可以快速迭代新功能。Kubernetes 的设计结构是一个类似 Linux 的分层架构，如图 5-3 所示。

图 5-3　Kubernetes 的分层结构

从图 5-3 可以看到，Kubernetes 的整体结构可按照核心层、应用层、管理层、接口层与业务层进行拆分。外部系统（如日志、CI/CD 等）与内部系统（如网络插件、镜像仓库、云服务等）通过 API 进行各种管理操作。

5.2　Kubernetes 资源对象

5.1.2 节介绍了 Pod、Service、Deployment、Volume 等 Kubernetes 的核心概念，这些概念在 Kubernetes 中被统一称作对象。对象是持久化的实体，Kubernetes 使用这些实体去表示集群的状态。Kubernetes 中常用的对象可分为 4 类，如表 5-1 所示。

表 5-1　Kubernetes 常用对象

类别	对象
资源对象	Pod、ReplicaSet、Replication Controller、Deployment、StatefulSet、DaemonSet、Job、CronJob、Node、Namespace、Service、Ingress、Label
存储对象	Volume、PersistentVolume、Secret、ConfigMap
策略对象	SecurityContext、ResourceQuota、LimitRange
身份对象	ServiceAccount、Role、ClusterRole

其中资源对象是开发者使用最多的，本节将介绍 Kubernetes 中的核心资源对象及其相互之间关系。

5.2.1　Pod

Pod 是 Kubernetes 中创建和管理的最小的可部署计算单元。可以简单地将 Pod 理解为一个逻辑上的虚拟化实例。一个 Pod 里可以包含多个容器，而这些容器共享 Pod 的网络、存储等资源。

1. Pod 的生命周期

Pod 的生命周期，即 Kubernetes 对于 Pod 状态的管理周期。Pod 的 status 字段是一个 PodStatus 对象，其中包含一个 phase 字段，该字段是对 Pod 在其生命周期中所处位置的简单概述。phase 的可选值为 Pending（悬决）、Running（运行）、Succeeded（成功）、Failed（失败）、Unknown（未知）。一个 Pod 的生命周期始于 Pending 阶段，如果其中至少有一个主要容器正常启动，则进入 Running 阶段，之后取决于 Pod 中是否有容器以失败状态结束而进入 Succeeded 阶段或者 Failed 阶段。

2. Init 容器

Init 容器是一种特殊容器，在 Pod 内的应用容器启动之前运行。Init 容器可以包括一些应用镜像中不存在的实用工具和安装脚本。

3. Pause 容器

Pause 容器又叫 Infra 容器（Infrastructure Container），用于同一个 Pod 内多个容器共享命名空间。

4. Pod Hook

Pod Hook 是 Kubernetes 提供的容器生命周期钩子函数，它由 Kubelet 发起，在容器中的进程启动前或终止前运行，包含在容器的生命周期之中。Kubernetes 提供了两种钩子函数——PostStart 和 PreStop，用户可以同时为 Pod 中的所有容器都配置钩子函数。

5.2.2　集群资源管理

1. Node

即前文提到的 Work Node，用于运行容器应用并根据 Master Node 的命令管理容器。Node 可以运行在虚拟机或者物理机上，这取决于给 Kubernetes 集群配置的硬件资源。为了管理 Pod，每个 Node 上至少要运行 Container Runtime（比如 Docker 或者 Rocket）、Kubelet 和 Kube-Proxy 服务，当某个 Node 宕机时，运行在该 Node 上的 Pod 会被 Master Node 自动转移至其他节点。

2. Namespace

Namespace 是 Kubernetes 为了在同一物理集群上支持多个虚拟集群而使用的一种抽象。在一个 Kubernetes 集群中可以拥有多个 Namespace，它们在逻辑上彼此隔离。比如 Kubernetes 自带的服务运行在一个名为 kube-system 的 Namespace 中。需要特别说明的是，Kubernetes 的 Namespace 概念与第 4 章介绍的 Linux 内核 Namespace 资源隔离机制是两个不同的概念。

3. Label

Label（标签）是 Kubernetes 的一个核心概念，是一组绑定到 Kubernetes 资源对象上的 K-V 对。同一个对象的 Label 属性的 Key 必须唯一，Label 可以附加到各种资源对象上，如 Node、Pod、Service、RC 等。管理员可以通过给指定的资源对象绑定一个或多个不同的标签来实现灵活的资源调度、配置与部署等工作。

4. Annotation

Annotation（注解）可以为 Kubernetes 资源对象附加任意的非标识性元数据信息。与 Label 类似，Annotation 也使用 K-V 对的形式进行定义。和 Label 不同的是，Annotation 中的元数据可以是结构化或非结构化的，也可以包含 Label 中不允许出现的字符。

5.2.3　控制器

Kubernetes 是一个容器的部署、调度与资源管理平台，容器则运行在 Pod 这个 Kubernetes 最小单元中。那么，Kubernetes 是如何通过操作 Pod 来实现容器部署与调度的呢？这就用到了控制器。在 Kubernetes 中，常用的控制器有以下几种。

1. Deployment

Deployment 是管理应用副本的 API 对象。管理员只需要在 Deployment 中描述期望的状态，Deployment 就能根据一定的策略将 ReplicaSet 与 Pod 更新到管理员预期的状态。

Deployment 提供了运行 Pod 的能力，并且为 Pod 提供滚动升级、伸缩、副本等功能，一般用于运行无状态的应用。需要特别说明的是，Deployment 并不直接控制 Pod，而是通过下面介绍的 ReplicaSet 实现对 Pod 的管理。

2. ReplicaSet

ReplicaSet 保证在所有时间内，都有特定数量的 Pod 副本在运行。如果数量太多，ReplicaSet 会删除几个；如果数量太少，ReplicaSet 将创建几个。与直接创建的 Pod 不同的是，ReplicaSet 会替换掉那些被删除或者被终止的 Pod。在 Kubernetes 的官方文档中，建议通过 Deployment 管理 ReplicaSet。也就是说，除非管理员有自定义更新的需求，否则无须直接操作 ReplicaSet。

3. StatefulSet

StatefulSet 用来管理某 Pod 集合的部署和扩缩容，并为这些 Pod 提供持久化存储和持久化标识符。与 Deployment 不同的是，StatefulSet 为每个 Pod 维护了一个有黏性的 ID。这些 Pod 是基于相同的规约来创建的，但是不能相互替换，无论怎么调度，每个 Pod 都有一个永久不变的 ID。

4. DaemonSet

DaemonSet 确保全部（或者某些）Node 上运行一个 Pod 的副本。当有 Node 加入集群时，会为它们新增一个 Pod；当有 Node 从集群移除时，这些 Pod 也会被回收。删除 DaemonSet 将会删除它创建的所有 Pod。

5. Job

Job 负责批量处理短暂的一次性任务（Short Lived One-off Tasks），即仅执行一次的任务，它保证批处理任务的一个或多个 Pod 成功结束。

5.2.4　Service

前文介绍了，Pod 随时会被创建和销毁，这种情况下就出现了如下问题：运行在 Pod 中的应用如何对外提供稳定的服务？客户端如何知道应该访问哪个 Pod？管理员如何将客户端的请求负载均衡到运行同一个应用的多个 Pod 上？为了解决这些问题，Kubernetes 引入了 Service 这个概念。Service 定义了这样一种抽象：一个 Pod 的逻辑分组，一种可以访问它们的策略。结合前文介绍过的 Label 的概念，可以将 Service 理解为一组具有相同 Label 的 Pod 的集合。通过创建 Service，可以为一组具有相同功能的 Pod 应用提供一个统一的入口地址，并且将请求分发到后端的各个 Pod 应用上。

Service 将多个 Pod 在逻辑上进行了关联，那么流量又是如何调度到相应的 Pod 上呢？这就涉及 Kubernetes 的另一个关键组件——Kube-Proxy。Kube-Proxy 运行在 Kubernetes 集群的 Node 上，这个组件始终监视着 API Server 中 Service 资源的变动信息。当 Service 资源变动时，Kube-Proxy 将更新其所在 Node 的调度规则。

实现 Kube-Proxy 路由转发规则的代理模块主要有如下 3 种工作模式。

1. userspace 模式

在 userspace 模式下，访问 Pod 应用的流量到达 Node 后，先经由内核 iptables 转发到用户空间的 Kube-Proxy 中，再由 Kube-Proxy 将请求转到内核空间的 Service 上，最后由 Service 将请求转发给相应的 Pod 应用。通过描述可以看到，在 userspace 模式下，一次客户端请求需要在用户空间与内核空间多次交互，因此通信效率较低，存在明显的性能瓶颈。

2. iptables 模式

在 iptables 模式下，Kube-Proxy 为每个 Service 配置 iptables 规则，客户端请求直接通过本地内核空间的 Service 根据 iptables 规则转发到 Pod 应用上。与 userspace 模式不同的是，在 iptables 模式下，流量由 Linux Netfilter 处理，减少了用户空间与内核空间的切换，通信效率更高。由于 iptables 没有增量更新功能，且 iptables 规则是串行匹配的，因此在大规模集群中应用时，更新或匹配规则会有比较大的资源开销。

3. IPVS 模式

为了解决 iptables 模式在大规模集群应用中的性能问题，Kubernetes 新增了 IPVS 模式。该模式与 iptables 模式类似，都是基于 Netfilter 的钩子函数，由于其底层数据结构使用哈希表，因此该模式在重定向通信与同步代理规则时具有更好的性能。

在 Kubernetes 中，将服务对外暴露的方式主要有如下 4 种。

❑ ClusterIP：Kubernetes 为 Service 自动分配一个虚拟 IP，这个 IP 只能在集群内部访问。

❑ NodePort：通过每个 Node 上的 IP 和静态端口暴露服务。

❑ LoadBalancer：在 NodePort 的基础之上，结合外部负载均衡器对外暴露服务。

❑ ExternalName：通过 DNS CNAME 记录的方式，将服务映射到指定记录。

在 Kubernetes 中经常会提到 Ingress 这个组件，Ingress 为 Service 提供外部可访问的 HTTP 与 HTTPS 路由，并可对流量进行负载均衡。通过上面的介绍我们可以知道，Ingress 就是 Kubernetes 内置的负载均衡器。

5.3　Kubernetes 网络体系

4.3 节我们重点提到了容器的 4 种网络方案，同样，网络体系也是 Kubernetes 的核心。在 Kubernetes 下，开发者如何对外暴露服务？ Pod 之间如何互联互通？新增 Pod 后调用方如何能够快速感知？针对这些问题，Kubernetes 提供了多样化的解决方案供用户选择。本节将从 Kubernetes 的网络模型、主要网络实现方案、Pod 间的网络通信这 3 个角度展开，介绍 Kubernetes 的网络体系。

5.3.1　Kubernetes 网络模型

在 Kubernetes 网络中存在 3 种 IP——Node IP、Pod IP 和 Service IP。Node IP 是 Node 的 IP；Pod IP 就是容器的 IP；Service IP 是一个虚拟 IP，由 Kube-Proxy 使用 iptables 规则重新定向到其本地端口，再均衡到后端 Pod。这 3 者之间的逻辑关系如图 5-4 所示。

当我们部署好一套简单的 Kubernetes 集群后，若想让集群对外正常提供服务，需要思考如下几个问题。

❏ 同一个 Pod 下容器 A 与容器 B 是如何通信的？

❏ Service 如何与对应的 Pod 通信？

❏ 同一 Node 中的 Pod 之间如何通信？

❏ 不同 Node 中的 Pod 之间如何通信？

针对于上述几个问题，Kubernetes 提供了几套比较成熟的网络方案，下面我们一一说明。

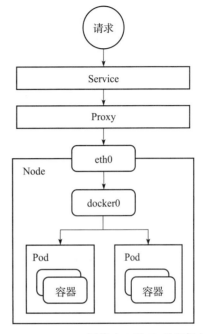

图 5-4　Kubernetes 网络中 3 种 IP 的逻辑关系

5.3.2　Kubernetes 网络的主要实现方案

1. Flannel

Flannel 是 CoreOS 团队针对 Kubernetes 设计的一个网络规划服务，其用途是实现 Pod 资源跨主机进行通信。如第 4 章所述，在 Docker 默认的网络配置中，每个主机上的 Docker 服务会为在其上运行的容器分配一个 IP，这样就可能导致不同主机上存在相同 IP 的容器。Flannel 的作用就是让集群中不同主机创建的 Docker 容器都具有全集群唯一的 IP。

2. Rancher

Rancher 作为开源容器云管理平台，由 rancher-net 组件为其内部统一提供网络服务。在早期的 Rancher 版本中，只支持 IPsec，在 Rancher 1.2 版本中开始支持 CNI（Container Network Interface，容器网络接口）标准，在 IPsec 之外还实现了 VXLAN 网络。

3. Calico

Calico 是 Kubernetes 中一种常用的网络组件，不同于 Flannel 通过 ETCD 和 flanneld 维护路由信息，Calico 使用 BGP（Boarder Gateway Protocol，边界网关协议）来自动维护 Kubernetes 集群的路由信息。Calico 提供主机和 Pod 之间的网络连接，还涉及网络安全与管理。Flannel 虽然被公认为是最简单的选择，但 Calico 仍以性能好、灵活性高及功能全面而闻名。

5.3.3 Kubernetes 网络中 Pod 的通信

通过 3 种网络实现方案,我们来解答 5.3.1 节提到的几种网络通信的疑问。

1. 容器间通信

同一个 Pod 的容器共享同一个网络命名空间,它们之间的访问可以通过 localhost 地址 + 容器端口的方式实现。

2. 同一 Node 中 Pod 间通信

同一 Node 中 Pod 的默认路由是 docker0 的地址,由于它们关联在同一个 docker0(cni0)网桥上,地址网段相同,因此它们之间是能直接通信的。

3. 不同 Node 中 Pod 间通信

不同 Node 中 Pod 间通信要满足两个条件。

❑ Pod 的 IP 不能冲突。

❑ 将 Pod 的 IP 和所在 Node 的 IP 关联起来,通过这个关联让 Pod 可以互相访问。

对于上述情况,要用到 Flannel 或者 Calico 等网络插件来解决不同 Node 中 Pod 间的通信问题。

Flannel 是 Kubernetes 默认提供的网络插件,下面以 Flannel 解决方案为例进行说明。Flannel 规定宿主机下各个 Pod 属于同一个子网,不同宿主机下的 Pod 属于不同的子网,Flannel 会为每个 Pod 分配一个全集群唯一的 IP,并将上述网络配置存储在 ETCD 中,数据包则通过 VXLAN、UDP 或 host-gw 这类后端机制进行转发,从而实现不同 Node 间的通信。图 5-5 展示了在 Flannel 网络下 Pod 间通信的流程。

上述案例简单描述了 Flannel 放在 Kubernetes 网络中的应用,对于各类网络方案的优缺点以及在 Kubernetes 网络中的选型思路,将在第 7 章详细介绍。

5.4 存储体系

我们常说容器的生命周期很短,也就是说容器会频繁地创建和销毁。同时,容器中的存储都是临时的,在 Pod 重启或销毁后,内部数据会丢失。而在实际使用中,有些应用的 Pod 重启后需要读取之前的有状态数据,或者应用作为集群对外提供服务,这就涉及容器外的存储方案,用于满足数据保存与共享的需求。

5.4.1 ETCD

ETCD 诞生于 CoreOS 公司,最初用于解决集群管理系统中操作系统升级的分布式并发控制以及配置文件的存储与分发等问题。基于此,ETCD 被设计为提供高可用、强一致的小

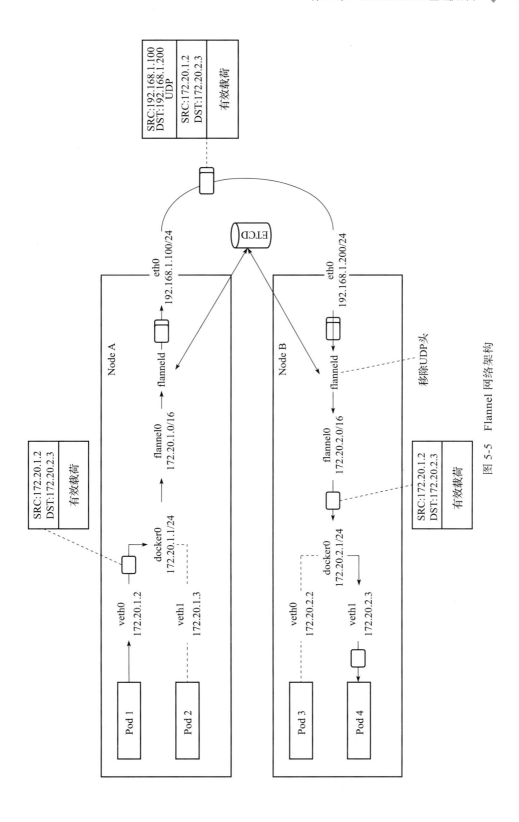

图 5-5　Flannel 网络架构

型 K-V 数据存储系统，主要用于共享配置和服务发现，它通过 Raft 一致性算法保证强一致性，可以理解为一个强一致性的服务发现存储仓库。

在 Kubernetes 中，ETCD 主要用来存储状态数据并通知变动。Kubernetes 中没有用到数据库，而是把关键数据都存放在 ETCD 中，这使得 Kubernetes 的整体结构变得非常简单。比如，当新增 Node 或 Pod 失效后，Kube-Scheduler 和 Kube-Controller-Manager 会安排新的任务，这些任务安排结果会被写入 ETCD，而 Kubernetes 中的每个组件只要监听 ETCD 中的数据，就可以收到通知并执行下一步工作。

5.4.2 ConfigMap

ConfigMap 是 Kubernetes 的一个配置管理组件，可以将配置以 K-V 形式传递，其作用是让容器镜像和环境变量配置信息解耦，以实现镜像的可移植与可复制。ConfigMap 通过以下两种方式给 Pod 传递配置参数。

❑ 将环境变量直接定义在 ConfigMap 中，当 Pod 启动时引用 ConfigMap 中定义的环境变量。

❑ 将一个完整配置文件封装到 ConfigMap 中，然后通过共享卷的方式挂载到 Pod 中，以此实现传参。

5.4.3 Volume

Kubernetes 中容器和 Pod 的生命周期可能很短，会频繁地创建与销毁。由于容器销毁时保存在容器中的数据也会随之消除，因此 Kubernetes 在原有 Docker 提供的 Volume 机制的基础上用更完善的插件来解决容器数据持久化与数据共享的问题。

Volume 是存储的抽象，并且能够为 Pod 提供多种存储解决方案。Volume 最终会映射为 Pod 中容器可访问的一个文件夹或裸设备，但是背后的实现方式可以有很多种。常见的 Volume 类型如下。

❑ emptyDir：最基础的 Volume 类型。emptyDir 类型的 Volume 在 Pod 分配到宿主机上时自动创建，这个目录的初始内容为空，当 Pod 从当前宿主机上移除时，emptyDir 的数据会被删除。emptyDir Volume 主要用于保存应用程序的临时数据。

❑ hostPath：用于 Pod 使用宿主机的文件系统，当 Pod 被删除或调度后，该存储卷依旧存在。

❑ NFS：hostPath 类型的 Volume 存在单点问题，而 NFS 类型的 Volume 可以将现有的 NFS（Network File System，网络文件系统）挂载到 Pod 中，当 Pod 被删除或调度时，NFS Volume 上的数据不会被删除，而且 Pod 可以共享数据。

5.4.4 Persistent Volume

在 Kubernetes 的实际应用中，Pod 通常由应用的开发人员使用和维护，而 Volume 通常由存储系统的管理员维护。而当集群规模变大或在生产环境中，开发人员想要使用 Volume 时，就要考虑效率与安全方面的问题。对于这种情况，Kubernetes 引入了 Persistent Volume（PV）和 Persistent Volume Claim（PVC）。

PV 是外部存储系统的一块存储空间，由存储系统管理员创建并维护，它具有持久性，其生命周期独立于 Pod。

PVC 是对 PV 的申请。需要为 Pod 增加存储资源时，用户可以根据需求（存储容量大小、访问模式等）创建一个 PVC，Kubernetes 会根据这些条件提供 PV。

PVC 是 Kubernetes 提供的一个抽象层，向用户屏蔽了具体的存储实现形式，用户只需要告诉 Kubernetes 需要什么样的存储资源，而不用关心存储系统的底层细节。

5.4.5　Storage Class

Kubernetes 通过 PV 与 PVC 实现了 Pod 持久化存储。但是在一个大规模的 Kubernetes 集群里，可能会有成千上万的 PVC，而且不同应用对于存储的需求也不尽相同，因此随着新的 PV 不断创建，存储系统管理员的维护成本会越来越高。在这个背景下，Kubernetes 在 PVC 与 PV 之间引入了一个新的组件——Storage Class。

Storage Class 为存储系统管理员提供了一种描述存储类型的方法，Kubernetes 根据用户提交的 PVC 找到并调用一个对应的 Storage Class 来创建用户需要的 PV。具体来讲，Storage Class 会定义以下两部分。

❑ PV 的属性，比如存储类型、容量大小等。

❑ 创建这种 PV 需要的存储插件，比如 NFS、CephFS 等。

有了这两类信息后，Kubernetes 就可以根据用户提交的 PVC 通过 Storage Class 动态创建 PV。

5.5　命令工具

对于上述丰富的网络、存储组件，管理员如何进行操作和控制呢？ Kubernetes 为我们提供了强大的命令行工具 Kubectl。通过 Kubectl，管理员可以对 Kubernetes 集群的各个节点和生命周期进行精细化管理。Kubectl 运行在 Node 上，主要功能如下。

❑ 监视分配给该 Node 的 Pod。

❑ 挂载 Pod 所需要的 Volume。

❑ 下载 Pod 的 secret。

❑ 通过 Docker/rkt 来运行 Pod 中的容器。

❑ 周期执行 Pod 中为容器定义的 liveness 探针。

❑ 上报 Pod 的状态给系统的其他组件。

❑ 上报 Node 的状态。

5.5.1 集群管理

在日常维护过程中，集群管理员经常需要检查集群状态，如查看集群信息、标记某节点不可调度，常用命令如表 5-2 所示。

表 5-2 集群常用命令

命令	用途
cluster-info	查看集群信息
top	显示资源（CPU/Memory/Storage）使用情况
cordon	标记节点不可调度
uncordon	标记节点可调度
drain	驱逐节点上的应用，常用于节点下线维护

以查看集群信息为例，预期结果如图 5-6 所示。

```
$ kubectl cluster-info
Kubernetes master is running at https://172.27.138.251:6443

To further debug and diagnose cluster problems, use 'kubectl cluster-info dump'.
```

图 5-6 查看集群运行状态

对于其他命令的运行结果，感兴趣的读者可以自行运行并体验。

5.5.2 集群维护

在 Kubernetes 搭建完毕后，集群管理员经常需要维护集群，比如升级组件版本，进行服务器硬件维护。Node 维护的操作流程如下。

1. Node 下线流程

1）设置目标 Node 为"不可调度"。

2）驱逐 Node 上的 Pod。

3）确认 Node 上是否还有 Pod 运行。

4）删除 Node。

2. Pod 驱逐

Kubelet 持续监控主机的资源使用情况，并尽量防止计算资源被耗尽。一旦出现资源紧缺的迹象，Kubelet 会主动终止部分 Pod 的运行以回收资源。如果一个 Node 有 100GB 内存，管理员希望在内存不足 10GB 的时候进行驱逐，可以用下面两种方式设置驱逐阈值。

- ❑ 软驱逐（Soft Eviction）：配合驱逐宽限期（eviction-soft-grace-period 和 eviction-max-pod-grace-period）一起使用，系统资源达到软驱逐阈值并在超过宽限期之后才会执行驱逐动作。

❏ 硬驱逐（Hard Eviction）：系统资源达到硬驱逐阈值时立即执行驱逐动作。

5.6　生产级高可用 Kubernetes 集群方案

云原生落地过程中，搭建稳定、高可用、高性能的 Kubernetes 集群非常重要。网上和其他书中有很多关于从 0 到 1 搭建 Kubernetes 集群的方法，本节不再赘述。由于每个公司的生产环境不尽相同，比如有的使用公有云，有的使用 IDC 机房，因此网络环境也不尽相同，同时，由于使用的 Kubernetes 集群版本可能不相同，因此搭建 Kubernetes 集群的差异可能也非常大。

那么针对不同企业的现状，该选择什么样的部署方案呢？在部署过程中应该选择什么样的部署架构呢？集群的高可用应该考虑哪些方面呢？本节会给大家推荐一些好的安装文档和搭建过程中的注意事项。

5.6.1　Kubernetes 部署方案

在 Kubernetes 官方文档中，总共列出了 30 多种 Kubernetes 安装方式。文档中把部署方案分为以下几类。

❏ Local-Machine Solutions：可以理解为单机版的 Kubernetes，非常适合入门 Kubernetes 学习或测试使用。代表的解决方案为 Minikube。

❏ Hosted Solutions。

❏ Turnkey Cloud Solutions。

❏ Turnkey On Premises Solutions。

后边 3 种方式都是基于云服务商提供的部署方案，除此之外，还有自定义部署。

1. Hosted Solutions

这种方式是指云服务商搭建的一套公共的 Kubernetes，用户可以直接使用，集群的搭建、管理、运维等操作全部由云服务商提供，用户专注于自己的应用开发即可，不用关注集群的运维。这种解决方案特别适合小开发团队或小型公司，不仅省去了自有硬件的维护成本，还不用部署系统运维人员。

2. Turnkey Cloud Solutions

云服务商负责搭建 Kubernetes Master 节点（简称 Master），并维护其可用性，用户可以自定义 Node 加入集群，可以根据具体需求灵活制定 Node 维护方案。

3. Turnkey On Premises Solutions

Master 和 Node 都由用户配置及维护，灵活性高，资源成本和运维成本也高。

对于上述 3 种方式中的 Kubernetes，云服务商都做了一层包装，用户用简单的几个命令就可以部署 Kubernetes 集群，不需要从头开始一步步安装。

4. 自定义部署

自定义部署完全由用户自行安装并维护 Kubernetes，集群服务器的部署、配置、运维都由用户自行完成。这种方案灵活度最高，付出的硬件成本和部署、维护成本也最高。这里的服务器可以是云主机，也可以是本地服务器、虚拟机等，甚至基于 ARM 的嵌入式硬件目前也能运行 Kubernetes。

自定义部署方式也是一般大公司在生产环境中使用 Kubernetes 的最佳选择。一方面，大公司运维、开发团队人员完善，可以独立部署和运维 Kubernetes 集群，并且还可以根据自己的需求进行二次开发，整合 Kubernetes 容器部署、日志、监控等，打造适合公司业务的容器平台；另一方面，很多公司考虑容器化业务的出发点之一是可以优化公司现有的硬件资源，把原来运行在物理服务器或虚拟机上的业务迁移到容器平台上，以提高自有硬件资源利用率并节省成本。现阶段，自定义部署方式除了一步步编译并部署、配置各组件，还可以通过 Kubeadmin 简单快速地部署生产可用的集群。

生产中我们推荐采用二进制部署，也就是上面提到的自定义部署方案，这种方案虽然维护成本较高，但是所有的配置都可以由用户自定义完成，灵活度较高。GitHub 上有一篇非常好的部署文档（https://github.com/opsnull/follow-me-install-kubernetes-cluster），感兴趣的读者可以自行了解。

我们团队也是参考的这个高达 6600 星的文档来部署生产环境的，下面对部署中的一些细节进行讲解。

目前这个文档支持的版本如下。

- ❑ 1.6.2：已停止更新。
- ❑ 1.8.x：已停止更新。
- ❑ 1.10.x：已停止更新。
- ❑ 1.12.x：已停止更新。
- ❑ 1.14.x：继续更新。

我们团队最早使用的是 1.12.x，新的集群使用过 1.14.x，截止到目前，生产集群使用的是 1.16.x。需要注意的是，不要使用文档中推荐的内核版本，因为该版本存在 Bug，在第 17 章会介绍踩坑实践，推荐使用内核版本 4.19.113-300.el7.x86_64。

5.6.2 Kubernetes 部署架构

想要部署一套高可用的 Kubernetes 集群需要考虑的因素很多，包括网络分区、组件高可用，图 5-7 是我们实际生产中的单集群跨网络区域的高可用部署，实际生产中会有多套这样的高可用集群。

1. API Server 高可用负载均衡

API Server 是 Kubernetes 集群其他组件访问 ETCD 的入口，也是组件之间通信的纽带，它的高可用和性能直接影响了集群的通信效率。

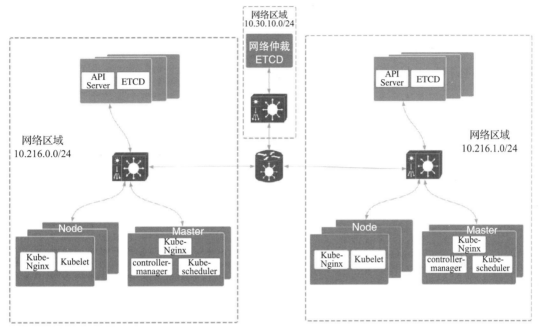

图 5-7　单集群跨网络区域高可用部署

首先我们会在集群的所有 Master 和 Node 中部署一个轻量级的 Kube-Nginx 代理服务，所有组件都直接访问 Kube-Nginx 代理。

Kube-Nginx 代理上的服务是真正的 API Server 地址，API Server 建议部署多个副本来减少 ETCD 的压力。

API Server 有 LIST/WATCH 机制，启动后会将 ETCD 中的数据做一份缓存，并通过后续的监听机制来保证数据的同步，这样其他组件访问 API Server 这个缓存，将会减少直接查询 ETCD 的压力。

2. ETCD 高可用集群

ETCD 是 Kubernetes 的核心存储，所有资源对象都保存到 ETCD 中，集群组件不直接与 ETCD 交互，而是通过 API Server 来操作 ETCD。

ETCD 使用 Raft 协议，一般部署为奇数个节点并且大于 3 个。因为我们的集群有一部分部署在 IDC 机房，所以机房网络有故障后是否会对 ETCD 产生影响、是否会有脑裂问题，这些是我们将要面对的。

假如我们需要部署的 ETCD 节点是 n 个（$n>3$ 并且为奇数），那我们会选取（$n-1$）/2 个节点放到一个网络区间（同一个交换机或同一个网段）中，另外（$n-1$）/2 个节点放到另外一个网络中，并且选取一个节点放在第三个网络区域中。这样设置的目的是当其中一个网络区域发生故障时，防止发生脑裂问题。一旦一个网络区域出现故障，因为其他两个网络区域中的节点数总是能大于（n–1）/2 个节点，所以可以顺利进行选举。

3. Controller-Manager 和 Kube-Scheduler

这 2 个组件的高可用比较简单，正常二进制安装即可，但至少部署 2 个节点，因为这 2 个组件本身会在启动过程中进行抢锁选举，抢锁成功的会正常启动并成为 Leader，另外一个失败的节点会停止启动并实时监听锁的变化，一旦 Master 挂掉，便会抢锁成功升级为 Master 并启动。

5.6.3 Kubernetes 多集群部署架构

目前主流的公有云单集群高可用都支持跨可用区部署，在一个可用区出现故障后，可以进行故障的转移，这样可以提供一个机房级别的容灾机制。

而我们使用的是单集群跨网络区域部署，这个区域一般都在一个机房内，处于同一个网络设备下，这样，会把出现故障的位置更精细地下沉到网络设备，为了保证机房级别的故障，不会导致服务不可用，我们最终采用了多集群多机房的部署方式。

如图 5-8 是多集群多机房部署架构图。

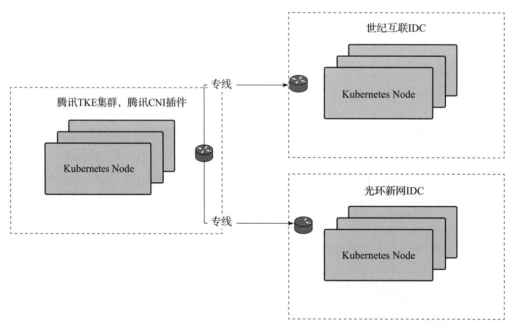

图 5-8　多集群多机房部署

我们采用了双数据中心＋公有云的方案，每个机房或公有云至少配置一套 Kubernetes 集群，核心服务的副本至少存于其中 2 个数据中心中，并且利用内网的 DNS 服务，让服务之间的访问尽量走自己的数据中心，达到就近访问、降低延迟的目的。遇到活动或突发并发数较高的场景时，可以快速利用公有云的弹性机制，短时间内扩展节点数量或带宽。

当然，多机房应用的高可用，除了集群的架构以外，还有入口网关、命名服务、中间件、数据库等多机房的高可用支撑，这只是在 Kubernetes 集群层面的多机房。在 7.3.2 节会讲解整体流量入口的多机房负载均衡高可用方案。

5.7　本章小结

本章主要讲述了 Kubernetes 基础知识，并对 Kubernetes 的网络体系、存储体系、生产级高可用集群方案进行了系统的介绍。通过对 Kubernetes 各类组件的了解，可以感受到 Kubernetes 设计者在架构设计上秉持的容错与易扩展理念。比如关于 Service 与 Pod 的模式，开发者与管理员有更灵活的方案组合可以选择。而 Kubernetes 在容器调度、编排等方面的优势，也使它在众多编排工具中脱颖而出，成为当下最热门的编排工具。

运维管理后台方案选型

通过第 5 章的介绍可以了解到，一个完整的 Kuberbetes 集群包含 API Server、Kubelet、Scheduler、Controller Manager、网络、存储等组件。当集群管理员需要初始化一套集群时，需要依次安装并部署上述组件，且各组件的版本也需要适配，一位操作熟练的管理员也需要至少 1 天的时间才能完成一整套集群部署与调试工作。随着 Kubernetes 在企业内从测试环境的探索到生产环境的应用，集群规模不断扩大，集群管理员可能每隔一段时间就需要为 Kubernetes 集群扩容新的 Node。当 Node 初始化的频率增加时，通过人工方式进行初始化与扩容操作，就很难确保资源初始化的成功率，同时也为集群运维工作带来了额外负担。

由于业务场景与部署环境不同，Kubernetes 运维团队可能还需要维护多套 Kubernetes 集群，比如：

- 测试环境与生产环境集群；
- 各个数据中心与公有云集群；
- 交易类业务与后台任务类集群；
- 实时类业务与离线类业务集群。

可见，伴随集群规模的增加，运维复杂度也将直线上升。当滚动升级集群版本时，管理员需要先将目标 Node 上的 Pod 调度到其他节点上，再手动进行维护，当升级完成后，再将该 Node 重新加入集群。想象一下，如果需要维护 3 个拥有 10 个 Node 的 Kubernetes 集群，那么管理员很难保证每次维护工作都不会出现纰漏。而且这样的维护工作如果由一位管理员负责，那么执行一次版本升级的变更操作可能需要一周的时间（避开业务高峰期进行维护）。

除此之外，当各类业务运行起来后，管理员经常需要快速定位集群中的"害群之马"。

一个 Node 的网络流量陡增，可能是因为某个 Pod 正在执行资源同步的定时任务；一个 Node 的磁盘容量告警，可能是因为应用程序日志不规范导致遭遇异常时频繁输出日志。类似问题需要管理员精准定位，及时规避隐患。

高效稳定运行的 Kubernetes 集群，背后必定有一套运维管理后台来协助集群管理员进行组织和管理。本章将介绍几个常见的 Kubernetes 运维管理解决方案，先从开源方案讲起。

6.1　Wayne

Wayne（https://github.com/Qihoo360/wayne）是 360 搜索私有云团队开发的一个基于网页的通用 Kubernetes 多集群管理平台。通过可视化 Kubernetes 对象模板编辑的方式，降低业务接入成本，拥有完整的权限管理系统，适应多租户场景，是一个适合企业级集群使用的发布平台，如图 6-1 所示。

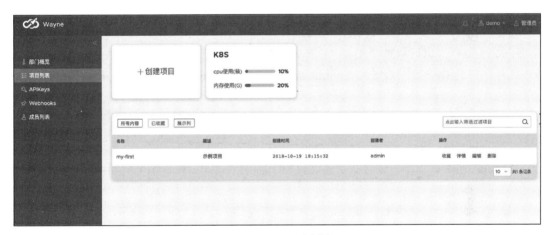

图 6-1　Wayne 平台界面

1. 架构设计

Wayne 采用前后端分离的方案，其中前端采用 Angular 框架进行数据交互和展示，使用 Ace 编辑器进行 Kubernetes 资源模板的编辑。后端采用 Beego 框架进行数据接口处理，使用 Client-go 与 Kubernetes 进行交互，数据使用 MySQL 存储。

2. 组件

Web UI：提供完整的业务开发和平台运维功能体验。

Worker：扩展一系列基于消息队列的功能，例如 Audit 和 WebHook 等审计组件。

3. 主要功能

基于 RBAC（Role Based Access Control，基于角色的访问控制）的权限管理：用户通过角色与部门和项目关联，适合多租户场景。

❑ 支持 LDAP/OAuth2.0/DB 认证登录模式。

❑ 支持多集群、多租户：可以同时管理多个 Kubernetes 集群。

❑ 提供基于 APIKey 的开放接口：用户可以自助申请相关 APIKey 并管理自己的部门和项目。

❑ WebShell：用户可以通过 WebShell 的形式登录归属自己的 Pod。

❑ 资源报表：用户可以获取各项目的资源使用占比和历史上线频次。

❑ 审计功能：每次操作都会有完整的审计功能，追踪操作历史，同时支持用户自定义 WebHook。

6.2 Rancher

Rancher 是一家容器产品及解决方案提供商，2016 年发布了 Rancher1.0 版本。Rancher 1.x 最初是为了支持多种容器编排引擎而构建的。随着 Kubernetes 的兴起，Rancher 2.x 开始完全转向 Kubernetes。Rancher 用户可以选择使用 RKE（Rancher Kubernetes Engine）创建 Kubernetes 集群，也可以选择使用 TKE、ACK、AKS、EKS 等云厂商的 Kubernetes 服务。Rancher 项目的 Git 地址为 https://github.com/rancher/rancher。

1. Rancher 组件

❑ Authentication Proxy：认证代理，支持本地、GitHub 认证等。

❑ Rancher API Server：认证代理与集群控制器之间的通信。

❑ Cluster Controller：集群控制器，监控下游集群资源、配置集群访问策略、控制下游集群状态。

❑ 集群代理：在下游集群运行的组件，负责连接 Racher 部署的 Kubernetes 集群并执行工作任务、访问控制策略、与 Rancher Server 通信。

❑ ETCD：Rancher Server 数据存储。

2. Rancher 部署

Rancher 有如下几种部署方式。

❑ 使用 Helm 部署高可用 Kubernetes 集群。Helm 是 Rancher 的程序管理包，Rancher 官方推荐使用这种部署方式。

❑ 使用 RancherD 部署高可用 Kubernetes 集群。RancherD 是一个二进制文件，是从 Rancher 2.5.4 版本开始新增的一个实验性功能。它首先启动一个 RKE（Rancher Kubernetes Engine）集群，然后在集群上安装 Rancher 服务器的 Helm Chart。使用 RancherD 简化了集群配置与升级工作，当管理员升级 RancherD 二进制时，Kubernetes 集群和 Rancher Helm Chart 都会升级。

❑ 使用 Helm 部署单点 Kubernetes。当单节点即可满足需求时，可以选择只在一个节点上使用 Helm 部署，这种架构适用于临时或演示环境，同时也保留了可扩展性。

3. Rancher 主要功能

通过 Rancher 管理 Kubernetes 集群，可以实现如下功能。

- ❑ 基础设施编排：Rancher 为容器化的应用提供了灵活的基础设施服务，包括网络、存储、负载均衡、DNS 等模块。由于 Rancher 仅需主机有 CPU、内存、本地磁盘和网络资源，因此 Rancher 可以使用任何公有云或者本地的主机资源。
- ❑ 容器编排与调度：Rancher 包含 Docker Swarm、Kubernetes、Mesos 等主要编排调度引擎，用户可以选择创建 Swarm 或者 Kubernetes 集群。
- ❑ 企业级权限管理：支持 Active Directory、LDAP（Lightweight Directory Access Protocol，轻型目录访问协议）、GitHub 等认证方式，支持基于 RBAC 的权限管理。
- ❑ CI/CD：提供简易的 CI/CD 流水线，同时支持与企业已有的流水线对接。

Rancher 社区比较活跃，目前最新的稳定版本为 2.5.11，该版本于 2021 年 11 月 3 日发布。感兴趣的读者可以登录 Rancher 官网了解其最新动态（https://www.rancher.cn/）。

6.3　常用公有云

当容器技术兴起后，各大公有云厂商也都适时推出了自己的容器服务管理工具。关于公有云的容器服务，各厂商主要以自家的 Kubernetes 集群服务 + 支持原生 Kubernetes 集群为主要形态，这样就给了集群管理员较大的空间，可以用先人工后上云的方式一步步探索适合自己的 Kubernetes 集群管理方案。本节就以阿里云 ACK 与腾讯云 TKE 为例进行介绍。

6.3.1　阿里云

阿里云容器服务 Kubernetes 版（Alibaba Cloud container service for Kubernetes，ACK），主要功能如下。

- ❑ 集群管理：集群创建、集群升级、弹性伸缩、多集群管理、授权管理。
- ❑ 节点池生命周期管理。
- ❑ 应用管理：包括应用创建、应用查看 / 更新 / 删除 / 回滚、应用调度与伸缩、应用发布等。
- ❑ 存储：支持 FlexVolume 以及 CSI（Channel State Information，信道状态信息）存储插件，支持创建块存储及多种类型的存储卷，支持存储卷的动态创建和迁移。
- ❑ 网络：支持 Flannel 和 Terway 容器网络，支持定义 Service 和 Pod 的 CIDR（Classless Inter-Domain Routing，无类域间路由），支持 NetworkPoliy，支持路由 Ingress，支持服务发现 DNS。
- ❑ 运维与安全：集群监控告警、成本分析、安全中心等。

ACK 产品形态如下。

❑ 专业版 Kubernetes：用户自行创建 Kubernetes Master 与 Node。适合对 Kubernetess 有定制需求、有 Kubernetes 运维能力、资源规划明确的用户。

❑ 托管版 Kubernetes：用户创建 Kubernetes Node，Master 由 ACK 创建并托管。适合关注业务应用，但不想对 Kubernetes 运维投入太多精力的用户。

❑ Serverless Kubernetes：用户可直接启动应用，无须创建 Kubernetes Master 与 Node。适合开箱即用、不关注基础设施或执行临时任务的场景。

6.3.2 腾讯云

腾讯云容器服务（Tencent Kubernetes Engine，TKE）在兼容原生 Kubernetes API 的基础上，扩展了腾讯云的云硬盘、负载均衡等插件，主要功能如下。

❑ 集群管理：支持腾讯云 CVM（Cloud Virtual Machine，云服务器）的所有机型，支持自定义集群网络，支持集群动态伸缩，支持 Kubernetes 多版本。

❑ 应用管理：支持 TKE 多种服务类型，支持更新应用实时对比，应用内服务一键部署 / 停止。

❑ 服务管理：支持服务快速创建、快速扩缩容、负载均衡、服务发现、服务监控、健康检查等。

❑ 配置项管理：配置项支持多版本，支持可视化和 YAML 两种编辑形式。

❑ 镜像管理：支持创建私有镜像仓库，支持查看和使用 Docker Hub 镜像仓库。

6.3.3 华为云

华为云容器服务产品云容器引擎（Cloud Container Engine，CCE）支持 Docker 容器，深度整合了华为云高性能的计算、网络、存储等服务，支持异构计算与多可用区，可构建高性能、高可用的企业级 Kubernetes 集群，主要功能如下。

❑ 集群管理：支持 Kubernetes 集群一键部署与一站式运维（弹性伸缩、升级、监控等）。同时支持多种类型的容器集群，如 CCE 集群、运行在 ARM 架构服务器的鲲鹏容器集群。

❑ 节点与节点池管理：支持节点添加、重置与删除等操作，且支持创建自定义节点池，将节点按照一定逻辑进行管理。

❑ 工作负载：CCE 提供基于 Kubernetes 原生类型的容器部署和管理能力，支持在创建工作负载时设置容器资源限制，可以设置在容器启动时与停止前执行的命令。

❑ 亲和 / 反亲和调度：用户可根据业务需求设置亲和性，实现工作负载的就近部署与容器间通信的就近路由。同时，还可以对实例与应用设置反亲和性的部署方式。

❑ 容器网络：CCE 将 Kubernetes 网络与华为云 VPC 深度集成，除支持传统的 Kubernetes 网络能力外，还增加了网络平面功能，为容器对接弹性网络接口提供配置项，实现了容器直接绑定弹性网卡并对外提供服务。

- ❑ 容器存储：除支持本地磁盘外，还支持将需要持久化的工作负载数据存储于华为云的存储服务上，如云硬盘存储卷、文件存储卷、对象存储卷等。
- ❑ 权限管理：支持基于 IAM（Identity and Access Management，身份识别与访问管理）的细粒度权限控制和 IAM Token 认证，支持集群级别、命名空间级别的权限控制，帮助用户便捷灵活地对租户下的 IAM 用户、用户组设定不同的操作权限。
- ❑ 生态工具：CCE 深度集成应用服务网格，提供非入侵式的服务治理解决方案，基于 Kubernetes Helm 标准提供模板市场功能。
- ❑ 系统管家：提供系统体检与系统加固功能。

6.4　运维管理方案对比

　　看完前面对 Wayne、Rancher、ACK、TKE、CCE 的介绍，可能有些读者感觉并没有一个方案可以完全满足自己的需求与业务场景，自研 Kubernetes 方案是很多 Kubernetes 集群运维管理团队的选择之一。自研方案可以从系统管理员的需求出发进行设计，同时由于很多 Kubernetes 运维团队涉及从传统虚拟机模式向容器化转型，因此自研方案也可以更好地兼容现有系统，实现平滑过渡。

　　是否使用自研方案进行 Kubernetes 集群管理，更多取决于当前团队所处的环境，包括是否可以投入相应的资源（人力、时间）以及能否忍受自研方案初期的可靠性阵痛。表 6-1 整理了上述几种方案的特点，供读者根据自身情况进行选择。

表 6-1　运维管理方案对比

对比项	开源方案	公有云服务	自研方案
接入适配度	中	低	高：可完全根据自身需求定制开发
运行成本	低	高：如需和已有数据中心打通，须增加基础设施建设成本 中：如完全托管在公有云上，成本相对降低	低
可运维性	中	高	高：可融入自有的运维体系
可靠性	中：受限于社区活跃度	高：方案成熟	低：自研系统可靠性在初期难以保证
人力投入	低：开箱即用	低：开通即用	高

　　我们在立项之初，综合了上述开源方案与公有云方案，并参考了业界的落地实践经验，对 3 类方案进行了横向对比与讨论。最后，倾向于选择自研方案，主要原因如下。

- ❑ 排除开源方案的主要原因在于开源方案与当前业务需求的适配度一般，引入后需要进行二次开发，开源方案人力投入低的优势不明显。

❑ 排除公有云方案的主要原因在于团队当时已有一套成熟的 CI/CD 与运维体系，且核心业务都运行在自有数据中心上。如果选择公有云方案，则基础设施成本与容器化迁移成本较高。

❑ 选择自研方案的主要原因是可很好地融入现有运维体系，且容器化过程可以比较平滑。

对于自研方案的缺点，我们的思考如下。

❑ 现有 DevOps 团队逐步从传统虚拟化向容器化转型，且在容器化后运维成本进一步降低。从全局来看，不会有非常高的人力资源投入。

❑ 运维管理平台跟随容器化逐步打磨，在项目前期对于平台的稳定性不会有很高要求。

通过上述案例选型的过程可以看出，方案的选择与很多因素相关，不单单考虑是否稳定、技术是否先进。在进行方案决策时，还是要排出需求的优先级，综合当前业务情况、团队成员规模及技能水平等因素，统一进行决策。

6.5 本章小结

本章介绍了常见的 Kubernetes 集群运维管理方案，并按照开源方案、公有云方案与自研方案进行分类和对比。通过对比可以看到，开源方案开箱即用，在可靠性与适配度上需要重点评估；公有云方案成熟稳定，开通即用，需要重点考察与自身环境的适配度；自研方案的适配度最高，但要评估人力成本、试错成本（时间成本、金钱成本）方面的投入能否接受。几种方案各有优劣，集群管理员可根据自身情况进行选择或综合使用，比如先用开源方案过渡，然后逐步转向自研。

除了 Kubernetes 集群的运维管理方案外，在云原生落地过程中还涉及许多周边组件，这些组件如何选择使用，将在第 7 章进行讲解。

第 7 章 *Chapter 7*

云原生基础组件选型

云原生在落地的过程中需要许多周边组件，每个公司都需要根据自己的实际场景进行组件的选型和整体架构的设计，必要时还要进行一些改造。云原生落地过程中的组件选型可以从场景和需求、组件成熟度、落地成本几个方面展开。

1. 场景和需求

要做组件选型，首先要对公司的架构现状做分析，适合公司业务现状的方案才是最好的方案。对于没有历史包袱的团队，选型时可以尝试一些相对较新的组件，但绝大多数公司都不是从 0 开始，很可能是"边开飞机边换发动机"，稳定是第一要务，因此一定要结合业务现状找到适合自己的技术方案。

2. 组件成熟度

对于同类型的开源组件，建议优先选择经过大规模生产验证的组件，这些组件相对成熟、稳定，开源社区比较活跃，功能迭代比较频繁，Bug 修复也更加及时。对于使用者来说，可以减少很多不必要的试错成本。

3. 落地成本

在选型过程中，大家都会面临一个问题——落地成本，主要包括以下 4 个方面。

- ❑ 研发成本：这里是指云原生团队的研发成本，许多开源组件无法满足公司的个性化需求，往往需要我们进行二次开发，开发的时间成本和带来的实际收益需要我们做一个全面的衡量。
- ❑ SLA 成本：在云原生落地过程中，通常会对基础设施进行频繁的变更，例如从 KVM 迁移到 Docker，一个公司的应用越多，变更基础设施带来的 SLA（Service Level

Agreement，服务等级协定）保障风险就越大。

❑ 接入成本：云原生下的一些新功能如果需要研发人员花费过多的时间去学习或者变更代码，推广成本将会变得非常高，甚至不可落地。因此，新功能的使用和接入对研发人员透明是最理想的状态，这样会大大加快云原生落地的速度。

❑ 运维成本：许多开源组件的功能丰富且强大，但同时也会给运维带来额外的复杂度。就像 Kubernetes，给云计算基础设施层带来了颠覆性的改变，但同样也带来了问题——Kubernetes 的学习和运维成本都比较高，所以需要衡量引入一个开源组件的学习成本和它带来的收益是否成正比。

本章会对云原生落地过程中涉及的持久化存储方案、镜像管理、多集群多机房高可用负载均衡策略、日志采集、监控告警、网络方案等重要知识进行讲解，在讲解过程中也会附上我们团队的最佳实践。

7.1 持久化存储方案

在架构设计中，我们总是期望应用是无状态的。云原生下最理想的架构是应用服务高可用、高扩展、随机分布、无处不在。实际情况却不总是那么理想，往往有些服务是"有状态"的。很多开源的组件如消息中间件、数据库等都需要依赖文件系统的持久化来进行数据的临时或者永久存储，许多大数据的组件需要依赖主机名来组建集群。

针对要求主机名不改变的场景，Kubernetes 提供了 StatefulSet 这种资源对象来部署有状态应用，使用 StatefulSet 编排的容器可以保证主机名的不变，但容器仍然需要我们提供一个共享存储。

有些场景并不要求主机名恒定，虽然可以使用常规的 Deployment 来部署，但是要共享文件系统的视图。比如，线上签约的合同需要签约盖章的服务，签约盖章的应用程序经常是多节点部署的，但读取的合同存储必须是同一份。

对于这些有状态的服务，我们需要提供一个稳定的共享存储挂载到 Pod 中。共享存储是云原生落地过程中不可绕过的一个问题。

7.1.1 存储的选型

在云原生落地之前，我们团队使用 EMC（易安信）的商业化产品进行存储，通过 NFS（Network File System，网络文件系统）进行共享存储的挂载。在去 IOE（IBM、Oracle、EMC）的背景下，公司开始逐步探索新的替代方案，首先考虑到的是分布式文件存储。

分布式文件存储包括开源社区的 GlusterFS、CephFS、LustreFS、MooseFS、LizardFS，还包括 EMC 的 isilon 和 IBM 的 GPFS（General Parallel File System）等商业产品。分布式文件存储适合容器场景，目前比较主流的是 Ceph 和 GlusterFS。

结合当前存储的使用场景，我们选择了 Ceph，相对于其他商业化产品，Ceph 有如下特性：

1. 高性能

❑ 可以支撑上千节点的存储规模，支持 TB 到 PB 级别的数据量。

❑ 架构设计考虑到了容灾的隔离性，支持各种副本的负载规则，轻松实现跨机架、机房的部署。

❑ 摒弃了传统寻址方案，不再使用集中式存储元数据，而是采用 CRUSH（Contrdled Replication Under Scalable Hashing）算法，数据分布更均匀，支持较高的并发。

2. 高可用性

❑ 数据强一致性。

❑ 没有单点故障。

❑ 多种故障场景可以自动修复和自愈。

❑ 副本的数量可以灵活控制。

3. 高可扩展性

❑ 去中心化。

❑ 副本扩展灵活。

4. 特性丰富

❑ 支持 3 种类型的存储接口，即块存储、文件存储、对象存储。

❑ 支持自定义接口，支持多种语言驱动。

图 7-1 左图是 Ceph 在生产环境中的使用流程，右图是 Ceph 在 Kubernetes 中的架构。

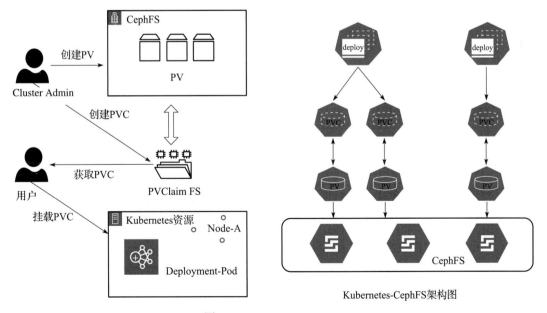

图 7-1 Kubernetes-CephFS

其实，上述特点是很多分布式文件存储都具备的，那么我们为什么选择 Ceph 呢？

本章开头有关于落地成本的讲解，相比于 GlusterFS，Ceph 的社区要更成熟和活跃，Red Hat 收购并主导了 Ceph 之后，重新整理了 Red Hat 版本的 Ceph 文档，文档质量非常高。在应用场景都可以满足时，运维的复杂度（落地成本）、社区活跃度等软性因素往往成为技术选型的关键因素。

除了上述优点外，Ceph 也存在一些小缺陷，比如小文件写入方面的性能表现并不好，通常是毫秒级，运维复杂度虽然较低，但是仍需有专门的人员去管理和维护。

Ceph 的搭建可以参考官方文档，这里不赘述。当然，作为一个基础存储设施，强烈建议以下硬件配置：物理机、万兆网卡以及固态硬盘。

存储的选型就介绍到这里，下面我们开始学习如何在 Kubernetes 中使用 Ceph。

7.1.2　Ceph 在 Kubernetes 中的使用

第一步，获取 Secret。

由于 Ceph 使用 Cephx 认证，因此 Kubernetes 要使用 Secret。Kubernetes 默认使用 base64 的 Secret。首先，在搭建好的 Ceph 集群的 Ceph monitor 节点中执行以下指令获取 base64 的 Secret。

```
grep key /etc/ceph/ceph.client.admin.keyring |awk '{printf "%s", $NF}'|base64
```

得到 base64 格式的输出结果。

```
QVFCYVpKcGYwbWdpSnhBQXlQeDJJdzljVEEwYnJ5VERTxxxxxxxxxo=
```

第二步，创建 Secret。

在创建 Secret 之前，需要在使用 Ceph 存储的 Kubernetes 的 Node 上安装 ceph-common，这样才可以使用 CephFS，指令如下。

```
yum -y install ceph-common
```

在 Kubernetes 集群中创建 Secret，其中 Key 是从上一步的 Shell 指令中获取的，这里我们在 tech-daily 命名空间下创建了一个名为 ceph-secret 的 Secret。Secret 的 YAML 文件如下。

```
apiVersion: v1
data:
    key: QVFCYVpKcGYwbWdpSnhBQXlQeDJJdzljVEEwYnJ5VERTxxxxxxxxxo=
kind: Secret
metadata:
    name: ceph-secret
    namespace: tech-daily
type: Opaque
```

第三步，创建 PV。

在 tech-daily 命名空间下创建 PV，在 spec.cephfs.monitors 列表中填写好 ceph monitor

的节点信息。PV 的 YAML 文件如下。

```
apiVersion: v1
kind: PersistentVolume
metadata:
    annotations:
        pv.kubernetes.io/bound-by-controller: "yes"
    finalizers:
    - kubernetes.io/pv-protection
    labels:
        name: gops-server-pv-daily
    name: gops-server-pv-daily
spec:
    accessModes:
    - ReadWriteMany
    capacity:
        storage: 50Gi
    cephfs:
        monitors:
        - 10.216.44.17:6789
        - 10.216.44.18:6789
        - 10.216.44.19:6789
        path: /gops-server
        secretRef:
            name: ceph-secret
        user: k8suser
    claimRef:
        apiVersion: v1
        kind: PersistentVolumeClaim
        name: gops-server-pvc
        namespace: tech-daily
    persistentVolumeReclaimPolicy: Retain
```

第四步，创建 PVC。

使用选择器关联创建好的 PV，代码如下。

```
apiVersion: v1
kind: PersistentVolumeClaim
metadata:
    annotations:
        pv.kubernetes.io/bind-completed: "yes"
        pv.kubernetes.io/bound-by-controller: "yes"
    finalizers:
    - kubernetes.io/pvc-protection
    name: gops-server-pvc
    namespace: tech-daily
spec:
    accessModes:
    - ReadWriteMany
    dataSource: null
```

```
      resources:
          requests:
              storage: 50G
      selector:
          matchLabels:
              name: gops-server-pv-daily
      volumeName: gops-server-pv-daily
```

第五步，挂载 PV。

下面是一个应用名为 gops-server 的 Deployment，我们在编排这个应用的容器时，将上面创建的 PV 挂载到 /data1 目录中，实现了 gops-server 应用的 2 个实例共享 /data1 这个目录。

```
apiVersion: extensions/v1beta1
kind: Deployment
metadata:
    labels:
        app: gops-server
    name: gops-server-deployment
    namespace: tech-daily
spec:
    replicas: 2
    revisionHistoryLimit: 10
    selector:
        matchLabels:
            app: gops-server
    strategy:
        rollingUpdate:
            maxSurge: 1
            maxUnavailable: 0
        type: RollingUpdate
    template:
        metadata:
            labels:
                app: gops-server
        spec:
            containers:
            - env:

                ...
                ...

                volumeMounts:
                - mountPath: /data1
                    name: gops-server-daily-ceph
        ...
        ...

            volumes:
            - name: gops-server-daily-ceph
                persistentVolumeClaim:
                    claimName: gops-server-pvc
```

下面将上面 5 个步骤做一个整体的分析。

- 获取 Ceph 的认证密钥并使用 base64 编码。
- 首先在 Kubernetes 节点中安装 Ceph 驱动，安装后使节点支持以 CephFS 方式挂载 Ceph 存储。然后创建通过第一步获取的认证密钥，使得 Kubernetes 可以通过 Ceph 的认证。
- 创建 PV 记录 Ceph 的节点信息、访问模式以及容量。
- 创建 PVC，通过选择器关联要使用共享存储的应用。
- 在应用程序的 Deployment（如果要求主机名不变，可以使用 StatefulSet）中声明挂载 PVC 到容器的指定目录，使应用容器获得共享存储。

通过 YAML 的配置，我们完成了存储的申请和创建，然而在实际生产中，YAML 文件对于研发人员来说有比较复杂的知识门槛和管理成本。为了提升研发用户体验，SRE 会对存储的申请做一层接口封装，并为研发人员提供可以自助申请的平台功能。如图 7-2 所示，研发人员可通过 PaaS 平台为应用申请指定大小的共享存储，并自定义存储挂载到容器的目标位置上。

图 7-2　应用申请共享存储示意图

通过存储状态管理，可以展示一个应用所挂载的共享存储的环境、大小、状态、挂载点等多维信息，如图 7-3 所示。

命名空间	环境	存储空间大小	挂载点	申请状态	创建时间	修改时间
tech-daily	daily	50GB	/data1	COMPLETE	2021-10-12 04:58:35	2021-10-11 15:58:35

图 7-3　共享存储状态展示

7.2　镜像管理

在构建 PaaS 平台的过程中，不管是持续集成后的镜像推送，还是应用容器启动拉取镜像，都需要一个稳定的镜像仓库。Harbor 作为一个 CNCF 托管项目，在 GitHub 上拥有 16.4k 的 Star，成为我们构建私有镜像仓库的首选开源组件。本节介绍高可用镜像方案和镜像清理策略 2 个生产中最常见的问题。

7.2.1 高可用镜像方案

Harbor 的搭建比较简单，可以参照官方的介绍，地址为 https://github.com/goharbor/harbor。
我们先看一下官方文档列出的 Harbor 特点。

❑ 云原生 Registry：Harbor 支持容器镜像和 Helm Chart，可用作容器运行时和编排平台等云原生环境的 Registry。

❑ 基于角色的访问控制：用户通过项目访问不同的存储库，可以对项目下的镜像或 Helm Chart 拥有不同的权限。

❑ 基于策略的复制：可以使用过滤器（存储库、标签等），基于过滤策略在多个 Registry 实例之间复制（同步）镜像。如果遇到任何错误，Harbor 会自动重试复制。这可用于辅助负载平衡、实现高可用并促进混合和多云场景中的多数据中心部署。

❑ 漏洞扫描：Harbor 定期扫描镜像中的漏洞，并进行策略检查，以防止部署易受攻击的镜像。

❑ LDAP/AD 支持：Harbor 与现有的企业 LDAP/AD 集成以进行用户身份验证和管理，并支持将 LDAP 组导入 Harbor，可以授予特定项目的权限。

❑ OIDC 支持：Harbor 利用 OpenID Connect（OIDC）来验证由外部授权服务器或身份提供商验证的用户身份，可以启用单点登录以登录 Harbor 门户。

❑ 镜像删除和垃圾收集：系统管理员可以运行垃圾收集作业，以便删除镜像，如悬空清单和未引用的 BLOB（Binary Large OBject，二进制大对象），并定期释放它们的空间。

❑ Notary：支持使用 Docker Content Trust（利用 Notary）对容器镜像进行签名，以保证真实性和记录镜像出处。此外，还可以激活阻止部署未签名映像的策略。

❑ 图形用户门户：用户可以轻松浏览、搜索存储库和管理项目。

❑ 审计：通过日志进行跟踪存储库的所有操作。

❑ RESTful API：提供 RESTful API 以方便管理和操作，并且易于与外部系统集成。嵌入式 Swagger UI 可用于探索和测试 API。

❑ 易于部署：Harbor 可以通过 Docker Compose 和 Helm Chart 进行部署，最近还添加了一个 Harbor Operator。

可以看到，Harbor 本身的功能非常强大，作为一个基于 Registry 开发的镜像仓库，它提供了 UI 管理界面，大大节省了用户的开发成本。在进行高可用方案设计之前，我们来了解一下 Harbor 的架构，如图 7-4 所示。

❑ Proxy：一个 Nginx 反向代理，主要代理 UI 界面的访问和镜像上传、下载流量。

❑ UI：提供了一个 Web 管理页面，当然还包括一个前端页面和后端 API，底层使用 MySQL 数据库。

❑ Registry：镜像仓库，负责存储镜像文件，当镜像上传完毕后，通过 Hook 通知 UI 创建 Repositry。当然，Registry 的 Token 认证也是通过 UI 组件完成的。

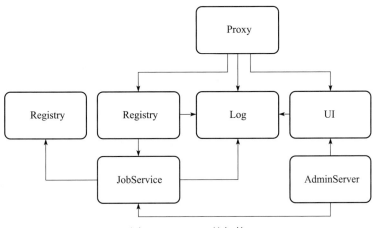

图 7-4　Harbor 的架构

❑ AdminServer：系统的配置管理中心可以检查存储的使用量，JobService 启动时需要加载 AdminServer 的配置。

❑ JobService：负责镜像复制工作，它和 Registry 通信，从一个 Registry 拉取镜像后推送到另一个 Registry，并记录到 job_log 中。

❑ Log：日志汇总组件，通过 Docker 的 LogDirver 把日志汇总到一起。

从整体架构来看，Harbor 通过组件 Proxy 进行入口访问，通过 JobService 进行镜像复制。我们要做的是根据实际的生产压力分散部署多个主从 Harbor。Harbor 高可用架构如图 7-5 所示。

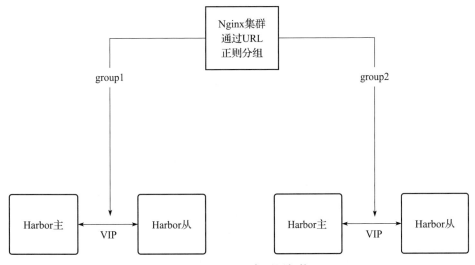

图 7-5　Harbor 高可用架构

下面我们根据图 7-5 梳理一下 Harbor 的高可用架构。

❑ Harbor 的访问入口为 Nginx 集群，Nginx 集群可以设置为偶数个，每 2 个 Nginx 为一组，互为 VIP 主备；Harbor 设置域名访问，解析多个 A 记录，多个 A 记录和 Nginx 集群的 VIP 一一对应。

❑ Harbor 可以设置为多个主从模式，每一对主从 Harbor 划分为一组，根据业务部门仓库名或者其他规则来进行分配，主 Harbor 通过 VIP 提供服务，遇到故障后，VIP 切换为从 Harbor。

❑ 通过 Nginx 的正则对进入 Harbor 集群流量进行分组。可以将 tech 和 crm 两个仓库分到不同的 Harbor 主从集群中。

Harbor 的主从配置比较简单，可以通过自带的 UI 界面进行配置，图 7-6 展示了 Harbor 主从配置。

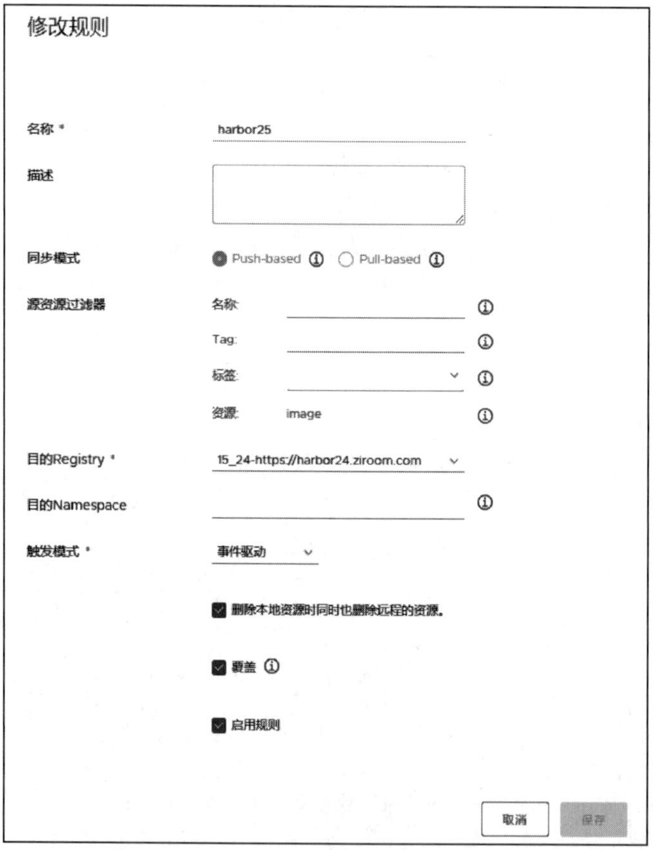

图 7-6　Harbor 主从配置

图 7-6 中将目的 Registry 地址填写为从 Harbor 地址，并且设置触发模式为事件驱动。事件驱动意味着，当主 Harbor 发生镜像的上传或删除等事件时，会触发同步动作，将镜像状态从 Harbor 主节点同步到从节点。

7.2.2 镜像清理策略

Harbor 是镜像的私有仓库，对于具备存储属性的组件来说，容量管理是一项不容忽视的重要功能。

在实际生产过程中，业务发布存在异常发布的可能，当遇到业务异常时，为降低对用户的影响、保证 SLA，一个比较高效的策略是代码回滚。在云原生时代，代码回滚往往不再是代码层面的回滚，取而代之的是更快捷的镜像回滚。因此，镜像回滚要求 PaaS 平台对镜像的版本进行记录。

然而，在当下敏捷开发、产品高速迭代的时代，每天产生的镜像数量非常庞大，保留镜像的所有历史版本，不管是从存储成本角度考虑，还是从实际作用角度考虑，都是不允许的。因此，制定一个合理的镜像清理策略非常重要。

新版本的 Harbor 提供了一个非常好用的功能——tag 保留。这个功能允许我们围绕镜像的 tag（标签）设置镜像的保留策略。图 7-7 展示了 Harbor 的 tag 保留规则。

图 7-7　tag 保留规则

Harbor 保留最近推送的 5 个镜像，其他环境保留最近推送的 2 个镜像。这个保留规则可以根据 Harbor 的存储大小以及实际场景来规划。

我们在 CI 过程中构建镜像时，会根据环境打上环境的标签，上面的镜像保留策略是生产环境保留 5 个镜像，非生产环境保留 2 个镜像。根据标签可以定义灵活的镜像保留策略，在规则添加页面有如下 3 点要注意。

1）应用到仓库：可以选择规则作用的仓库，逗号分割。

2）以镜像或天数为条件：有如下 5 个条件可以选择。

❑ 保留最近推送的 x 个镜像。

□ 保留最近拉取的 x 个镜像。

□ 保留最近 x 天被推送的镜像。

□ 保留最近 x 天被拉取的镜像。

□ 保留全部镜像。

3）Tags：可以选择匹配或者排除，库名称支持以下匹配模式（对在匹配模式下用到的特殊字符使用反斜杠"\"进行转义）。

□ *：匹配除分隔符"\"外的所有字符。

□ **：匹配所有字符，包括分隔符"\"。

□ ?：匹配除分隔符"\"外的所有单个字符。

在配置好标签的保留规则后，可以通过 UI 界面观察到标签触发清理的事件。在使用过程中，我们发现虽然配置了标签保留规则，但是 Harbor 仓库的磁盘占用并没有得到控制，还会持续地增长。这里需要注意，我们清理的标签仅仅是一个引用，如果要真正删除镜像，还需要进行垃圾回收。

Harbor 在 UI 界面提供了垃圾清理的配置选项，我们可以通过计划任务的形式自动触发垃圾回收，但是在垃圾回收过程要注意以下 2 点。

□ 在垃圾回收过程，Harbor 会被设置为只读模式，这时无法推送镜像到 Harbor 镜像仓库中。

□ 垃圾回收后，会生成一个历史记录，记录垃圾回收的运行时间、运行状态等。

因为 Harbor 在垃圾回收时无法推送镜像，所以我们可以把垃圾回收的时间定在深夜，并提供一个临时的 Harbor 存储分组，用于在垃圾回收时间段继续推送镜像，当垃圾回收结束后，再将这段时间内构建的镜像同步回来。

7.3 Ingress 实战

在 Kubernetes 中，一切均为服务，所有的应用都可以创建对应的 Service 资源对象，并且使用标签选择器将应用与 Service 关联，使用 Cluster IP 进行通信。Service 一旦创建，那么其中的 Cluster IP 便是永久不变的。

在实际落地过程中，许多公司服务之间的通信是使用域名互相调用的，并且使用 Nginx 代理做访问控制，通过收集 Nginx 访问日志以及 ELK 等体系来记录服务的调用情况，统计可用率、TPS（Transaction Per Second，每秒事务处理量）、TP95（Top Percent 95，95% 的数据满足某一条件）等访问指标。我所在的团队就有很多基于 Nginx 的访问日志的 Grafana 看板，这些看板会提供给 SRE 或研发人员使用。

如果使用 Cluster IP，那么意味着所有应用在迁移到 Kubernetes 集群的过程中，都需要更改自己的调用配置文件，这是一个非常大的改动，并且有一定的风险。

□ 配置的变更过程中可能会发生配置的遗漏或者配置的错误问题，会对生产造成不可预估的风险。一个核心应用的依赖方可能会有几十甚至上百个应用，又要实现这么多应用的变更，又要保障 SLA，几乎是不可能的。

❑ 缺失 Nginx 访问日志，那么以往的看板将会失效，基于这些访问指标所做的访问分析和告警程序也将失效。

❑ 当集群外的应用要访问集群内的应用时，就需要使用 NodePort 等不太优雅的方式。

我们最后选择 Ingress-nginx 作为服务之间的访问代理，下面将会从多集群多机房的负载均衡策略等维度来介绍 Ingress-nginx 组件。

7.3.1　什么是 Ingress-nginx

Ingress-nginx 是 Kubernetes 官方开发和维护的，对于之前一直使用 Nginx 进行服务和服务之间访问的代理而言，切换比较平滑。GitHub 地址为 https://github.com/kubernetes/ingress-nginx。

作为 Kubernetes 集群中服务和服务之间访问的代理，Ingress-nginx 主要使用组件 nginx-ingress-controller 来实现服务的发现和配置变更。

1. 工作原理

nginx-ingress-controller 作为一个控制器部署在 Kubernetes 集群中，有如下特点。

❑ 使用 Nginx 作为服务代理。

❑ 使用 client-go 的 Informer 组件来获取并监听（List/Watch）集群中的资源对象，如 ConfigMap、Ingress、Service、Endpoints 等。当变更事件发生时，利用 Watch 的回调函数进行 Nginx 的配置和修改等。

❑ 当部署应用时，应用的 IP 变更后，使用 lua-nginx-module 来进行 upstream 主机节点 IP 的变更，由于并没有使用 nginx reload，因此避免了重新加载带来的流量损失。

更多的工作原理可以参考官方文档，地址为 https://kubernetes.github.io/ingress-nginx/how-it-works/#how-it-works。

图 7-8 是 Ingress-nginx 的主要工作原理架构图。

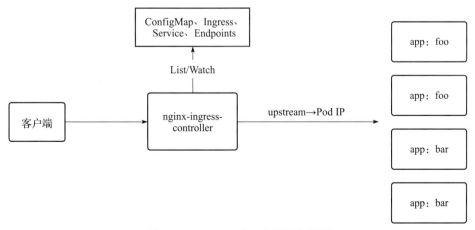

图 7-8　Ingress-nginx 主要工作原理

2. Ingress-nginx 配置

Ingress-nginx 通过名为 nginx-configuration 的 ConfigMap 来管理全局的配置，代码如下。

```
apiVersion: v1
data:
    access-log-path: xxx
    client-body-timeout: "300"
    client-header-timeout: "300"
    client_body_buffer_size: 512k
    enable-underscores-in-headers: "true"
    error-log-path: xxx
    gzip-types: application/atom+xml application/javascript application/
        x-javascript
        application/json application/rss+xml application/vnd.ms-fontobject
            application/x-font-ttf
        application/x-web-app-manifest+json application/xhtml+xml application/
            xml font/opentype
        image/svg+xml image/x-icon text/css text/plain text/x-component
    log-format-upstream: '{"time":"$time_iso8601", "remote_addr":"$remote_
        addr", "request":"$uri","status":"$status","request_method":

        "$request_method","size":"$body_bytes_sent","geoip_region_name":
            "$geoip_region_name","request_time":"$request_time","upstream_
            response_time":"$upstream_response_time","upstream_addr":
            "$upstream_addr","http_forward":"$http_x_forwarded_for","http_
            referer":"$http_referer","domain":"$host","scheme":"$scheme","host
            name":"$hostname","args":"$args","http_protocol":"$server_protocol",
            "upstream_cache_status":"$upstream_cache_status","http_user_agent":
            "$http_user_agent","http_ziroom_traceid":"$http_ziroom_traceid",
            "http_ziroom_from_app":"$http_ziroom_from_app"}'
    max-worker-open-files: "65535"
    proxy-body-size: 120m
    proxy-connect-timeout: "600"
    proxy-read-timeout: "600"
    proxy-send-timeout: "600"
    server-tokens: "false"
    ssl-ciphers: xxx
    ssl-protocols: TLSv1 TLSv1.1 TLSv1.2 TLSv1.3
    upstream-keepalive-timeout: "300"
kind: ConfigMap
metadata:
    labels:
        app.kubernetes.io/name: ingress-nginx
        app.kubernetes.io/part-of: ingress-nginx
    name: nginx-configuration
```

一些常规的全局配置都可以在这个 ConfigMap 中定义和修改，例如打开的最大文件数、Nginx 代理的 Body 大小、连接超时等常规配置。其中，需要特别注意的是 log-format-upstream 字段，它允许我们根据公司的 Grafana 日志看板定制字段名称，完美兼容 ELK 等日志体系。

3. 日志切割

在生产环境中，我们通常希望为每个域名独立生成访问和错误日志，Ingress-nginx 支持在 Ingress 资源对象的 annotations 字段为应用配置独立的访问日志，通过在字段中追加 upstreaminfo if=$loggable 就可以完成配置。下面的实例演示了如何给应用go-hello 配置独立的访问日志，完整的 YAML 文件如下。

```
apiVersion: extensions/v1beta1
kind: Ingress
metadata:
    annotations:
        kubernetes.io/ingress.class: nginx-prod
        nginx.ingress.kubernetes.io/configuration-snippet: |-
            access_log /var/log/nginx/go-hello_access.log upstreaminfo if=$loggable;
            error_log    /var/log/nginx/go-hello_error.log;
        nginx.ingress.kubernetes.io/enable-access-log: "true"
        nginx.ingress.kubernetes.io/ssl-redirect: "false"
    name: go-hello-ingress
    namespace: tech-prod
spec:
    rules:
    - host: go-hello.ziroom.com
        http:
            paths:
            - backend:
                serviceName: go-hello-svc
                servicePort: 8081
                path: /
```

其中，nginx.ingress.kubernetes.io/configuration-snippet 字段需要谨慎使用，虽然它支持 Nginx 的原生配置文件语法，但是配置的生效范围是所有域名，要正确地为单个应用域名自定义配置，需要参照官方文档，地址为 https://kubernetes.github.io/ingress-nginx/user-guide/nginx-configuration/ConfigMap/#access-log-path。

7.3.2　多集群多机房高可用负载均衡架构设计

图 7-9 是以 Ingress-nginx 为主的多集群多机房高可用负载均衡架构图。

我们从图 7-9 中的南北向流量来剖析下这个架构。

❏ 用户发起域名 a.ziroom.com 的请求，DNS 解析域名的 IP。

❏ a.ziroom.com 的解析记录是一个别名（CNAME）记录，由腾讯的 GTM（Globale Transaction Manager，全局事务管理器）系统来管理。

❏ GTM 系统会返回这个别名提前配置好的对应公网 IP 池，IP 池包含机房的公网 IP。GTM 系统定时检查 IP 池的健康状况，进行动态的 IP+ 端口探活，如果发现故障，就会剔除故障 IP。

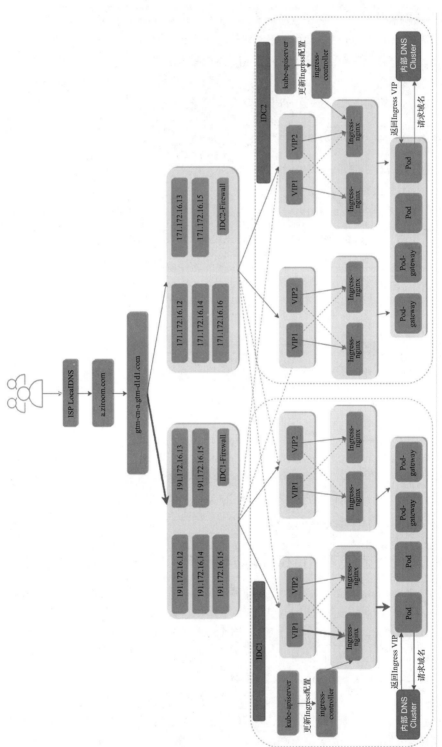

图 7-9 多集群多机房高可用负载均衡架构

❑ 用户获取解析记录并发起请求,从公网 IP 进入数据中心防火墙,由于防火墙都是主备机制,因此如果主防火墙故障,会自动切换到备用防火墙。

❑ 防火墙会将公网 IP 映射到 Nginx-ingress 集群的局域网 VIP。

❑ 每 2 个 Nginx 互为主备 VIP,Nginx-ingress 将流量转送到后端 Pod 的应用中。当一个 Nginx 故障后,VIP 会切换到它的备用 Nginx 上,实现故障自动切换。

❑ Nginx-ingress 会实时关注上游服务的健康状态,当发现故障的 Pod,会从代理列表中将其剔除。

这里有一个我们常用的别名使用技巧,类似于 CDN(Content Delivery Network,内容分发网络)运营商的做法,通过别名将公网 IP 和应用域名解耦,这样可以灵活选择应用的部署位置,具体方法如下。

❑ 每个由 GTM 管理的别名的值都对应一个数据中心或公有云公网入口 IP 池。

❑ 核心应用可以灵活选择需要部署的位置,比如需要部署在数据中心,那么就将域名解析到数据中心的别名的值上,高流量等适合公有云的应用可以选择解析到公有云的别名的值上。

7.4 日志采集和展示

在容器化的过程中,由于日志的采集和查询是必不可少的环节,因此日志模块的设计非常重要,如下几个场景需要特别关注。

❑ 研发人员需要登录对应的项目机器,通过常用的 Shell 命令来查看或者过滤相关的日志,尽可能保持以前使用跳板机的习惯,降低各个业务线接入的门槛。

❑ 每次研发人员进行代码打包和发布后,原有的 Pod 会被销毁,包含新代码的应用 Pod 会启动,应用程序会写日志到新的 Pod 容器中,研发人员需要查看历史 Pod 中的日志文件。

❑ 当应用程序发生异常时,比如 Java 程序触发 OOM(Out Of Memory,内存用尽)或者 Full GC(Garbage Collection,垃圾回收)的时候,需要将堆内存等信息导出,然后下载到本地,通过工具进行分析。

❑ 生产上,每个项目可能有多个 Pod,每个 Pod 会产生大量日志,研发需要通过统一的日志平台来过滤、查看、分析整体服务的运行状况,快速定位问题。

下面我们从日志采集方案选型、设计思路、最终展示效果几个方面来介绍我们的日志方案。

7.4.1 云原生下日志采集的 3 种方式

与传统 KVM 部署应用不同的是,Kubernetes 集群应用 Pod 在 Node(我们的 Node 均为物理机)上的启动位置是不固定的,每次发版都可能调度到另外一台 Node 上,因此应用 Pod 随时会"漂移",这时需要思考如何在当前场景下满足研发人员对日志查看的需求。通过调研发现，业内日志落地的成熟方案大体分为以下 3 种。

1. 挂载 Node 本地文件

Pod 通过 HostPash 方式挂载 Node 目录，将日志文件落到物理机，每台 Node 运行一个 Filebeat 服务来收集日志。

- ❑ 优点：Pod 运行不依赖外部存储组件，可靠性较高。挂载 Node 目录，写磁盘速度最快，每台 Node 上只运行一个 Filebeat 服务，内存和 CPU 利用率比较高。
- ❑ 缺点：有一定的开发成本，需要记录每个 Pod 在 Node 上的漂移记录，规划目录结构，单台 Node 上的 Filebeat 服务要管理所有应用的采集配置文件，通常需要通过程序来精细化管理 Filebeat 配置文件。

2. 挂载共享存储

Pod 挂载共享存储，程序日志直接打印到共享存储中。

- ❑ 优点：不需要特意采集日志，日志直接写入共享存储，便于日志的统一处理。
- ❑ 缺点：网络 I/O 瓶颈，共享存储出问题时会导致所有 Pod 异常。通常，共享存储会有网络延迟，如果在应用的处理逻辑中同步打印日志，可能会导致用户请求的响应时间变长。

3. Sidecar 模式

每个 Pod 中运行一个 Sidecar 容器，里面包含了 Filebeat 客户端，可以将程序日志收集并发送给 Kafka 队列。

- ❑ 优点：日志采集程序和配置隔离，方便管理。
- ❑ 缺点：CPU 成本比较高，有多少个 Pod 就有多少个 Sidecar，占用资源较多。

7.4.2　日志采集设计思路

在容器化之前，以 KVM 部署应用为主的场景，我们的日志并不规范且日志输出种类繁多，主要有如下 3 种。

- ❑ 日志打印到控制台并标准输出。
- ❑ 日志打印到日志文件，落到磁盘上。
- ❑ 应用接入了 SDK，会按照一定格式将日志写入磁盘，我们会使用 Filebeat 采集日志，并且提供一套以 Graylog（开源日志聚合工具）为主的日志平台供研发人员查看日志。

针对以上的 3 种情况，我们进行了选型分析。挂载共享存储带来的应用性能和可靠性下降是我们不能接受的，而 Sidecar 模式占用的资源较多，与云原生降本的特性相违背，所以我们最后决定采用第 1 种方案，用一定的研发投入来保证服务性能和运行成本，并兼容多种日志输出方式。

接下来我们看看第 1 种方案在设计过程中会遇到了哪些问题，应该怎么优雅地解决。

1. HostPath 目录映射规范

在我们的日志规范中，应用日志写入容器内的 /app/logs 目录。使用 HostPath 方式将物理机目录挂载到容器中，需要将此路径和物理机目录映射、规划好。我们在设计之初，规定每个部门，一个环境单独使用一个命名空间，一个应用使用一个 Deployment 来编排部署。基于以上规范，我们设计的物理机目录结构如下。

```
/data/applogs/:namespace/:deployment/:PodName/access.log
```

❑ /data/applogs：目录为基础目录，代表存放的是应用日志文件。

❑ :namespace：Pod 应用所在部门和环境名称。

❑ :deployment：应用名加 -deployment 后缀，例如应用名 go-hello，目录对应为 go-hello-deployment。

❑ :PodName：Pod 主机名。

这样规划可以保证每一个 Pod 日志都有一个独立的物理机目录来保存，不会发生目录冲突的情况，并且查找起来也有规律。

为了更清晰地让大家了解映射关系，下面展示基础平台部门在日常环境（tech-daily 命名空间）中应用 go-hello 的日志目录详情。图 7-10 是应用 go-hello 在容器内的日志目录位置，图 7-11 是这个目录在 Node 上的实际路径。

图 7-10　容器内日志路径

图 7-11　Node 日志路径

看到图 7-11，大家可能会疑惑，因为 Pod 创建之前是不知道名字的，所以在编排应用 Deployment 的 YAML 文件时，无法声明物理机目录到具体的 Pod 上，只能定义到这一层。

```
/data/applogs/:namespace/:deployment
```

这样，同一个应用的 2 个或更多 Pod 如果调度在同一台 Node 上，就会写入同一个目录，那么我们是如何创建这个 Pod 的目录的呢？

在这个过程中我们想了很多方法，最后使用了一个较为优雅的方式实现，用一个软链来解决这个问题。具体操作为编排 Deployment 的 YAML 挂载目录关系，代码如下。

```
/data/applogs/:namespace/:deployment/ = /home/xxx/logs/
```

程序启动的 Shell 脚本中，执行如下指令。

```
ln -s /home/xxx/logs/$HOSTNAME /app/logs
```

这样一来可以做到一举三得，程序写日志规范了标准目录，Node 日志目录规范，并且在编排应用 Deployment 时不用获取 Pod 名字等额外操作。最终日志目录映射关系如下。

```
apiVersion: extensions/v1beta1
kind: Deployment
metadata:
    name: go-hello-deployment
    namespace: tech-daily
spec:
    template:
        spec:
            containers:
            - image: harbor.xxx.com/go-hello:v1
                imagePullPolicy: IfNotPresent
                name: omega-image
                volumeMounts:
                - mountPath: /home/xxx/logs
                    name: applogs
            volumes:
            - hostPath:
                    path: /data/k8s-applogs/tech-daily/go-hello-deployment
                    type: ""
                name: applogs
```

2. 查看 Pod "漂移" 前的日志

云原生环境下应用 Pod 会调度到不固定的 Node 上，这种调度方式可以让应用 Pod 无处不在，却给日志的聚合带来了新的挑战，那么如何能让研发人员准确获取应用 Pod 日志目录和列表呢？

其实只要我们记录 Pod 漂移的历史记录，那么问题就迎刃而解了，即将某个时间、某个 Pod 在某个 Node 上面创建或删除的事件保存到数据库中。

通过程序实时监听所有 Pod 的增删事件。当研发人员想查看某个时间段的项目历史日志，应用程序在数据库中找到对应时间段的 Pod 在哪个 Node 上，读取列表信息返回并展示给研发人员。如果研发人员想要在浏览器中查看某个 Pod 有哪些日志文件，程序可以接着从这个物理机 Node 上查找对应的 Pod 日志路径，并将日志文件列表展示给用户（Node 上需要安装 Nginx，并且开启目录列表功能），用户复制对应的文件链接就可以将其下载到本地电脑上进行分析。

7.4.3　日志效果展示

我们有一套基于 Graylog 的日志平台，这套日志平台的特点如下。
- ❑ 有精准的角色和权限控制。
- ❑ 支持多节点并行处理。
- ❑ 支持日志关键字告警配置。

日志采集的数据流向为 Filebea → Kafka → Graylog → Elasticsearch，每台 Node 上面部

署一个 Filebeat 服务，当有新项目创建的时候，我们的应用程序会将新项目应用的日志路径和对应的 Kafka Topic 信息等添加到 Filebeat 配置文件中。因为 Pod 可能会被调度到每一台 Node 上，所以需要将 Filebeat 配置分发给每一台 Node，Filebeat 采集对应的日志内容，经过 Kafka 最后存储到 Elasticsearch 中，并使用 Graylog 进行排错分析。

　　PaaS 平台提供了多种日志查询方式供研发人员使用，包括写入日志文件、写入 Gaylog 平台，以及控制台输出。

　　如图 7-12 所示，可以通过平台查询任意环境、任意时间段的应用 Pod 信息。

图 7-12　容器历史日志 Pod 展示

❏ 日志列表：提供历史日志的下载链接。
❏ 进入容器：在 Pod 历史日志所在的 Node 上启动一个 BusyBox 镜像，挂载日志目录，提供 WebShell 让研发人员登录终端并查看日志。

点击日志列表的效果如图 7-13 所示。

图 7-13　日志列表效果展示

如图 7-14 所示，点击进入容器后，可以通过 Shell 命令查看历史日志。

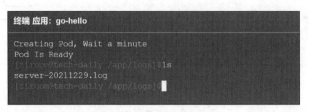

图 7-14　进入容器展示

如图 7-15 所示，可以通过 Graylog 后台进行日志全文检索。

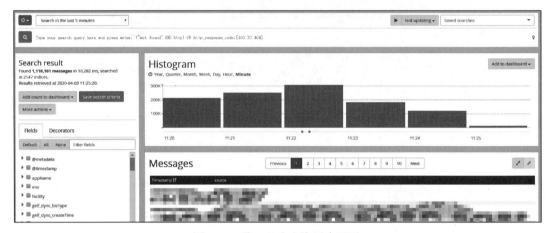

图 7-15　统一日志查询平台展示

7.4.4　注意事项和思考

在日志相关功能的设计和开发过程中，除了遇到问题并提供解决方案以外，我们总结了一些注意事项和思考，希望读者可以在落地云原生的过程中少走弯路。

1. 注意事项

（1）事件丢失

历史日志等功能的第一版程序是用 Python 开发的，在使用过程中我们发现，使用 Python 开发的监听接口在关注 Pod 的更新事件时有丢失的情况，应用程序使用长连接和 Kubernetes 进行通信，但是当连接因网络波动或故障断开时，Python 的 Kubernetes 库不触发异常，从而导致事件丢失，为了解决这个问题，我们使用 Go 进行重写，并使用 client-go 官方库进行处理。client-go 会在断线后进行重连，并重新推送事件。

（2）历史日志镜像选择

查看历史日志的 Pod 占用资源越小越好，最好是轻量级并且启动快速，我们推荐使用 BusyBox。BusyBox 镜像仅 1.2MB，并且已经涵盖了常用的 Linux 工具集。

（3）WebShell 问题

存在汉字乱码、Shell 窗口大小异常等问题需要解决。这类问题会在第 9 章具体讲解。

（4）日志规范

日志级别、日志格式、日志大小要规范。我们内部的 Kubernetes 管理平台会统计应用的日志使用情况，比如当一个应用的所有 Pod 日志每分钟增长超过 100MB 时，会通知业务方进行整改。

2. 设计与开发过程的思考

（1）关注研发人员的使用习惯

对于研发人员来说，很多时候他们并不关心技术细节，比如 WebShell 是如何实现的、日志如何持久化、Pod 漂移后历史日志如何追溯。他们关心的是能否跟以往使用跳板机一样登录容器并查看日志。我们在开发过程中也要关注研发人员的使用习惯和需求，这样在推广落地时才会更加顺利。

（2）有原则和底线

如果一些需求的实现严重影响标准化和效率，那么我们要坚决摒弃并寻找更好的方案。可以先给出临时的解决方案，后续再进行整改，例如使用固定 IP 做白名单验证，定时任务容器化后不支持分布式部署等。

（3）尽可能减少研发的迁移成本

我们的日志输出种类较多，如果日志统一为标准输出，就可以采取最云原生的方式，使用 fluent-bit 将容器的标准输出进行统一采集，但需要研发人员进行日志配置整改，这就产生了额外的沟通和变更成本，会加大迁移推进的难度。我们最终采用的方式是，先兼容所有的日志输出方式，等待容器化覆盖率较高时再去推进日志规范的整改。如今我们的容器化覆盖率达到 100%，已经开始了日志的规范化整改。

日志采集是所有云原生落地时不得不考虑的问题，本节意在为读者提供技术方案的选型思路、技术实现细节，以及迁移推进背后的思考，希望能够给正在做容器化的读者一个参考。

7.5　监控告警

Prometheus 作为 Kubernetes 监控的事实标准，有着强大的功能和良好的生态。但是它也有一些局限性，例如不支持分布式、不支持数据导入 / 导出、不支持通过 API 修改监控目标和报警规则等。在使用 Prometheus 时，通常需要编写脚本和管理程序来简化操作。CoreOS 开发的 Prometheus Operator 简化了 Prometheus 的部署过程，并提供了管理和运行 Prometheus 的优雅方式。本节围绕 Prometheus Operator 介绍云原生下的监控告警。

7.5.1　Prometheus Operator

图 7-16 是 Prometheus Operator 的架构图。

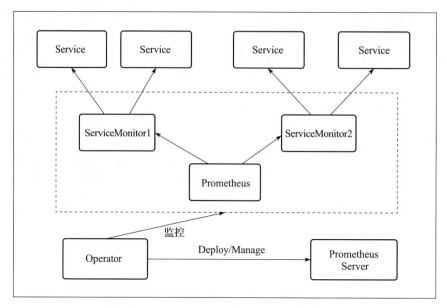

图 7-16　Prometheus Operator 架构图

我们对这个架构做一个简单的分析。

❏ Operator：Prometheus Operator 最核心的部分，本质是一个控制器，负责创建 Prometheus、ServiceMonitor、AlertManager 以及 PrometheusRule 这 4 个 CRD 资源对象，并且在创建后一直监控并维持这 4 个资源对象的状态。

❏ Prometheus：这个资源对象就是 Prometheus Server。

❏ ServiceMonitor 1/2：用来提供 metrics 的数据接口。

❏ Alertmanager：资源对象就是对应的 AlertManager 的抽象。

❏ PrometheusRule：用来配置告警规则。

通过对 Prometheus Operator 架构进行分析可以发现，在集群中监控数据，就变成了直接操作 Kubernetes 集群的资源对象，这样的方式更加"云原生"。

图 7-16 中的 Service 和 ServiceMonitor1/2 都是 Kubernetes 的资源对象，ServiceMonitor 可以通过 LabelSelector 的方式去匹配一类 Service，Prometheus 也可以通过 LabelSelector 去匹配多个 ServiceMonitor。

Prometheus Operator 提供如下功能。

❏ 创建 / 销毁：在 Kubernetes 集群中非常简单地启动或者销毁一个 Prometheues 实例。

❏ 便捷配置：通过 Kubernetes 的资源对象来配置 Prometheus。比如升级 Prometheus 的版本、控制 Prometheus 组件的实例数量、修改 Prometheus 的配置参数等。

❏ 通过标签来标记目标服务：基于常见的 Kubernetes Label 查询或自动生成监控目标的配置，不需要手动进行监控目标的配置。

Prometheus Operator 的优势是所有的安装对象都是 Kubernetes 中的资源对象，因此安装时只需要下载官方的 YAML 文件，然后使用 kubectl apply 命令来安装这些组件即可。

关于安装的文档和注意事项有很多成熟的文章，这里不再赘述，推荐大家查阅下面这篇文章。

Prometheus Operator 手动部署，地址为 https://mp.weixin.qq.com/s/OeS46VZRJgwDRBXvxkAlig。

7.5.2　告警系统的存储选型

Prometheus 在设计之初，将存储的方案留给用户自己去解决。根据监控数据的规模，一些互联网公司的研发团队会选择自研 Prometheus 的存储。开源的方案目前比较主流的有 2 个，分别是 VictoriaMetrics 和 Thanos。关于两者的特点和对比，有一篇比较全面的文章推荐读者参考，地址为 https://faun.pub/comparing-thanos-to-victoriametrics-cluster-b193bea1683。

我们最后选择使用 VictoriaMetrics 作为 Prometheus 的存储，下面列举了一些选择 VictoriaMetrics 的理由。

1. 配置和操作的复杂度

Thanos 需要通过以下步骤来建立写入过程。

1）所有 Prometheu 实例都需要插入一个 Sidecar 容器，由 Sidecar 容器将数据上传到对象存储中。

2）为每个 Prometheus 实例禁用本地数据压缩：--storage.tsdb.min -block-duration 和 --storage.tsdb.max-block-duration 必须设置为相等的值，才能使用 Thanos 的 Sidecar 上传监控数据。这样的设置禁用了本地压缩，可能会影响 Prometheus 的查询性能。

3）为每个对象存储的 bucket 配置压缩器。

VictoriaMetrics 只需要在 Prometheus 中设置 remote_write 字段，Prometheu 会将抓取的所有数据复制到 VictoriaMetrics 远程存储中。无须在 Prometheus 中运行任何 Sidecar 容器或禁用本地数据压缩。

2. 可靠性和可用性

Thanos：以 2 小时为单位上传本地 Prometheus 数据。这意味着如果本地磁盘损坏或意外删除数据，可能会丢失每个 Prometheus 实例上最近添加的最多 2 小时的数据。

从 Query 组件到 Sidecar 的传入查询可能会对数据上传过程产生负面影响，因为这些任务是在单个 Sidecar 进程中执行的。理论上，可以运行单独的 Sidecar 将数据上传到对象存储并进行查询。

VictoriaMetrics：每个 Prometheus 实例通过 remote_write API 立即将抓取的所有数据复制到远程存储中。从抓取数据到将数据写入远程存储之间可能会有几秒钟的延迟。这意味着 Prometheus 可能会在本地磁盘损坏或意外删除数据时丢失几秒钟的数据，因为其余数据已经复制到远程存储中了。

Prometheus 2.8.0+ 将抓取的数据从预写日志复制到远程存储。这意味着 Prometheus 与远程存储之间发生了连接错误或远程存储暂时不可用，并不会丢失数据。

3. 数据一致性

Thanos：Compactor 组件 Store Gateway 组件之间存在竞争，可能导致数据不一致或查询失败。

VictoriaMetrics：基于优秀的存储和架构设计，数据始终保持一致。

4. 性能

Thanos：一般来说，Thanos 的插入性能很好，Sidecar 只是将 Prometheus 创建的本地数据块上传到对象存储。来自 Query 组件的大量查询可能会稍微减慢数据上传过程。如果新上传的块超过 Compactor 的性能，Compactor 可能会影响每个对象存储的 bucket 性能。

VictoriaMetrics：Prometheus 使用额外的 CPU 时间将本地数据复制到远程存储。与 Prometheus 执行的其他任务（如数据抓取、本地存储管理和规则评估）所花费的 CPU 时间相比，这个 CPU 时间非常小。在接收端，VictoriaMetrics 每个 CPU 核心的时间分配都比较合理。

5. 可扩展性

Thanos：在数据块上传期间依赖于对象存储的可扩展性。

VictoriaMetrics：只需增加 vminsert 和 vmstorage 的容量即可。可以通过添加新节点或切换到更强大的硬件来增加容量。

6. 查询的易用性

Thanos 需要以下组件才能使用 Prometheus 查询 API。

❑ 每个 Prometheus 插入 Sidecar 以及启用 Store API for Query 组件。

❑ 使用 Store Gateway 将对象存储的数据暴露出来。

❑ Query 组件需要连接到所有 Sidecar 和所有 Store Gateway，以便通过 Prometheus 查询 API 提供全局查询视图。在位于不同数据中心的 Query 组件和 Sidecar 之间建立安全可靠的连接可能非常困难。

VictoriaMetrics 提供了开箱即用的 Prometheus 查询 API，无须在 VictoriaMetrics 集群之外设置任何组件。只需将 Grafana 和其他 Prometheus 查询 API 客户端指向 VictoriaMetrics 即可。

VictoriaMetrics 在生产环境中已经稳定运行接近 2 年，它在配置便捷、高可用、数据一致性、可扩展、查询易用性等方面具有绝对的优势，在 Prometheus 的存储领域是一个很优秀的方案。

7.6　网络方案

在第 5 章简单介绍了 Kubernetes 网络体系中存在的 3 种 IP——Node IP、Pod IP 和 Service

Cluster IP, 而 Kubernetes 的各种网络方案就是要解决这三类 IP 之间相互通信的问题。

本节将介绍 Flannel、Calico、直接路由这 3 种常见的网络方案, 这 3 种方案通过不同的网络技术手段, 如 VXLAN、BGP、IP 隧道、静态路由实现 IP 之间的网络通信。

7.6.1 Flannel 网络

Flannel 是 CoreOS 团队针对 Kubernetes 设计的一个网络规划服务, 其用途是实现 Pod 资源跨主机间的通信。Docker 默认的网络配置中, 每个主机上的 Docker 服务会为在其上运行的容器分配一个 IP, 这样就可能导致不同主机上存在相同 IP 的容器。而 Flannel 的作用就是让集群中不同主机创建的 Dcoker 容器, 都具有全集群唯一的 IP 地址, 且每个主机都有单独的子网, 互不重叠。

1. Flannel 原理

Flannel 会在每台 Kubernetes 主机上运行一个 flanneld 代理, 其作用是为主机分配一个子网, 并为主机上的 Pod 分配 IP 地址。Flannel 可以通过 ETCD 来存储这些网络配置, 数据包则通过 VXLAN、UDP (User Datagram Protocol, 用户数据报协议)、host-gw 等后端机制进行转发。Flannel 实质上是一种 overlay 网络, 是将 TCP (Transmission Control Protocal, 传输控制协议) 数据包装在另一个网络包里面进行路由转发和通信, 默认的节点间数据通信方式是 UDP 转发。以 UDP 转发机制为例, Flannel 网络数据包传输如图 7-17 所示。

2. 模式

（1）UDP 模式

UDP 模式是 Flannel 最早支持的通信方式, 其工作原理是在数据包进入实际物理网络之前, 经过 flanneld 进行 UDP 封装与解包, 再将数据包发送给对端与接收方。可以看到, 相比于两台主机的直接通信, Flannel UDP 模式多了一个 flanneld 的处理过程, 而这个处理过程需要两次切换用户态与内核态。UDP 模式性能较差, 目前已被弃用。

（2）VXLAN 模式

VXLAN 模式会在当前宿主机中创建一个 cni0 网桥和 flannel.1 隧道端点。该主机上的 Pod 都桥接在 cni0 网桥上, flannel.1 隧道端点会对数据包进行再次封装, flannel 会把数据包传输到目标节点中, 同时 flannel 会在本地维护一个路由表, 用于主机之间的通信。简单来讲, VXLAN 模式就是在现有的三层网络之上, 增加一层虚拟的、由内核维护的二层网络, 连接这个 VXLAN 二层网络的 Pod, 就可以实现在一个局域网里通信的效果。

（3）host-gw 模式

该模式的实现原理是将每个 Flannel 子网的下一跳, 设置成了该子网对应的宿主机的 IP 地址, 也就是说, 宿主机作为 Pod 的通信网关。所有的子网和主机的信息, 都保存在 ETCD 中, flanneld 只需要监控这些数据的变化, 实时更新路由表。

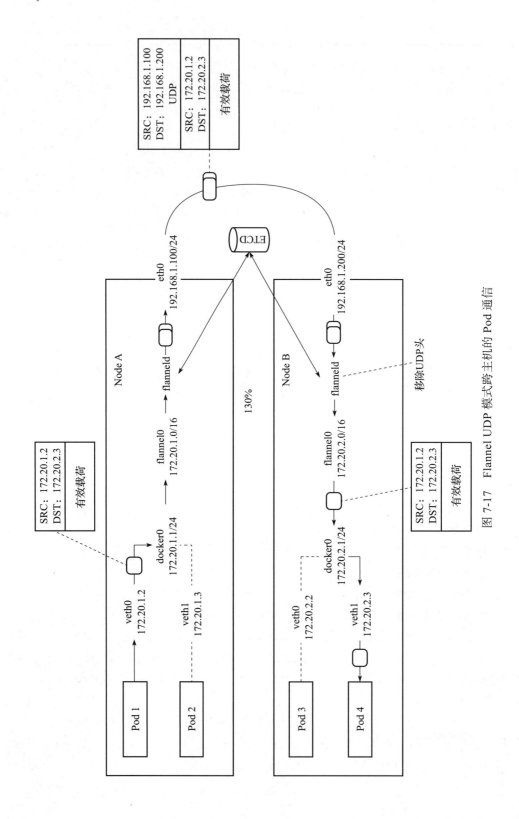

图 7-17 Flannel UDP 模式跨主机的 Pod 通信

7.6.2 Calico 网络

Calico 是 Kubernetes 中另一种常用的网络组件，Calico 提供主机和 Pod 之间的网络连接，还涉及网络安全与管理。虽然 Flannel 是公认的最简单的选择，但 Calico 仍以性能、灵活性及更全面的功能而闻名。

1. Calico 原理

Calico 通过虚拟路由实现 Pod 间通信，Calico 网络中集群的每个宿主机都相当于一台边界路由器，它们互相之间通过 BGP 交换路由规则，每一台宿主机都相当于一个 BGP Peer。不同于 Flannel，由于容器之间通过纯三层路由的方式进行通信，因此在宿主机二层不连通的情况下，容器之间仍可正常通信，如图 7-18 所示。

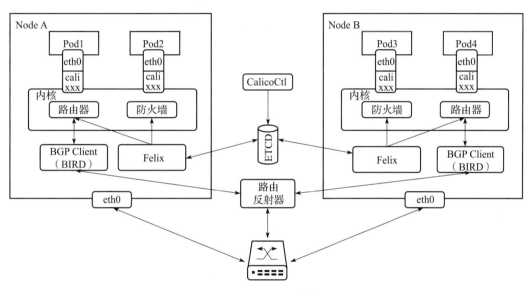

图 7-18　Calico 架构

2. Calico 网络模式

IPIP 模式：将 IP 层封装到 IP 层的一个隧道里，即把一个 IP 数据包套在一个 IP 包里，相当于实现一个基于 IP 层的网桥。普通的网桥是基于 Mac 层的，而 IPIP 模式通过两端的路由组建一个隧道，把两个本来不通的网络进行点对点连接。

BGP 模式：和 Flannel 的 host-gw 模式类似。由于没有经过任何封装，通过纯三层路由实现通信，数据只经过协议栈一次，因此性能较高，但和 flannel-gw 限制一样，不能实现跨网段通信。

7.6.3　直接路由

直接路由是指在每个宿主机上添加其他主机上 docker 网段的静态路由规则，通过在每台主机的路由表中增加对方 docker 网段的静态路由，实现不同物理机 docker 网段的互联互通。下面以 Pod-A 与 Pod-B 在两个不同子网进行通信为例进行介绍。

❑ Pod-A：子网是 172.20.1.1/24，Node-A 地址是 192.168.1.100/24。

❑ Pod-B：子网是 172.20.2.1/24，Nod-B 地址是 192.168.1.200/24。

❑ 两个 Pod 间通信，可以增加如下静态路由规则。

Node-A 上增加一条到 Node-B 的静态路由规则。

```
route add -net 172.20.2.0 netmask 255.255.255.0 gw 192.168.1.200
```

Node-B 上增加一条到 Node-A 的静态路由规则。

```
route add -net 172.20.1.0 netmask 255.255.255.0 gw 192.168.1.100
```

配置完毕后，可以使用 ping 命令测试一下连通性，这里就不再演示了。

在直接路由方案的实际使用中，每增加一个子网都需要在所有 Node 上配置路由规则。同样，当有新 Node 上线时，也需要刷新集群所有节点的路由规则。相较于动态路由协议，静态路由的维护就增加了手动运维成本，而且随着集群规模的不断增加，路由规模也会持续上升，这时如果继续使用静态路由方案，可以选择一些软件来协助维护，如 Quagga。

虽然在直观感受上，直接路由的维护成本较高，但这个方案胜在简单易行，对于中小规模的 Kubernetes 集群来说，是非常实用的网络方案。

7.6.4 网络方案对比

通过 7.6.1 ～ 7.6.3 节的介绍，可以看到性能、跨网段通信、架构复杂度、维护成本是网络方案选型的关键词。读者在进行网络方案选型时，也可以在这几个维度通过 360 环评的方法进行选择。表 7-1 对本节介绍的网络方案进行了简单的总结，供大家在选型时参考。

表 7-1 网络方案对比

网络方案	优　　点	缺　　点
Flannel host-gw	架构简单、维护成本低、传输效率高	要求所有 Pod 都在同一子网，不支持跨网段通信
Flannel VXLAN	支持 Pod 跨网段通信	架构复杂、传输效率低，不支持 Pod 间网络隔离
Calico IPIP	性能稳定，成熟度高支持 Pod 跨网段通信，支持 Pod 间网络隔离	架构复杂、维护成本高，对 iptables 有依赖
Calico BGP	性能稳定、成熟度高、传输效率高，适合大型网络支持跨网段通信	架构复杂、维护成本高，伴随集群增加，路由会越来越多，对 iptables 有依赖
直接路由	性能稳定、配置简单，支持跨网段通信	维护成本高、容错率低

7.6.5 直接路由方案落地实践

在选型过程中，我们首选的是 Calico，因为机房的设备并不都支持 BGP，所以我们选择了直接路由的方式。这种方式简单明了，稍微有些麻烦的地方就是静态路由的下发。图 7-19 是直接路由方案的架构设计。

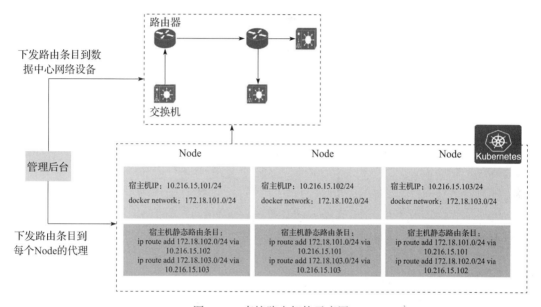

图 7-19 直接路由架构示意图

我们看下静态路由是怎么做的，首先宿主机的 10.216 和 10.16 网段全部使用容器的 172.18 网段。每台宿主机上都有集群内其他宿主机上容器网段的路由信息。比如图 7-19 中 101 会有 102、103 的路由条目。同样，102 也会有 101 和 103 的路由条目。当增加一台 Node 时，Node 在管理后台的注册中心注册，所有宿主机的代理会通知全网更新这个路由。

比如增加了一台 104，那么 101、102、103 都会增加一条 104 的条目，同时集群的代理会拉取路由信息，数据中心的网络设备也会通过 OSPF（Open Shortest Path First，开放式最短路径优先）组播把路由信息广播到所有设备。图 7-20 是直接路由的流量走向示意图。

直接路由的流量走向解析如下。

❑ 如果通信的两个 Pod 在同一台宿主机内，则直接通过 docker0 网桥访问。

❑ 如果通信的 Pod 不在同一台宿主机内，但它们所在宿主机属于同一网段，由于我们做了静态路由，因此宿主机直接找到目标宿主机，减轻了网关路由的压力，减少网络跳数。

❑ 两个 Pod 所在宿主机不同网段：因为不在同一个网段，所以会经过网关路由去通信。

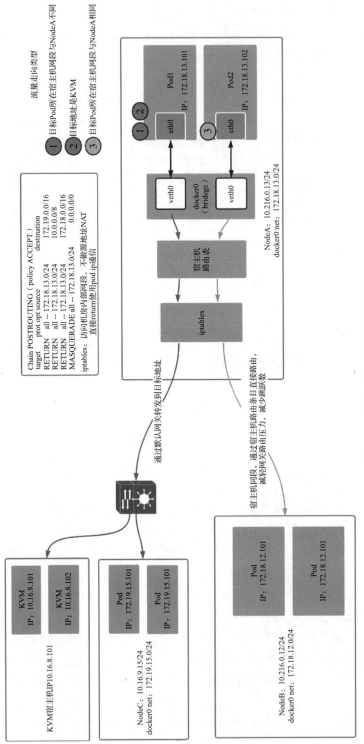

图 7-20 直接路由流量走向示意图

❑ Pod 访问非 Kubernetes 节点：例如存量的 KVM，容器应用必须通过网关路由找到具体的 KVM。

直接路由的优点是没有额外的开销，效率是最高的，缺点是需要我们自行管理路由条目，具有一定的研发成本。读者可以根据实际的使用场景来进行选型。

7.7　本章小结

本章我们对云原生的关键组件选型进行了深入剖析，对于持久化存储方案，建议优先考虑成熟的 Ceph；对于镜像的管理，建议通过 Harbor 的高可用方案和镜像清理策略，你可以很轻松构建一个稳定的私有仓库；关于多集群多机房负载均衡的选择，Ingress 是当仁不让的首选。

了解了云原生基础组件如何选择和搭建，往往是落地的第一步，企业级实践更重要的是针对企业的业务诉求进行特性开发，第 8 章我们一起走进 Kubernetes 开发实战。

Kubernetes 开发实战

企业在落地云原生的过程中，构建一个易用、稳定、高效的 PaaS 平台非常重要。而在构建 PaaS 平台的过程中，SRE 和 DevOps 工程师经常需要与 Kubernetes 集群进行交互，通常的做法是对原生的 Kubernetes 接口进行业务逻辑的前置封装，以符合自身业务系统的需求。

在围绕 Kubernetes 开发 PaaS 平台的过程中，我所在的 SRE 团队最初采用 Python 语言进行开发，随着 PaaS 系统的功能逐渐丰富和完善，以及团队对 Kubernetes 的开发和维护进一步深入了解和实践后，我们在 PaaS 平台二期功能开发时，选择了用 Go 语言对原有功能进行重构和新功能的开发。新功能包括支持多机房和公有云混合云模式以及自定义金丝雀发布的 Operator 等。

本章介绍 Kubernetes 组件 client-go 及其开发实践。看完本章内容后，相信读者会赞叹 Kubernetes 组件设计之精妙，会理解我们团队为何选择使用 client-go 来重构和开发新功能，同时也会初步掌握如何使用 client-go 来进行 Kubernetes 开发。

8.1 初识 client-go

2016 年 8 月，Kubernetes 官方将 Kubernetes 资源操作相关的核心源码抽取出来成立了 client-go 项目，client-go 在 GitHub 上有了第一条提交记录。现在大家可以看到，Kubernetes 各个组件的源码中大量使用了 client-go。

Kubernetes 的大多数组件（如控制器、Kubelet、调度器等）都不直接操作 ETCD 存储，组件之间也不直接通信，而是统一通过 API Server 通信并间接实现对 ETCD 的存储和查询，而这些组件与 API Server 通信使用的工具包就是 client-go。

client-go 是官方提供的用于调用 Kubernetes 集群资源对象 API 的客户端。通过 client-go 可以对 Kubernetes 集群中的资源对象（包括 Deployment、ReplicaSet、Pod、Service、Ingress、Pod、Namespace、Node 以及自定义 CRD 等）进行增、删、改、查和事件监听等操作。业界主流的 PaaS 平台对 Kubernetes 前置 API 的封装都是通过 client-go 这个第三方包来实现的。

client-go 项目地址为 https://github.com/kubernetes/client-go/。

本章的源码分析都基于 k8s.io/client-go v0.20.0 来展开。

8.1.1　client-go 客户端对象

client-go 提供了 4 种客户端对象，下面对这 4 种客户端的应用场景进行介绍。

1. RESTClient

RESTClient 对 HTTP Request 进行封装，是最基础的客户端，相当于底层的基础结构。顾名思义，RESTClient 实现了 RESTful 风格的 API，可以通过 RESTClient 提供的 RESTful 方法（如 Get、Put、Post、Delete）对 Kubernetes 集群资源对象进行增、删、改、查。Clientset、DynamicClient、DiscoveryClient 等几个客户端对象都是基于 RESTClient 来实现的。RESTClient 的主要特点如下。

❏ 同时支持 JSON 和 Protobuf。

❏ 支持所有的原生资源和 CRD。

一般而言，为了更为优雅的处理请求，需要进一步将 RESTClient 封装为 Clientset，然后对外提供接口和服务。

2. DynamicClient

DynamicClient 是一种动态的客户端，能处理 Kubernetes 所有的资源，返回的是 map[string]interface{}。如果一个控制器中需要控制所有的 API，则可以使用 DynamicClient，目前它主要在 Garbage Collector 和 Namespace Controller 中使用。DynamicClient 的主要特点如下。

❏ 只支持 JSON。

❏ 支持处理自定义 CRD。

3. DiscoveryClient

DiscoveryClient 是发现客户端，用于发现 API Server 支持的所有资源组（Group）、资源版本（Version）、资源信息（Resource）。

4. Clientset

Clientset 是在实际开发过程中使用频率最高的客户端，通常使用 Clientset 来对集群资源对象进行增、删、改，搭配 Informer 的缓存查询使用最为优雅。Clientset 的主要特点如下。

❏ 访问资源时，需要按照 /group/version/resourceName 的格式使用资源对象。

❑ 只支持处理 Kubernetes 的内置资源（不包括自定义的 CRD）。

❑ 操作的 Kubernetes 资源对象都有相应的结构体定义。

由于 Clientset 操作的 Kubernetes 资源对象都有相应的结构体定义，并且有大量的结构体方法，因此在实际的 PaaS 系统开发中，使用频率最高的组合是 Clientset+Informer 的优雅搭配。

8.1.2 KubeConfig 集群配置

在实际生产环境的 PaaS 系统中，通常会有多套集群，我们公司在 2 个数据中心、公有云以及内网测试环境中均有一套集群，访问这些集群的第一步就是管理好集群的配置文件。client-go 客户端通过 KubeConfig 访问 API Server 的配置信息。

Kubernetes 集群的其他组件也都使用 KubeConfig 的配置信息来连接 API Server，kubectl 客户端工具也会默认加载所在服务器的 KubeConfig 信息。

在 Linux 系统中，Kubernetes 集群的配置文件默认在 < 安装用户家目录 /.kube/config> 路径下，内容示例如下。

```
apiVersion: v1
clusters:
    - cluster:
            certificate-authority-data: xxxxxxxxx
            server: https://x.x.x.x:6443
        name: kubernetes
contexts:
    - context:
            cluster: kubernetes
            user: admin
        name: kubernetes
current-context: kubernetes
kind: Config
preferences: {}
users:
    - name: admin
        user:
            client-certificate-data: xxxxxxxxx
            client-key-data: xxxxxxxxx
```

示例代码中主要包含 3 部分。

❑ cluster：定义 Kubernetes 的集群信息，例如 API Server 的服务地址及集群的证书信息等。

❑ user：定义了用于访问 Kubernetes 集群的客户端凭据。

❑ context：定义了 Kubernetes 集群的用户信息和命名空间等，用于将请求发送到指定集群。

client-go 会读取 KubeConfig 的配置信息并生成 config 对象，用于与 API Server 通信。

在实际开发中，使用最多的是 Clientset，下面是生成 Clientset 的 Go 语言代码。

```
func GetKubeClient(cfgpath string) (*kubernetes.Clientset, *restclient.Config) {
        // 配置文件的存放路径
        configfile := cfgpath
        kubeconfig, err := clientcmd.BuildConfigFromFlags("", configfile)
        if err != nil {
                log.ErrorFileds("BuildConfigFromFlags kube clientset", log.
                    Fields{"errMsg": err})
                panic(err)
        }
        // 生成 Clientset
        clientset, err := kubernetes.NewForConfig(kubeconfig)
        if err != nil {
                log.ErrorFileds("NewForConfig", log.Fields{"errMsg": err})
                panic(err)
        }
        log.InfoFileds("GetKubeClient", log.Fields{"status": "OK"})
        return clientset, kubeconfig
}
```

除了 Clientset 以外，其他 3 个客户端也需要使用 KubeConfig 配置文件，它们之间的关系如图 8-1 所示。

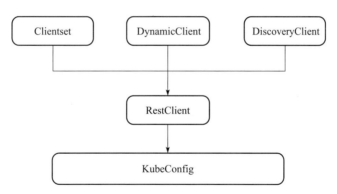

图 8-1　Clientset 客户端和 KubeConfig 配置文件的关系

8.2　client-go 核心组件 Informer

Kubernetes 组件在工作过程中需要大量监控并查询集群中的资源对象。以 Deployment 控制器为例，它需要实时关注 Deployment 和要控制的 ReplicaSet 的状态变更，实时收敛 ReplicaSet 的状态，使 ReplicaSet 与用户自定义的 Deployment 的状态保持一致。其他控制器也是如此，它们需要频繁查询所关注的资源对象，这势必会对 API Server 和 ETCD 造成查询负担。

组件和 API Server 之间采用 HTTP 通信，并且没有采用任何第三方中间件，需要保证组件之间通信消息的可靠性、顺序性和实时性。

上面所提到的问题，都可以通过 client-go 的组件 Informer 来完美解决。

在为一个自定义的 CRD 编写控制器时，最需要熟练掌握的也是 Informer，每一位 Kubernetes 开发者都应该学习它的架构、原理以及使用方法，下面带着大家一起去了解 Informer，感受 Informer 的精妙设计。

8.2.1　Informer 介绍

Informer 的核心机制是 List/Watch，当连接到 API Server 时，Informer 会先获取（List 模式）Kubernetes 中所有用户关心的资源对象并存储到本地缓存中，之后会对这些资源对象进行监听（Watch 模式），监控资源对象的变化，当资源对象发生变更时，会修改当前缓存中的数据，保证其与 ETCD 的数据一致。在 Kubernetes 的开发中，Informer 的使用场景和优势如下。

- ❏ 当用户使用 Informer 查询 Kubernetes 中的资源对象时，查询的是本地的缓存，速度非常快，并且减轻了 API Server 和 ETCD 集群的查询压力。
- ❏ Informer 支持用户使用 ShareInformer 的 AddEventHandler 进行事件订阅和回调处理。事件订阅和回调处理是 Kubernetes 内置资源对象（Pod、Deployment、Service 等）控制器、用户为自定义 CRD 编写控制器时需要使用的。

最优雅的开发实践是使用 Clientset 进行资源对象的增、删、改，并使用 Informer 去查询。

8.2.2　Informer 的架构设计

Informer 的整体架构设计如图 8-2 所示。

图 8-2 展现了 Informer 连接 API Server 后整个数据流向和方法调用，整体流程如下。

1）Controller 控制 Reflector 的启动，调用 List 和 Watch 方法，从 API Server 先获取（List）所有的 Kubernetes 资源，并存入 DeltaFIFO 这个先进先出的队列，之后会监听（Watch）资源对象的变更事件，持续将后续收到的事件存入 DeltaFIFO。

2）Controller 的 processLoop 方法会将 DeltaFIFO 中的数据使用 Pop 方法取出来，并交给回调函数 HandlerDetal，回调函数 HandlerDetal 负责处理取出来的数据。

3）当资源对象操作类型是 Add、Update、Delete 时，回调函数 HandlerDetal 将数据存储到 Indexer。Indexer 是对 ThreadSafeMap 的封装，ThreadSafeMap 是一个并发安全的内存存储。存入后方便用户使用 Informer 的 Lister 进行资源的高效查询。

4）HandlerDetal 除了将事件存入 Indexer 外，还会将数据通过 distribute 函数分发到 ShareInformer，这样用户在使用 informer.AddEventHandler 函数时才会收到事件的通知并触发回调。

5）Kubernetes 的控制器或者用户自定义的控制器在使用 ShareInformer 的 AddEventHandler 订阅事件时，在事件触发后，一般将数据通过 workqueue.add 方法存入工作队列，这个队列有一些特性非常好用，8.2.7 节会进行讲解。

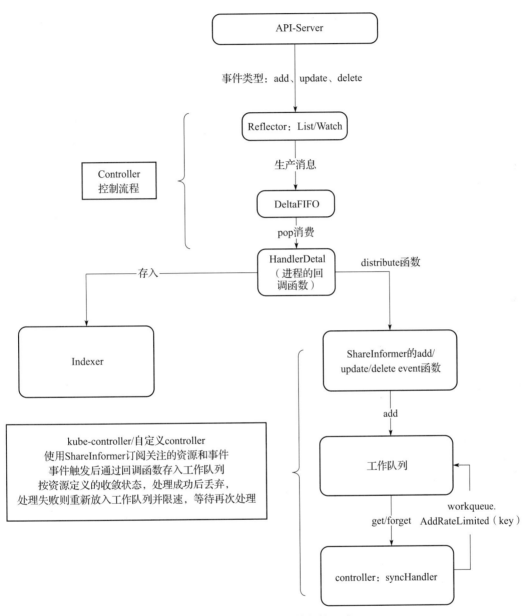

图 8-2　Informer 的整体架构设计

6）Kubernetes 的控制器或者用户自定义的控制器会使用 get 方法从工作队列中获取数据，并进行控制器的主要逻辑处理，不断收敛资源状态使之和资源定义一致。如果处理过程中发生错误（如调用更新资源方法时发生网络 I/O 错误），则将数据重新放回工作队列中并限速，等待下次处理。

需要注意步骤 1）、步骤 2）中提到的 Controller 和步骤 5）步骤 6）中提到的控制器是有区别的，前者是 Informer 的一个组件，源码路径是 k8s.io/client-go/tools/cache/controller. go，用来控制整个 Informer 的启动流程；后者用来控制资源对象，收敛资源状态。

本节对整个 Informer 的架构进行了简要介绍，下面逐一对每个组件进行讲解。

8.2.3　面向用户的 Informer 资源

在 client-go 中，每个资源对象都有相应的 Informer 机制，用户在开发过程中直接使用的就是每个资源的 Informer，这里先给出了 Informer 的具体使用示例，让读者明白如何使用，然后解析 client-go 的组件和它们的工作原理，其中的关键点如下。

GetKubeClient 函数定义了如何通过一个配置文件生成 Clientset，示例如下所示。

```
func GetKubeClient(cfgpath string) (*kubernetes.Clientset, *restclient.Config) {
    configfile := cfgpath
    kubeconfig, err := clientcmd.BuildConfigFromFlags("", configfile)
    if err != nil {
        logger.Errorf("BuildConfigFromFlags kube clientset err:", err)
        panic(err)
    }
    clientset, err := kubernetes.NewForConfig(kubeconfig)

    if err != nil {
        logger.Errorf("NewForConfig err:%s", err)
        panic(err)
    }
    logger.Info("GetKubeClient OK")
    return clientset, kubeconfig
}
```

编写结构体 KubeController，示例如下所示。

```
package main
// KController 对象
type KubeController struct {
    kubeConfig          *restclient.Config
    status              int32
    clusterId           []string
    env                 []string
    clientset           *kubernetes.Clientset
    factory             informers.SharedInformerFactory
// 定义 Deployment、Pod、Service 等资源对象的 Informer、Lister 以及 HasSync
    ......
    podInformer         coreinformers.PodInformer
    podsLister          corelisters.PodLister
    podsSynced          cache.InformerSynced
    ......
}
```

编写 NewKubeController 函数，示例如下所示。

```
// 创建 KController 对象
```

```
func NewKubeController(kubeConfig *restclient.Config, clientset *kubernetes.
    Clientset, defaultResync time.Duration) *KubeController {
    kc := &KubeController{kubeConfig: kubeConfig, clientset: clientset}
    // 通过 Clientset 生成 SharedInformerFactory
    // defaultResync 参数可以控制 reflector 调用 List 的周期，如果设置为 0，启动后获取
    //(List) 一次全量的资源对象并放入缓存，后续不会再同步
    kc.factory = informers.NewSharedInformerFactory(clientset, defaultResync)
    // 生成 Deployment、Pod、Service 等资源对象的 Informer、Lister 以及 HasSynced
    ......
    kc.podInformer = kc.factory.Core().V1().Pods()
    kc.podsLister = kc.podInformer.Lister()
    kc.podsSynced = kc.podInformer.Informer().HasSynced
    ......
    return kc
}
```

编写 Run 方法，启动 Informer，示例如下所示。

```
// 启动 Factory，获取缓存
func (kc *KubeController) Run(stopPodch chan struct{}) {

    // defer close(stopPodCh)
    defer utilruntime.HandleCrash()
    defer logger.Error("KubeController shutdown")

    // 传入停止的 stopCh
    kc.factory.Start(stopPodch)


    // 等待资源查询（List）完成后同步到缓存
    if !cache.WaitForCacheSync(stopPodch, kc.nodesSynced, kc.deploymentsSynced,
        kc.podsSynced,
        kc.ingressesSynced, kc.servicesSynced, kc.configMapsSynced, kc.namespaceSynced) {
        utilruntime.HandleError(fmt.Errorf("timed out waiting for kuberesource
            caches to sync"))
        return
    }
    // 同步成功，设置标志位 status 为 1
    kc.status = 1
    logger.Info("KubeController start")
    <-stopPodch
}
```

编写 main() 函数，示例如下所示。

```
func main() {
    clientset, kubeConfig := GetKubeClient("conf/config")
    kc := NewKubeController(kubeConfig, clientset, time.Second*3000)
    stopPodch := make(chan struct{})
    go func() {
        kc.Run(stopPodch)
```

```
        <-stopPodch
    }()
    // 等待所有资源对象同步完成再继续
    for {
        if kc.status == 1 {
            break
        }
        time.Sleep(time.Second * 1)
        fmt.Println("sleep 1S")
    }
    // 使用 Pod 的 Lister 获取指定 Pod 的完整资源对象, 打印 Pod 所在的 Kubernetes 节点名称
    pod , err := kc.podsLister.Pods("tech-daily").Get("hello-omega-deployment-
        7d8ff89d87-25kb4")
    if err != nil {
        logger.Errorf("get pods err:%s", err)
    }
    logger.Infof("the pods hostname is :%s", pod.Spec.NodeName)
}
```

需要注意 informers.NewSharedInformerFactory,Informer 也被称为 Shared Informer,在实际使用过程中,如果同一个资源的 Informer 被实例化多次,那么每一个 Informer 都会使用一个 Reflector,并且每一个 Reflector 都会调用 List/Watch,这样做导致的后果是会带来重复的序列化和反序列化,进而增加 API Server 的压力。

而 Shared Informer 跟它的命名一样,可以使同一类资源共享一个 Reflector,从而避免重复的工作。Shared Informer 定义了一个 map 的数据结构,用于存放所有的 Informer 字段,示例如下所示。源码路径为 k8s.io/client-go/informers/factory.go。

```
type sharedInformerFactory struct {
    client             kubernetes.Interface
    namespace          string
    tweakListOptions   internalinterfaces.TweakListOptionsFunc
    lock               sync.Mutex
    defaultResync      time.Duration
    customResync       map[reflect.Type]time.Duration

    informers map[reflect.Type]cache.SharedIndexInformer
    startedInformers map[reflect.Type]bool
}
```

8.2.4　Reflector

Informer 启动后会连接 API Server 并进行全量资源查询,之后会对资源对象进行监听。以上操作主要是由 Reflector 实现的。源码路径为 k8s.io/client-go/tools/cache/reflector.go。

Reflector 使用的 List/Watch 方法主要分为 2 部分,第一部分用来获取全量的资源列表;第二部分是对资源对象进行监控。

首先看一下 Reflector 的结构体定义,示例如下所示。

```
type Reflector struct {

    name string
    expectedTypeName string
    expectedType reflect.Type
    expectedGVK *schema.GroupVersionKind
    store Store
    listerWatcher ListerWatcher
    backoffManager wait.BackoffManager
        initConnBackoffManager wait.BackoffManager
    resyncPeriod time.Duration
        ShouldResync func() bool
    clock clock.Clock
    paginatedResult bool
    lastSyncResourceVersion string

        isLastSyncResourceVersionUnavailable bool
        lastSyncResourceVersionMutex sync.RWMutex
    WatchListPageSize int64
        watchErrorHandler WatchErrorHandler
}
```

其中，listerWatcher 这个字段是一个接口类型，Reflector 在 run 方法中会调用 ListAndWatch 方法，而 ListerAndWatch 方法中实际执行的就是 ListerWatcher 的 Lister 方法和 Watcher 方法，分别用来获取全量的资源对象和对后面的事件变更进行监控。ListerWatcher 定义如下所示。

```
type ListerWatcher interface {
    Lister
    Watcher
}
```

Lister 和 Watcher 也是接口，Lister 接口的代码如下所示。

```
type Lister interface {

    List(options metav1.ListOptions) (runtime.Object, error)
}
```

Watcher 接口的代码如下所示。

```
type Watcher interface {
    Watch(options metav1.ListOptions) (watch.Interface, error)
}
```

而实际上 r.ListerWacher.List 真正调用的是 Pod、Deployment 等资源对象的 Informer 下的 ListFunc 函数和 WatchFunc 函数，源码路径为 k8s.io/client-go/informers/core/v1/pods.go。
Pod Informer 的 ListFunc 函数和 WatchFunc 函数代码如下所示。

```
func NewFilteredPodInformer(client kubernetes.Interface, namespace string,
    resyncPeriod time.Duration, indexers cache.Indexers, tweakListOptions
    internalinterfaces.TweakListOptionsFunc) cache.SharedIndexInformer {
```

```
    return cache.NewSharedIndexInformer(
        &cache.ListWatch{
            ListFunc: func(options metav1.ListOptions) (runtime.Object, error) {
                if tweakListOptions != nil {
                    tweakListOptions(&options)
                }
                return client.CoreV1().Pods(namespace).List(context.TODO(), options)
            },
            WatchFunc: func(options metav1.ListOptions) (watch.Interface, error) {
                if tweakListOptions != nil {
                    tweakListOptions(&options)
                }
                return client.CoreV1().Pods(namespace).Watch(context.TODO(), options)
            },
        },
        &corev1.Pod{},
        resyncPeriod,
        indexers,
    )
}
```

ListFunc 函数和 WatchFunc 函数是通过 Clientset 客户端与 API Server 交互后获得的，这也是为什么 8.2.1 节的代码示例中，在生成 NewSharedInformerFactory 之前需要先获得 Clientset，示例如下所示。

```
// 创建 KController 对象
func NewKubeController(kubeConfig *restclient.Config, clientset *kubernetes.
    Clientset, defaultResync time.Duration) *KubeController {
    kc := &KubeController{kubeConfig: kubeConfig, clientset: clientset}
    // 需要传入 Clientset
    kc.factory = informers.NewSharedInformerFactory(clientset, defaultResync)

    ...
    kc.deploymentInformer = kc.factory.Apps().V1().Deployments()
    kc.deploymentsLister = kc.deploymentInformer.Lister()
    kc.deploymentsSynced = kc.deploymentInformer.Informer().HasSynced
    kc.podInformer = kc.factory.Core().V1().Pods()
    kc.podsLister = kc.podInformer.Lister()
    kc.podsSynced = kc.podInformer.Informer().HasSynced
    ...
    return kc
}
```

List/Watch 的逻辑比较长，下面分为 2 部分来分析核心的函数调用，第一部分示例如下所示。

```
func (r *Reflector) ListAndWatch(stopCh <-chan struct{}) error {
    klog.V(3).Infof("Listing and watching %v from %s", r.expectedTypeName, r.name)
    var resourceVersion string

    options := metav1.ListOptions{ResourceVersion: r.relistResourceVersion()}
```

```go
if err := func() error {
    initTrace := trace.New("Reflector ListAndWatch", trace.Field{"name", r.name})
    defer initTrace.LogIfLong(10 * time.Second)
    var list runtime.Object
    var paginatedResult bool
    var err error
    listCh := make(chan struct{}, 1)
    panicCh := make(chan interface{}, 1)
    // 调用 r.listerWatcher.List 获取资源数据
    go func() {
        defer func() {
            if r := recover(); r != nil {
                panicCh <- r
            }
        }()

        pager := pager.New(pager.SimplePageFunc(func(opts metav1.ListOptions)
            (runtime.Object, error) {
            return r.listerWatcher.List(opts)
        }))
        switch {
        case r.WatchListPageSize != 0:
            pager.PageSize = r.WatchListPageSize
        case r.paginatedResult:
        case options.ResourceVersion != "" && options.ResourceVersion != "0":

            pager.PageSize = 0
        }

        list, paginatedResult, err = pager.List(context.Background(), options)

        if isExpiredError(err) || isTooLargeResourceVersionError(err) {
            r.setIsLastSyncResourceVersionUnavailable(true)

            list, paginatedResult, err = pager.List(context.Background(), metav1.
                ListOptions{ResourceVersion: r.relistResourceVersion()})
        }
        close(listCh)
    }()
    select {
    case <-stopCh:
        return nil
    case r := <-panicCh:
        panic(r)
    case <-listCh:
    }
    if err != nil {
        return fmt.Errorf("failed to list %v: %v", r.expectedTypeName, err)
    }

}
```

```
// 调用 listMetaInterface.GetResourceVersion 获取资源的版本号
if options.ResourceVersion == "0" && paginatedResult {
    r.paginatedResult = true
}

r.setIsLastSyncResourceVersionUnavailable(false)
initTrace.Step("Objects listed")
listMetaInterface, err := meta.ListAccessor(list)
if err != nil {
    return fmt.Errorf("unable to understand list result %#v: %v", list, err)
}
resourceVersion = listMetaInterface.GetResourceVersion()
initTrace.Step("Resource version extracted")
// 调用 meta.ExtractList 将资源转换成对象列表
items, err := meta.ExtractList(list)
if err != nil {
    return fmt.Errorf("unable to understand list result %#v (%v)", list, err)
}
initTrace.Step("Objects extracted")
// 调用 r.syncWith 将资源对象列表中的资源对象和对应的版本号存入 DeltaFIFO
if err := r.syncWith(items, resourceVersion); err != nil {
    return fmt.Errorf("unable to sync list result: %v", err)
}
initTrace.Step("SyncWith done")
```

第一部分的主体逻辑和调用函数如下。

❑ 调用 r.listerWatcher.List 获取资源数据。

❑ 调用 listMetaInterface.GetResourceVersion 获取资源的版本号。

❑ 调用 meta.ExtractList 将资源转换成对象列表。

❑ 调用 r.syncWith 将资源对象列表中的资源对象和对应的版本号存入 DeltaFIFO。

第二部分示例如下所示。

```
// 调用 r.setLastSyncResourceVersion 设置最新的资源版本号
    r.setLastSyncResourceVersion(resourceVersion)
    initTrace.Step("Resource version updated")
    return nil
}(); err != nil {
    return err
}

resyncerrc := make(chan error, 1)
cancelCh := make(chan struct{})
defer close(cancelCh)
go func() {
    resyncCh, cleanup := r.resyncChan()
    defer func() {
        cleanup()
    }()
```

```
    for {
        select {
        case <-resyncCh:
        case <-stopCh:
            return
        case <-cancelCh:
            return
        }
        if r.ShouldResync == nil || r.ShouldResync() {
            klog.V(4).Infof("%s: forcing resync", r.name)
            if err := r.store.Resync(); err != nil {
                resyncerrc <- err
                return
            }
        }
        cleanup()
        resyncCh, cleanup = r.resyncChan()
    }
}()

for {
    select {
    case <-stopCh:
        return nil
    default:
    }

    timeoutSeconds := int64(minWatchTimeout.Seconds() * (rand.Float64() + 1.0))
    options = metav1.ListOptions{
        ResourceVersion: resourceVersion,

        TimeoutSeconds: &timeoutSeconds,

        AllowWatchBookmarks: true,
    }

    start := r.clock.Now()
    // 调用 r.listerWatcher.Watch 进行资源对象的事件监控
    w, err := r.listerWatcher.Watch(options)
    if err != nil {
        if utilnet.IsConnectionRefused(err) {
            <-r.initConnBackoffManager.Backoff().C()
            continue
        }
        return err
    }
    // 触发事件后调用 r.watchHandler 将资源对象存入 DeltaFIFO 中并更新版本号
    if err := r.watchHandler(start, w, &resourceVersion, resyncerrc, stopCh);
        err != nil {
        if err != errorStopRequested {
```

```
                  switch {
                  case isExpiredError(err):

t observed object.

                  }
              }
              return nil
          }
      }
}
```

第二部分的主体逻辑和调用函数如下。

❏ 调用 r.setLastSyncResourceVersion 设置最新的资源版本号。

❏ 调用 r.listerWatcher.Watch 进行资源对象的事件监控。

❏ 触发事件后调用 r.watchHandler 将资源对象存入 DeltaFIFO 中并更新版本号。

List/Watch 方法逻辑中调用的函数较多，感兴趣的读者可以查阅源码。

关于 Watch 的底层实现，其实是使用 HTTP 长连接来监听事件的，并且使用了 HTTP 的分块传输编码（Chunked Transfer Encoding）。根据百度百科上的介绍，分块传输编码是 HTTP 中的一种数据传输机制，允许 HTTP 由网页服务器发送给客户端应用（通常是网页浏览器）的数据可以分成多个部分。分块传输编码只在 HTTP 1.1 版本中提供。

通常，HTTP 应答消息中的数据是整个发送的，Content-Length 消息头字段表示数据的长度。数据的长度很重要，因为客户端需要知道哪里是应答消息的结束，以及哪里是后续应答消息的开始。然而，使用分块传输编码将数据分解成一系列数据块，并以一个或多个块发送，这样服务器可以发送数据而不需要预先知道发送内容的大小。通常，数据块的大小是固定的，但也不总是这种情况。

8.2.5 DeltaFIFO

在 Reflector 调用 List/Watch 方法后，数据会存入 DeltaFIFO 这个先进先出的队列。

从名称上看，DeltaFIFO 需要分 2 部分来理解，FIFO（First Input First Output，先进先出）是指和正常的先进先出队列一样有基本的操作方法，例如 Add、Delete、Update、List、Pop 等；Delta 则是一个资源对象的存储，用来保存资源对象的操作类型。源码路径为 k8s.io/client-go/tools/cache/delta_fifo.go。

DeltaFIFO 的结构定义如下所示。

```
type DeltaFIFO struct {
    lock sync.RWMutex
    cond sync.Cond
    items map[string]Deltas
    queue []string
    populated bool
```

```
    initialPopulationCount int
    keyFunc KeyFunc
    knownObjects KeyListerGetter
    closed bool
    emitDeltaTypeReplaced bool
}
type Deltas []Delta
type Delta struct {
    Type    DeltaType
    Object interface{}
}
```

DeltaFIFO 的结构中最主要的字段是 queue、items 以及 Delta，我们看下这 3 个字段的数据类型。

❑ queue 字段是一个 string 类型的切片，切片中存储的是资源对象的 key，通过 KeyOf 函数得到。

❑ items 字段是一个 map 数据结构，其 key 是 queue 字段中存储的资源对象的 key，其值是一个 Delta 切片。

❑ Delta 字段是一个结构体类型的切片，记录了事件的类型和产生这个事件的资源对象。

图 8-3 是 DeltaFIFO 的数据结构示意图。

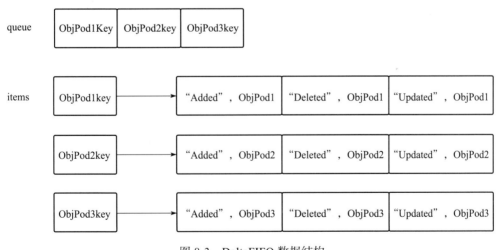

图 8-3　DeltaFIFO 数据结构

作为一个先进先出的队列，DeltaFIFO 最基本的功能是生产和消费消息，下面对这 2 个功能进行讲解。

1. 消息的生产

queueActionLocked() 方法定义了 DeltaFIFO 生产消息的主要流程，示例如下所示。

```
func (f *DeltaFIFO) queueActionLocked(actionType DeltaType, obj interface{}) error {
    id, err := f.KeyOf(obj)
    if err != nil {
        return KeyError{obj, err}
    }
    oldDeltas := f.items[id]
    newDeltas := append(oldDeltas, Delta{actionType, obj})
    newDeltas = dedupDeltas(newDeltas)

    if len(newDeltas) > 0 {
        if _, exists := f.items[id]; !exists {
            f.queue = append(f.queue, id)
        }
        f.items[id] = newDeltas
        f.cond.Broadcast()
    } else {

        if oldDeltas == nil {
            klog.Errorf("Impossible dedupDeltas for id=%q: oldDeltas=%#+v,
                obj=%#+v; ignoring", id, oldDeltas, obj)
            return nil
        }
        klog.Errorf("Impossible dedupDeltas for id=%q: oldDeltas=%#+v, obj=%#+v;
            breaking invariant by storing empty Deltas", id, oldDeltas, obj)
        f.items[id] = newDeltas

        return fmt.Errorf("Impossible dedupDeltas for id=%q: oldDeltas=%#+v,
            obj=%#+v; broke DeltaFIFO invariant by storing empty Deltas", id,
            oldDeltas, obj)

    }

    return nil

}
```

在 Added、Updated、Deleted、Replaced、Sync 的事件中会调用 queueActionLocked 将资源对象追加到 Delta 的列表中，下面是 queueActionLocked 的主要流程解析。

1）通过 KeyOf 方法计算出对象的 ID，通过 ID 取出 oldDeltas 列表。

2）将资源对象的操作类型和资源对象追加到 oldDeltas 列表。

3）使用 dedupDeltas 函数去重。

4）构建最新的 Items 后，通过 cond.Broadcast() 方法通知所有消费者取消阻塞。

这个方法的调用入口是 Reflector，记得 8.2.4 节介绍的 List/Watch 流程吗？流程中的 r.syncWith() 方法和 r.watchHandler() 方法就是队列生产的入口。

2. 消息的消费

DeltaFIFO 消息的消费流程在 Pop() 方法中，示例如下所示。

```
func (f *DeltaFIFO) Pop(process PopProcessFunc) (interface{}, error) {
    f.lock.Lock()
    defer f.lock.Unlock()
    for {
        for len(f.queue) == 0 {

            if f.closed {
                return nil, ErrFIFOClosed
            }

            f.cond.Wait()
        }
        id := f.queue[0]
        f.queue = f.queue[1:]
        if f.initialPopulationCount > 0 {
            f.initialPopulationCount--
        }
        item, ok := f.items[id]
        if !ok {
            klog.Errorf("Inconceivable! %q was in f.queue but not f.items;
                ignoring.", id)
            continue
        }
        delete(f.items, id)
        err := process(item)
        if e, ok := err.(ErrRequeue); ok {
            f.addIfNotPresent(id, item)
            err = e.Err
        }
        return item, err
    }
}
```

Pop() 方法定义了消息的消费过程，主要流程分析如下。

1）加锁，开启一个循环，如果队列中没有数据，则使用 f.cond.Wait 进行阻塞等待。

2）如果队列不为空，那么取出队列头部的数据并删除，将对象传入回调函数进行处理。

3）如果回调函数处理失败，将对象重新放入队列。

队列的消费由 Controller 的 processLoop 方法从 DeltaFIFO 队列中取出，并传递给回调函数。回调函数通过 HandleDeltas() 方法实现。源码位置为 k8s.io/client-go/tools/cache/shared_informer.go。

HandleDeltas() 方法的定义如下所示。

```
func (s *sharedIndexInformer) HandleDeltas(obj interface{}) error {
    s.blockDeltas.Lock()
    defer s.blockDeltas.Unlock()

    for _, d := range obj.(Deltas) {
        switch d.Type {
```

```
case Sync, Replaced, Added, Updated:
    s.cacheMutationDetector.AddObject(d.Object)
    if old, exists, err := s.indexer.Get(d.Object); err == nil && exists {
        if err := s.indexer.Update(d.Object); err != nil {
            return err
        }

        isSync := false
        switch {
        case d.Type == Sync:

            isSync = true
        case d.Type == Replaced:
            if accessor, err := meta.Accessor(d.Object); err == nil {
                if oldAccessor, err := meta.Accessor(old); err == nil {

                    isSync = accessor.GetResourceVersion() ==
                        oldAccessor.GetResourceVersion()
                }
            }
        }
        s.processor.distribute(updateNotification{oldObj: old, newObj:
            d.Object}, isSync)
    } else {
        if err := s.indexer.Add(d.Object); err != nil {
            return err
        }
        s.processor.distribute(addNotification{newObj: d.Object}, false)
    }
case Deleted:
    if err := s.indexer.Delete(d.Object); err != nil {
        return err
    }
    s.processor.distribute(deleteNotification{oldObj: d.Object}, false)
    }
}
return nil
}
```

HandleDetal 在 8.2.2 节步骤 4）中提到过，除了将事件和对象存入 Indexer 以外，HandlerDetal 还会将数据通过 distribute() 函数分发到 ShareInformer，这样用户在使用 informer.AddEventHandler 函数时才会收到事件的通知并触发回调。

8.2.6　Indexer

Indexer 是一个用来存储资源对象的内存存储，处理用户的查询是非常快速高效的。源码路径为 k8s.io/client-go/tools/cache/index.go。

Indexer 的实现主要分为 2 部分，ThreadSafeMap 是底层的并发安全存储，Indexer 索引器用来注册索引函数。

1. ThreadSafeMap 并发安全存储

Indexer 是在 ThreadSafeMap 的基础上进行了封装，ThreadSafeMap 使用了读写锁来保证并发的读写安全。ThreadSafeMap 的源码路径为 k8s.io/client-go/tools/cache/thread_safe_store.go。ThreadSafeMap 的定义示例如下。

```
type threadSafeMap struct {
    lock   sync.RWMutex
    items  map[string]interface{}

    indexers Indexers
    indices  Indices
}
```

其中 items 是用来存储资源对象的 map，key 默认由 Meta-NamespaceKeyFunc 函数处理后得到，经过处理后的 key 的格式为 namespace/name。items 的值用来存储资源对象。

ThreadSafeMap 增删改查的入口方法分别是 AddIndexers、deleteFromIndices、updateIndices、GetIndexers。这些方法会执行底层针对 items 的 Add、Delete、Update、Get、List 等方法。

2. Indexer 索引器

Indexer 被设计成是一个可以自定义索引函数的索引器，这样方便我们进行自定义扩展，也符合 Kubernetes 高度可扩展性的需求。

Indexer 有 4 个重要的数据结构来支撑实现自定义索引的特性，示例如下。

```
type Indexers map[string]IndexFunc
type IndexFunc func(obj interface{}) ([]string, error)
type Indices map[string]Index
type Index map[string]sets.String
```

❑ Indexers：map 类型，用来存储自定义的索引，key 是自定义的索引名，value 是索引函数。
❑ IndexFuc：索引函数。
❑ Indices：map 类型，用来存储缓存器，key 是缓存器的名字，value 是具体的索引缓存。
❑ Index：map 类型，用来存储缓存数据，key 是索引，value 是 set 集合。

下面我们通过源码中的测试用例函数来了解如何自定义一个索引器的函数，源码路径为 k8s.io/client-go/tools/cache/index_test.go，示例如下。

```
func testIndexFunc(obj interface{}) ([]string, error) {
    pod := obj.(*v1.Pod)
    return []string{pod.Labels["foo"]}, nil
}
```

```go
func TestGetIndexFuncValues(t *testing.T) {
    index := NewIndexer(MetaNamespaceKeyFunc, Indexers{"testmodes": testIndexFunc})

    pod1 := &v1.Pod{ObjectMeta: metav1.ObjectMeta{Name: "one", Labels:
        map[string]string{"foo": "bar"}}}
    pod2 := &v1.Pod{ObjectMeta: metav1.ObjectMeta{Name: "two", Labels:
        map[string]string{"foo": "bar"}}}
    pod3 := &v1.Pod{ObjectMeta: metav1.ObjectMeta{Name: "tre", Labels:
        map[string]string{"foo": "biz"}}}

    index.Add(pod1)
    index.Add(pod2)
    index.Add(pod3)

    keys := index.ListIndexFuncValues("testmodes")
    if len(keys) != 2 {
        t.Errorf("Expected 2 keys but got %v", len(keys))
    }

    for _, key := range keys {
        if key != "bar" && key != "biz" {
            t.Errorf("Expected only 'bar' or 'biz' but got %s", key)
        }
    }
}
```

❑ testIndexFunc() 是一个自定义的索引器函数，具体功能是通过 labels 过滤 key 中包含 foo 字段的 Pod，并返回 value。

❑ NewIndexer() 用来初始化一个 Indexers 索引器，第一个参数是自定义的索引器名字 "testmodes"，第二个参数是自定义索引器的具体函数 testIndexFunc。

❑ 初始化 Indexer 之后创建了 3 个 Pod 资源对象并且 label 都包含 foo 字段，通过 index. Add() 方法存入 index，然后执行 ListIndexFuncValues() 并传入自定义的索引函数名 称 "testmodes" 来获取符合索引规则的值。

这个测试用例下还有一个 testUsersIndexFunc 自定义索引器函数，并通过 TestMultiIndexKeys 函数内的 index.ByIndex 进行测试，感兴趣的读者可以自行翻阅源码。

8.2.7 WorkQueue

回顾图 8-2 Informer 的整体架构设计，工作队列（WorkQueue）在控制器编写中使用得非常频繁，我们通常使用 informer.AddEventHandler 函数监听资源对象的事件，并设置事件触发时的回调函数。在回调函数中，我们将资源对象的 key 放入 WorkQueue，控制器会不断地从 WorkQueue 中获取数据并按照期望的状态处理。在处理的过程中如果发生任何错误，我们会重新将资源对象的 key 放入 WorkQueue 中并限速，等待控制器取出后再次处理，达到状态收敛的目的。

WorkQueue 与普通的先进先出队列 FIFO 相比，多了很多特性，实现原理非常复杂，除了在 Kubernetes 中使用以外，也可以用于开发其他项目。下面列举一些它的特性。

- 有序：这是一个 FIFO 的基本特性。
- 并发性：支持多生产和多消费者。
- 去重：同一个元素在相同时间内不会被重复处理，即使添加了多次，也只会被处理一次。
- 监控：支持 Prometheus 的 metric 监控。
- 信号通知：可以通过信号 SIGTEARM 通知队列不再存入新的元素，并且通知 metric 的 goroutine 退出。
- 限速：支持队列的存入限速，并支持多种限速的算法。

WorkQueue 中包含 FIFO 队列、限速队列、延迟队列，我在自定义控制器的编写过程中使用的是限速队列，本章只对限速队列进行讲解，FIFO 队列和延迟队列的实现非常有用，感兴趣的读者可以去源码路径 k8s.io/client-go/util/workqueue/queue.go 和 k8s.io/client-go/util/workqueue/delaying_queue.go 进行阅读。

限速队列的实现原理是利用延迟队列的特性延迟数据的插入时间从而限速。限速队列是基于延迟队列的接口封装并增加了 AddRateLimited、Forget、NumRequeues 方法。它的数据结构示例如下。

```
type RateLimiter interface {

    When(item interface{}) time.Duration

    Forget(item interface{})
    NumRequeues(item interface{}) int
}

type RateLimitingInterface interface {
    DelayingInterface

    AddRateLimited(item interface{})


    Forget(item interface{})


    NumRequeues(item interface{}) int
}
```

限速队列提供了 3 种限速算法。

- 排队指数算法
- 令牌桶算法
- 计数器算法

这 3 种算法在实际开发过程中会经常使用,掌握它们很有必要,下面进行详细介绍。

1. 排队指数算法

当有相同的元素重复进入队列时,排队指数算法会将这个相同元素的排队数作为指数,这样速率会呈现指数级增长。Pod 的重启策略如果设置为 Always,那么重启的周期就是使用的排队指数算法。

需要注意在 WorkQueue 中排队指数算法是有一个限速周期的,这个周期是从 AddRateLimited 方法开始到 Forget 方法结束。

2. 令牌桶算法

令牌桶算法比较著名,在很多开源软件的限速模块中都有使用,Nginx 的限速模块、Envoy 的 Ratelimit 和 Sentinel 的限速功能中都有它的身影。

WorkQueue 的令牌桶算法使用 Go 语言的第三方库 golang.org/x/time/rate 实现。令牌桶算法会有一个存放 token (令牌)的桶,通常是一个固定长度的队列,token 会以用户自定义的速率填充到队列中,桶满则停止填充,但之后还会按固定的速率填充,每一个被限速的元素在重新放入 WorkQueue 时都会获得一个 token,只有得到 token 的元素才可以进入 WorkQueue 中等待处理。没有获得 token 的元素则需要继续等待。

3. 计数器算法

计数器算法是在定义的时间内允许通过的元素数量,例如 30s 内只允许通过 100 个元素,那么每一个元素的插入计数器就会加 1,当计数器在定义的 30s 内增加到 100 个元素时,后面的元素就不再允许插入了。

WorkQueue 在计数器算法之外增加了 fastDely 和 slowDely 字段,可以定义 fast 和 slow 两个插入速率(2 个元素插入的间隔时间)。通过定义 fast 速率在一个限速周期内允许通过的元素数量 maxFastAttempts,可以实现前 maxFastAttempts 个元素使用 fast 间隔插入,后面的元素使用 slow 间隔插入。

8.2.8 EventBroadcaster

Kubernetes 的事件 (Event) 是一种资源对象,用于展示集群内发生的情况,Kubernetes 系统中的各个组件会将运行时发生的各种事件上报给 Kubernetes API Server。例如,调度器做了什么决定,某些 Pod 为什么从节点中驱逐。可以通过 kubectl get event kubectldescribe pod 命令显示事件,查看 Kubernetes 集群中发生了哪些事件。执行命令后,默认情况下只会显示最近(1 小时内)发生的事件。

此处的 Event 是 Kubernetes 所管理的 Event 资源对象,而非 ETCD 集群监控机制产生的回调事件,需要注意区分。

由于 Kubernetes 的事件是一种资源对象,因此它们存储在 Kubernetes API Server 的 ETCD 集群中。为了避免磁盘空间被填满,强制执行保留策略:在最后一次事件发生后,删除 1 小时之前发生的事件。Kubernetes 系统以 Pod 资源为核心，Deployment、StatefulSet、ReplicaSet、DaemonSet、CronJob 等，最终都会创建出 Pod。Kubernetes 事件也是围绕 Pod 进行的，在 Pod 生命周期内的关键步骤中都会产生事件消息。Event 资源的数据结构体定义在 core 资源组下。源码路径为 k8s.io/api/core/v1/types.go。

Event 结构体的定义如下。

```
type Event struct {
    metav1.TypeMeta
    metav1.ObjectMeta
    InvolvedObject ObjectReference
    Reason string
    Message string
    Source EventSource
    FirstTimestamp metav1.Time
    LastTimestamp metav1.Time
    Count int32
    Type string
    EventTime metav1.MicroTime
    Series *EventSeries
    Action string
    Related *ObjectReference
    ReportingController string
    ReportingInstance string
}
```

在 Kubernetes 中资源对象的事件非常重要，例如，管理员可以通过获取 Pod 生命周期的事件，来掌握一个 Pod 在调度、拉取镜像、启动、重启等各阶段的耗时，或者诊断一个 Pod 出现启动失败或重启等异常的原因。Pod 的事件，也是在实际生产中使用最频繁的事件。

在自定义编写 Controller 的过程中，我们也可以把一些重要的信息通过 EventBroadcaster 存入 ETCD，以便观察我们控制的对象的状态。

8.2.9　大管家 Controller

Controller 作为核心中枢，集成了 Reflector、DeltaFIFO、Indexer 等组件，成为连接下游消费者的桥梁。Informer 组件的启动，以及数据在几个组件之间的传递都由 Controller 完成。

Controller 的定义如下。

```
type controller struct {
    config          Config
    reflector       *Reflector
    reflectorMutex  sync.RWMutex
    clock           clock.Clock
}
```

Controller 继承了核心组件，定义示例如下。

```
type Config struct {
```

```
    Queue
    ListerWatcher
    Process ProcessFunc
    ObjectType runtime.Object
    FullResyncPeriod time.Duration
    ShouldResync ShouldResyncFunc
    RetryOnError bool

    WatchErrorHandler WatchErrorHandler

    WatchListPageSize int64
}
```

Config 结构体的字段介绍如下。

❑ Queue：实际由 DeltaFIFO 实现。

❑ ListerWatcher：用于构造 Reflector。

❑ Process ProcessFunc：Pop 操作得到的对象处理函数。

❑ ObjectType runtime.Object：目标对象类型。

❑ FullResyncPeriod time.Duration：全量重新同步周期。

❑ ShouldResync ShouldResyncFunc：是否进行重新同步的判断函数。

❑ RetryOnError bool：如果为 true，Process() 函数返回 err，并再次入队。

❑ WatchErrorHandler WatchErrorHandler：Watch 方法返回 err 的回调函数。

❑ WatchListPageSize int64：Watch 方法的分页大小。

Controller 中以 goroutine 协程方式启动 Run 方法，会启动 Reflector 的 List/Watch 方法，用于从 API Server 中拉取全量资源并监听增量资源，将资源存储到 DeltaFIFO 中。接着，启动 processLoop 不断从 DeltaFIFOPop 中消费资源。在 sharedIndexInformer 中取出数据，之后使用 HandleDeltas 方法进行处理，一方面维护 Indexer 中的数据，另一方面调用下游 sharedProcessor 方法进行处理。

8.3　client-go 实战开发

本节进入实战环节，通过实际案例来加深读者对 client-go 的认识。本节会从如何开始连接 Kubernetes 集群开始，覆盖日常开发用到最多的增删改操作、高效查询、并发控制等方面。相信通过本节的学习，读者可以自行实现 PaaS 平台常用的一些功能。

8.3.1　连接 Kubernetes 集群

在开发之前，我们首先要连接到集群，8.1.2 节有对配置文件的介绍和简单的 Clientset 生成示例，8.2.2 节有 Informer 的初步使用示例，本节我们详细分析一个示例，实现一个通用的基础 KubeController 结构体，并为此结构体编写一个 Run() 方法来连接集群。

第一步，定义一个 GetKubeClient 函数。通过 KubeConfig 配置文件生成 Clientset，示例如下。

```
// 通过配置文件生成 Clientset
func GetKubeClient(cfgpath string) (*kubernetes.Clientset, *restclient.Config) {
    configfile := cfgpath
    kubeconfig, err := clientcmd.BuildConfigFromFlags("", configfile)
    if err != nil {
        logger.Errorf("BuildConfigFromFlags kube Clientset err:", err)
        panic(err)
    }
    clientset, err := kubernetes.NewForConfig(kubeconfig)
    if err != nil {
        logger.Errorf("NewForConfig err:%s", err)

        panic(err)

    }
    logger.Info("GetKubeClient OK")
    return clientset, kubeconfig
}
```

> **注意**　生成 Clientset 客户端时需要指定并发连接数量，默认的客户端并发较小，默认参数为 QPS:5、Burst:10，这个默认参数会对 Clientset 客户端生效，影响 Clientset 增删改操作的并发，但不会影响 Informer 的查询并发。因为 Informer 查询数据是在缓存中进行的，所以不受这个参数的限制。这个参数需要我们根据实际场景中资源增删改的并发情况进行设置。

默认并发配置的代码如下。

```
type Config struct {
        ***

        QPS float32

        Burst int
        ***
}
```

第二步，编写 KubeController 结构体。KubeController 结构体定义了集群的 Clientset 客户端，可以围绕 Clientset 客户端编写一些集群资源的增删改方法，同时它也定义了每个资源对象的 Informer、Lister 以及 HasSynced，定义的 status 字段用来标记 run 方法数据同步的状态，示例如下。

```
package main
import (
```

```
    "fmt"
    utilruntime "k8s.io/apimachinery/pkg/util/runtime"
    "k8s.io/client-go/informers"
    appinformers "k8s.io/client-go/informers/apps/v1"
    coreinformers "k8s.io/client-go/informers/core/v1"
    extv1informers "k8s.io/client-go/informers/extensions/v1beta1"
    "k8s.io/client-go/kubernetes"
    appslisters "k8s.io/client-go/listers/apps/v1"
    corelisters "k8s.io/client-go/listers/core/v1"
    extlisters "k8s.io/client-go/listers/extensions/v1beta1"
    restclient "k8s.io/client-go/rest"
    "k8s.io/client-go/tools/cache"
    "k8s.io/client-go/tools/clientcmd"
    logger "k8s.io/klog"
    "time"
)

// KController 对象
type KubeController struct {
    kubeConfig              *restclient.Config
    status                  int32
    clusterId               []string
    env                     []string
    clientset               *kubernetes.Clientset
    factory                 informers.SharedInformerFactory

    // 定义 Deployment、Pod、Service 等资源对象的 Informer、Lister 以及 HasSynce
    ......

    deploymentInformer appinformers.DeploymentInformer
    deploymentsLister  appslisters.DeploymentLister
    deploymentsSynced  cache.InformerSynced
    podInformer        coreinformers.PodInformer
    podsLister         corelisters.PodLister
    podsSynced         cache.InformerSynced
    serviceInformer    coreinformers.ServiceInformer
    servicesLister     corelisters.ServiceLister
    servicesSynced     cache.InformerSynced

    ......

}
```

第三步，编写 NewKubeController() 方法。生成 KubeController 对象，每个资源的 Informer 生成的 Lister 用于从内存中快速获取资源对象，HasSynced 用于在启动时同步相应资源的所有数据，示例如下。

```
// 创建 KController 对象
func NewKubeController(kubeConfig *restclient.Config, clientset *kubernetes.
    Clientset, defaultResync time.Duration) *KubeController {
```

```
    kc := &KubeController{kubeConfig: kubeConfig, clientset: clientset}
    // 通过 Clientset 生成 SharedInformerFactory
    // defaultResync 参数可以控制 Reflector 调用 List 方法的周期，将 default Resync 设置为
    // 0，启动时获取全量数据后，不再同步
    kc.factory = informers.NewSharedInformerFactory(clientset, defaultResync)
    // 生成 Deployment、Pod、Service 等资源对象的 Informer、Lister 以及 HasSynced

    ......

    kc.deploymentInformer = kc.factory.Apps().V1().Deployments()
    kc.deploymentsLister = kc.deploymentInformer.Lister()
    kc.deploymentsSynced = kc.deploymentInformer.Informer().HasSynced
    kc.podInformer = kc.factory.Core().V1().Pods()
    kc.podsLister = kc.podInformer.Lister()
    kc.podsSynced = kc.podInformer.Informer().HasSynced
    kc.serviceInformer = kc.factory.Core().V1().Services()
    kc.servicesLister = kc.serviceInformer.Lister()
    kc.servicesSynced = kc.serviceInformer.Informer().HasSynced

    ......

    return kc

}
```

第四步，编写 Run() 方法。启动 Informer，其中 WaitForCacheSync() 函数的参数需要传入同步的资源对象的 HasSynced，同步成功后将标志位 status 的值设置为 1，示例如下。

```
// 启动 Factory，获取缓存
func (kc *KubeController) Run(stopPodch chan struct{}) {
    // defer close(stopPodCh)
    defer utilruntime.HandleCrash()
    defer logger.Error("KubeController shutdown")
    // 传入停止的 stopCh
    kc.factory.Start(stopPodch)
    // 等待获取资源后同步到缓存
    if !cache.WaitForCacheSync(stopPodch, kc.nodesSynced, kc.deploymentsSynced,
        kc.podsSynced,
        kc.ingressesSynced, kc.servicesSynced, kc.configMapsSynced,
            kc.namespaceSynced) {
        utilruntime.HandleError(fmt.Errorf("timed out waiting for kuberesource
            caches to sync"))
        return
    }

    // 同步成功，将标志位 status 的值设置为 1
    kc.status = 1
    logger.Info("KubeController start")
    <-stopPodch
}
```

第五步，测试连接状态并进行简单的查询操作。使用 PodLiter 中 PodNamespaceLister 的 Get() 方法查询指定命名空间下的 Pod 资源对象，并打印这个 Pod 所在 Node 的主机名，示例如下。

```
func main() {
    clientset, kubeConfig := GetKubeClient("conf/config")
    kc := NewKubeController(kubeConfig, clientset, time.Second*3000)
    stopPodch := make(chan struct{})
    go func() {
        kc.Run(stopPodch)
        <-stopPodch
    }()

    // 等待所有资源对象同步完成后再继续
    for
        if kc.status == 1 {
            break
        }
        time.Sleep(time.Second * 1)

        fmt.Println("sleep 1S")
    }

    // 使用 Pod 的 Lister 获取指定 Pod 的完整资源对象，并打印 Pod 所在的 Node 的名称
    pod , err := kc.podsLister.Pods("tech-daily").Get("hello-omega-deployment-
        7d8ff89d87-25kb4")
    if err != nil {
        logger.Errorf("get pods err:%s", err)
    }
    logger.Infof("the pods hostname is :%s", pod.Spec.NodeName)
}
```

通过梳理 main() 函数的具体逻辑，我们可以了解整个集群连接过程的方法和函数的调用关系。

1）调用 GetKubeClient 生成 Clientset。

2）使用 NewKubeController 传入 Clientset，初始化 KubeControlle 结构体。

3）启动一个 goroutine 运行 Run() 方法，等待资源对象数据同步到内存中。

4）同步成功后，使用 PodLiter 中 PodNamespaceLister 的 Get() 方法查询指定命名空间下的 Pod 资源对象，并打印这个 Pod 所在的 Node 的主机名。

这样我们就构建了一个基础的 KubeController 结构体。我们可以通过它的 Run() 方法进行集群的连接和客户端的生成。

8.3.2 对 Kubernetes 资源对象进行增删改查

在 PaaS 平台的构建过程中，最高频的操作莫过于对资源对象的增删改查。这里我们用

Kubernetes 资源对象中的 Pod 进行举例。

我们定义一个 PodKubeController 结构体，并给这个结构体编写增、删、改、查等方法，代码如下。

```go
package kubeclient

import (
    "bytes"
    "context"
    "fmt"
    corev1 "k8s.io/api/core/v1"
    metav1 "k8s.io/apimachinery/pkg/apis/meta/v1"
    "k8s.io/apimachinery/pkg/labels"
    "k8s.io/client-go/kubernetes/scheme"
    "k8s.io/client-go/tools/remotecommand"
)

type PodKubeController struct {
    *KubeController
}

func (pkc *PodKubeController) Get(namespace string, name string) (interface{}, error) {

    return pkc.podsLister.Pods(namespace).Get(name)
}

func (pkc *PodKubeController) Create(namespace string, name string, kubePod
    interface{}) (interface{}, error) {
    pod := kubePod.(*corev1.Pod)

    return pkc.clientset.CoreV1().Pods(namespace).Create(context.TODO(), pod,
        metav1.CreateOptions{})
}

func (pkc *PodKubeController) Update(namespace string, name string, kubePod
    interface{}) (interface{}, error) {
    pod := kubePod.(*corev1.Pod)

    return pkc.clientset.CoreV1().Pods(namespace).Update(context.TODO(), pod,
        metav1.UpdateOptions{})
}

func (pkc *PodKubeController) GetAllInfo() (interface{}, error) {

    return pkc.deploymentsLister.List(labels.Everything())
}

func (pkc *PodKubeController) GetFromLabelApp(namespace string, appName
    string) (interface{}, error) {
```

```
    return pkc.podsLister.Pods(namespace).List(labels.SelectorFromSet(map[string]
        string{"app": appName}))
}

func (pkc *PodKubeController) Delete(namespace string, podName string) error {

    return pkc.clientset.CoreV1().Pods(namespace).Delete(context.TODO(),
        podName, metav1.DeleteOptions{})
}
```

示例代码的主要解析如下。

❑ 定义结构体 PodKubeController，内嵌结构体 KubeController（在 8.3.1 节中定义），这是一个专门用来操作 Pod 资源对象的结构体。

❑ Create()、Delete()、Update() 方法：分别定义了对 Pod 的增、删、改操作。使用的是 Clientset 客户端。

❑ Get() 方法：定义了对 Pod 的查询操作。使用的是 Informer。

❑ GetAllInfo、GetFromLabelApp 方法：分别定义了获取全部 Pod 信息的操作、过滤指定命名空间下指定标签的 Pod 的操作。使用的是 Informer。

从示例代码中可以看到，Clientset 的使用遵从 group/resource/action 这种模式，即资源组、资源名称、对资源的动作，并且把这种模式转换成底层的 RESTful 风格去请求 API Server。示例中的增删改操作使用的是 Clientset 客户端，而查询相关的几个操作都使用的 Informer。

编写好基础的 PodKubeController 结构体和方法后，我们开始进入实战环节。

使用 Informer 查询的代码如下。

```
func main() {
    clientset, kubeConfig := GetKubeClient("conf/config")
    kc := NewKubeController(kubeConfig, clientset, time.Second*3000)
    stopPodch := make(chan struct{})
    go func() {
        kc.Run(stopPodch)
        <-stopPodch
    }()

    // 等待所有资源对象同步完成后再继续
    for {
        if kc.status == 1 {
            break
        }
        time.Sleep(time.Second * 1)
        fmt.Println("sleep 1S")
    }
    // 使用 Pod 的 Lister 获取指定 Pod 的完整资源对象，并打印 Pod 所在的 Node 的名称
    pod , err := kc.podsLister.Pods("tech-daily").Get("hello-omega-deployment-
        7d8ff89d87-25kb4")
```

```
if err != nil {
    logger.Errorf("get pods err:%s", err)
}
logger.Infof("the pods hostname is :%s", pod.Spec.NodeName)
kc.podsLister.Pods(namespace).List(labels.SelectorFromSet(map[string]
    string{"app": appName}))
kc.podsLister.List(labels.Everything())
}
```

代码中除了获取特定命名空间中 Pod 的所在节点以外，还可以通过标签的维度来过滤所需的 Pod 信息，如果参数为 labels.Everything()，则返回一个所有 Pod 对象的列表。

图 8-4 是我们开发的 PaaS 平台容器的展示页面。

页面中的"服务器 IP""实例名称""启动时长""发布状态"，都是通过 podsLister 进行获取并展示的。还有一个隐藏的"重启次数"字段，在应用探活失败，触发重启策略或 OOM 退出等异常时会展示。关于容器展示页面的开发会在第 9 章进行重点讲解。

图 8-4　PaaS 平台容器的展示页面

此页面前端会每隔 4s 对容器状态进行一次轮询，通过前面的学习我们知道，使用 Clientset 进行查询时，每次都需要与 API Server 进行网络通信，即使网络状况良好，对于网络 I/O 的延时，相比从内存中直接查询二者的效率也是不可同日而语的。因此，在实际开发过程中，使用 Informer 的优势就体现了出来。因为 Informer 的查询每次都是从缓存中获取的，数据的获取时间都是微秒级别，接口的响应时间也能够得到保证。

8.3.3　并发控制

在开发过程中，频繁地对 Kubernetes 的资源对象进行读写，会带来并发安全问题。Kubernetes 通过定义 resourceVersion 字段实现了乐观并发控制。使用起来也比较简单，只需要每次在提交更新之前，先获取完整的资源对象并做深拷贝，再对资源对象的深拷贝做修改，修改完成后提交即可。深拷贝会携带本次提交的资源对象的 resourceVersion，如果在提交期间资源对象被修改过，那么本次的提交就会失败，并在返回的错误信息中提示冲突（409）。

在 PaaS 平台中，我们经常会需要对出现问题的 Pod 进行诊断。在诊断之前，会先将"问题 Pod"从代理中摘除，通常在摘除时我们会判断 Pod 的状态是"在线"还是"离线"。只有"在线"状态的 Pod，才会进行离线操作，对于一个已经离线的 Pod，再进行处理显然多此一举，也可能会导致不可预估的问题。

那么如何保证 Pod 的离线操作不重复呢？代码示例如下。

```
podCopy := pod.DeepCopy()
    if podCopy.ObjectMeta.Labels["online"] == "true" {
        podCopy.ObjectMeta.Labels["online"] = "false"
    }
    _, err = kc.clientset.CoreV1().Pods("tech-daily").Update(context.Background(),
        podCopy, metav1.UpdateOptions{})
if err != nil {
        fmt.Printf("update error: %s", err)
    }
```

示例中使用 DeepCopy() 方法得到资源对象的深拷贝，再对深拷贝进行离线状态的判断和更改。如果在提交离线状态的过程中，资源对象发生了变化，那么本次提交就会失败。

8.4　本章小结

本章介绍了 client-go 的源码，从源码的整体架构和调用分析入手，让读者了解了 client-go 的核心原理和设计思路。在学习过程中，我们逐步了解到为什么 client-go 是我们开发 Kubernetes 的首选工具。client-go 是 Kubernetes 源码的一部分，也是开发自定义控制器所需要的核心组件库。client-go 的源码设计思路是我们每一个云原生开发者必须要学习和掌握的。

本章介绍了最常用的开发实践，包含开发中最常用的功能，在第 9 章我们会继续深入介绍 client-go 的使用，学习如何使用 client-go 来构建企业级 PaaS 平台。

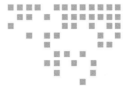

使用 client-go 构建企业级 PaaS 平台

第 8 章我们介绍了 client-go 的组件和源码，相信大家已经迫不及待想通过 client-go 来进行重构和新功能开发。本章讲解如何使用 client-go 构建 PaaS 平台。

本章主要介绍 PaaS 平台常用的功能，包括申请应用的资源、应用活性检测策略、展示应用容器的状态、离线故障应用容器、重启应用容器等。本章会介绍一个完整的 Kubernetes Operator 场景实战，帮助读者完成企业级 PaaS 平台发布功能。

9.1 PaaS 平台常用功能实战

本节会介绍 PaaS 平台中常用的一系列功能，如资源申请、活性检测、操作容器状态等，并会讲解如何使用 client-go 去实现这些功能。

9.1.1 申请应用的资源

无论是公有云平台还是面向企业用户的 PaaS 平台，登录系统后，资源申请往往是用户操作的第一步，比如在公有云平台申请和购买虚拟主机，在企业 PaaS 平台申请计算资源。在常规的应用中，通常包含的计算资源是 CPU、内存、实例数量以及域名。

我们通常可以把 Kubernetes 的资源对象和应用的资源抽象对应起来，图 9-1 是一个 PaaS 平台的资源申请界面示例。

我们把用户在页面填写的字段与 Kubernetes 的资源对象来做下对比，如图 9-2 所示，标号与图 9-1 一一对应。

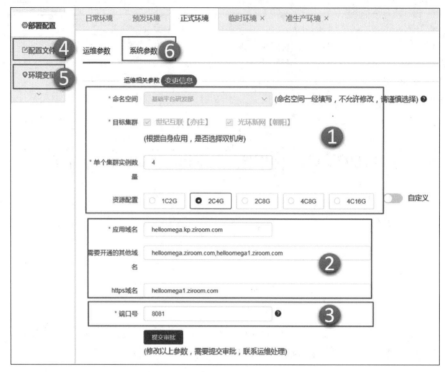

图 9-1 PaaS 平台资源的申请界面

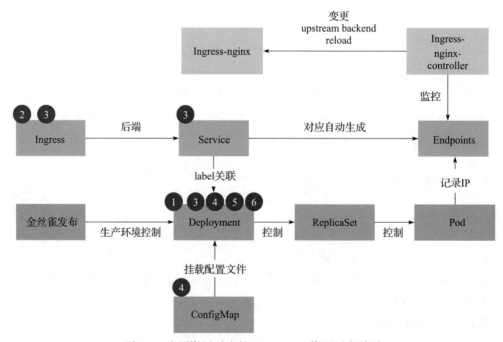

图 9-2 应用资源对应的 Kubernetes 资源对象关系

下面分析前后台映射关系。

❑ 所有 Kubernetes 的资源对象都会使用标签 app:< 应用名 > 来标识它们关联的应用信息，比如 Deployment 使用标签 <app：hello-world> 来标识它编排的应用是 hello-world，Service 使用标签 <app：hello-world> 来标识它负载的上游应用是 hello-world。

❑ 图 9-1 中的①是应用申请的计算资源和实例数量，对应的是 Kubernetes 中的 Deployment 资源对象，CPU 和内存对应的是 Deployment 的 resource.limits.cpu 和 resource.limits.cpu 字段，单集群的实例数对应的是 Deployment 中的 replicas 字段。

❑ 图 9-1 中的②用来记录应用的域名信息，对应的是 Kubernetes 中 Ingress 的 host 字段。

❑ 图 9-1 中的③记录了应用的端口号信息，对应的是 Kubernetes 中 Service 的 spec.ports.targetPort 字段和 Pod 中的 containerPort 字段。

❑ 图 9-1 中④是应用托管的配置文件，对应的是 Kubernetes 中的 ConfigMap，可以将 ConfigMap 声明到 YAML 文件的 volume 字段中，通过 volumeMounts 将这个托管文件挂载到容器中应用的配置文件路径。

❑ 图 9-1 中⑤是容器内的环境变量，对应的是 Deployment 中的 containers.env 字段，可以将用户自定义的环境变量生成在容器内。

❑ 图 9-1 中⑥是一些平台提供的系统接入能力，比如接入链路追踪、使用的 Maven 私服、接入我们开发的监控系统等。读者可以根据自己公司的实际情况来规划。这些页面选项的背后通常是给应用的 Deployment 新增标签，监控程序会监听这些标签，如果符合就会自动接入。

9.1.2　应用活性检测策略

我们知道 Kubernetes 的 Pod 拥有探活和就绪 2 种探针，这两种探针的策略设置关系到应用的启动流量准入和探活重启策略。

在实际生产中，应用的启动时长不一，如果探针策略设置不当，极有可能影响应用的正常启动。比如，一些应用在启动时需要做一些依赖数据的预加载，还有一些高并发的应用会在启动后进行程序内部的线程池预热，因此启动时间可能会比一般的微服务要长。我们曾经遇到过很多这样的应用，它们需要 3 分钟甚至更长的时间才能启动成功。当探活周期设置为 120 秒，而应用超过了探活策略失败的阈值后仍然没有成功启动时，探活策略会对应用容器进行重启，然后循环以上过程，最终导致应用 Pod 无限重启。

为了减少用户申请资源时填写的内容项，降低用户的学习成本，平台通常给所有的应用内置一个默认的探活和就绪策略，这个策略通常适合大多数微服务的启动时间，比如 180 秒。倘若遇到启动较慢的应用，就需要提供一个页面，用于更改探活和就绪策略。

我们为此开发了一个 UI 界面，可以通过界面进行就绪和存活策略的修改。需要注意的是，这个页面不要暴露给研发人员，因为对于存活和就绪策略的设置需要有一定的理论基础，我们把修改的权限只开放给 SRE，研发人员可通过提工单中请权限。图 9-3 是就绪策略和存活策略的 UI 可视化配置。

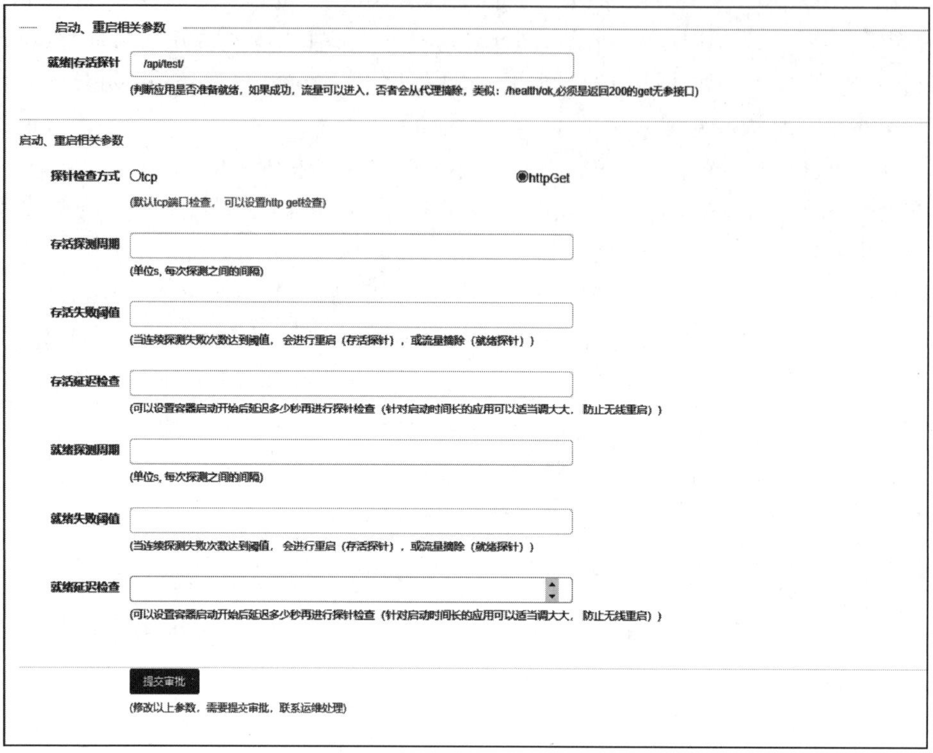

图 9-3　就绪策略和存活策略的 UI 可视化配置

我们可以通过使用 client-go 调整存活延迟检查参数（livenessProbe.initialDelaySeconds）的时间来让一些启动较慢的应用避免因为存活检查失败导致应用容器无限重启。

9.1.3　展示应用容器状态

在发布过程中，我们通常需要可视化整个发布过程，需要进入容器或者查看容器的日志，图 9-4 是应用容器最常见的状态展示效果。

图 9-4 的主要展示信息和实现如下。

- 可以使用 client-go 的 podLister 获取服务器 IP、实例名称、发布时间这 3 个字段。这里需要注意，在获取 Pod 时，使用标签过滤 Pod，过滤条件是 app: 应用名。
- 启动时长：需要记录应用的调度事件发生时间和容器就绪的时间差。
- 容器的状态：通过 Pod 的 status.conditions 来判断容器状态，只有当 status.conditions 下的所有事件类型都为 true 才是真正的准备成功。
- 进入容器，查看控制台日志。

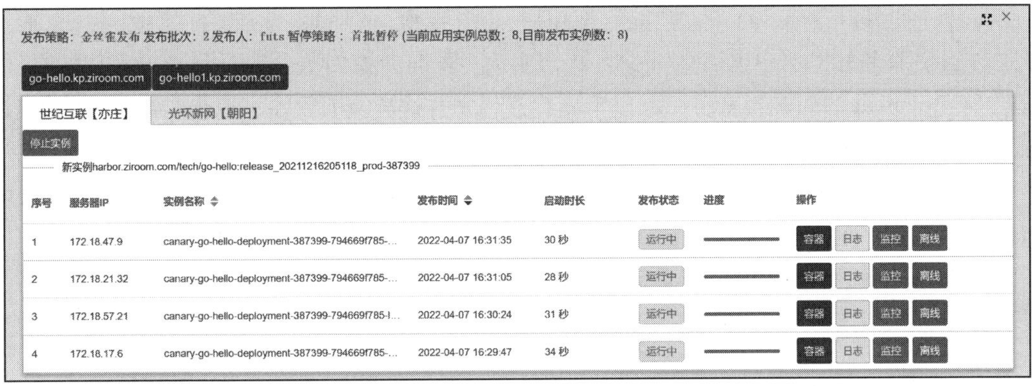

图 9-4　容器状态展示

主要原理是通过 client-go 的 Informer 获取 Pod 的状态信息，将这些信息实时展示到页面中，页面的轮询时间间隔可以自行设置，因为使用了 Informer 的高效内存查询，所以不用担心并发问题。

9.1.4　离线故障应用容器

在生产环境中，偶尔会遇到这样的场景：应用程序的某些操作触发 JVM 垃圾回收机制，导致应用程序间歇性不可用，但又没有触发存活探针的阈值。应用程序其实处在一种半不可用状态，此时我们希望将这个故障容器离线进行 Debug，那么在云原生环境下怎么实现这类需求呢？

在 Kubernetes 中，Ingress 和一些主流的网关控制器都是和 Service 关联，再通过 Service 的标签和应用关联最后代理后端的容器。因此，如果想要进行离线操作，我们只需要将指定应用的 Pod 标签做更改，以此实现将应用容器从代理中摘除。

图 9-5 是应用离线的展示效果。

图 9-5　应用容器离线展示

从图 9-5 可以看出，点击"离线"按钮后，容器会下移到离线容器的页面分类中，而继续对外提供服务的实例中也因此减少了一个实例。此时，控制器会监听到减少实例的事件，按照 Deployment 的配置会重新拉起一个新容器，来替代离线的容器。点击"离线"按钮时，底层发生了什么呢？

其实是通过 client-go 去更新了这个容器的 Pod 标签，让它不再匹配 app:go-hello，更改后的标签为 app: go-hello-offline。而位于页面下方的离线实例是如何展示的呢？

我们只要使用 client-go 查找标签为 app:go-hello-offline 的 Pod 信息，再从 Pod 信息中提取出页面展示的字段就可以了。

9.1.5 重启应用容器

在实际生产环境中，我们经常有应用重启的场景。比如更新配置文件需要的更新重启，或者当应用出现故障、短时间无法判断问题，应用没有触发存活重启策略时，需要手动触发排障重启。

在 Kubernetes 编排中，并没有直接提供容器重启的相关选项，我们可以通过更改 Pod 的 template 字段来间接实现。

在 Pod 的标签中会自定义一个 random 字段，每当我们需要重启时，就会对 random 字段进行更新，引起 Pod 模板哈希值的改变，进而触发控制器监听，通过滚动升级的方式，启动新的容器，同时关闭旧的应用容器。图 9-6 是应用容器的重启展示。

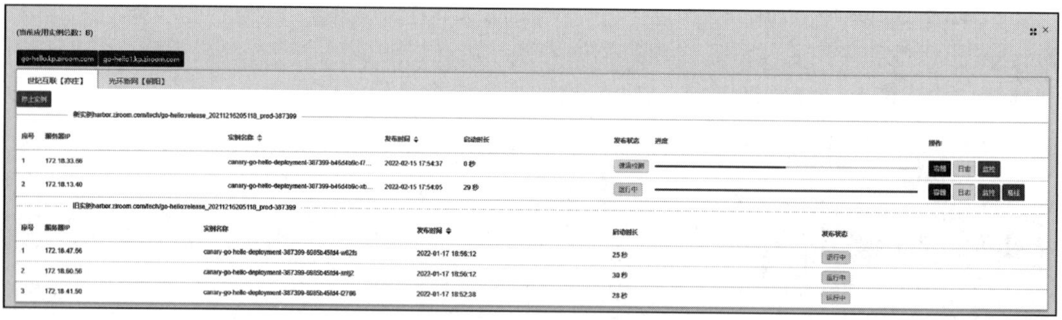

图 9-6 应用容器重启展示

可以看到，图 9-6 中的新实例列表就是一个启动成功的容器和一个正在启动的容器，而旧实例列表只有 3 个运行中的容器。整个重启过程始终按照滚动升级的策略去执行，我们使用的策略配置是 rollingUpdate.max=1，rollingUpdate.maxUnavailable=0，代表在重启过程中始终保持运行和定义的 replicas 相同个数的实例，且以每次只重启 1 个容器的方式完成整个操作。

9.2 PaaS 平台进阶功能实战

本节介绍如何开发一个 PaaS 平台用的容器 WebShell 和如何完成一些 Kubernetes 事件

的通知。通过本节的学习，可以充分利用 client-go 的一些 API 特性完成更高级的功能。

9.2.1　容器 Web 终端

在云原生落地之前，大多数公司的研发人员都习惯使用跳板机去登录服务器进行日志查看、问题排查，使用较多的软件是 JumpServer。JumpServer 不仅提供了网页版的服务器终端界面，还提供了一套完善的权限控制和审计功能。

在云原生下，由于 Pod 的 IP 是非固定的，会造成 JumpServer 类软件无法记录这些常用的资产信息，进而使研发人员登录容器变得极其困难，因此需要我们开发一个适配容器的Web 终端来支持研发人员登入容器。

我们一开始采用 Python 开发 Web 终端，但是 Python 版的 Web 终端有一个大问题，由于在容器 Web 终端退出时，没有相应的接口用于关闭与 api-server 的连接，导致使用一段时间后，会有大量无效的 TCP 连接占用系统的端口。在使用 client-go 后，我们在 GitHub上找到了一个编写好的 Web 终端，稍作修改即可使用，GitHub 地址为 https://github.com/owenliang/k8s-client-go。

其中核心代码如下。

```
package ws

import (
    "errors"
    "github.com/gorilla/websocket"
    "net/http"
    "sync"
)

// HTTP 升级 Websocket 协议的配置
var wsUpgrader = websocket.Upgrader{
    // 允许所有 CORS 跨域请求
    CheckOrigin: func(r *http.Request) bool {
        return true
    },
}

// Websocket 消息
type WsMessage struct {
    MessageType int
    Data        []byte
}

// 封装 Websocket 连接
type WsConnection struct {
    wsSocket *websocket.Conn // 底层 Websocket
    inChan   chan *WsMessage // 读取队列
    outChan  chan *WsMessage // 发送队列
```

```
    mutex     sync.Mutex        // 避免重复关闭管道
    isClosed  bool
    closeChan chan byte         // 关闭通知
}

// 读取协程
func (wsConn *WsConnection) wsReadLoop() {
    var (
        msgType int
        data    []byte
        msg     *WsMessage
        err     error
    )
    for {
        // 读一个消息 (message)
        if msgType, data, err = wsConn.wsSocket.ReadMessage(); err != nil {
            goto ERROR
        }
        msg = &WsMessage{
            msgType,
            data,
        }
        // 放入请求队列
        select {
        case wsConn.inChan <- msg:
        case <-wsConn.closeChan:
            goto CLOSED
        }
    }
ERROR:
    wsConn.WsClose()
CLOSED:
}

// 发送协程
func (wsConn *WsConnection) wsWriteLoop() {
    var (
        msg *WsMessage
        err error
    )
    for {
        select {
        // 取一个应答
        case msg = <-wsConn.outChan:
            // 写给 Websocket
            if err = wsConn.wsSocket.WriteMessage(msg.MessageType, msg.Data);
                err != nil {
                goto ERROR
            }
        case <-wsConn.closeChan:
            goto CLOSED
```

```
        }
    }
ERROR:
    wsConn.WsClose()
CLOSED:
}

/************* 并发安全 API *************/

func InitWebsocket(resp http.ResponseWriter, req *http.Request) (wsConn
    *WsConnection, err error) {
    var (
        wsSocket *websocket.Conn
    )
    // 应答客户端告知升级连接为 Websocket
    if wsSocket, err = wsUpgrader.Upgrade(resp, req, nil); err != nil {
        return
    }
    wsConn = &WsConnection{
        wsSocket:  wsSocket,
        inChan:    make(chan *WsMessage, 1000),
        outChan:   make(chan *WsMessage, 1000),
        closeChan: make(chan byte),
        isClosed:  false,
    }

    // 读协程
    go wsConn.wsReadLoop()
    // 写协程
    go wsConn.wsWriteLoop()

    return
}

// 发送消息
func (wsConn *WsConnection) WsWrite(messageType int, data []byte) (err error) {
    select {
    case wsConn.outChan <- &WsMessage{messageType, data}:
    case <-wsConn.closeChan:
        err = errors.New("wsWrite websocket closed")
    }
    return
}

// 读取消息
func (wsConn *WsConnection) WsRead() (msg *WsMessage, err error) {
    select {
    case msg = <-wsConn.inChan:
        return
    case <-wsConn.closeChan:
```

```
            err = errors.New("WsRead close websocket closed")
        }
        return
}

// 关闭连接
func (wsConn *WsConnection) WsClose() {
    wsConn.wsSocket.Close()

    wsConn.mutex.Lock()
    defer wsConn.mutex.Unlock()
    if !wsConn.isClosed {
        wsConn.isClosed = true
        close(wsConn.closeChan)
    }
}
```

入口程序 main.go 代码如下。

```
package main

import (
    "encoding/json"
    "github.com/gorilla/websocket"
    log "github.com/sirupsen/logrus"
    "k8s.io/api/core/v1"
    "k8s.io/client-go/kubernetes"
    "k8s.io/client-go/kubernetes/scheme"
    "k8s.io/client-go/rest"
    "k8s.io/client-go/tools/remotecommand"
    "kube-webshell/kubeclient"
    "kube-webshell/ws"
    "net/http"
    "os"
)

var (
    testClientset *kubernetes.Clientset
    prodClientset *kubernetes.Clientset
)

// ssh 流式处理器
type streamHandler struct {
    wsConn      *ws.WsConnection
    resizeEvent chan remotecommand.TerminalSize
    closeError  error
}

// Web 终端发来的包
type xtermMessage struct {
    MsgType string `json:"type"`    // 类型 :resize 客户端调整终端，input 客户端输入
```

```
    Input    string `json:"input"`  // msgType=input 情况下使用
    Rows     uint16 `json:"rows"`   // msgType=resize 情况下使用
    Cols     uint16 `json:"cols"`   // msgtype=resize 情况下使用
}

// 接收浏览器窗口大小并修改回调
func (handler *streamHandler) Next() (size *remotecommand.TerminalSize) {
    ret := <-handler.resizeEvent
    size = &ret
    return
}

// executor 回调读取 Web 端的输入
func (handler *streamHandler) Read(p []byte) (size int, err error) {
    var (
        msg        *ws.WsMessage
        xtermMsg xtermMessage
    )

    // 读取 Web 发来的输入
    if msg, err = handler.wsConn.WsRead(); err != nil {
        if handler.closeError != nil {
            log.WithFields(log.Fields{"status": "200"}).Info("close conn of k8s")
            return
        }

        var exitMsg = "\u0003\nexit\n"
        handler.closeError = err
        size = len(exitMsg)
        copy(p, exitMsg)
        err = nil
        log.WithFields(log.Fields{"send content": "CTRL + C and exit"}).
            Info("exit bash")
        return
    }

    // 解析客户端请求
    if err = json.Unmarshal(msg.Data, &xtermMsg); err != nil {
        return
    }

    // Web ssh 调整了终端大小
    if xtermMsg.MsgType == "resize" {
        // 放到 channel 里，等待 Next 方法处理
        handler.resizeEvent <- remotecommand.TerminalSize{Width: xtermMsg.Cols,
            Height: xtermMsg.Rows}
    } else if xtermMsg.MsgType == "input" { // Web ssh 终端输入了字符
        log.WithFields(log.Fields{"Input": xtermMsg.Input}).Info("recv message")
        size = len(xtermMsg.Input)
        // 拷贝到 p 数组中
        copy(p, xtermMsg.Input)
```

```
    }
    return
}

// executor 回调向 Web 端输出
func (handler *streamHandler) Write(p []byte) (size int, err error) {
    var (
        copyData []byte
    )

    // 产生副本
    copyData = make([]byte, len(p))
    copy(copyData, p)
    size = len(p)
    if err = handler.wsConn.WsWrite(websocket.BinaryMessage, copyData); err != nil {
        return 0, err
    }
    return
}

func wsHandler(resp http.ResponseWriter, req *http.Request) {
    var (
        wsConn        *ws.WsConnection
        restConf      *rest.Config
        sshReq        *rest.Request
        podName       string
        podNs         string
        containerName string
        executor      remotecommand.Executor
        handler       *streamHandler
        err           error
        clientset     *kubernetes.Clientset
    )

    // 解析 Get 参数
    if err = req.ParseForm(); err != nil {
        return
    }
    podNs = req.Form.Get("podNs")
    podName = req.Form.Get("podName")
    env := req.Form.Get("env")

    // 得到 Websocket 长连接
    if wsConn, err = ws.InitWebsocket(resp, req); err != nil {
        return
    }

    containerName = "omega-image"

    // 获取 Kubernetes 集群配置
    if env == "tmp" || env == "daily" || env == "qua" {
```

```go
    if restConf, err = kubeclient.GetRestConf("test"); err != nil {
        goto END
    }
    clientset = testClientset
} else if env == "pre" || env == "prod" {
    if restConf, err = kubeclient.GetRestConf("prod"); err != nil {
        goto END
    }
    clientset = prodClientset
}
if clientset == nil {
    goto END
}

sshReq = clientset.CoreV1().RESTClient().Post().
    Resource("pods").
    Name(podName).
    Namespace(podNs).
    SubResource("exec").
    VersionedParams(&v1.PodExecOptions{
        Container: containerName,
        Command:   []string{"/bin/bash"},
        Stdin:     true,
        Stdout:    true,
        Stderr:    true,
        TTY:       true,
    }, scheme.ParameterCodec)

// 创建到容器的连接
if executor, err = remotecommand.NewSPDYExecutor(restConf, "POST", sshReq.
    URL()); err != nil {
    goto END
}

// 配置与容器之间的数据流处理回调函数
handler = &streamHandler{wsConn: wsConn, resizeEvent: make(chan remotecommand.
    TerminalSize)}
if err = executor.Stream(remotecommand.StreamOptions{
    Stdin:             handler,
    Stdout:            handler,
    Stderr:            handler,
    TerminalSizeQueue: handler,
    Tty:               true,
}); err != nil {
    goto END
}

return

END:
    log.WithFields(log.Fields{"error": err}).Error("close the websocket")
```

```
        wsConn.WsClose()
    }

func main() {
    var (
        err error
    )

    log.SetFormatter(&log.TextFormatter{
        DisableColors: true,
        FullTimestamp: true,
    })
    log.SetOutput(os.Stdout)
    log.SetLevel(log.InfoLevel)

    // 创建 Kubernetes 客户端
    if testClientset, err = kubeclient.InitClient("test"); err != nil {
        log.WithFields(log.Fields{"error": err}).Error("create test k8s client failed")
        return
    }
    if prodClientset, err = kubeclient.InitClient("prod"); err != nil {
        log.WithFields(log.Fields{"error": err}).Error("create prod k8s client failed")
        return
    }
    http.HandleFunc("/kube-webshell/ssh", wsHandler)
    http.ListenAndServe("0.0.0.0:10002", nil)
}
```

Web 终端的实现原理并不复杂，具体逻辑如下。

❑ 使用 client-go 的 remotecommand.NewSPDYExecutor 与容器建立连接，获取容器的标准输入和输出。

❑ 使用 Websocket 将容器标准输出的内容转发到前端页面，将前端页面的命令输入通过 remotecommand.NewSPDYExecutor 发送到容器的标准输入。

有 2 个问题需要读者注意。

❑ 用户在页面关闭时需要模拟发送 CTRL+C 和 exit 命令让 Bash 进程退出，详见 17.2.2 节的介绍。

❑ 使用 websocket.BinaryMessage 和前端配适发送消息，否则会出现乱码问题。

9.2.2　发布完成通知

在 PaaS 平台中，经常需要将 Kubernetes 中触发的事件发送到消息队列，给其他应用消费使用。例如，当应用发布完成时，通知测试部门进行自动化测试。

第 8 章介绍了，client-go 的 Informer 可以通过 AddEventHandler 进行资源对象事件的订阅和回调操作，利用这个 API 特性我们可以实现发布完成的消息通知，代码如下。

```
func (kc *KController) updateDeployment(old, cur interface{}) {
```

```
oldD, ok := old.(*appsv1.Deployment)
if !ok {
    log.WithFields(log.Fields{"status": "not ok"}).Error("updateDeployment")
    return
}

curD, ok := cur.(*appsv1.Deployment)
if !ok {
    log.WithFields(log.Fields{"status": "not ok"}).Error("updateDeployment")
    return
}
// 比较此次更新镜像是否发生了改变，如果改变了，获取镜像的信息
if oldD.Spec.Template.Spec.Containers[0].Image != curD.Spec.Template.Spec.
    Containers[0].Image {
    kc.imageMap[curD.ObjectMeta.Name+curD.ObjectMeta.Namespace] = curD.
        Spec.Template.Spec.Containers[0].Image
}
// 开启一个协程，判断更新状态
go func(curD *appsv1.Deployment) {
    for _, i := range curD.Status.Conditions {
        // 如果 Status.Conditions 下的原因列表中包含 NewReplicaSetAvailable，可以
        // 判断此时 Deployment 在进行滚动升级
        if i.Reason == "NewReplicaSetAvailable" {
            // 如果当前 Deployment 中记录的 Status 下 ObservedGeneration 和实际的
            // Generation 相同、实例数和本次滚动升级已经更新的实例数相同、当前实例数不
            // 为 0 并且没有无效的实例数，那么可以判断已经完成滚动升级与发布
            if curD.Status.ObservedGeneration == curD.ObjectMeta.Generation
                && curD.Status.Replicas == curD.Status.UpdatedReplicas && curD.
                Status.Replicas != 0 && curD.Status.UnavailableReplicas == 0 {
                // 将本次滚动升级完成的事件和更新的镜像发送给消息推送服务
                if curD.Spec.Template.Spec.Containers[0].Image == kc.imageMap[curD.
                    ObjectMeta.Name+curD.ObjectMeta.Namespace] {

                    log.WithFields(log.Fields{"name": curD.Name, "namespace":
                        curD.Namespace}).Info("updateDeployment")
                    // 将发布完成和镜像信息通知给 http://xxx.xxx.xxx.xx，http://xxx.
                    // xxx.xxx.xx，服务负责统一将消息发送到消息队列中间件
                    hs := tools.NewHttpServer("http://xxx.xxx.xxx.xx")
                    respData, err := hs.HttpPostJson("/open/deploy/callback", curD)
                    checkErr(err, "CD notify", false)
                    log.WithFields(log.Fields{"respData": respData}).Info("notify")
                    kc.imageMap[curD.ObjectMeta.Name+curD.ObjectMeta.Namespace] = ""
                }
            }
        }
    }
}(curD)
}
```

需要注意的是，这里通过 AddEventHandler 获取的和使用 " kubectl get event 资源对象"

命令获得的是不同的事件，在 9.3 节会有进一步讲解。

9.3 PaaS 平台企业级发布功能开发实战

在持续部署过程中，为了保障更好的验证新版本，很多技术团队都引入了灰度发布。本节会从灰度发布的概念、金丝雀发布的实现原理、灰度发布的最佳实践、开发实战 4 个方面进行介绍，呈现一个企业级灰度发布的实现。

9.3.1 灰度发布

传统软件行业的发布通常是比较低频的，比如微软 Office，可能半年甚至 1 年才会有版本的更替。然而伴随着互联网技术的高速发展，产品功能的迭代速度也越来越快，年度、季度发布几乎成为历史，一线互联网公司都支持周度上万次发布。如此高频的发布，如果新版本不够稳定，或者新特性的用户体验不好，对于企业来说可能会带来口碑或经济上的损失。

那么从技术角度如何保障每次发布风险最低、让用户获得更好的体验呢？在持续部署方面通常的做法是新老版本并存，先引入少部分流量到新版本，验证通过后，逐步加大新版本流量的比例，这正是灰度发布要解决的问题。灰度发布的核心能力是可以通过配置流量策略，将用户在同一访问入口的流量导到不同的版本上，一般有如下 3 种方案。

1. 蓝绿发布

如图 9-7 所示，在老版本不变的情况下，完全独立部署一套新的版本，但新版本并不加入代理后端。当新版本经过线下验证后，直接将流量全量切换到新版本上，并删除老版本。当新版本有问题时，可快速切换回老版本。

在新老版本都存在时，蓝绿发布切换会非常快，快速切换的代价是要多出一倍的资源，即服务的实例个数是平常运行时的 2 倍。另外，由于流量全部切换，如果新版本有问题，那么所有用户都将会受到影响。即便如此，仍然比发布在同一套资源上重新安装新版本导致用户全部中断要好很多。因此，蓝绿发布适用于对用户体验有一定容忍度、机器资源有富余或者可以按需分配的场景。

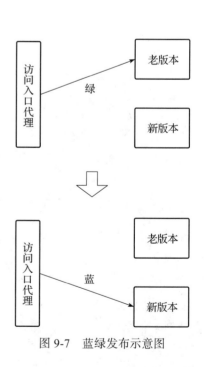

图 9-7　蓝绿发布示意图

2. 滚动发布

所谓滚动发布，就是在升级过程中，并不像蓝绿发布那样全量启动所有新版本（V1），而是先启动一台新版本，并停止一台老版本（V2），再启动一台新版本，并停止一台老版本，如此循环，直到全量发布完成。比如有 10 台服务器，滚动发布将会按照先 V1:V2=9:1，然后 V1:V2=8:2，V1:V2=7:3……直至 V1:V2=0:10 的模式执行。

　　滚动发布虽然解决了蓝绿发布在资源层面浪费 2 倍服务器的问题，但也有相应的弊端。在开始滚动发布后，流量会直接流向已经启动的新版本，而此时新版本的状态是待验证状态，往往需要进行线上回归测试才能确认。在滚动升级期间，整个系统处于一种不稳定状态，如果发现线上问题，也比较难确定是新版本还是老版本造成的问题。

　　为了解决这个问题，我们需要为滚动升级实现流量控制能力，即控制一部分精确的线上流量进行验证。

3. 金丝雀发布

　　金丝雀发布起源于矿工对矿井的检测。矿井工人发现，金丝雀对瓦斯气体很敏感，矿工会在下井之前，先放一只金丝雀到井中，如果金丝雀不叫了，就代表瓦斯浓度很高。映射到软件工程中，就是当上线新版本应用时，先启动一台新版本的服务器，然后切入少部分流量到新版本，比如 5% 的线上流量，此时观察新版本在生产环境的表现，如图 9-8 所示，就像把一只金丝雀放到瓦斯井里一样，探测这个新版本在环境中是否可用，先让一小部分用户尝试新版本。在观察到新版本没有异常后再增加切换流量的比例，如 20%、50%、80%，直到 100% 全部切换完成。

　　金丝雀发布是一个渐变、逐步尝试的过程，实际上只有金丝雀发布才可以算作灰度发布。本节我们把蓝绿发布、滚动发布都称为灰度发布，可能与其他资料的定义不同，但是也不用纠结这些概念名词的划分，抓住问题的本质即可。灰度发布的核心是支持对流量的管理，能否提供灵活的流量策略是判断基础设施灰度发布能力的重要指标。

4. AB 测试

　　AB 测试是金丝雀发布的一种变形，如图 9-9 所示。两者示意图很像，但目的不同。金丝雀发布的核心是在上线前验证新版本是否稳定，而 AB 测试通常用于核心功能的更改与老版本的效果对比，比如更改了推荐搜索的算法，但不确定新算法是否能达到预期，需要和老版本的算法进行收益比较，按一定的目标策略选取一部分用户使用老版本，另一部分用户使用新版本，收集两部分用户的使用反馈，对用户采样后做比较，通过分析数据来决定最终采用哪个版本。

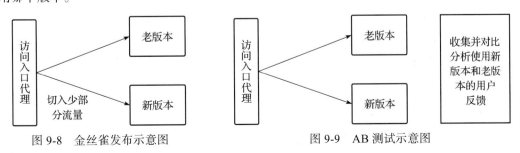

　　图 9-8　金丝雀发布示意图　　　　　　　图 9-9　AB 测试示意图

9.3.2 云原生下金丝雀发布的实现原理

了解了金丝雀发布的目的和理论原理后，本节从实战出发，结合云原生下金丝雀发布的实现原理、遇到的挑战和解决思路，给读者呈现一个自定义实现金丝雀发布的过程，帮助读者加深理解。

1. 实现原理

Kubernetes 自带的资源对象 Deployment 虽然可以实现新旧版本的滚动升级，但不支持金丝雀发布，Deployment 虽然可以通过 kubectl rollout pause 命令暂停更新，但无法精细控制暂停的节奏。

如图 9-10 所示，创建一个 Deployment V2，将标签（Label）中 app:appName 与 Deployment V1 保持一致，这样 Service 的选择器会将 Deployment V2 对应的实例也加入其中。

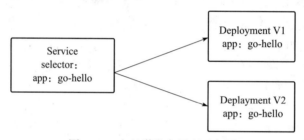

图 9-10　金丝雀发布原理示意图

随后逐渐调整 Deployment V1 和 Deployment V2 的实例数，按照实例的比例调整流量，比如生产中 app:go-hello 有 4 个实例，在发布时可以发布一个 Deployment V2，同时调整 Deployment V1 的实例数为 3，这样新旧版本的流量比例就是 1 : 3，新版本运行一段时间后发现没有问题，可以逐渐加大 Deployment V2 的实例数，减少 Deployment V1 的实例数。

2. 遇到的挑战

金丝雀发布的过程中需要不断调整 Deployment V1 和 Deployment V2 的实例数，并且保障升级过程中可用实例数为 4。而在发布过程中，调整实例数通常是通过调用 API Server 实现的，如果在调整实例数分配的过程中调用 API Server 报错，或者调用 API Server 的程序本身崩溃退出，就会导致发布过程处于一个中间状态。

这里举一个例子，Deployment V2 在增加实例到 2，并且两个实例都已经可用时，Deployment V1 的实例数应该从 3 减少到 2，但是在执行调整 Deployment V1 的实例数为 2 时，发生了上面说的两种故障，没有成功调整 Deployment V1 的实例数，那么就会造成总的实例数为 5。类似这样的中间状态，应该如何处理？这个问题是一个典型的分布式最终一致性问题，也是 Kubernetes 资源对象控制器的设计哲学之一。

3. 解决思路——金丝雀发布

我们的第一版金丝雀发布是通过 Python 语言实现的。这段 Python 程序对外提供了一系列更新 Deployment 的接口，并由发布平台进行调用以实现金丝雀发布。这种命令式的实现，并不是 Kubernetes 推荐的方法。而使用 Kubernetes 的 CRD（Custom Resource Definition，自定义资源对象）为这个资源对象编写控制器，会更贴合云原生的技术体系，这就是我们本节要开发的金丝雀发布。

图 9-11 所示是自如 PaaS 平台的金丝雀部署单界面和资源对象的 YAML 说明。

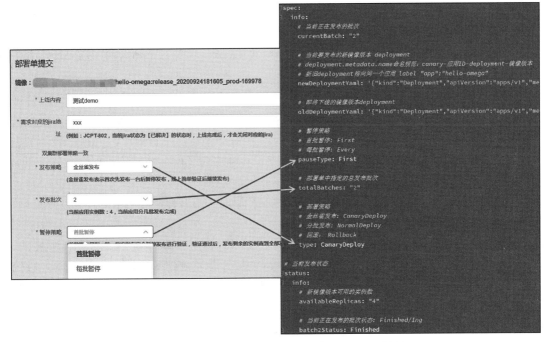

图 9-11　金丝雀部署单和资源对象的 YAML 说明

从图 9-11 可见，由研发人员直接操作的 3 个关键选项是发布策略、发布批次、暂停策略。发布策略对应 YAML 文件中的 type 字段，这里 CanaryDeploy 类型代表金丝雀发布。发布批次对应 YAML 文件中的 totalBatches 字段，比如分两批发布，这里的值就是 2。暂停策略对应 YAML 文件中的 pauseType 字段，这里"首批暂停"对应 YANL 文件中的值为 First。

9.3.3　最佳实践

1. 结合 Istio 的最佳方案

按照新旧版本实例数的设置流量分配比例并不是最完美的方案，有的时候可能只想要新版本接受 1% 的流量，那么新旧版本的实例总数最少要有 100 个，显然并不现实。

可以结合 Istio 的 VirtualService 中的权重路由来实现 1% 流量的 AB 测试，只需要在新旧版本 Deployment 的标签（Label）中额外添加一条版本信息，Istio 自定义更改 HTTP 信息的功能在 AB 测试等场景下非常实用，版本的回退，可以做到秒切流量，可以先在 Istio 中

将流量切回，不用等待新版本实例的删除。如今我们团队也在从 Ingress-controller 转换为
Istio 的 Envoy 代理，在第 16 章会做详细讲解。

2. 优雅关闭

我们通过新旧 Pod 滚动替换的方式来实现金丝雀发布，在滚动的过程中还存在一个细
节问题——假如旧节点仍旧有未完成的服务请求，此时可以关闭吗？显然是不行的。倘若不
关闭，那源源不断地有新请求进入，怎么办？如果没有一种很好的机制来保证在合适的时机
关闭旧 Pod，金丝雀发布将无法顺利进行。这就是我们下面要介绍的——优雅关闭。

优雅关闭是指在程序收到关闭信号（SIGTERM）后，能够先正确处理完当时还未处理
完的请求或者后台任务，再退出。

Kubernetes 下的应用发布流程，在终止旧版本的 Pod 之前，会先从 ETCD 中删除 Pod
的 Endpoints，然后给 Pod 发送 SIGTERM 信号（不同的语言，信号代码会不一样，可以进
行转换），等待 Pod 退出，这个等待时间默认是 30s。30s 过后，如果还未退出，那么会给
Pod 发送 SIGKILL 信号（也就是常用的 KILL-9），强制停止 Pod。在这个过程中有如下两点
需要注意。

❑ 如果应用程序没有对 SIGTERM 做处理或者回应，当前的请求尚未处理完成就退出，
那么会造成发版过程的流量损失。

❑ Kubelet 摘除 Endpoints 的动作和发送 SIGTERM 信号的动作虽然是有先后顺序的，
但是代理程序摘除 Endpoints 和退出容器的顺序是不确定的。Endpoints 从 ETCD 摘
除后，Ingress 的控制器、Istio 的 Envoy 代理等感知到动作的发生并将 Endpoints 从
上游服务列表中摘除的时间点并不能保证一定会在 Pod 收到 SIGTERM 信号之前完
成，所以可能会造成容器先终止，但未在代理上摘除 Endpoints 的情况。这样也会造
成发版过程的流量损失。

3. 解决流量损失的方案

可以利用 Kubernetes 提供的 preStop Hook 机制，添加 shell 命令 sleep 10s（时间控制
在 20s 以内最好），也就是当 Pod 的 Endpoints 从 ETCD 删除后，Kubelet 会等待 15s 再发送
SIGTERM，15s 的时间足够其他代理组件观察到对应的 Endpoints 删除并从代理的后端摘
除。剩余的 15s（默认 30s 后不管怎样，Pod 都会接受 Kubelet 发起的 SIGTERM 信号）用于
处理未完成的请求完全足够。

虽然设置了延迟发送信号，但是对于有后台任务的程序，建议还是利用语言框架的
shutdown hook 机制，在收到 SIGTERM 信号后，将后台任务和一些中间件的连接做关闭前
的清理工作，保证业务正常运行。

针对 Dubbo 和 Spring-cloud 等使用微服务框架的程序，可以在 preStop 里面设置调用
Provider 的接口，提前从注册中心摘掉，等待 10s 再优雅关闭。如果使用的微服务框架版本
较高并且自带退出前自动注销功能，就不需要我们再进行设置了。

在实际生产中，我们的 PaaS 平台提供了让业务研发自定义 preStop 的功能，通过 ConfigMap 的方式挂载进容器，preStop 默认执行对应镜像中的 shutdown 脚本，如果发现有自定义的脚本，会优先执行业务研发的自定义逻辑。图 9-12、图 9-13 展示了一个 Dubbo 类应用的优雅关闭设置。

第一步，新增一个 preStop 文件，如图 9-12 所示。

图 9-12　托管 preStop 配置文件

第二步，添加脚本内容，如图 9-13 所示。

图 9-13　添加脚本内容

通过 9.3.1 节～ 9.3.3 节的介绍，我们了解了灰度发布过程的一些技术实现原理和细节。在实际生产中，有些应用程序还需要预热，尤其是一些并发较高的应用程序，需要预热中间件的连接池和程序内置启动的线程池等。业务研发人员可以提供就绪探针的接口，具体预热的功能可以自行实现，保证提供的就绪探针是在预热之后才可用即可。

9.3.4　Kubernetes Operator 预热基础概念

在熟练的 Kubernetes 开发者口中我们经常会听到 Operator、CRD、自定义控制器等词，也有一些围绕 Kubernetes 生态的开源软件中也会出现这些词，比如大名鼎鼎的 Istio、监控解决方案 Prometheus Operator、代理网关 Ingress-controller 等。本节带领读者了解这些概念和它们之间的关系，以及我们为什么需要自定义开发 Operator。本节会带领读者一起开发一个生产级实用的金丝雀 Operator。

在了解 Kubernetes Operator 之前，我们需要了解每个关键字的基础概念，这样才能梳理出它们之间关系，加深我们对 Kubernetes Operator 的理解。

1. CRD

在介绍 Operator 之前，我们先来了解什么是 CRD（Custom Resource Definition，自定义资源描述）。

在 Kubernetes 中，我们使用的 Deployment、DamenSet、StatefulSet、Service、Ingress、ConfigMap 等都是资源，而对这些资源的创建、更新、删除操作会被称为事件。Kubernetes 的 Controller Manager 负责事件监听，并触发相应的动作来满足期望（Spec），这种方式也就是声明式，即用户只需要关心应用程序的最终状态。当我们在使用中发现现有的资源不能满足需求的时候，Kubernetes 提供了自定义资源（Custom Resource）和 Operator 为应用程序提供基于 Kuberntes 的扩展。

下面是一个我编写的 CRD，文件名为 crd-canary.yaml，示例如下。

```
apiVersion: apiextensions.k8s.io/v1beta1
kind: CustomResourceDefinition
metadata:
    # metadata.name 的内容由 " 复数名 . 分组名 " 构成，canaries 是复数名，canarycontroller.
    # tech.com 是分组名
    name: canaries.canarycontroller.tech.com
    annotations:
        "api-approved.kubernetes.io": "https://github.com/kubernetes/kubernetes/
            pull/78458"
spec:
    # 分组名，在 REST API 中也会用到，格式是 /apis/ 分组名 /CRD 版本
    group: canarycontroller.tech.com
    # list of versions supported by this CustomResourceDefinition
    versions:
        - name: v1alpha1
            # 是否有效的开关
            served: true
            # 只有一个版本能被标注为 storage
            storage: true
    # 范围是属于命名空间的
    scope: Namespaced
    names:
        # 复数名
        plural: canaries
        # 单数名
        singular: canary
```

```
        # 类型名
        kind: Canary
        # 简称
        shortNames:
        - can
    subresources:
        status: {}
```

从这个 CRD 文件可以看到，CRD 主要包括 apiVersion、kind、metadata 和 spec。其中最关键的是 apiVersion 和 kind，apiVersion 表示资源所属组织和版本，一般由 APIGourp 和 Version 组成。下面是这个 CRD 文件的介绍。

- 这是一个自定义的 canary（金丝雀）资源对象，它的复数是 canaries，简称是 can。
- 这个资源对象有 subresource 属性，使用的是和 Kubernetes 其他内置资源一样的 status 字段，用来记录金丝雀发版过程的状态。
- 这个资源对象的资源分组是 canaries.canarycontroller.tech.com，版本号是 v1alpha1。

可以看到，自定义的 CRD 在资源分组、版本号和命名等方面和其他 Kubernetes 内置资源对象一样，我们使用如下指令将这个 CRD 应用到集群中。

```
kubectl create -f crd-canary.yaml
```

使用 kubectl get crd 指令查看内容，如图 9-14 所示。

```
[root@k8s-server-15-13 /home/www/canary-controller]#kubectl get crd
NAME                                          CREATED AT
alertmanagers.monitoring.coreos.com           2019-08-15T02:04:22Z
canaries.canarycontroller.ziroom.com          2020-06-10T02:42:29Z
prometheuses.monitoring.coreos.com            2019-08-15T02:04:26Z
prometheusrules.monitoring.coreos.com         2019-08-15T02:04:27Z
servicemonitors.monitoring.coreos.com         2019-08-15T02:04:27Z
```

图 9-14　CRD 展示

这个集群安装了 prometheus-operator，除了 prometheus-operator 创建的 CRD 以外，我编写的 CRD 分组名称（canaries.canarycontroller.tech.com）也创建成功了。

这只是第一步创建对象，下面是这个资源对象的一个实体 YAML。

```
apiVersion: canarycontroller.tech.com/v1alpha1
kind: Canary
metadata:
    creationTimestamp: 2020-06-20T06:25:01Z
    generation: 86
    labels:
        app: go-hello
        bfStopReplicas: "4"
        tech.com/clusterId: prod
    name: go-hello-canary
    namespace: tech-prod
    resourceVersion: "430698608"
```

```
        selfLink: /apis/canarycontroller.tech.com/v1alpha1/namespaces/tech-prod/
            canaries/go-hello-canary
        uid: c5bb13a2-b2be-11ea-8fef-e4434b7c7170
spec:
    info:
        currentBatch: "2"
        newDeploymentYaml: 完整的 deployment
        oldDeploymentYaml: 完整的 deployment
        pauseType: First
        totalBatches: "2"
        type: CanaryDeploy
status:
    info:
        availableReplicas: "4"
        batch2Status: Finished
```

这个自定义的 canary 资源和 Kubernetes 内置资源对象一样，有自己的 spec 字段、status 字段，并且可以自定义字段。这个 YAML 文件描述了 go-hello 应用的金丝雀发布策略，应用有 4 个实例，希望发布过程中可以分两批发布，第一批发布完成会暂停，由用户决定什么时候发布第二批。

CRD 有了，实体的金丝雀 YAML 文件有了，并且期望的状态也描述了，那么状态收敛这个工作由谁去做呢？

相信大家也都知道答案，没错，就是控制器。

2. Operator

Kubernetes 的 Controller-manager 大家都不陌生，它集成了 Kubernetes 内置所有资源对象的控制器，而我们为创建的 CRD 编写一个控制器的过程就是实现一个 Operator。

Operator 是 CoreOS 开发的、特定的应用程序控制器，用来扩展 Kubernetes API。它可以创建、配置和管理复杂的有状态应用，如数据库、缓存和监控系统。Operator 基于 Kubernetes 的资源和控制器之上构建，同时又包含了应用程序特定的领域知识。创建 Operator 的关键是 CRD 的设计和控制器的编写。

Operator 的概念可以这样描述：设计一个 CRD，并且为这个 CRD 编写控制器的过程。

虽然 Kubernetes 的控制器并不是万能的，但 Kubernetes 设计的高扩展特性 Operator 让我们可以自己去解决问题。下面我们一起学习如何开发一个生产级金丝雀 Operator。

9.3.5　开发一个生产级金丝雀 Operator

在 9.3.4 节中，展示了如何创建一个 CRD，本节我们从创建 CRD 之后开始，编写金丝雀控制器。

1. 准备工作

在集群中创建 CRD 之后，开始编写控制器，Clientset 只支持 Kubernetes 内部的资源对

象操作，Informer 也是如此，这时需要我们为自己编写的 CRD 生成 client-go 客户端代码，
金丝雀控制器项目的目录结构如图 9-15 所示。

图 9-15　金丝雀控制器项目目录结构

2. 目录说明

❑ manifests 目录存放 CRD 的定义 YAML 文件。

❑ pkg 有 4 个目录

- apis 子目录下是我们需要准备的代码，待使用代码生成工具生成客户端代码。

- controllers 子目录存放控制器的核心代码。

- generated 和 signals 子目录下是使用 https://github.com/kubernetes/code-generator
  代码生成工具生成的客户端代码。

❑ main.go 是控制器入口。

❑ go.mod 是依赖包。

我们先来看 apis 目录下的代码，代码路径为 /pkg/apis/canarycontroller/register.go，示
例如下。在 GroupName 字段填写 CRD 的分组名，代码路径为 /pkg/apis/canarycontroller/
v1alpha1/doc.go。

```
package canarycontroller

const (
    GroupName = "canarycontroller.tech.com"
)
```

填写 CRD 分组名时重点注意 types 文件，我们定义的 CRD 具体字段都在 types 文件中，代码路径为 /pkg/apis/canarycontroller/types.go，示例如下。

```
// +k8s:deepcopy-gen=package
// +groupName=canarycontroller.tech.com

package v1alpha1 // import "canary-controller/pkg/apis/canarycontroller/v1alpha1"
```

types 文件代码如下。

```
package v1alpha1
import (
    metav1 "k8s.io/apimachinery/pkg/apis/meta/v1"
)

// +genclient
// +k8s:deepcopy-gen:interfaces=k8s.io/apimachinery/pkg/runtime.Object

type Canary struct {
    metav1.TypeMeta    `json:",inline"`
    metav1.ObjectMeta `json:"metadata,omitempty"`

    Spec    CanarySpec   `json:"spec"`
    Status CanaryStatus `json:"status"`
}


type CanarySpec struct {
    Info map[string]string `json:"info"`

}

type CanaryStatus struct {
    Info map[string]string `json:"info"`
}

// +k8s:deepcopy-gen:interfaces=k8s.io/apimachinery/pkg/runtime.Object

type CanaryList struct {
    metav1.TypeMeta `json:",inline"`
    metav1.ListMeta `json:"metadata"`

    Items []Canary `json:"items"`
}
```

❏ 在 types 中，我们定义了 Canary 这个资源对象的实体结构，和 Kubernetes 内置资源一样，拥有 metadata、spec、status 字段。

❏ 在 Spec 下定义了 Info 字段，用来记录金丝雀发布策略，这个字段是一个 map[string]string 类型，可以通过添加和减少 key 的方式，在开发过程中添加和减少字段，无须

　　重新用代码生成器生成客户端代码。
❑ 在 Status 下定义了 Info 字段，用来记录金丝雀发布过程中的发布状态，这个字段同
　　样是一个 map[string]string 类型。
❑ Items 是 Canary 这个资源对象的列表结构体。
register.go 注册代码的路径为 /pkg/apis/canarycontroller/register.go，示例如下。

```
package v1alpha1

import (
    metav1 "k8s.io/apimachinery/pkg/apis/meta/v1"
    "k8s.io/apimachinery/pkg/runtime"
    "k8s.io/apimachinery/pkg/runtime/schema"

    canarycontroller "canary-controller/pkg/apis/canarycontroller"
)
var SchemeGroupVersion = schema.GroupVersion{Group: canarycontroller.GroupName,
    Version: "v1alpha1"}


func Kind(kind string) schema.GroupKind {
    return SchemeGroupVersion.WithKind(kind).GroupKind()
}

func Resource(resource string) schema.GroupResource {
    return SchemeGroupVersion.WithResource(resource).GroupResource()
}

var (
    SchemeBuilder = runtime.NewSchemeBuilder(addKnownTypes)
    AddToScheme = SchemeBuilder.AddToScheme
)

func addKnownTypes(scheme *runtime.Scheme) error {
    scheme.AddKnownTypes(SchemeGroupVersion,
        &Canary{},
        &CanaryList{},
    )
    metav1.AddToGroupVersion(scheme, SchemeGroupVersion)
    return nil
}
```

这里在 addKnowTypes() 方法中添加我们在 types.go 中定义类型的指针即可。

3. 生成 CRD 的 client-go 客户端代码
在 Linux 系统下下载代码生成工具 code-generator，示例如下。

```
git clone https://github.com/kubernetes/code-generator
```

将项目 canary-controller 的目录以及目录 apis 上传到 Linux 服务器。上传后，Linux 下

目录结构示例如下。

```
[root@golang src]# tree
.
└── canary-controller
    └── pkg
        └── apis
            └── canarycontroller
                ├── register.go
                └── v1alpha1
                    ├── doc.go
                    ├── register.go
                    └── types.go
```

下载依赖，进入 code-generator 目录，运行 generate-groups.sh 脚本生成客户端代码如下。

```
cd $GOPATH/src \
&& go get -u k8s.io/apimachinery/pkg/apis/meta/v1 \
&& cd $GOPATH/src/k8s.io/code-generator \
&& ./generate-groups.sh all \
canary-controller/pkg/client \
canary-controller/pkg/apis \
canarycontroller:v1alpha1
```

执行成功后，新生成的代码如下。

文件：/pkg/apis/canarycontroller/v1alpha1/doc.go/zz_generated.deepcopy.go。

目录：/pkg/client。将目录 /pkg/client 改名为 /pkg/generated 即可。

4. 编写金丝雀控制器的主逻辑

控制器的主要流程和逻辑比较复杂，我们先把每个方法的作用介绍一遍，再梳理整体的函数和方法执行流程。

首先是引入 pkg，示例如下。

```
package controllers

import (
        "context"
        "encoding/json"
        "fmt"
        "math"
        "strconv"
        "strings"
        "time"

        appsv1 "k8s.io/api/apps/v1"
        corev1 "k8s.io/api/core/v1"
        "k8s.io/apimachinery/pkg/api/errors"
        metav1 "k8s.io/apimachinery/pkg/apis/meta/v1"
        "k8s.io/apimachinery/pkg/types"
```

```
        utilruntime "k8s.io/apimachinery/pkg/util/runtime"
        "k8s.io/apimachinery/pkg/util/wait"
        appsinformers "k8s.io/client-go/informers/apps/v1"
        "k8s.io/client-go/kubernetes"
        "k8s.io/client-go/kubernetes/scheme"
        typedcorev1 "k8s.io/client-go/kubernetes/typed/core/v1"
        appslisters "k8s.io/client-go/listers/apps/v1"
        "k8s.io/client-go/tools/cache"
        "k8s.io/client-go/tools/record"
        "k8s.io/client-go/util/workqueue"
        "k8s.io/klog"

        canaryv1alpha1 "canary-controller/pkg/apis/canarycontroller/v1alpha1"
        clientset "canary-controller/pkg/generated/clientset/versioned"
        canaryscheme "canary-controller/pkg/generated/clientset/versioned/scheme"
        informers "canary-controller/pkg/generated/informers/externalversions/
            canarycontroller/v1alpha1"
        listers "canary-controller/pkg/generated/listers/canarycontroller/v1alpha1"
)
```

定义 eventBroadcaster 常量和 controller 结构体，其中 eventBroadcaster 就是我们通过 kubectl describe 资源对象获取的事件，示例如下。

```
const controllerAgentName = "canary-controller"

const (
        // 注册 SuccessSynced 为 reason 事件之一，当 canary 同步成功时，回调显示
        SuccessSynced = "Synced"

        // 注册 ErrResourceExists 为 reason 事件之一，由于 Deployment 已经存在，导致
        // Canary 执行 sync 失败，回调显示
        ErrResourceExists = "ErrResourceExists" 资源不属于 canary-controller 管理的消息
        // MessageResourceExists = "Resource %q already exists and is not
        // managed by Canary"

        // 注册 MessageResourceSynced 为事件消息，当 Canary 执行 sync 成功时，回调显示
        MessageResourceSynced = "Canary synced successfully"
)

// Canary 控制器结构
type Controller struct {
        // 常规 Kubernetes 的 Clientset
        kubeclientset kubernetes.Interface

        // Canary 的 Clientset
        canaryclientset clientset.Interface

        deploymentsLister appslisters.DeploymentLister
        deploymentsSynced cache.InformerSynced
        canariesLister    listers.CanaryLister
```

```
canariesSynced      cache.InformerSynced

// workqueue 是一个限速工作队列，确保并发下同一时间一个项只被一个工作协程处理，有重新
// 进入队列并降速的功能
workqueue workqueue.RateLimitingInterface

// 事件记录者，记录资源对象的事件
recorder record.EventRecorder
}
```

NewController 函数代码示例如下。

```
// 生成 canary-controller 对象
func NewController(
        kubeclientset kubernetes.Interface,
        canaryclientset clientset.Interface,
        deploymentInformer appsinformers.DeploymentInformer,
        canaryInformer informers.CanaryInformer) *Controller {

        // 创建事件广播，添加 canary-controller 的类型到默认的 Kubernetes scheme
        // 这样事件日志可以打印 canary-controller 的类型
        utilruntime.Must(canaryscheme.AddToScheme(scheme.Scheme))
        klog.V(4).Info("Creating event broadcaster")
        eventBroadcaster := record.NewBroadcaster()
        eventBroadcaster.StartLogging(klog.Infof)

        eventBroadcaster.StartRecordingToSink(&typedcorev1.EventSinkImpl
            {Interface: kubeclientset.CoreV1().Events("")})
        recorder := eventBroadcaster.NewRecorder(scheme.Scheme, corev1.
            EventSource{Component: controllerAgentName})

        controller := &Controller{
                kubeclientset:      kubeclientset,
                canaryclientset:    canaryclientset,
                deploymentsLister: deploymentInformer.Lister(),
                deploymentsSynced: deploymentInformer.Informer().HasSynced,
                canariesLister:     canaryInformer.Lister(),
                canariesSynced:     canaryInformer.Informer().HasSynced,
                workqueue:          workqueue.NewNamedRateLimitingQueue(workque
                    ue.DefaultControllerRateLimiter(), "Canarys"),
                recorder:           recorder,
        }

        klog.Info("Setting up event handlers")
        // 设置 Canary 变更的事件回调方法
        canaryInformer.Informer().AddEventHandler(cache.ResourceEventHandlerFuncs{
                AddFunc: controller.enqueueCanary,
                UpdateFunc: func(old, new interface{}) {
                        controller.enqueueCanary(new)
                },
        })
```

```
// 设置 Deployment 变更的事件处理方法, 可以设置 owner, 确保只关心由 Canary 所管理的 Deployment
// 送入 Canary 的工作队列, 我们这里不做过滤, 详情查看:
// https://github.com/kubernetes/community/blob/8cafef897a22026d42f5e5
// bb3f104febe7e29830/contributors/devel/controllers.md

deploymentInformer.Informer().AddEventHandler(cache.ResourceEventHandlerFuncs{
        AddFunc: controller.handleObject,
        UpdateFunc: func(old, new interface{}) {
                newDepl := new.(*appsv1.Deployment)
                oldDepl := old.(*appsv1.Deployment)

                // 事件会按 resync 设置的时间周期发送最新的 Deployment 状态
                // 如果 resourceVersion 相同, 说明没有变更
                if newDepl.ResourceVersion == oldDepl.ResourceVersion {
                        return
                }
                controller.handleObject(new)
        },
        DeleteFunc: controller.handleObject,
})

return controller
}
```

NewController 主要定义如下。

❑ 生成 Canary 和 Deployment 的 Clientset。

❑ 订阅 Canary 的创建和更新事件, 如果事件发生, 将发生事件的 Canary 对象使用 controller.enqueueCanary 方法存入 workqueue 中。

❑ 订阅 Deployment 的增删改事件, 如果事件发生, 将发生事件的 Deployment 对象交给 handleObject 方法处理。

Run() 方法启动 Controller 的代码如下。

```
// 可以设置关心的类型事件, informer caches 会同步, 并且启动 runWorker 方法处理, stopCh 关
// 闭才会退出
// 关闭时会停止 workerqueue, 并且等待 worker 将任务处理完成
func (c *Controller) Run(threadiness int, stopCh <-chan struct{}) error {
        defer utilruntime.HandleCrash()
        defer c.workqueue.ShutDown()

        klog.Info("Starting Canary controller")
        klog.Info("Waiting for informer caches to sync")

        // 注意 Run() 方法传入的 deploymentSynced 和 canariesSynced 均为
        // SharedInformerFactory
        // 这样引入其他同一 Clientset 下的 Informer 时可以共享一份缓存, 提高效率
        if ok := cache.WaitForCacheSync(stopCh, c.deploymentsSynced,
            c.canariesSynced); !ok {
                return fmt.Errorf("failed to wait for caches to sync")
        }
```

```
klog.Info("Starting workers")
// 启动 threadiness 个协程并发处理 Canary
for i := 0; i < threadiness; i++ {
        go wait.Until(c.runWorker, time.Second, stopCh)
}

klog.Info("Started workers")
<-stopCh
klog.Info("Shutting down workers")

return nil
}

// 循环调用 processNextWorkItem，持续在 workqueue 中读取消息并处理
func (c *Controller) runWorker() {
        for c.processNextWorkItem() {
        }
}
```

❑ Run() 方法会启动 threadiness 个协程并发的执行 runWorker() 方法。

❑ runWorker() 方法实际就是循环调用 c.processNextWorkItem 持续在 workqueue 中读取消息。

下面来看 processNextWorkItem 的具体逻辑，示例如下。

```
// 从 workqueue 中读取单个项，并且通过调用 syncHandler 尝试处理
func (c *Controller) processNextWorkItem() bool {
        startTimeNano := time.Now().UnixNano()
        obj, shutdown := c.workqueue.Get()

        if shutdown {
                return false
        }

        // 这里为了调用 defer c.workqueue.Done 封装一个函数
        err := func(obj interface{}) error {

                // workqueue.Done 通知这个项已经处理完成，如果不想让这个项重新进入队列，一
                // 定要记得调用 workqueue.Forget，否则这个项会重新进入队列并且在下一个
                // back-off 的周期继续进入队列
                defer c.workqueue.Done(obj)
                var key string
                var ok bool

                // 这里取出 obj 对象的 string, string 是 namespace/name，这样可以通过
                // informer 的 cache 取出更多的信息
                if key, ok = obj.(string); !ok {

                        // 丢弃无效的项，否则会循环尝试处理无效的项
                        c.workqueue.Forget(obj)
```

```
                    utilruntime.HandleError(fmt.Errorf("expected string in
                        workqueue but got %#v", obj))
                    return nil
            }

            // 调用 syncHandler，传递 Canary 的 namespace/name
            if err := c.syncHandler(key); err != nil {
                    // 如果处理错误，重新放回队列并限速
                    c.workqueue.AddRateLimited(key)
                    return fmt.Errorf("error syncing '%s': %s, requeuing",
                        key, err.Error())
            }

            // 处理成功，则调用 Forget 方法从队列中移除项
            c.workqueue.Forget(obj)
            endTimeNano := time.Now().UnixNano()
            costTimeNano := (endTimeNano - startTimeNano) / 1e6
            klog.Infof("Successfully synced '%s'\ncostTime:%v\nthe workQueue
                len:%d\n", key, costTimeNano, c.workqueue.Len())
            return nil
    }(obj)

    if err != nil {
            utilruntime.HandleError(err)
            return true
    }

    return true
}
```

processNextWorkItem 主要做了如下事情。

❑ 从 workqueue 中取出 obj 对象。

❑ 从取出的 obj 对象中取出资源名，调用 syncHandler 进行状态收敛逻辑。

❑ 处理成功，调用 Forget() 方法将 obj 对象从 workqueue 中移除。

❑ 处理失败，将 obj 对象放回 workqueue 并限速。

下面我们看 syncHandler 的代码定义，示例如下。

```
// 对比实际状态和期望状态，尝试收敛到期望状态并同步更新 Canary 的实际状态
func (c *Controller) syncHandler(key string) error {
    namespace, name, err := cache.SplitMetaNamespaceKey(key)
    if err != nil {
            utilruntime.HandleError(fmt.Errorf("invalid resource key: %s", key))
            return nil
    }

    // 通过 namespace/name 获取 Canary
    canary, err := c.canariesLister.Canaries(namespace).Get(name)
    if err != nil {
            // 如果 Canary 不存在，停止处理并返回
```

```
                    if errors.IsNotFound(err) {
                            utilruntime.HandleError(fmt.Errorf("canary '%s' in
                                work queue no longer exists", key))
                            return nil
                    }

            return err
    }

    newDeployment, err := c.unmarshalDeployment(canary, "newDeploymentYaml")
    if err != nil {
            return err
    }

    klog.Infof("Synchandle deployment is %s/%s\n", newDeployment.Namespace,
        newDeployment.Name)
    if newDeployment.Name == "" {
            // 消化本次错误，不再进入队列
            utilruntime.HandleError(fmt.Errorf("%s: deployment name must
                be specified", key))
            return nil
    }

    var deployment *appsv1.Deployment
    canaryType := canary.Spec.Info["type"]

    switch canaryType {
    case "NormalDeploy":
            klog.Info("NormalDeploy")
            deployment, err = c.normalDeploy(canary, newDeployment)
            if err != nil {
                    return err
            }
    case "CanaryDeploy":
            if canary.Spec.Info["currentBatch"] == "1" {
                    klog.Info("canaryDeploy")
                    deployment, err = c.firstCanaryDeploy(canary, newDeployment)
                    if err != nil {
                            return err
                    }
            } else {
                    deployment, err = c.notFirstCanaryDeploy(canary,
                        newDeployment)
                    if err != nil {
                            return err
                    }

            }
    case "CanaryRollback":
            klog.Info("RollBack")
            deployment, err = c.canaryRollback(canary, newDeployment)
```

```
                if err != nil {
                        return err
                }

        default:
                klog.Info("canaryType not match!")
                return nil
        }

        err = c.updateCanaryStatus(canary, deployment)
        if err != nil {
                return err
        }

        c.recorder.Event(canary, corev1.EventTypeNormal, SuccessSynced,
            MessageResourceSynced)
        return nil
}
```

这是金丝雀的核心控制逻辑，跟业务息息相关。Operator 基于 Kubernetes 的资源和控制器概念之上进行构建，同时又包含了应用程序特定的领域知识。

我们开发的金丝雀控制器包含两种发布方式。

❏ NormalDeploy：原生的 Deployment 滚动升级。

❏ CanaryDeployment：金丝雀发布，将应用的 Pod 实例分成特定的批次，批次不大于总实例数，第一批次一定会暂停，剩下批次的用户可以决定是手动点击发布，还是控制器代替用户自动发布。

enqueueCanary() 是 Canary 对象发生创建和更新事件后调用的方法，将对象通过 Meta-NamespaceKeyFunc 取出资源名并放入 workqueue，示例如下。

```
func (c *Controller) enqueueCanary(obj interface{}) {
        var key string
        var err error
        if key, err = cache.MetaNamespaceKeyFunc(obj); err != nil {
                utilruntime.HandleError(err)
                return
        }
        c.workqueue.Add(key)
}
```

handlerObject() 是 Deployment 事件触发后的处理方法，示例如下。

```
func (c *Controller) handleObject(obj interface{}) {
        var object metav1.Object
        var ok bool
        if object, ok = obj.(metav1.Object); !ok {
                tombstone, ok := obj.(cache.DeletedFinalStateUnknown)
                if !ok {
                        utilruntime.HandleError(fmt.Errorf("error decoding
```

```
                                    object, invalid type"))
                        return
                }
                object, ok = tombstone.Obj.(metav1.Object)
                if !ok {
                        utilruntime.HandleError(fmt.Errorf("error decoding
                            object tombstone, invalid type"))
                        return
                }
                klog.Infof("Recovered deleted object '%s' from tombstone",
                    object.GetName())
        }
        klog.Infof("Processing object: %s\n", object.GetName())

        if strings.HasPrefix(object.GetName(), "canary-") {
                lastIndex := strings.LastIndex(object.GetName(), "-deployment-")
                canaryName := object.GetName()[7:lastIndex] + "-canary"
                canary, err := c.canariesLister.Canaries(object.GetNamespace()).
                    Get(canaryName)
                if err != nil {
                        klog.Infof("Canary get error Ignoreing the object: %s",
                            object.GetName())
                        klog.Infof("canaryName is %s, error:%s", canaryName, err)
                        return
                }
                c.enqueueCanary(canary)
        } else {
                klog.Infof("Not prefix canary-, ignore %s/%s\n", object.
                    GetNamespace(), object.GetName())
        }
// if ownerRef := metav1.GetControllerOf(object); ownerRef != nil {
//        if ownerRef.Kind != "Canary" {
//                return
//        }
//
//        canary, err := c.canariesLister.Canaries(object.GetNamespace()).
//            Get(ownerRef.Name)
//        if err != nil {
//                klog.Infof("ignoring orphaned object '%s' of foo
//                    '%s'", object.GetSelfLink(), ownerRef.Name)
//                return
//        }
//
//        c.enqueueCanary(canary)
//        return
// }
}
```

handlerObject() 方法的主要流程如下。

1）获取资源对象的名称，验证是否是 canary 开头，这是我们通过 Canary 生成的 Deployment

的名字前缀。其实这不是一个很好的鉴别方式，正确的方法是使用注释中的 ownerRef 来判断这个 Deployment 是否由 Canary 管控。这是一个历史原因，在上线金丝雀资源之前，很多 Deployment 并不是通过 Canary 创建的。当然，所有 Deployment 都发布过一次后，就改为使用 ownerRef 来鉴别资源是否由 Canary 控制器管控。

2）验证通过后，调用 enqueueCanary() 方法存入 workqueue。

下面 3 个方法是金丝雀 YAML 文件中 type 字段的处理逻辑，首先是原生的滚动升级，示例如下。

```go
func (c *Controller) normalDeploy(canary *canaryv1alpha1.Canary, newDeployment
    *appsv1.Deployment) (*appsv1.Deployment, error) {
    deployment, err := c.deploymentsLister.Deployments(canary.Namespace).
        Get(newDeployment.Name)
    // 如果不存在，则创建
    if errors.IsNotFound(err) {
        deployment, err = c.kubeclientset.AppsV1().Deployments(canary.
            Namespace).Create(newDeploymentWithOwner(canary, newDeployment))
        klog.Infof("initDeploy return deployment: %s\n", deployment)
        return deployment, err
    }

    // 如果 Get/Create() 方法出错，比如发生网络错误或其他错误，那么返回错误，将 obj 对象
    // 重新放入队列，稍后再处理
    if err != nil {
        return deployment, err
    }
    if deployment.Spec.Template.Spec.Containers[0].Image != newDeployment.
        Spec.Template.Spec.Containers[0].Image ||
            *deployment.Spec.Replicas != *newDeployment.Spec.Replicas ||
            deployment.Spec.Template.Labels["random"] != newDeployment.
            Spec.Template.Labels["random"] ||

            deployment.Spec.Template.Spec.Containers[0].Resources.Limits.
            Cpu().String() != newDeployment.Spec.Template.Spec.Containers[0].
            Resources.Limits.Cpu().String() ||

            deployment.Spec.Template.Spec.Containers[0].Resources.Limits.
            Memory().String() != newDeployment.Spec.Template.Spec.
            Containers[0].Resources.Limits.Memory().String() {
        klog.Infof("image:%s, %s, replicas:%d, %d\n", newDeployment.
            Spec.Template.Spec.Containers[0].Image, newDeployment.
            Spec.Template.Spec.Containers[0].Image,
                deployment.Spec.Replicas, newDeployment.Spec.Replicas)
        deployment, err = c.kubeclientset.AppsV1().Deployments(canary.
            Namespace).Update(newDeploymentWithOwner(canary, newDeployment))
        klog.Info("image or replicas not equal update!")
    }
    // 如果 Get/Create 方法出错，比如网络错误或其他错误，那么返回错误，将 obj 对象重新放
    // 入队列，稍后再处理
```

```
        if err != nil {
                return deployment, err
        }

        return deployment, nil
    }
```

normalDeploy() 方法的主要流程如下。

1）判断集群中的 Deployment 是否存在，如果不存在则创建。

2）如果存在，查看当前 Deployment 的实例、镜像、CPU、内存配置是否和 Canary 中定义的相符，如果不符合，则按照 Canary 中定义的状态收敛并更新。

3）中间如果处理失败则返回错误，由上一层方法限速并放回 workqueue。

firstCanaryDeploy() 方法的定义如下。

```
func (c *Controller) firstCanaryDeploy(canary *canaryv1alpha1.Canary, newDeployment
    *appsv1.Deployment) (*appsv1.Deployment, error) {
        oldDeployment, err := c.unmarshalDeployment(canary, "oldDeploymentYaml")
        if err != nil {
                return oldDeployment, err
        }
        newDeploymentDesiredReplicas := *newDeployment.Spec.Replicas
        *newDeployment.Spec.Replicas = 1
        deployment, err := c.deploymentsLister.Deployments(canary.Namespace).
            Get(newDeployment.Name)
        // 如果不存在，则创建
        if errors.IsNotFound(err) {
                deployment, err = c.kubeclientset.AppsV1().Deployments(canary.
                    Namespace).Create(newDeploymentWithOwner(canary, newDeployment))
                klog.Infof("canaryDeploy return deployment: %s\n", deployment)

                return deployment, err
        }
        if err != nil {
                return deployment, err
        }
        if *deployment.Spec.Replicas != 1 || deployment.Spec.Template.Spec.Containers[0].
            Image != newDeployment.Spec.Template.Spec.Containers[0].Image {
                deployment, err = c.kubeclientset.AppsV1().Deployments(canary.
                    Namespace).Update(newDeploymentWithOwner(canary, newDeployment))
                klog.Info("firstCanaryDeploy: image or replicas not equal so update!")
                if err != nil {
                        return deployment, err
                }
        }
        if deployment.Status.AvailableReplicas == 1 {
                *oldDeployment.Spec.Replicas = newDeploymentDesiredReplicas - 1

                oldDeploymentJson, _ := json.Marshal(oldDeployment)
                oldDeployment, err = c.kubeclientset.AppsV1().Deployments
```

```
                (oldDeployment.Namespace).Patch(oldDeployment.Name, types.
                    MergePatchType, oldDeploymentJson)
        if err != nil {
                return oldDeployment, err
        }

    }

    return deployment, err

}
```

firstCanaryDeploy() 是金丝雀第一次批次发版的执行方法，主要流程如下。

1）判断集群中的 Deployment 是否存在，如果不存在则创建。

2）如果存在，则判断当前运行中的新版本 Deployment 实例是否为 1，如果不为 1，则进行状态收敛。

3）查看旧版本 Deployment 的实例数，并收敛新旧版本实例数，旧版本可用实例数 + 老版本可用实例数 = 应用正常定义的总实例数。

4）实时更新 status 字段，上报第一次发布的状态。

notFirstCanaryDeploy() 是金丝雀非首次发布批次的处理方法，示例如下。

```
// 金丝雀非首次发布
func (c *Controller) notFirstCanaryDeploy(canary *canaryv1alpha1.Canary,
    newDeployment *appsv1.Deployment) (*appsv1.Deployment, error) {

        oldDeployment, err := c.unmarshalDeployment(canary, "oldDeploymentYaml")
        if err != nil {
                return oldDeployment, err
        }
        newDeploymentDesiredReplicas := *newDeployment.Spec.Replicas
        intCurrentBatch, err := strconv.Atoi(canary.Spec.Info["currentBatch"])

        if err != nil {
                return oldDeployment, err
        }
        intTotalBatches, err := strconv.Atoi(canary.Spec.Info["totalBatches"])

        if err != nil {
                return oldDeployment, err
        }
        currentBatch := int32(intCurrentBatch)
        totalBatches := int32(intTotalBatches)
        everyAddReplicas := int32(math.Floor(float64(newDeploymentDesiredRepli
            cas)/float64(totalBatches) + 0.5))

        // 如果只有第一批暂停，那么增加 currentCount 后退出，等待下次处理
        if canary.Spec.Info["pauseType"] == "First" && canary.Status.Info
            ["batch"+canary.Spec.Info["currentBatch"]+"Status"] == "Finished" &&
```

```go
        canary.Spec.Info["currentBatch"] != canary.Spec.
            Info["totalBatches"] {
        klog.Info("pauseType First add currentBatch")
        canaryCopy := canary.DeepCopy()
        canaryCopy.Spec.Info["currentBatch"] = strconv.Itoa
            (int(currentBatch + 1))
        _, err = c.canaryclientset.CanarycontrollerV1alpha1().Canaries
            (canaryCopy.Namespace).Update(context.TODO(), canaryCopy,
            metav1.UpdateOptions{})
        if err != nil {
                klog.Infof("Update canary failed: %s", err)
                return oldDeployment, err
        }
        deployment, err := c.deploymentsLister.Deployments(canary.
            Namespace).Get(newDeployment.Name)
        return deployment, err
}


if totalBatches == currentBatch {
        *newDeployment.Spec.Replicas = newDeploymentDesiredReplicas
} else {
        *newDeployment.Spec.Replicas = 1 + (currentBatch-1)*everyAddReplicas
}


deployment, err := c.deploymentsLister.Deployments(canary.Namespace).
    Get(newDeployment.Name)

if err != nil {
        return deployment, err
}
if *deployment.Spec.Replicas != *newDeployment.Spec.Replicas ||
        deployment.Spec.Template.Spec.Containers[0].Image !=
            newDeployment.Spec.Template.Spec.Containers[0].Image ||
            deployment.Spec.Template.Labels["random"] != newDeployment.
            Spec.Template.Labels["random"] ||

        deployment.Spec.Template.Spec.Containers[0].Resources.Limits.
            Cpu().String() != newDeployment.Spec.Template.Spec.
            Containers[0].Resources.Limits.Cpu().String() ||

        deployment.Spec.Template.Spec.Containers[0].Resources.Limits.
            Memory().String() != newDeployment.Spec.Template.Spec.
            Containers[0].Resources.Limits.Memory().String() {
        deployment, err = c.kubeclientset.AppsV1().Deployments(canary.
            Namespace).Update(newDeploymentWithOwner(canary, newDeployment))
        klog.Info("notFirstCanaryDeployFirstPause: image or replicas
            not equal so update!")
        if err != nil {
                return deployment, err
        }
}
```

```
        *oldDeployment.Spec.Replicas = newDeploymentDesiredReplicas - deployment.
            Status.AvailableReplicas
        if *oldDeployment.Spec.Replicas == 0 {
                _, err := c.deploymentsLister.Deployments(oldDeployment.
                    Namespace).Get(oldDeployment.Name)
                // 如果已经删除，则不处理
                if errors.IsNotFound(err) {
                        return deployment, nil
                }
                if err != nil {
                        return deployment, err
                }
                if err := c.kubeclientset.AppsV1().Deployments(oldDeployment.
                    Namespace).Delete(oldDeployment.Name, &metav1.DeleteOptions{});
                    err != nil {
                        return deployment, err
                }
        } else {
                oldDeploymentJson, _ := json.Marshal(oldDeployment)
                oldDeployment, err = c.kubeclientset.AppsV1().Deployments
                    (oldDeployment.Namespace).Patch(oldDeployment.Name, types.
                    MergePatchType, oldDeploymentJson)
                if err != nil {
                        return deployment, err
                }
        }

        return deployment, err
}
```

notFirstCanaryDeploy() 方法的逻辑是整个金丝雀控制器中最复杂的。

1）获取当前集群中新版本和老版本的实例数。

2）获取当前集群中 Canary 定义的发布批次和暂停策略。

3）动态、实时计算集群中新旧版本 Deployment 可用的实例数，按照 Canary 定义的发布批次和策略，动态增加新版本的实例数，减少老版本的实例数。

4）实时更新 status 字段，上报发布的状态。

canaryRollback() 是金丝雀发布的回滚方法，示例如下。

```
func (c *Controller) canaryRollback(canary *canaryv1alpha1.Canary,
    newDeployment *appsv1.Deployment) (*appsv1.Deployment, error) {
        oldDeployment, err := c.unmarshalDeployment(canary, "oldDeploymentYaml")
        if err != nil {
                return oldDeployment, err
        }
        newDeploymentDesiredReplicas := *newDeployment.Spec.Replicas
        deployment, err := c.deploymentsLister.Deployments(canary.Namespace).
            Get(newDeployment.Name)
        // 如果不存在，则创建
        if errors.IsNotFound(err) {
```

```
        deployment, err = c.kubeclientset.AppsV1().Deployments(canary.
            Namespace).Create(newDeploymentWithOwner(canary, newDeployment))
        klog.Infof("canaryDeploy return deployment: %s\n", deployment)

        return deployment, err
}
if err != nil {
        return deployment, err
}
if *deployment.Spec.Replicas != *newDeployment.Spec.Replicas ||
        deployment.Spec.Template.Spec.Containers[0].Image !=
            newDeployment.Spec.Template.Spec.Containers[0].Image ||
            deployment.Spec.Template.Labels["random"] != newDeployment.
            Spec.Template.Labels["random"] ||

        deployment.Spec.Template.Spec.Containers[0].Resources.Limits.
            Cpu().String() != newDeployment.Spec.Template.Spec.
            Containers[0].Resources.Limits.Cpu().String() ||

        deployment.Spec.Template.Spec.Containers[0].Resources.Limits.
            Memory().String() != newDeployment.Spec.Template.Spec.
            Containers[0].Resources.Limits.Memory().String() {
        deployment, err = c.kubeclientset.AppsV1().Deployments(canary.
            Namespace).Update(newDeploymentWithOwner(canary, newDeployment))
        klog.Info("canaryRollback: image or replicas not equal so update!")
        if err != nil {
                return deployment, err
        }
}

// 如果是分批发布的回滚，则不处理
if oldDeployment.Name == newDeployment.Name {
        klog.Infof("oldDeployment.Name %s == newDeployment.Name %s,
            not delete oldDeployment", oldDeployment.Name, newDeployment.Name)
        return deployment, nil
}

*oldDeployment.Spec.Replicas = newDeploymentDesiredReplicas -
    deployment.Status.AvailableReplicas
if *oldDeployment.Spec.Replicas == 0 {
        _, err := c.deploymentsLister.Deployments(oldDeployment.
            Namespace).Get(oldDeployment.Name)
        // 如果已经删除，则不处理
        if errors.IsNotFound(err) {
                return deployment, nil
        }
        if err != nil {
                return deployment, err
        }
        if err := c.kubeclientset.AppsV1().Deployments(oldDeployment.
            Namespace).Delete(oldDeployment.Name, &metav1.
```

```
                    DeleteOptions{}); err != nil {
                        return deployment, err
                }
        } else {
                oldDeploymentJson, _ := json.Marshal(oldDeployment)
                oldDeployment, err = c.kubeclientset.AppsV1().Deployments
                    (oldDeployment.Namespace).Patch(oldDeployment.Name, types.
                    MergePatchType, oldDeploymentJson)
                if err != nil {
                        return deployment, err
                }
        }

        return deployment, err
}
```

canaryRollback() 方法需要考虑在各种情况下应该如何回滚，主要逻辑如下。

如果已经发布完成，回滚时需要创建老版本的 Deployment，并设置 replicas 字段为真实实例数，这时会发生如下 2 种情况。

❑ 如果是正常的滚动升级，则不做处理。因为滚动升级并不需要生成 2 个 Deployment，只需要将 newDeploymentYaml 字段的 Deployment 回滚为老版本即可。

❑ 如果是金丝雀发布，那么需要全程计算老版本（要回滚的版本）可用实例数，动态减少新版本（不再需要的版本）的实例数。

实时更新 status 字段，报告回滚状态。

syncHandler() 方法在结束之前，会执行 updateCanaryStatus() 方法，上报当前发布的状态，示例如下。

```
func (c *Controller) updateCanaryStatus(canary *canaryv1alpha1.Canary,
    deployment *appsv1.Deployment) error {
        // 不要修改 informer 获取的资源，它是只读的本地缓存
        // 使用深拷贝
        canaryCopy := canary.DeepCopy()
        canaryCopy.Status.Info = make(map[string]string)
        canaryType := canary.Spec.Info["type"]
        switch canaryType {
        case "CanaryDeploy":
                if *deployment.Spec.Replicas == deployment.Status.AvailableReplicas {
                        if canary.Spec.Info["totalBatches"] != canary.Spec.
                            Info["currentBatch"] {

                                canaryCopy.Status.Info["batch"+canary.Spec.Info
                                    ["currentBatch"]+"Status"] = "Finished"
                        } else {
                                oldDeployment, err := c.unmarshalDeployment
                                    (canary, "oldDeploymentYaml")
                                if err != nil {
                                        return err
```

```
                }
                _, err = c.deploymentsLister.Deployments
                    (oldDeployment.Namespace).Get
                    (oldDeployment.Name)
                // 如果旧的 Deployment 已经删除，则更新状态为完成
                if err != nil {
                    if errors.IsNotFound(err) {

                            canaryCopy.Status.Info["batch"+
                                canary.Spec.Info
                                ["currentBatch"]+"Status"] =
                                "Finished"
                    } else {
                            return err
                    }

                } else {

                        canaryCopy.Status.Info["batch"+canary.
                            Spec.Info["currentBatch"]+"Status"]
                            = "Ing"
                }

            }

        } else {

            canaryCopy.Status.Info["batch"+canary.Spec.Info
                ["currentBatch"]+"Status"] = "Ing"
        }
case "CanaryRollback":
        oldDeployment, err := c.unmarshalDeployment(canary,
            "oldDeploymentYaml")
        if err != nil {
            return err
        }
        newDeployment, err := c.unmarshalDeployment(canary,
            "newDeploymentYaml")
        if err != nil {
            return err
        }

        _, err = c.deploymentsLister.Deployments(oldDeployment.
            Namespace).Get(oldDeployment.Name)

        // 如果旧的 Deployment 已经删除，则更新状态为完成

        if err != nil {
            if errors.IsNotFound(err) {
                    canaryCopy.Status.Info["rollbackStatus"] = "Finished"
            } else {
```

```
                                return err
                        }

                } else {

                        if oldDeployment.Name == newDeployment.Name {
                                canaryCopy.Status.Info["rollbackStatus"] = "Finished"
                        } else {
                                canaryCopy.Status.Info["rollbackStatus"] = "Ing"

                        }

                }

        case "NormalDeploy":
                return nil
        default:
                klog.Info("canary.Spec.Info type not match!")
                return nil
        }

        canaryCopy.Status.Info["availableReplicas"] = strconv.Itoa(int
            (deployment.Status.AvailableReplicas))
        return err
}
```

updateCanaryStatus() 方法针对以下 3 种情况进行状态上报。

❑ 如果是金丝雀发布，实时获取当前新老版本的实例数与可用实例数，并通过发布批次和策略判断计算是否发布完成，如果发布完成，将状态更新为完成。字段的 key 携带批次。

❑ 如果是回滚发布，那么判断不需要的版本是否已经删除，需要回滚的版本是否已经恢复到应用定义的实例数。

❑ 如果是滚动发布，则不进行任何处理。

unmarshalDeployment() 和 newDeploymentWithOwner() 方法的定义如下。

```
// 获取 canary 中的 Deployment
func (c *Controller) unmarshalDeployment(canary *canaryv1alpha1.Canary,
    newOrOld string) (*appsv1.Deployment, error) {
        deployment := &appsv1.Deployment{}
        deploymentInfo := []byte(canary.Spec.Info[newOrOld])
        if err := json.Unmarshal(deploymentInfo, deployment); err != nil {
                klog.Infof("%s/%s unmarshal failed: ", canary.Namespace,
                    canary.Name)
                klog.Info(err)
                return deployment, err
        }
```

```
        return deployment, nil
}

func newDeploymentWithOwner(canary *canaryv1alpha1.Canary, deployment *appsv1.
    Deployment) *appsv1.Deployment {
        deployment.ObjectMeta.OwnerReferences = []metav1.OwnerReference{
                *metav1.NewControllerRef(canary, canaryv1alpha1.SchemeGroupVersion.
                    WithKind("Canary")),
        }
        return deployment
}
```

unmarshalDeployment() 方法负责将从 Canary 取出来的 string 转换为 Deployment 的结构体。

newDeploymentWithOwner() 方法是给创建的 Deployment 对象添加 OwnerReferences 属性，代表这个 Deployment 归金丝雀控制器管控。

整个金丝雀控制器的代码较为复杂，需要我们熟悉使用场景，对发布过程中的实例数、可用实例数、发布的类型和策略进行计算后精准控制，这种高度自定义的需求也是 Kubernetes 中没有内置金丝雀发布的功能而是留给用户自己去研发的原因。

9.4 本章小结

本章首先讲解了 client-go 的常用功能和进阶功能实战，希望读者能更加熟悉 clieng-go 的 API 特性，在构建自己的 PaaS 平台中小试身手。然后我们奉上了云原生下灰度发布的最佳实践和金丝雀 Operator 的开发实践。

通过本章的学习，希望读者能具备全面的 PaaS 平台开发能力。

第三部分 *Part 3*

云原生发布平台

运维侧改造的是底层基础设施，对于用户来说，新技术的引入，必然会带来一定的迁移成本。俞军老师在《俞军产品方法论》中提出了一个价值公式，产品价值＝新体验－旧体验－迁移成本。在引入 Kubernetes 技术后，一定要保证新平台比老平台有更好的用户体验，同时也要兼顾新老平台的迁移成本，让用户尽可能平滑地过渡到新平台。

除了编码调试 Bug，研发人员最常用的操作就是上线发布了，在我们引入 Kubernetes 之前，研发人员一直使用一套老旧的操作系统平台，它涵盖了开发研发人员编译、打包、提测、上线、回滚等一系列上线流程。因为该平台的功能不好用，所以才有了云原生计划的实施，如果想吸引大家往新的平台迁移，一件很重要的事是建设用户体验更好的 CI/CD 平台，因此新一代 CI/CD 平台——Omega 应运而生。

Omega CI/CD 平台配合第二部分的运维侧改造，构建了包括资源管理、工单管理、镜像管理、CI/CD、监控、开发工具等一系列面向开发的功能模块，主要解决"平台服务"的问题。平台自 2019 年 7 月上线以来，经历了数次功能迭代，平稳支撑了 900 多个应用，线上集群部署了超过 1900 个 Pod，测试集群部署了超过 1500 个 Pod 实例，支撑公司服务端业务系统 80% 以上的项目部署。

第三部分我们会从元数据、分支管理、CI、CD 等内容展开，详细介绍云原生落地开发侧的架构设计。

元数据管理

Omega 平台参考阿里云效的思路：对需求管理、开发、测试、部署、统计进行一站式（All in One）管理，在阿里内部也叫作 Aone，目的是想让开发人员通过一个平台解决开发生命周期中的所有问题。Omega 平台包含的功能点如图 10-1 所示，其中，通过可视化、可编排的能力把核心的 CI/CD 打造成了持续交付的流水线。

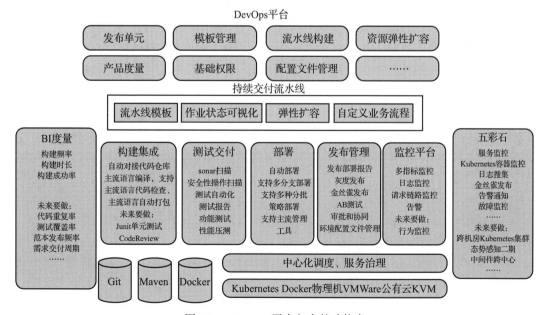

图 10-1　Omega 平台包含的功能点

Omega 平台的功能极其强大，而实现这些功能模块的基础就是元数据（Meta Data）管理。

什么是元数据管理呢？元数据通常指的是描述数据的数据，这里指的是使用此平台必须定义的基础数据，主要包括以下内容。

- 资源的管理：如代码仓库、所属部门、用户、权限等。
- 应用的管理：如应用唯一 ID、应用名称、域名、应用等级、应用配置等。
- 环境的管理：如环境的名称、命名空间、隔离原则、基线配置等。
- 配置的管理：如静态配置文件、动态配置开关、环境变量等。

元数据是一切 CI/CD 功能的基础配置，是其他开发动作的前置条件，必须先做好元数据的管理，才能执行后续其他流水线的动作。

接下来，让我们一起揭开元数据的神秘面纱。

10.1　应用管理

CI/CD 流程主要是面向开发过程的，开发过程的核心对象就是应用，不同的公司有不同的称谓，有的叫服务，有的叫系统，有的叫工程。本书统一称为应用，对应 GitLab 中的一个工程（Project）。一个应用就是一个聚合服务的总称，比如用户中心应用，面向的是用户的所有对外服务。一个应用包含多个子模块，在代码中通常是由多个 Module 组成，比如用户中心包含的主要是用户的登录、注册、信息查询、信息校验、验证码等功能。为了标识不同的应用，我们为每个应用指定一个唯一的名称和 ID。ID 对于应用来说是极其重要的标识，后续的配置项以及与数据库、缓存、消息平台、注册中心的打通都强依赖应用 ID。

除了名称和 ID，应用还有对应的代码地址、应用类型、语言类型、打包类型、所属部门等描述信息，如图 10-2 所示。

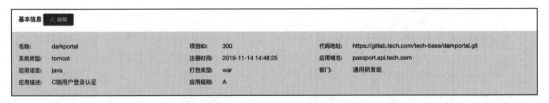

图 10-2　应用的基本信息

这里值得一提的是应用级别和用户信息。

用户信息包括员工工号、姓名、邮箱、用户角色、权限等内容，其中最关键的是用户角色，每一个应用，有如下几个角色。

- 管理员：应用的管理员和第一责任人，负责对应用整个生命周期进行管理，一般限制为 1 位成员，便于线上环境的部署操作和非窗口期的上线审批。

❑ 开发：应用的开发者，可以有多个，凡是开发角色的用户都可以进行代码分支的拉取和流水线相关操作。

❑ 测试：应用的测试人员，可以有多个，负责应用提测后的测试验证。不同的角色分工不同，承担流水线不同阶段的职责，保证整个 CI/CD 过程顺利进行。

在应用管理中，另一个比较重要的概念是应用级别，我们分了 A、B、C 三类。

A 类应用等级最高，要求最严格，通常包含核心场景、核心流程的重点服务，如支付、下单、查看用户详情等，此类应用要求有最高等级的安全性和稳定性保障，不能宕机。一旦某个服务宕机，可能导致核心流程被阻断，在影响用户体验的同时也会给企业带来资产损失。

B 类应用是 A 类应用的支撑服务或关联应用，如登录验权服务、验证码服务、消息推送服务、短信服务等，这类应用的 SLA 比 A 类应用的要求略低，可以有一部分应用宕机，但是要保证宕机不会对 A 类场景造成阻断，或者宕机的应用能够快速恢复。

C 类应用是等级最低的应用，一般是后台服务或后台支撑服务，它们的宕机通常不会阻断核心业务流程。

应用的详细分类如表 10-1 所示。

表 10-1　应用的详细分类

级别	定级标准	稳定性基线	监控告警基线	CI 要求
A 类	● 各个业务线按照业务重点划分的业务闭环应用 ● 公司的基础服务应用 ● 跨业务线的应用 ● 特定场景的应用，如支付类型的项目、交易类型的项目、合算类型的项目等	● 可用率：99.99% ● 应用性能：TP95<150ms ● 双数据中心部署 ● 站点级故障不影响业务 ● 具备限流、降级能力 ● 后台应用接入权限、审计遵循日志规范	● 业务层：功能阻断、功能异常 ● 应用层：性能下降、存活、吞吐量飙升、异常报错 ● 中间件层：核心依赖中间件存活、功能异常、性能下降 ● 系统层：CPU/ 内存 / 磁盘使用率、宿主机存活 ● 网络层：实例 / 宿主机网络流量异常接入监控报警系统	目标：静态代码扫描阻断型Bug 总 数 为 0、严 重 Bug 总 数为 0；新增代码单元测试覆盖率初始值为15%，按季度环比增加5%
B 类	A 类应用或公司重点业务的支撑和依赖应用，例如部门级的重点后端服务	● 可用率：99.95% ● 应用性能：TP95<200ms ● 双（多）节点部署 ● 单机故障不影响业务 ● 后台应用接入权限、审计遵循日志规范	● 业务层：功能阻断、功能异常 ● 应用层：存活、异常报错 ● 中间件层：核心依赖中间件存活、功能异常 ● 系统层：CPU/ 内存 / 磁盘使用率、宿主机存活 ● 网络层：实例 / 宿主机网络流量异常接入监控报警系统	目标：静态代码扫描阻断型Bug 总数为 0；新增代码单元测试覆盖率初始值 为 10%， 按季度环比增加5%
C 类	小组的内部项目，只为特定用户开发的项目，如一些后台管理系统	● 可用率：99.5% ● 应用性能：TP95<300ms	● 应用层：存活 ● 中间件层：核心依赖中间件存活 ● 系统层：CPU/ 内存 / 磁盘使用率 ● 网络层：实例网络流量异常接入监控	静态代码扫描阻 断 型 Bug 在确定不影响上线的前提下可延迟在 30 日内修复

此外，多个类似的关联应用可以组合成应用组，便于应用的分类和统一维护，比如网关应用组，包含了网关的后台、移动网关、内部网关等，网关应用组如图 10-3 所示。

详情	应用描述	名称	所属层级	应用级别
>	网关新后台	gateway-manager	网关	
>	网关后台管理页面	gateway-manager-ui	网关	
>	移动网关	app-gateway	网关	
>	移动网关toread.tech.com	gateway-switches	网关	A
>	移动网关tech.toread.com	toread-manager	网关	B

图 10-3　网关应用组

类似于"应用"对应于 GitLab 中的 Project，"应用组"对应于 GitLab 中的 Group（不排除每个公司对 Group 的定义和使用不同）。

10.2　环境管理

10 年前流行过一句话："三流的公司做产品，二流的公司做品牌，一流的公司做标准。"基础架构团队很重要的一项职责就是做标准、建标尺，而环境管理就是 Omega 平台在设计时建立的第一个重要标尺。在做统一的环境管理之前，公司的环境可以分为测试环境、准生产环境、生产环境。

❑ 测试环境：顾名思义，此环境主要用于开发人员提测，当开发人员在本地进行功能开发之后，就会进行邮件提测并通过 git push 指令推送代码到远程 GitLab 仓库，进入测试环境，供测试人员测试。

❑ 准生产环境：在详细了解这个概念之前，我们一直以为准生产环境就是预发环境，后来才发现并非如此。准生产环境是为解决代码分支合并而产生的一个上线前验证的环境。

❑ 生产环境：生产环境指的是供用户使用的环境。

3 套环境按照从测试到上线的顺序依次完成验证，完成每个环境的使命。这看起来还是非常简单清晰的，但是在实际的发布过程中，3 套环境并没有起到应有的效果。在 Omega 平台的设计中，重点对环境进行了治理。

首先，重新梳理了持续交付的生命周期，其中核心的流程为开发、提测、验证、上线前验证、发布上线。对应关键的交付环节，我们要关注以下两点。

❑ 环境是否能够覆盖所有关键的交付环节。

❑ 环境是否足够精简，运维成本是否足够低。经过多次讨论，我们最终把上线交付的环境定义为开发环境、QA 环境、预发环境、生产（正式）环境，如图 10-4 所示。

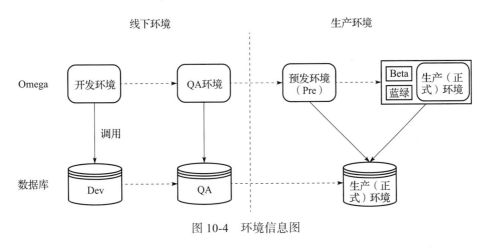

图 10-4　环境信息图

下面，我们依次介绍这几套环境的作用。

10.2.1　开发环境和临时环境

1. 开发环境

开发环境（简称 Dev 环境）是最简单的环境，相当于每个人的本地电脑，由于大多数人习惯于在本地进行开发，因此在 Omega 平台上不为开发人员设置专门的开发环境。一是成本原因，以 500 个产研人员的公司为例，如果为每个开发人员提供一套开发环境，相当于服务器的资源至少要提升 1 倍，对于产研团队规模更大的公司，云开发环境会是一笔不小的开销；二是配置原因，云服务器虽然有很多好处，比如统一的环境、统一的配置、方便远程调试、便于协同分享，但是服务器的配置、网络因素终究是不稳定的，相对来说，本地电脑更加稳定高效，不受网络环境的制约。

现在涌现出越来越多的"云 Studio"工具，丰富的插件、便携的账号能帮助大家提升云办公效率，大家可以酌情根据团队规模来选择。

从代码分支来看，开发环境对应的是特性分支（Feature），大部分处于本地未提交或未推送状态。从网络来看，开发环境对应的是内网；从数据库来看，开发环境对应的是开发人员本地的数据库或测试库。注意，由于非生产网络在内网可以访问，因此开发人员是可以连接测试库的，但是建议开发人员在非必要时不要使用测试环境数据库，否则很容易造成测试环境数据的污染。

2. 临时环境

大家经常会遇到这样两类场景。

❑ 在正式提测之前，开发人员想做自测，却又担心环境与 QA 环境不一致，导致测试效果不佳。

❑ 提测后，明明开发环境没问题，测试环境却出现了 Bug。

为了不与测试环境冲突，我们利用容器的特性，基于 QA 环境快速构建一个一模一样的环境，供开发人员进行功能验证。同时，从命名来看，这个环境的生命周期是很短暂的，一般在验证之后，开发人员会主动释放，或在未操作后的 30 天内自动释放。我们将这个环境称作临时环境。这是一个非主流的环境，使用对象一般是开发人员，使用比较低频。

随着业务需求增多，并行的需求导致交叉提测的场景也越来越多，同一个应用可能有数个特性分支处于"测试中"，因此，临时环境也逐步成了测试人员的宠儿。因为 Kubernetes 可以快速构建 Pod 的特性，所以多个测试人员可以拉取自己的临时环境进行独立测试，测试完成后再由系统自动进行实例销毁。

10.2.2 测试环境与稳定环境

1. 测试环境

为了与之前的环境区分开，我们把测试环境统一命名为 QA 环境，本质上还是开发人员提测后的测试环境，供测试人员验证功能。由于在提测、测试的过程中会有多次 Bug 确认与修复，因此 QA 环境会经过多次反复构建，它是除了开发环境外，研发人员与测试人员交互最频繁的环境。

从代码状态来看，在这个环境中，代码一般是已推送到远程仓库的状态，进行 CI 的过程就是从远端仓库拉取代码到打包机集中构建，构建好后拉起镜像产生 QA 环境。不同于开发环境的特性分支，这里会产生一个 Release 分支，构建的过程也是拉取的 Release 分支，在第 11 章会进行详细介绍。

从网络的维度来看，由于是供内部测试人员测试使用，因此 QA 环境用的也是非生产网络。与开发环境不同的另一点是数据库，这里必须使用测试数据库。为了保证测试流程通畅，避免开发人员和测试人员使用同一套环境带来的测试数据污染，这里测试数据的维护是由测试人员来进行的。当然，如果约定得较好，开发人员与测试人员使用不同的数据号段，给予开发人员权限也是没问题的。

2. 稳定环境

在 QA 环境中，这里有一个特殊的环境，叫稳定（Stable）环境。为什么会有稳定环境呢？在微服务的测试过程中，往往会出现下游依赖宕机导致上游测试等待的情况。我们之前在阿里团队遇到过这种问题，支付宝的支付接口出现异常，导致所有订单的主流程挂起。某个核心服务，比如用户中心、登录、订单、交易、支付一旦异常，往往会导致上游很多服务无法正常流转，进而大大影响测试人员的效率，严重的会影响整个项目的交付。

为了解决下游重要服务不稳定的问题，我们提出了稳定环境。稳定环境可以看作稳定的测试环境。一方面,它是基于测试环境的复制;另一方面,相对于测试环境的高频非稳定,它是低频而稳定的。稳定环境往往是基于 Master 分支的合并而重新构建的,大部分时间不会有人工参与。

当然,为了配合稳定环境的路由,我们需要建设流量染色平台,保证在下游测试服务出现异常时,能够将请求路由到稳定环境,流量染色平台架构如图 10-5 所示。

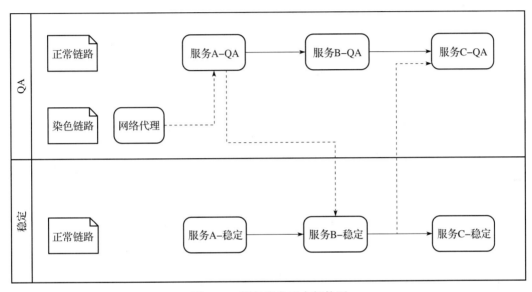

图 10-5　流量染色平台架构图

测试工程师可以根据不同的需求配置不同的链路调用情况,比如当服务 B 的 QA 环境不可用时,可以配置其上游服务 A 调用到服务 B 的稳定环境,这样就保障了 QA 环境下服务 A 的需求可以继续测试,不会影响整体的测试进度。

10.2.3　日常环境

在阿里云效的实践中,日常环境(通常也叫 Daily 环境)实际上就是 QA 环境,供测试人员使用。在开始构建 Omega 平台的第一年,我们与阿里一样,只有一套稳定的测试环境,大家口中的日常环境、测试环境都是同一个概念。

随着平台的迭代,在跨团队的项目协作过程中,多个应用之间的联调经常会出现环境不稳定的情况。比如 A 服务调用 B 服务,B 服务又调用 C 服务,3 个服务进行联调时都需要环境保持稳定。按照康威定律,当协作人数增加时,复杂性呈指数级上升,环境不稳定对联调来说造成了极大的阻碍。因此,越来越多的开发人员把联调工作搬到了 QA 环境,这样做虽然会使开发联调过程变得轻松,但是也会给测试人员的测试工作造成困扰。

在这个背景下,为了剥离联调与测试的冲突,我们又重新复制了一份 QA 环境,作为日程环境,供开发人员进行联调。原 QA 环境仍然供测试人员进行功能测试。

在后续的持续交付过程中，日常环境与 QA 环境逐步成为 CI 环节中 2 个同等重要的环境。

10.2.4 预发环境

预发环境（也叫 UAT[一]环境）是指上线前使用内部流量进行测试验证的环境。这个阶段是在测试环境功能测试完毕并保证新的代码无明显问题后，使用线上的数据和办公区的流量进行高质量验证。根据历史经验，在生产环境中发生的问题，在预发环境中大概率可以复现，而预发环境与生产环境除了代码的新旧差异外，基本等同。预发验证是非常接近生产环境真实流量的验证，同时由于只限于内部流量，因此不用担心会对线上的正式用户造成影响。合理地使用预发环境能够大大降低出现线上故障的概率，使线上 Bug 被扼杀于真实用户验证之前。

尽管预发环境对于线上验证来说好处很多，也要谨慎操作。由于数据库使用的是生产数据库，因此一定要警惕生产数据受到污染，测试人员的验证会导致少量测试数据流入生产数据库，比如某个测试 SKU[二]的单价为 0.01 元，商品名称为 ×××测试（勿拍），这样的数据往往要经过前端页面的特殊处理，不让外部用户看到。因此，预发环境的使用，要结合健全的账号体系和中间件体系。笔者之前遇到过预发环境把生产环境中消息队列的数据消费掉，导致线上故障的情况。

10.2.5 生产环境和 Beta 环境

生产环境（Prod 环境）也称为正式环境、线上环境，是用户的使用环境，一般对应最新的主干代码。Omega 平台将合并主干代码的动作后置了，上线之后才做主干代码合并。

显而易见，生产环境用的是生产数据库、生产网络。为了实现生产环境的高质交付，我们往往会在正式上线前做灰度发布。这里的灰度发布有别于 AB 测试，仅从持续部署的角度来看，灰度发布包括 Beta 发布（金丝雀发布）、蓝绿发布。灰度发布的本质是分批发布——不要一次性把 100% 的流量全部切换为最新的代码，而是逐步增加流量，当 25% 的用户在新功能的使用中没问题时，我们逐步把流量切换到 50%、75%、100%。这样的发布对用户来说更友好，同时也更容易提前暴露问题，降低全部回滚导致的生产损失。

假设有一个 Bug 在预发环境的内部用户场景下没有被发现，当进入金丝雀发布并切换 25% 的流量后，发现某个 iPhone 机型的用户订单有故障，这时候我们相当于使用生产环境 25% 的真实流量做了用户验证。针对这个故障，我们快速对金丝雀服务做回滚操作即可。相反，如果一开始就 100% 上线生产环境，不进行金丝雀发布，就可能会造成 100% 用户的损失。用好灰度发布，是进一步提升质量的又一项法宝。

我们从用途、代码、网络、数据库等角度对几个环境做一个对比，如表 10-2 所示。

表 10-2　环境对比表

环境名称	用途	代码状态	代码分支	网络	数据库
开发环境	本地功能编码	本地、un-commit、un-push、	feature	非生产网络	本地数据库、测试数据库
临时环境	开发验证或自测	远程仓库、pushed、un-master	release_linshi	非生产网络	测试数据库
日常环境	开发联调	同 QA 环境	release_daily	同 QA 环境	同 QA 环境
QA 环境	测试回归	远程仓库、pushed、un-master	release_qa	非生产网络	测试数据库
稳定环境	测试回归	无人工参与	基于 Master 拉取的分支	非生产网络	测试数据库
预发环境	内部灰度验证	pushed、un-master	release_pre	预发网络	生产数据库
生产环境	正式验证	pushed、un-master	release_product	生产网络	生产数据库

10.2.6　环境的后台实现

对于上述环境，在 Kubernetes 环境下，我们如何来实现呢？接下来我们看下后台功能的实现逻辑。

对于新的临时环境，需要满足以下需求。

❑ 访问隔离：临时日常环境和原有日常环境进行隔离，使用不同的域名，Dubbo 和 Spring Cloud 服务应分布在不同的服务分组或者 Namespace 集群中，需要通过配置明确指定访问"临时日常环境"。

❑ 配置继承与隔离：临时日常环境默认继承日常环境的所有托管配置文件，但可以独立修改，不会影响原有日常环境配置。

如何满足上述需求呢？在后台功能上要从环境标识与环境级别、应用域名、命名空间、Kubernetes 资源命名、资源配额与自动回收几个维度考虑。

1. 环境标识与环境级别

我们会为同一个应用运行在不同环境中的容器，分配一个环境标识，例如 daily（日常环境）、qa（测试环境）。这个环境标识会以名为 APPLICATION_ENV_NAME 的环境变量注入容器，应用程序可以根据这一统一的环境变量判断自身运行在哪个环境中。

此外，对于同一个应用的多个临时环境，可以通过环境级别进行区分，例如应用的多个临时环境 tmp1、tmp2，通过环境级别环境变量 APPLICATION_ENV_LEVEL 可以读取到对应的环境级别为 tmp，通过这个环境变量，应用可以判断出当前是运行在日常环境还是临时环境中。

2. 应用域名

我们会为所有需要通过 HTTP 对外提供服务的应用，在应用申请阶段分配一个服务域名。不同环境的域名通过环境标识进行隔离，例如 hello.kt.tech.com 中，kt 是 Kubernetes Test 的缩写，该应用相应的 QA 环境为 hello.kq.tech.com。

3. 命名空间

我们将不同的环境通过命名空间进行隔离，为了更好地管理不同业务线、事业部的应用，我们还会将组织架构编码添加到 Namespace 名称中，例如 bu1-daily，bu2-daily，bu1-qa。

4. Kubernetes 资源命名

由于我们通过 Namespace 对各个环境进行了隔离，除去临时环境，每个应用在 Namespace 中都是唯一的，依赖的各种 Kubernetes 资源（如 ConfigMap、Ingress）均可直接使用应用名称作为唯一标识符，例如应用 hello-omega 的 ConfigMap 资源，可命名为 hello-omega-cm。

在临时环境中，同一个应用可能存在多份不同的副本，例如并行存在的临时环境 1、临时环境 2，这时我们可以将环境标识也加入资源命名规则进行解决，例如临时环境 1 与临时环境 2 使用的 ConfigMap 可命名为 hello-omega-tmp1-cm、hello-omega-tmp2-cm。

5. 资源配额与自动回收

每个命名空间应配置一定程度的资源配额（cpu/mem quota），如果申请应用时资源超过当前所有已经存在的临时环境资源的总和，将无法创建新的环境。也可以通过设置单应用环境数量上限来控制资源配额（例如不超过 5 个）。

申请环境时可以指定环境使用时长，如 14 天，运维后台会记录回收期限，超过租约的环境资源将被运维后台自动回收，例如将 Deployment 副本数设置为 0。Omega 平台会将当前环境标记为“已回收”状态，但不会对其进行物理删除，方便恢复环境，也不会主动释放资源配额，只有手动删除环境后方可彻底释放环境。同时，Omega 平台提供了租约续期功能，开发人员可以通过续期功能重新启动环境，并继续使用。

10.3 资源管理

选择环境之后，我们要为环境做详细的资源分配，对于测试环境，我们要分配 CPU、内存、存储、域名，这就是资源管理模块的功能。

资源管理包含了两部分核心内容，一部分是运维参数配置，另一部分是系统参数配置。运维参数主要包括如下几个核心概念。

1. 命名空间

命名空间对应 Kubernetes 的 Namespace，是资源隔离的基本单位，这里为了方便运维管理，我们默认把每个应用的所属部门作为默认的命名空间，比如基础平台部的命名空间就是基础平台部。为了降低开发人员的操作风险，我们在开发侧把此项资源做了只读处理，非特殊情况不可修改。

2. 目标集群

目标集群是针对环境默认指向的集群类型，通常有 2 套 Kubernetes 环境，一套测试环境集群，一套生产环境集群。根据环境变量的不同，这里会自动选择对应的集群名称，同样也不可修改。

3. 单集群实例数

通常建议测试环境单实例即可，生产环境根据业务需要，不同的应用分配不同的实例数量，非核心业务通常需要 2 个实例。这里由于是网关应用，QPS 比较大，因此测试环境也分配了 3 个实例。

4. 资源配置

资源配置就是上文所说的，单个实例需要多少 CPU、内存、存储资源，比较重要的是 CPU 和内存，与各大云平台统一语言，1C 代表一个核心的 CPU，2G 代表 2GB 容量的内存，通常建议测试环境 1C2G 或 2C4G 即可，生产环境建议 4C8G。

5. 应用域名

应用域名是应用访问的必要入口，由于历史的域名问题，我们定义了全新的 Kubernetes 域名，测试环境：kq.tech.com；预发环境：uat.tech.com；生产环境：kp.tech.com。当然由于部分应用的特殊调用，还可以申请多个域名。比如网关服务，因为有 2 台实例为独立的业务服务，所以会有多个域名对外提供服务。

除此之外，还有些其他的端口、探针等参数，如图 10-6 所示。

图 10-6　资源管理图

如图 10-7 所示,除了运维参数,还有一部分重要的资源配置是系统参数。

❑ 私服信息:私服信息主要保存了 Maven 私服地址,默认也是不可更改的公司统一私服地址。

❑ 基础镜像:镜像默认为公司的基础镜像,当然各部门可以定制自己的基础镜像。

❑ 是否接入 Lambda 监控:这里 Lambda 监控指的是应用的监控报警平台,包括物理监控、JVM 监控、Metrics 监控、异常日志监控、告警等设置。

❑ 服务治理开关:流量染色是方便测试人员进行自动化跨环境测试的开发工具。

❑ 链路追踪开关:链路追踪帮助开发人员更精准地定位服务调用问题,打开配置开关后会自动埋入代理。

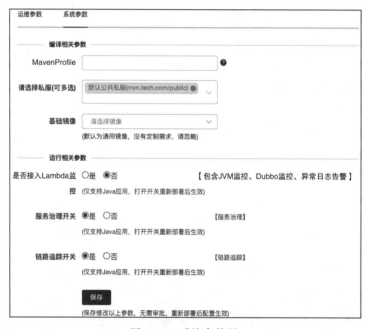

图 10-7 系统参数图

10.4 配置管理

10.3 节提到过的配置信息更多的是"冷配置",即上线发布前的一些前置配置,用于运维人员分配资源或开发人员访问控制。本节讲的配置管理更多是针对应用本身,立足代码层面的配置信息,我们称之为热配置,这里我们常用的有两种形态,一种是静态的配置文件,另一种是动态的配置中心。

10.4.1 配置文件管理

配置文件是大部分工程中必备的一项配置。代码 + 配置组成了一个完整的 Project,对于代码中不便进行硬编码且易变的部分，我们可以通过配置文件的形式予以展现。常见的配置文件有 web.xml、spring.xml、mybatis.xml，最常用的有日志配置，如 log4j.xml、logback.xml，随着 Spring Cloud 的普及，YAML 文件也逐渐多了起来，如 application.yml 等。当然还有一些中间件的配置，如 Dubbo，部分配置如图 10-8 所示。

日常环境	QA环境	预发环境	正式环境	临时环境 ×		

修改文件，重启应用即可生效　　　　　　　　　　　　　　　+ 下载配置文件　+ 新增文件

配置ID	文件名称	操作
1173	spring-boot.properties	查看文件　删除
1172	application.yml	查看文件　删除
1171	config.properties	查看文件　删除
1170	application-test.yml	查看文件　删除
1169	logback.xml	查看文件　删除

图 10-8　配置文件图

配置文件要注意的是环境不同，配置信息也可能是不一样的。当配置信息没有被统一的 CI/CD 平台进行管理时，开发人员往往会手动修改代码仓库的配置文件，通过不同的环境变量来标识不同的环境，示例如下。

```
spring:
    profiles:
        active: test
```

这样的操作当然是可行的，但是存在一个很大的问题，每次发布都要修改代码，测试环境调试时要改为 test，上线时要改为 product，往往开发人员有可能会忘记修改，进而造成生产环境启动报错，甚至引发生产故障。这里我们采用了另一种思路，通过不同的配置文件进行配置信息的变更，如测试环境叫 application-test.yml，生产环境叫 application-prod.yml。配置文件一经配置，基本不会有大的改变，这样就大大降低了上线时出错的概率。

10.4.2　配置中心

与配置文件对应的另一个非常重要的配置管理就是配置中心的管理，配置中心一般来说是动态的配置，以 Key-Value 的形式成对出现。我们经常在不暂停服务的情况下修改某些配置，引导程序的不同流程，设置一些流控的阈值，动态修改价格，动态修改活动页地址，甚至主动切换数据库地址，都可以通过配置中心来进行控制。常见的配置中心有开源的 Apollo、Nacos 等。合理地使用配置中心，能大大增加应用程序的灵活性。

10.5　本章小结

从本章开始，我们就进入了 CI/CD 的实践，本章定义了开发标准，主要介绍了元数据管理的内容。首先介绍了应用管理，引入了应用 ID 的概念，对应用做唯一性区分，同时根据应用的性能指标、CI 标准做了分类分级。然后介绍了环境管理，详细描述了几大环境的划分，基本也对应了应用在 CI/CD 全链条的生命周期。最后介绍了资源管理和配置管理，通过明确资源和配置文件、配置中心的管理，进一步增强对应用的管理。

元数据是持续交付的第一步，元数据的统一会为后续的开发部署奠定规范性基础，开发人员统一了配置语言，第 11 章会介绍另一个重要的前置条件——分支模型。

第 11 章 *Chapter 11*

分 支 管 理

经过业界多年的摸索，Git 分支模型诞生了诸如 Gitflow、GitHub/GitLab Flow、主干开发模型、Aone Flow 等优秀的分支管理方法。

我们在设计 CI 流水线时，对这些分支模型进行了深入探索，最终选择了 Aone Flow 模型作为分支管理标准进行推广。

本章将对比各分支模型，分析它们的适用场景。然后会详细介绍如何通过 GitLab API 完成 Aone Flow 的自动化集成，以及使用过程中会遇到的常见问题及解决方法。

11.1　分支模型的选择

Git 的分支模型设计得非常灵活，相比 CVS（Concurrent Version System，并行版本系统）或者 Subversion 等更早的版本管理系统，我们在 Git 中可以快速高效地创建及合并分支。通过定义不同用途的分支以及这些分支的合并策略，也就是分支模型，可以满足各类场景的开发需求。

如何为发布平台选择一个合适的分支模型呢？我在十几年的工作历程中，在不同时期使用过 Gitflow 与主干开发两种分支模型来管理企业内部代码，并通过 GitHub Flow 模型进行开源软件的开发。在这个过程中感触最深的就是"技术上没有银弹"，我们在讨论分支模型的优劣时，不能抛开其历史背景与使用场景。

11.1.1　Gitflow

Gitflow 是由 Vincent Driessen 于 2010 年提出的一种分支模型，如图 11-1 所示。在公开后受到广泛好评, 并被许多研发团队采纳。

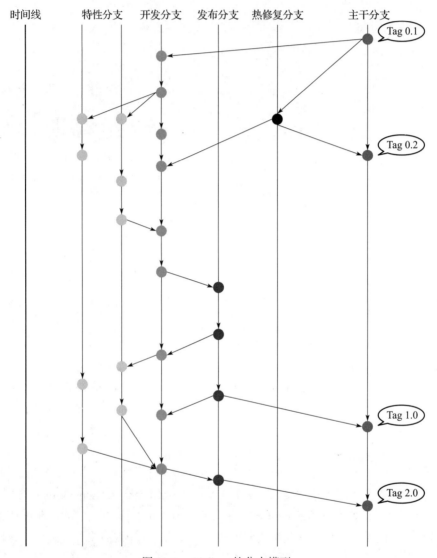

图 11-1 Gitflow 的分支模型

Gitflow 可谓 Git 分支模型的开创者, 它可能是互联网上第一个给出主干分支 (master)、特性分支 (feature) 以及发布分支 (release) 功能定义以及合并方法的分支模型, 后续的分支模型都或多或少地参考了 Gitflow。下面我们来了解一下使用广泛的几类分支以及其功能定义。

1. 主干分支、特性分支与发布分支

❑ 主干分支: 又叫 trunk 分支或者 master 分支, 维持着代码仓库的最新版本, 只有经过测试验证且生产环境可用的代码, 才应该被合并进主干分支。

❏ 特性分支：通常从主干分支（或其他包含最新代码的分支）派生得到，包含开发的需求代码，通常是不稳定的。

❏ 发布分支：包含交付给用户使用的最新代码，通常与软件的版本号相关联。

除了这 3 种广泛使用的分支外，Gitflow 中还定义了开发分支，其定义为包含了软件代码仓库的最新代码，但这些代码可能还不具备上线的条件。

Gitflow 已经问世 10 余年，其方法论经过业界多年的实践，也暴露出了不少问题。Gitflow 的官网也明确告知用户 Gitflow 在互联网时代的局限性。

2. 软件交付模型

如果用 SaaS 来类比，在当前时间节点下，软件交付逐渐演化为两类场景——公有云模式与私有化部署模式。

（1）公有云模式

公有云模式是 SaaS 的经典服务方法，即软件提供商通过统一部署的软件对外提供标准化服务。从源码管理的角度来看，部署的始终是 master 分支的最新代码。历史版本在每次发布后即被舍弃，仅需维护最新的版本。

（2）私有化部署模式

当客户对数据敏感性等因素要求较高时，也会以较原始的软件交付方式进行交付。与公有云模式相比，私有化部署会导致多个版本的代码并存。

从 Gitflow 提出的时间节点及 Gitflow 作者的行业背景来看，Gitflow 主要考虑了私有化部署模式下代码的管理。

对于大多数以公有云模式交付代码的互联网公司来说，Gitflow 存在很多无法解决的问题。

3. Gitflow 的局限性

在持续交付等理念的推动下，每日部署逐渐成为互联网公司的标配，软件的发布周期从之前的按月计算演变为按小时计算，长生命周期的发布分支逐渐失去其必要性。于是很多软件开发团队会对 Gitflow 进行调整。首先开发人员在特性分支上进行开发，在自测通过后合并进入 develop 分支，然后测试人员在 develop 分支上进行回归测试，达到上线标准后将 develop 分支并入 master 分支，最后将 master 分支部署到生产环境。

互联网行业需求变化快、交付周期短，在高速迭代时，会在 develop 分支上并存多个待测试的分支，如果开发人员与测试人员沟通不充分，很容易将 develop 分支上未经严格测试的特性分支合并到 master 分支，进而发布到生产环境。为了避免这种情况，有两种解决方案，第一种是在将 feature 分支合并到 develop 分支时进行排队，保证 develop 分支上仅保留正在测试以及测试完成的 feature 分支；第二种是研发人员在特性分支上完成开发工作后，将代码合并到 develop 分支进行测试，达到上线标准后，再将特性分支合并到 master 分支进行生产环境部署。

第一种方法对需求吞吐量会有极大影响，高速迭代的互联网公司无疑接受不了这种效率上的下降。第二种方法看似能在保证质量的同时不对迭代效率产生太大影响，但引入了一个新的问题——develop 分支将与 master 分支不同步，并且差异会越来越大，最终变为两个没有任何关系的独立分支。在实际使用中，会出现某个 feature 分支在与 develop 分支合并后能正常工作，但合并到 master 分支后出现 Bug 的情况。

11.1.2　主干开发模型

如何避免 develop 分支与 master 分支的差异性呢？可以直接去除 develop 分支与 feature 分支，在代码经过充分的单元测试及代码审查后，直接提交进入 master 分支，直接针对 master 分支进行回归验证，并进行生产环境部署，也就是开发模型，如图 11-2 所示。

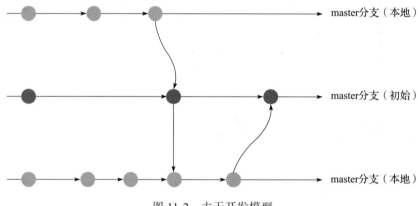

图 11-2　主干开发模型

主干开发模型不是一种新技术，在 Git 未被发明之前，主干开发模型在 CSV、Subversion 这类版本控制系统中已经很常见，使用这类版本控制系统基本只会使用 master 分支，开发人员在本地开发完成后，便会将代码提交进入 master 分支。主干开发模型最核心的要求，就是 master 分支上的代码应随时保证生产环境就绪（Production Ready），feature 分支必须具备符合要求的单元测试覆盖率并经过严格的代码审查后，才能被允许并入 master 分支。同时，master 分支也需要具备完善的自动化集成测试能力，每次有新代码合并进入 master，都应通过这些自动化测试，保证新代码不会引入额外的 Bug。如果没有以上基础而采用了主干开发模型，会在 master 分支上引入很多包含 Bug 的提交以及频繁回滚（revert）记录。

此外，由于缺失了 feature 分支以及可起到集成功能的 develop 分支，我们必须引入功能开关以保证 master 分支代码的稳定性，代码如下所示。

```
if (featureSwitch.isOn("newUserUI") {
    uiModel.setUIVersion("2.0");
    // 省略其他新特性代码
}
```

久而久之，便会在 master 分支上引入大量与实际业务无关的功能开关代码，这些代码必须进行定期清理，否则就会演变为技术债务。

基于以上原因，主干开发模型虽然使用简单，但在国内使用并不广泛，我们最终也没有采纳这一分支模型。

11.1.3　Aone Flow

如何解决 Gitflow 与主干开发模型中的分支、环境争用的问题呢？我在阿里云效产品中看到了一种独特的分支管理方法。Aone Flow 分支模型如图 11-3 所示。

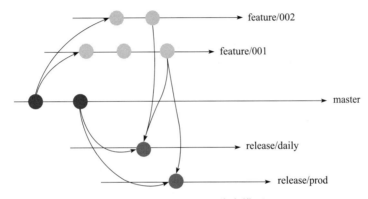

图 11-3　Aone Flow 分支模型

1. Aone Flow 分支模型

Aone Flow 中定义了 3 种分支类型——特性分支（feature）、发布分支（release）与主干分支（master）。这三类分支与 Gitflow 定义的几种分支的功能类似，开发人员收到开发任务后，会从 master 分支上拉取专用的 feature 分支。在 feature 分支上完成代码开发工作后，将 feature 分支并入 release 分支进行集成测试。测试人员发布分支并完成测试工作后，由开发人员或运维人员将 release 分支部署到正式环境，将 release 分支合并进入 master 分支。

以图 11-3 为例，开发人员 A 与开发人员 B 收到两个开发任务后，分别创建了特性分支 feature/001 与 feature/002，并开始开发工作。在 A 和 B 完成开发工作后，他们需要将 feature/001 与 feature/002 发布到日常环境进行集成测试。于是他们创建了一个发布分支 release/daily，并将 feature/001 与 feature/002 合并到 release/daily 上。feature/001 通过了测试，而 feature/002 还遗留了较多 Bug 未完成修复，此时 feature/001 可以独立发布到正式环境。在上线前，为了避免 feature/002 对测试造成干扰，我们需要将 feature/002 解除合并，单独对 feature/001 进行回归验证。

由于在 Git 中很难实现去除一个已经合并的分支中的所有提交，我们可以重新创建一个日常环境的 release 分支，仅合并待测试的 feature/001 分支，为了避免与旧 release 分支名字冲突，我们将日期也编码进 release 分支的名字中，例如 release/daily/20211102 与 release/daily/20211105。

可以看出，Aone Flow 中的发布分支与 Gitflow 中的发布分支区别比较大。首先，Aone Flow 中的发布分支可以理解为容纳多个特性分支的容器，研发人员除去处理冲突外，并不会在发布分支上直接进行代码提交。基于这个理解，Aone Flow 中的发布周期也是由合并在其之上的特性分支决定的，当特性分支发生变化时（有分支退出集成），发布分支可能会被丢弃并重建。

2. 解决环境争用问题

相对于主干开发模式，Aone Flow 重新引入 release 分支。当一个 feature 分支需要部署并测试时，不再直接将 feature 分支部署到环境中，而是先将待测试的 feature 分支合并到 release 分支中，然后将 release 分支进行部署。这样，只需要先将并行测试的 feature 分支合并到 release 分支，再将 release 分支部署到测试环境，即可解决环境争用问题，如图 11-4 所示。

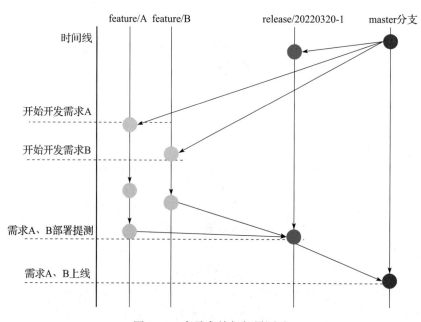

图 11-4　多需求并行部署测试

3. 解决代码回滚问题

通过重新引入 release 分支，在需要回滚无须发布的 feature 分支时，重新创建新的 release 分支，将准备发布的 feature 分支重新合并进入新的 release 分支即可，如图 11-5 所示。

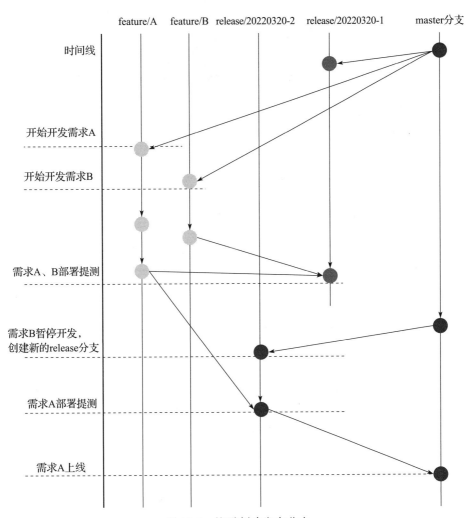

图 11-5 按需创建发布分支

以上几种分支模型各具优势，它们的主要特性对比如表 11-1 所示。

表 11-1 几种分支模型的对比

	Gitflow	主干开发	Aone Flow
发布时间	2010 年	20 世纪 90 年代中期	2015 年
代表公司	Git Prime	谷歌	阿里
适用场景	瀑布式	持续交付	持续交付
操作复杂度	中等	简单	复杂（需要系统自动化）
并行开发	支持	支持	支持
下线特性分支	手动	手动	可自动化
随时发布	不支持	支持（使用开关隔离）	支持

11.2 实践 Aone Flow 的准备工作

通过对几种 Git 分支管理策略的分析，我们认为 Aone Flow 最有可能解决在实际产品开发中遇到的问题。于是选择了 Aone Flow 作为内部发布平台的 Git 分支管理策略，下面介绍 Aone Flow 在落地过程中需要解决的一些问题。

11.2.1 分支命名规范

考虑到实现情况，我们首先需要统一分支的命名规范。Aone Flow 中有两类分支是需要动态创建的。

❑ 特性（feature）分支：feature/[user-signup]-[20210521]。

❑ 发布（release）分支：release/[daily]/[1626600798]。

这两类分支均使用对应的类型（feature/release）作为公共前缀，将各自的变化部分（方括号部分）作为后缀拼接出完整的分支名称。

1. 特性分支命名规范

特性分支需要拼接的后缀由以下几部分构成。

❑ 功能名称：使用英文简要描述本次需求的内容，例如 user-signup。

❑ 时间戳：为了快速识别分支的创建时间，同时也降低分支命名冲突，需要将诸如 20210521 的日期作为分支的组成部分，也可以牺牲一些可读性，使用 epoch 秒数来避免冲突，例如 1626600798。

❑ 创建人（可选）：可以将分支维护者的名字也编码到分支名称里，以进一步提升可读性。

完整的特性分支名称就是 feature/user-signup-20210521，或者 feature/zhangsan/user-signup-20210521。

2. 发布分支命名规范

与特性分支不同，发布分支相对简单一些。由于发布分支与各个环境是一一对应的，环境名称自然需要作为分支组成的一部分。同时，为了避免命名冲突，我们将 epoch 秒数也编码为分支名称的一部分。命名规则为 release/{env}/{epoch_seconds}。完整的发布分支名称举例如下。

❑ release/daily/1626600798

❑ release/qa/1626600798

❑ release/prod/1626600798

11.2.2 特性分支

为了方便管理，我们定义了特性分支的状态，如表 11-2 所示，它们之间的变更流程如

图 11-6 所示。

表 11-2　特性分支状态

状态	状态描述
初始	基于主干分支创建
集成中	合并到某个环境的发布分支中
已发布	在正式环境进行部署操作
冻结	发布成功后合并回主干分支

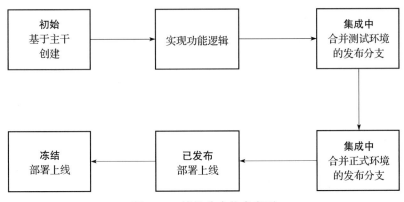

图 11-6　特性分支状态变更

初始状态是一个分支的生命以初始状态开始，这个状态表示分支还未开发完成，处于初始状态的分支将无法与发布分支进行合并。

在代码编写完成，可以进行部署操作时，我们将分支状态设置为"待发布"，处于这个状态的分支将出现在各环境的待发布列表中。而在某个环境中将特性分支合并到发布分支后，分支的状态变为"集成中"，出现在环境的已发布列表中。在正式环境执行发布操作后，分支状态变为"已发布"，处于这个状态的分支，表示代码已经部署到正式环境。在正式环境发布的最后一步，会将发布分支合并回主干分支，并将所有特性分支的状态标记为"冻结"。

为什么要有"冻结"这个状态呢？对于一个特性分支来说，我们认为它完整承载了一次需求的相关代码，它的生命周期也与一个需求的生命周期一致。当一个需求成功上线，特性分支合并回主干分支后，其对应的特性分支的生命周期也应结束。如果发现存在 Bug 需要修复，则应创建一个新的分支进行修复，而不是在原有分支上进行修改，为此我们引入了"冻结"状态作为一个特性分支的终点状态，在一个特性分支进入冻结状态后，后续将不允许对该分支进行发布。

11.2.3 与 GitLab 集成

在了解了 Aone Flow 的基本工作原理后，我们来看下如何通过 GitLab 相关 API 完成流程的自动化。

在调用 GitLab API 时存在两种场景。

☐ 当开发人员进行平台操作，如创建特性分支、合并发布分支时，需要明确操作人的身份。

☐ 当系统管理员配置流水线触发器、合并主干分支、为主干分支打标签时，需要更高级别的权限。

以上两种场景均需要获取操作人的相关 OAuth2 Token。下面我们来看一下如何接入 GitLAB OAuth2 流程，并实现不同身份的 API 调用。

1. 获取 Access Token

GitLab 实现了标准的 OAuth2 协议，发布平台通过引导用户至 GitLab 进行授权，即可获取用户的 Access Token，为此需要在 GitLab 上创建应用。

首先以具备管理员身份的账号登录 GitLab 后，在 GitLab 管理中心的应用选项卡中，点击 New application，如图 11-7 所示。

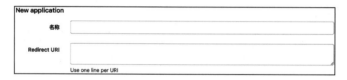

图 11-7　创建 GitLab 应用及分配权限

图 11-7 中的 Redirect URI 参数填写 GitLab 认证授权成功后需要跳转的链接，由于我们使用了 spring-security-oauth2 模块，这里可以填写固定值 /login/oauth2/code/gitlab，域名部分需要自行修改。本节介绍的 GitLab 自动化流程需要的必要权限点可参考图 11-8。

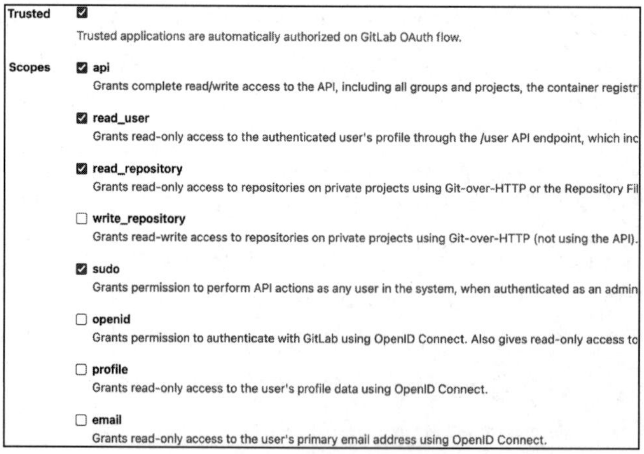

图 11-8　为应用分配必要的权限

2. 以操作者身份调用 GitLab API

在平台与 GitLab 交互的过程中，许多 API 要求提供操作者的身份认证信息，即当前登录用户的 OAuth2 Token，这个 Token 是在 GitLab 的 OAuth2 认证成功后，通过相关 API 获取的（具体可参考 OAuth2 相关文档）。

以我们使用的 spring-security 框架为例，可参考以下代码获取当前登录用户的 GitLab Access Token。

```
Authentication principal = SecurityContextHolder.getContext().getAuthentication();
if (principal instanceof OAuth2AuthenticationToken) {
    OAuth2AuthenticationToken authenticationToken = (OAuth2AuthenticationToken)
        principal;
    OAuth2AuthorizedClient authorizedClient = auth2AuthorizedClientService.
    loadAuthorizedClient(
        authenticationToken.getAuthorizedClientRegistrationId(),
            authenticationToken.getName());
    String gitlabAccessToken = authorizedClient.getAccessToken().getTokenValue();
}
```

在发起调用时，通过 Header Authorization: Bearer <your_access_token> 即可以相关用户的身份调用 GitLab API。

3. 以管理员身份调用 GitLab API

第二类场景需要以系统管理员身份调用 GitLab API，系统管理员账号受发布平台控制，无须进行 OAuth2 的烦琐流程获取 Access Token，GitLab 提供了更友好的 Persona Access Token 功能。

以管理员账号登录 GitLab 后，可通过用户设置页面的访问令牌页面，创建管理员个人 Token，如图 11-9 所示。

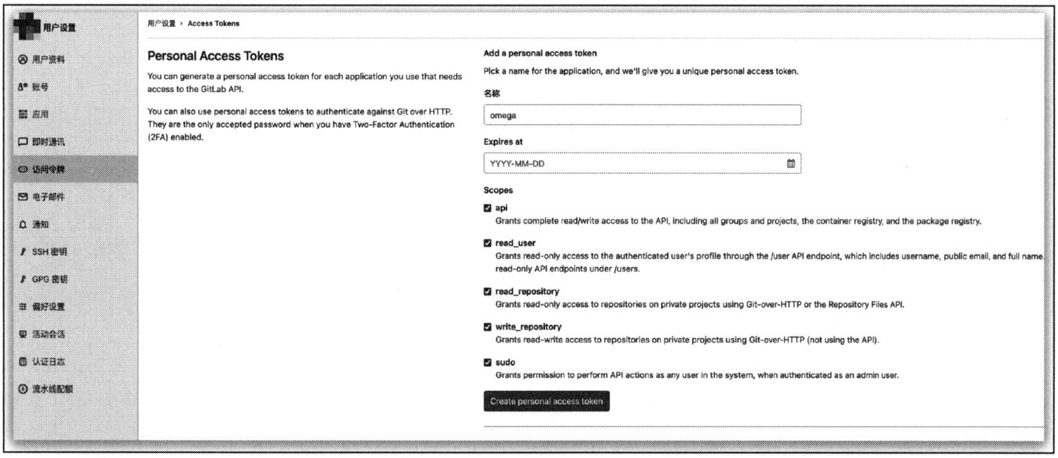

图 11-9 为个人访问 Token 分配权限

创建成功后，即可生成个人 Token，如图 11-10 所示。

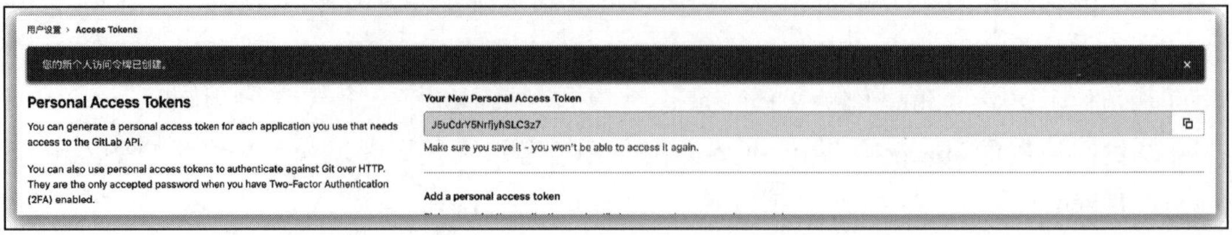

图 11-10　生成个人 Token

使用管理员个人 Token 调用 API 的方式与 OAuth2 Token 的方式类似，都是使用 Header 传递 Token，但是需要修改一下 Header 名称，代码如下所示。

```
curl --header "Private-Token: <your_access_token>"  https://gitlab.example.
    com/api/v4/projects
```

11.3　Aone Flow 的实践

准备工作完成后，我们开始尝试通过 GitLab API 实现 Aone Flow 的自动化。本节会带领大家完成各种分支的自动化管理，实现特性分支与发布分支的集成以及特性分支的上线。

11.3.1　创建第一个特性分支

我们通过 POST/v4/branch API 进行特性分支的创建，创建特性分支需要使用当前操作用户的 access_token。特性分支始终基于主干分支的最新版本进行创建，保证了特性分支在创建之初是与主干分支最新代码同步的。在实际开发过程中视开发进度与实际开发排期，有时会出现经历几周才进行发布上线的情况，这时需要开发人员养成定期与主干分支进行变基（rebase）的习惯，避免上线时处理合并冲突。

创建特性分支可通过调用 GitLab 分支相关 API 实现，代码如下。

```
POST /projects/:id/repository/branches
```

分支创建接口需要提供 3 个参数。

❑ id（project id）：在项目与 GitLab 仓库关联时可以获取。

❑ branches：分支名称，例如用户注册 user-signup 的特性分支可命名为 feature/user-signup-1626600798。

❑ ref：由于特性分支需要基于最新的主干分支创建，这里填写 master 即可。

11.3.2　解决单一代码库分支复用问题

在开始一个新项目时，大多数开发团队都习惯于创建一个新的代码库，每个项目都存储在一个完全独立的、版本控制的代码库中，以保持功能的纯净与独立。持续发布平台也是以应用为中心，通常与实际的 Git 仓库是 1∶1 的，即每个 Git 仓库为一个可独立部署单元。这样组织形式的代码仓库我们称之为多代码库（Multirepos）。

还有些团队可能从创业早期就一直维护一套代码仓库，随着业务的增长，不同功能的组件越来越多，尽管这些组件在逻辑上是独立的，也可能由不同的团队进行维护。这样的代码库我们称之为单一代码库（Monorepos）。

即便是单一代码库，我们仍然遵循之前提到的构建原则——为每一个可独立部署单位创建一个应用，这样就会出现 1 个 Git 仓库对应多个应用的场景，如图 11-11 所示。

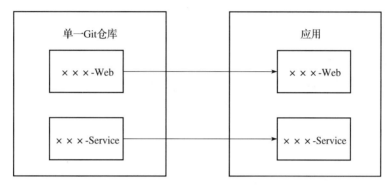

图 11-11　大仓部署问题

针对这样的大型仓库，如果变更仅涉及仓库中的某个单一组件，此时只需创建一个特性分支，与常规的应用发布没有任何区别。然而如果需要同时变更多个组件，由于持续交付平台的分支是按照应用维度进行创建的，此时就需要创建多个分支进行开发。比如某个需求既需要在 Service 层应用中添加新的接口，又需要同时更改 Web 层应用添加对外提供服务的API，此时就需要创建 2 个特性分支来处理。

可以选择在 Web 层应用与 Service 层应用各创建一个物理分支，但由于这两个物理分支是在解决同一个问题，一定会存在代码级别的依赖，例如在 Service 层应用中添加业务接口后，需要在 Web 层应用中调用该接口。在实际操作中会出现频繁的代码合并，这便引入了很多不必要的人工操作成本。

为了解决这个问题，我们在创建第二个应用的分支时，并不创建实际的物理分支，而是允许从 Git 仓库中选取一个已经存在的分支进行关联，这样两个应用就可以共享同一个物理分支了。只需要在一个分支上进行开发，分别在两个应用中进行合并发布操作即可。

11.3.3　创建发布分支

在特性分支创建完毕，并在其上进行功能开发后，下一步待解决的问题就是如何将代码进行发布。在 Aone Flow 中，我们的所有发布都是基于发布分支进行的，那么首先我们要将发布分支创建出来。

发布分支与特性分支的创建过程相似，都是基于最新的主干分支进行创建。分支创建操作可以通过调用 GitLab 分支相关 API 完成，代码如下。

```
POST /projects/:id/repository/branches
```

分支创建接口需要提供 3 个参数。

❑ id（project id）：在项目与 GitLab 仓库关联时可以获取。

❑ branches：分支名称，例如日常环境的发布分支名为 release/daily/1626600798。

❑ ref：由于发布分支需要基于最新的主干分支创建，这里填写 master 即可。

11.3.4 合并到发布分支

发布分支创建好后，我们就可以进行特性分支与发布分支的合并了。

在进行分支合并时，GitLab 推荐的操作方法是合并请求（Merge Request），我们在合并分支时，需要使用 Merge Request 相关 API，代码如下。

```
POST /projects/:id/merge_requests
```

这个接口提供了非常丰富的参数，这里我们主要关注两个重要的参数。

❑ source_branch：待合并的分支名称，这里填写特性分支名称。

❑ target_branch：目标分支名称，填写发布分支名称。

例如将特性分支（feature/user-signup-20210521）合并到日常环境的发布分支（release/daily/1626600798）时，我们需要将 source_branch 参数指定为 feature/user-signup-20210521，而 target_branch 参数指定为 release/daily/1626600798，这个接口调用成功后会返回一个非常重要的参数 iid，即后面执行接受 Merge Request 接口时需要传入的 merge_request_iid 参数。

Merge Request 创建完毕后，直接调用接受 Merge Request API (PUT /projects/:id/merge_requests/:merge_request_iid/merge)，即完成了分支合并操作。

在分支合并完成后，GitLab 会返回当前合并成功的 Git 提交 ID（Commit Hash），我们会将这个提交 ID 记录下来。记录这个状态可以帮助我们在 UI 上展示特性分支与发布分支的合并状态。在特性分支上有新的提交后，为特性分支添加一个待合并的标记，可以快速生成未合并代码的变更记录，如图 11-12 所示。

图 11-12　根据已合并记录展示分支是否需要合并

11.3.5　分支冲突与解决

合并特性分支并不总是一帆风顺的，其中最大的麻烦就是代码冲突，但是不要紧，我们有很多方式来解决这个问题。

首先分析一下常见的冲突场景。

❑ 特性分支与主干分支冲突：主要出现在特性分支创建后，有其他特性分支先上线，导致主干分支上出现了变化。

❑ 多个特性分支间出现冲突：同时开发的多个特性分支，每个分支独立部署都是正常的，但同时部署会出现冲突。

1. 特性分支与主干分支冲突

这种情况是最简单的一种，我们将主干分支合并到特性分支后解决冲突即可，代码如下所示。

```
git pull
git checkout feature
git merge master
# 处理完成后
git push origin feature
```

2. 多个特性分支间冲突

如果是多个并行开发中的特性分支需要同时进行部署测试，且它们之间产生了冲突，这时处理起来就相对麻烦一些，我们提供了两种解决方法，大家可以根据不同的场景进行选择。

（1）在发布分支上解决冲突

第一种解决方法是将特性分支合并到发布分支上，假设有 feature/A 与 feature/B 两个分支，我们首先将 feature/A 合并到发布分支（次序并不重要）上，这时合并是不会产生冲突的，然后手动处理 feature/B 的冲突，如图 11-13 所示。

在这种场景下，可使用以下 Git 命令解决冲突。

```
git pull
git checkout release
git merge feature/B
git push origin release
```

重复解决冲突

这种处理方式存在一些缺点。由于不同环境的发布分支是独立的，我们在测试环境的发布分支上解决冲突后，feature/A 与 feature/B 在正式环境中合并时，仍然会出现冲突，与增加额外的工作量相比，更麻烦的是，在正式环境处理冲突时引入的变更是没有经过测试的，直接上线具有一定风险。

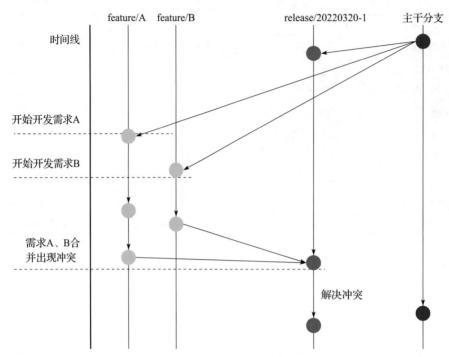

图 11-13 在发布分支上解决冲突

（2）在特性分支上解决冲突

另一种解决方法是将发布分支合并到特性分支上，代码如下所示。

```
git pull
git checkout feature/B
git merge release
git push origin feature/B
```

这种方式由于在特性分支上解决了冲突，那么无论后续在哪个环境进行合并，feature/A 与 feature/B 都不会出现冲突了。

代码污染问题

在特性分支上解决冲突引入了新的问题，我们在 feature/A 上解决与 feature/B 的冲突时，其实是将 feature/B 的代码合并到了 feature/A 上，如果 feature/A 与 feature/B 没有同步上线，会导致 feature/A 未完成的代码被发布到正式环境中。

这两种解决冲突的方式各具优劣，需要根据实际情况进行选择，如果可以确认发生冲突的分支可以同时上线，那么将两个特性分支进行合并是最优解。

11.3.6　分支上线

1. 合并主干分支

我们在 11.1.3 节提到了分支的生命周期，特性分支从主干分支中派生得到，最终还需要合并回主干分支。那么在什么时机进行这一操作呢？

在 GitFlow 或者主干开发模型中，应该选择先合并主干分支，然后基于主干分支（或者基于主干分支创建的发布分支）进行上线。而在 Aone Flow 中，应该选择将合并主干分支的时间推迟到发布完成之后。

这是因为主干分支被定义为当前线上部署的最新代码，而正式环境发布可能成功，也可能失败，从而进行回滚。如果先合并主干分支再上线，那么在回滚之后，主干分支上会存在不能发布上线的代码，这时基于主干分支创建的特性分支就会带入这些问题代码。而在发布成功后，再合并主干分支就可以有效避免这个问题。

最后，将代码合并到主干分支之后，我们会在主干分支上打上标签，标记本次上线正式完成。这一步可通过调用 GitLab API（POST/projects/:id/repository/tags）实现。

2. 清理特性分支

在与主干分支合并完成后，特性分支的生命周期就结束了，这时就可以调用 API（DELETE/projects/:id/repository/branches/:branch），将已上线的特性分支从远程仓库中删除。

11.4　本章小结

本章介绍了几种常见的分支模型及其适用场景。可以看出，在互联网高速迭代的开发模式下，一定要选择一种能够很好支持持续交付的分支模型，在这一点上，主干开发及 Aone Flow 都能够胜任。主干开发模式使用简单，工程师通过简单的命令就能快速上手，但对功能开关有很强的依赖，如果团队还不能熟练使用功能开关，Alone Flow 才是更优的选择。

技术是在不停演进的，环境也是。读者应根据自身或所在公司的实际环境，选择更适合、效率更高的分支模型。

Chapter 12 第 12 章

持 续 集 成

持续集成是软件交付的重要环节，这个环节将产出在后续部署流程中需要使用的关键产物——镜像。本章重点讲解如何高效构建应用镜像。此外，本章会深入介绍管理基础镜像的方法，比如哪些组件适合放入基础镜像，变更频繁的基础组件应当如何管理。

12.1　从源码到镜像

编写 Dockerfile 看似简单，如何让一个中等规模的公司的几百个研发人员都能编写出正确的、符合要求的 Dockerfile，成为我们推广容器化发布平台过程中面临的一大难题。

在大部分以业务为主的互联网企业中，一线业务产研团队居多，基础架构团队的人员比例不会特别高。如果让所有研发人员都掌握规范的 Dockerfile 编写方法以及具备解决日常 Dockerfile 问题的能力，那么企业可能需要投入大量的人力和时间。

此外，对于已经具备成熟交付流程的开发团队，如果需要研发人员将已有的构建脚本手动翻译为 Dockerfile，无疑会造成很高的使用门槛。因此，切换到新平台时应该尽可能保证平滑。于是我们引入多种自动以及半自动的方式，让用户通过声明式配置生成符合平台要求的应用镜像。

12.1.1　手动构建应用镜像

一个 Java Spring Boot 应用的最简 Dockerfile 如下所示。

```
FROM openjdk:8-jdk-alpine
COPY target/app.jar /
```

```
ENTRYPOINT ["java","-jar","/app.jar"]
```

将上述代码放置在项目根目录下一个名为 Dockerfile 的文件中，如下所示。应用在构建（mvn package）完成之后，在当前目录执行 docker build 命令，即可得到应用镜像。

```
├── src
│   └── main
│       └── java
│           └── resources
├── pom.xml
└── Dockerfile
```

12.1.2　通过 Maven 插件生成 Dockerfile

各个语言都有成熟的构建工具，如 Maven 之于 Java。如果将 docker build 这个步骤集成到各个语言的构建流程中，可以提升开发效率，降低复杂度。以 Java 为例，通过 Maven 插件 maven-dockerfile-plugin 可以实现 docker build 的自动化。在项目的 pom.xml 配置文件中，添加以下配置片段即可实现在执行 mvn deploy 命令时完成镜像构建以及推送镜像仓库等步骤。

```xml
<plugin>
    <groupId>com.spotify</groupId>
    <artifactId>dockerfile-maven-plugin</artifactId>
    <version>1.4.13</version>
    <executions>
        <execution>
            <id>build</id>
            <phase>deploy</phase>
            <goals>
                <goal>build</goal>
                <goal>push</goal>
            </goals>
        </execution>
    </executions>
    <configuration>
        <repository>app</repository>
        <tag>${maven.build.timestamp}</tag>
    </configuration>
</plugin>
```

12.1.3　多阶段构建

12.1.1 节简单介绍了如何构建一个 Java 应用的镜像，但是留了一个问题，Dockerfile 中使用的 app.jar 文件是如何得到的呢？答案就是通过执行 mvn package 命令获得，而这一步编译操作通常是在统一的构建服务器中执行的，于是情况变得复杂起来。

❑ 不同应用需要多种 JDK 版本时怎么办？

❑ 有应用需要依赖较新版本的 Maven，导致老应用无法构建怎么办？

类似的问题我们在实践过程中还会遇到很多，但解决方案是相同的，即对编译构建环境进行隔离。隔离是 Docker 的强项，我们可以将 mvn package 命令同时写入 Dockerfile 中，代码如下所示。

```
FROM maven:3.8-jdk-8
ADD . /src
RUN cd src && mvn package
COPY target/app.jar /
ENTRYPOINT ["java","-jar","/app.jar"]
```

注意，这里我们对上面的 Dockerfile 进行了两处修改。第一，由于依赖 Maven，因此将基础镜像变更为 Maven 镜像；第二，在执行 COPY 指令前添加了 mvn package 命令。这样，只要执行 docker build 命令就可以直接从源码中得到镜像了。

这种方式引入了一个新问题：运行时额外打包的 Maven 依赖，将会导致应用镜像体积膨胀。如何解决呢？我们将源码编译与镜像构建拆成两个步骤。

1）通过 docker run 命令启动 Maven 容器，并在其中执行源码编译，代码如下所示。

2）执行 12.1.1 节开头处的 Dockerfile 得到应用镜像。

```
docker run --rm \
    -v $(pwd):/src \      #1
    -w /src \
    maven:3.8-jdk-8 \     #2
    mvn package -Dmaven.test.skip=true #3
```

在上面的代码中，我们将当前目录通过数据卷的方式挂载到容器中（#1），将待运行的镜像设置为包含了 Maven 环境的镜像，并传入需要执行的 mvn 构建命令（#3）。这样，在这个容器运行成功后，我们就可以在本地磁盘中得到构建完成的 app.jar 了。

这个步骤相对烦琐，为了解决编译和构建复杂的问题，Docker 在 17.5 版本之后引入多阶段构建（multistage build）的新特性，以帮助用户简化上述操作，缩小镜像。在多阶段构建中，允许一个 Dockerfile 中出现多个 FROM 指令。虽然有多个 FROM 指令，每条 FROM 指令都是一个构建阶段，但最后生成的镜像，仍以最后一条 FROM 为准，之前的 FROM 会被抛弃。大家可能会有疑惑，那之前的 FROM 又有什么意义呢？通过之前的 FROM 指令，能够将前面阶段中的文件拷贝到后面的阶段中，这就是多阶段构建的意义。

我们通过多阶段构建的方式修改上述 Dockerfile，如下所示。

```
FROM maven:3.8-jdk-8 as builder  #1
ADD . /src
RUN cd src && mvn package

FROM openjdk:8-jdk-alpine  #2
COPY --from=builder target/app.jar /
ENTRYPOINT ["java","-jar","/app.jar"]
```

第一个 FROM 指令主要是通过 Maven 环境完成 Jar 包的编译与构建；第二个 FROM 指

令主要用来完成 Java 进程的启动。可以看到，利用多阶段构建特性，可以很好地处理构建与运行的镜像环境，避免编译器依赖对运行时造成污染。

12.1.4　标准化构建流程

为了演示 Docker 的构建原理，我们简化了很多步骤，比如对于源码编译，仅使用了最简单的 mvn package 作为示例，在实际开发过程中，还有很多参数需要控制。

1. 私有依赖仓库

企业中免不了要依赖很多二方包（相对于公开的三方包而言），这些二方包通常会上传到一个内部的 Maven 私有仓库中。我们在构建服务器的 Maven settings.xml 时，预先以 Maven Profile 的方式定义了这些仓库，代码如下所示。

```
<servers>
    <server>
        <id>ziroom-central</id>
        <username>omega</username>
        <password>*****</password>
    </server>
</servers>

<profile>
    <id>private-repo-1</id>
    <repositories>
        <repository>
            <id>private-repo-1</id>
            <url>http://mvn.internal/nexus/</url>
        </repository>
    </repositories>
</profile>
```

在执行 mvn 相关命令时利用 -P 参数即可激活对应的仓库。对于需要向内部仓库推送二方依赖的应用，只需要在 pom.xml 文件中正确配置仓库 ID，即可获得相应的推送权限，不需要各自维护仓库密码。

Maven 仓库的密码安全等级可进一步提升，例如在配置文件中存储加密后的密码，如下述代码所示。这种方法需要配合 Master Password 使用，而 Master Password 可在执行构建时以数据卷的形式挂载到容器中，供 Maven 解密使用。

```
<settings>
    <servers>
        <server>
            <id>my.server</id>
            <username>foo</username>
            <password>{COQLCE6DU6GtcS5P=}</password>
        </server>
    </servers>
```

```
</settings>
```

另一种方式是在配置文件中动态引用外部的密码变量，在运行构建命令时动态获取密码，再以环境变量的形式传入，代码如下所示。

```
<servers>
    <server>
        <id>my.server</id>
        <username>${env.MAVEN_REPO_USER}</username>
        <password>${env.MAVEN_REPO_PASS}</password>
    </server>
</servers>
```

2. 基础镜像

基础镜像的声明位于大多数 Dockerfile 的第一行，基础镜像是我们标准化构建流程的重要抓手。

（1）动态基础镜像

在 12.1.1 节的示例中，为了简化流程，我们使用了固定的基础镜像。在一个复杂的企业应用架构中，免不了要维护不同时期产生的应用，遗留的应用可能依赖 JDK 7，新创建的应用可能会使用 JDK 11。在 Dockerfile 中，基础镜像可通过构建参数（build-arg）进行动态控制，代码如下所示。

```
arg   BASE_IMAGE
FROM $BASE_IMAGE
# 省略后续步骤
```

在运行 docker build 命令时，通过指定 --build-arg BASE_IMAGE=java:8 参数的方式，即可实现动态控制某个应用的基础镜像。这个变量实际上是由发布平台在触发构建任务时传入的。用户可在平台维护的基础镜像中，自由决定应用的基础镜像配置，如图 12-1 所示。

对于基础镜像的管理，我们的发布平台经历了两个阶段，第一个阶段的基础镜像是由平台根据应用的类型自动匹配得到的，不支持用户手动修改，如图 12-2、图 12-3 所示。

这种方式支撑了发布平台上百个应用的接入。为什么采用这种看似不灵活的策略呢？在构建一个新平台时，**应尽可能保证用户能够平滑迁移到新平台上，如无必要，勿增实体**。对于刚接触平台的新用户来说，我们隐藏了 Dockerfile 这一概念，思考得更极致一些，不如将基础镜像也同样对研发人员透明，否则选择基础镜像这一步就会引入额外的复杂性和解释成本。

事实上，由于 Omega 平台定位于解决公司内部的 CI/CD 需求，而公司内部的技术栈相对收敛，因此这种简单粗暴的方法产生的效果出乎意料地好。对于部分必须自定义基础镜像的应用，也可以通过在构建脚本中手动声明基础镜像的方式来解决。

图 12-1　应用个性化基础镜像配置

镜像类型	镜像简称	镜像全称	应用类型	应用语言
通用	java8	harbor.ziroom.com/omega/java-8:2021 0907-094045	dubbo-fatjar	java
通用	java8	harbor.ziroom.com/omega/java-8:2021 0907-094045	spring-boot	java
通用	go1.12	harbor.ziroom.com/public/golang:1.12	go	go
通用	php7	harbor.ziroom.com/public/php:7	php7	php
通用	php5	harbor.ziroom.com/public/php:5	php5	php

图 12-2　平台维护的基础镜像清单

随着平台的成长，接入的应用数量从几十增长到了几百甚至几千，我们也遇到了越来越多自定义镜像的需求。此时，这种在配置中写死镜像版本的方式的弊端就暴露出来了——我们无法对这些写死版本的镜像进行升级。

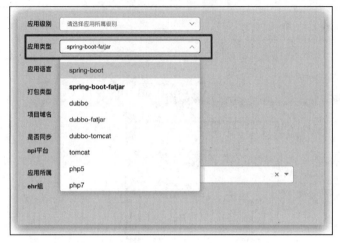

图 12-3 根据应用类型匹配基础镜像

于是，我们保留了基础镜像自动匹配的原则，在这个基础上，进一步支持应用自定义基础镜像的功能，99% 的应用不需要关注基础镜像，只有希望自定义基础镜像的应用需要进行额外配置。

（2）分层维护

如同应用开发中流行的 MVC（Model-View-Controller，模型 – 视图 – 控制器）模式，我们根据职责的不同，将镜像进行分层，下层的镜像继承（FROM）上层镜像，如图 12-4 所示。对于没有运行时需求的语言，例如 Golang，可以直接使用操作系统镜像。

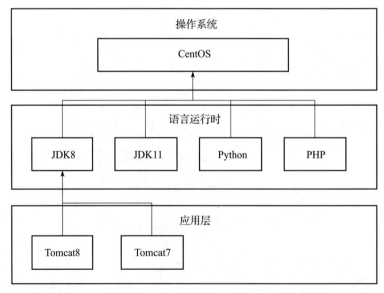

图 12-4 镜像分层管理

通过这种分层方式，可以极大地降低基础镜像维护的复杂度。例如，需要修改 JDK 小版本时，仅需重新构建 JDK8 的镜像及依赖于它的 Tomcat 和 Java-Algo 镜像即可。

镜像分层后的另一个好处是，不同层的镜像可交由不同团队维护。例如我所在的公司，基础镜像是由 SRE 团队和基础架构团队共同维护的。操作系统层由运维人员维护，方便他们统一控制内核参数；语言运行时由基础架构团队维护，这样应用的 JDK 等运行时可以集中维护；应用层则由基础架构团队与应用研发团队共同维护，例如算法团队可以在他们的 JDK 镜像中安装额外库，这样整个流程可以最大限度地解耦，提升维护效率。

（3）封装通用组件

除了各种语言的运行时外，还有些无法通过 Sidecar 运行的基础组件，比如 Java Agent，也很适合打入基础镜像统一维护。例如，我们会将 Pinpoint Agent（一种分布式链路追踪产品）内置在 Java 基础镜像中，这样所有使用了 Java 基础镜像的应用都具备了链路追踪的能力。

在基础镜像中维护通用组件，虽然降低了应用的使用难度，但给平台的运维带来了不少麻烦。最明显的一个问题是，如何升级基础镜像中的组件？每当我们需要对基础组件进行升级时，需要更新所有相关的基础镜像，在发布平台中对这些镜像进行回归测试，应用在下一次发布时就可以更新到这些基础组件了。至于如何解决这个问题，我们将在第 13 章介绍一个更好的方法。

12.1.5 构建声明式镜像

到目前为止，我们介绍了应用镜像的基本构建方法、镜像构建过程中需要解决的各种问题以及基础镜像的维护。但是，仍然没有解决如何让用户编写出高质量 Dockerfile 这个问题。我们的解决方法是，不将 Dockerfile 直接暴露给用户，而是通过一个声明式的中间层，利用脚本解释和执行该配置，生成最终的 Dockerfile 和镜像。

首先来看一个范例，代码如下所示。

```
module: sample-app
# 编译阶段
compile:
    preset: build/java/mvn
    variables:
        java: 8

# 打包阶段
assembly:
    preset: assembly/java/fat-jar
    variables:
        app-jar: target/sample-app.jar

# 镜像构建阶段
docker:
```

```
preset: docker/java/spring-boot
variables:
        app-jar: lib/sample-app.jar
```

然后，执行 omega-cli build 命令即可完成整个编译、装配及最终的镜像构建工作。

1. 分阶段构建

我们对镜像构建的典型步骤进行抽象，拆分出编译（compile）、装配（assembly）、镜像构建（docker）3 个环节。

1）编译环节：我们通过各种构建工具（例如 Maven）对源码进行编译，产出装配环节所需要的二进制产物。这一步是可选的，对于 PHP 等解释型语言或者源码库中已经存在编译后的产物（例如，无源码的外部采购系统），可以直接进入装配环节。

2）装配环节：将应用运行需要的依赖、内部配置文件及其他运行时能够在编译期固化的文件，进行整理和打包，产出可用于部署的制品。

3）镜像构建环节：收集装配环节产出的制品，根据模板生成 Dockerfile，并完成镜像构建。

2. 封装通用逻辑

在代码描述的构建过程中，没有发现 mvn package、docker build 这类指令，原因是我们将这些通用逻辑封装进了预制组件（preset）中。例如，我们将 Java 编译过程封装进名为 build/java/mvn 的预制组件中，代码如下所示。

```
from: public/maven:3.6-jdk-{{.JAVA}}
shell:
    - mvn clean install -U -B -P${MAVEN_PROFILES} -Dmaven.test.skip=true
```

这样所有使用了 build/java/mvn 预制组件的项目均会在编译期运行上面的代码进行编译。这个机制有很多优点。

❑ 正交性：不同环节的预制组件保持正交，便于组合。假设后续我们需要同时支持 Gradle 构建工具，仅需添加代码 build/java/gradle，即可完成对 Gradle 构建工具的支持。

❑ 标准化构建步骤：所有项目均使用几种固定的预制组件，我们可以非常方便地控制构建流程。例如，我们在平台运营后期，为 Java 系应用添加依赖树（dependency:tree）分析功能，只需要在指定的预制组件中添加一行代码，如下所示。

```
from: public/maven:3.6-jdk-{{.JAVA}}
shell:
-   mvn dependency:tree -DappendOutput=false -DoutputFile=${MAVEN_PROFILES}.
    tfg -DoutputType=tgf  -P${MAVEN_PROFILES}
- mvn clean install -U -B -P${MAVEN_PROFILES} -Dmaven.test.skip=true
```

在构建流程完成后，上传编译过程产生的 Maven 依赖树文件即可。

3. 实现自定义构建工具

综上，我们实现了一个简单的自动化构建工具，并将其命名为 omega-cli。这个工具负责解释与执行 12.1.4 节所描述的配置文件，并完成 Docker 镜像的构建工作。我们将这个工具分发到所有的构建服务器中，这样每个应用都能在构建脚本中执行这个命令。

12.2 CI 工具选型

通常，我们很少在本地完成镜像构建工作，这是为什么呢？原因有二。
- 环境不统一：每个用户的环境错综复杂，无法保证每个人都能构建出相同的镜像，同时也不能强制要求所有用户都安装并配置好 Docker。
- 安全性考虑：构建过程中会依赖很多密钥信息（如镜像仓库的密码），在本地构建将无法保证密钥的安全性。

业界的常规做法是通过统一构建服务器来完成镜像构建操作。本节会介绍两款开源软件 Jenkins 和 GitLab CI，以及自如的选型过程。

12.2.1 Jenkins 还是 GitLab CI

在 CI 选型上，如果不考虑付费方案，Jenkins 几乎是唯一的选择。经过业界多年探索以及开源运作，Jenkins 构建了丰富的生态，所有需求均可通过开源插件或丰富的 API 进行二次开发来满足。

GitLab CI 与 Jenkins 的定位大致相同，在设计上利用了后发优势，避免了 Jenkins 走过的一些弯路。

初期版本的 Jenkins，CI 流水线重度依赖人工配置，存在灵活度不够、重度依赖开源或者自研插件解决各种定制化需求的问题。这些问题直到支持通过 Groovy 脚本定义流水线后才得以解决。然而，基于 Groovy 脚本的流水线在极大提升流水线配置的灵活度与扩展性的同时，也极大地提升了用户的上手门槛。

1. 流水线配置

Jenkins 的流水线定义在一个名为 Jenkinsfile 的脚本中，通过将这个脚本提交到 Git 仓库，即可完成 Jenkins 流水线的配置。

一个简单的构建 Java 镜像的脚本示例如下所示。

```
pipeline {
    agent {
        docker {
            image 'maven:3.8.1-adoptopenjdk-11'
            args '-v /root/.m2:/root/.m2'
        }
    }
    options {
```

```
                skipStagesAfterUnstable()
        }
        stages {
            stage('Build') {
                steps {
                    sh 'mvn -B -DskipTests clean package'
                }
            }
            stage('DockerImage') {
                steps {
                    sh 'docker build -t siampleapp .'
                }
            }
        }
    }
}
```

GitLab CI 在使用方式上与 Jenkins 类似，需要在 Git 仓库中提交一个名为 .gitlab-ci.yml 的配置文件，如下所示。

```
stages:
    - build
job_build:
    stage: build
    script:
        - set -eo pipefail
        - mvn -B -DskipTests clean package
        - docker build -t siampleapp .
```

从使用上来说，Jenkins 和 GitLab CI 没有本质区别，只是最终我们还是选择了 GitLab CI。

2. GitLab CI 的优势

作为 GitLab 的内置 CI 解决方案，相比于 Jenkins，GitLab CI 拥有以下优势。

❑ 开箱即用，对用户和平台开发者非常友好，无须关注 CI 的内部配置。gitlab-runner 配置简单，当新建一个项目的时候，在工程中配置 gitlab-ci.yml 文件即可。

❑ 通过 GitLab API 即可完成对接，在已经使用 GitLab 的前提下，无须引入一套额外的技术栈。

❑ 与 GitLab 的权限系统完美对接，无须关注 CI 本身的安全配置。

❑ 水平扩展配置简单，按需扩展 Runner 节点即可。

12.2.2　GitLab Runner 的安装与配置

与 Jenkins 相同，GitLab CI 同样支持分布式构建。在 Jenkins 中，要实现分布式构建，需要部署代理，在 GitLab CI 中这一组件的名称为 GitLab Runner。

1. 基于组织结构的 Runner 分配

GitLab Runner 按作用域分为共享 Runner、Group Runner 和项目专用 Runner。

所有 Git 项目或者指定的 Git 仓库均可以使用共享 Runner 与项目专用 Runner，Group

Runner 则只能由配置时指定的 GitLab 组使用。

我们统一规划了 GitLab 组的使用，各个部门的项目放在其专用的 GitLab 组内，然后为每一个 GitLab 组分配一个（或多个）专用的 Group Runner。

GitLab Runner 支持单机多实例部署，为了提升构建服务器的使用率，我们采用了混部 Group Runner。当构建资源不足时，也可通过横向扩展构建服务器并迁移 Group Runner 的方式进行扩容。

2. 构建隔离问题

对于发布平台来说，无法强行限制应用的运行环境。对于一个发展多年的公司，技术生态复杂，就 Java 应用来说，同时支持多个 Java 版本是一个必选项，其他语言的情况也与此类似（多 NodeJS 版本支持，多 PHP 版本支持）。

我们需要保证不同应用的构建是隔离的。GitLab Runner 支持多种运行方式，docker-runner 支持将构建流程放在 Docker 容器中，kubernetes-runner 支持将应用构建以 Kubernetes job 的方式运行，shell-runner 支持以本地 Shell 方式运行构建过程，其他模式可参考 gitlab-runner --help 的输出信息。

本书选用了 shell-runner 模式。通过 docker-runner 或者 kubernetes-runner 来实现构建流水线的隔离看似一个更好的选择，而实际上相对于 kubernetes-runner 的复杂配置，shell-runner 基本做到了开箱即用。

那么，如何解决构建隔离问题呢？答案是将构建过程放在 Docker 容器中进行。为什么不直接选择 docker-runner 呢？在今天看来，docker-runner 或许是一个更好的选择，但在整个发布平台的演进过程中，为了实现对历史功能的兼容，我们选择了手动启动 Docker 容器的方式，并封装了一个名为 omega-cli 的构建工具来辅助我们完成镜像构建的工作。

12.2.3 应用 .gitlab-ci.yml 初始化

为了提升应用的接入体验，我们决定将程序员的一大优点——"懒"发挥到极致。发布平台提供了多种应用（Java、NodeJS、PHP）的 .gitlab-ci 模板供研发人员选择。

1. gitlab-ci 模板

Java 应用的 CI 模板示例如下。

```
stages:
    - "build"


job_build:
    stage: "build"
    only:
        - "api"
        - "triggers"
    script:
        - "set -eo pipefail"
        - "omega build --module=${MODULE} -p"
```

由于平台将源码编译、打包后与镜像构建部分封装在构建工具 omega-cli 中，因此 GitLab CI 的相关配置非常简洁，只有一句 omega build 命令。

（1）通过平台自动化

仅提供模板，整个接入的体验还是不够顺滑。既然具备了 GitLab API 操作能力，我们就可以将这一步整合得更彻底一点。在用户填写完模板的必要参数后，直接将生成好的 .gitlab-ci.yml 通过 GitLab API 提交到应用仓库中，如图 12-5 所示。

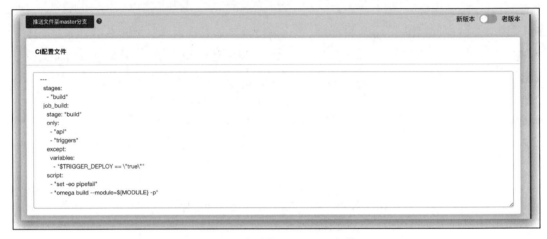

图 12-5　自动推送 CI 配置文件

（2）通过 API 触发流水线

在 GitLab Runner 与流水线配置完成后，还剩下一个问题需要解决：如何通过平台触发 GitLab 流水线的执行呢？

GitLab 提供了启动流水线的机制：为 GitLab 仓库添加流水线 Trigger。Trigger 可通过仓库设置面板中的 CI/CD 页面进行控制，如图 12-6 所示。

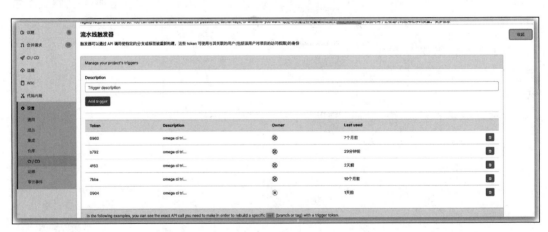

图 12-6　触发流水线

通过 GitLab API 传入相应的 Trigger 后即可启动 GitLab 流水线。

GitLab Trigger 的创建可通过 GitLab API 进行（POST /projects/:id/trigger/pipeline ）。这个 API 需要传入以下参数。

❑ id：仓库的 Project ID。

❑ ref：执行 CI 的目标分支，这里填写发布分支的名称。

❑ variables：CI 过程中需要使用的额外参数。

2. 额外 CI 参数

CI 过程中存在很多需要平台控制的参数，例如应用使用的基础镜像等。这些参数我们可以通过触发流水线执行时的 variables 参数传入，注意这个参数需要以 variables[KEY]=VALUE 的方式传递，例如指定应用基础镜像的参数如下。

```
variables[OMEGA_BASE_IMAGE]=image_domain/omega/java:8
```

 注意　GitLab Trigger 实际上是与创建人绑定在一起的。这带来了一个问题：如果创建 Trigger 的用户不具备仓库的访问权限（例如离职、转岗），将无法触发流水线的执行。所以创建 Trigger 这一步一定要使用发布平台的管理员账号进行。

12.3　流水线

流水线在各种 CI/CD 平台中都是一个常见的概念。在 Jenkins、GitLab CI 等流行平台中都能看到它的身影。

12.3.1　如何定义流水线

在 Jenkins 中，我们可以通过 Jenkinsfile 描述应用的构建过程，代码如下所示。

```
pipeline {
    agent any
    stages {
        stage('Build') {
            steps {
                echo 'Building..'
            }
        }
        stage('Test') {
            steps {
                echo 'Testing..'
            }
        }
        stage('Deploy') {
```

```
        steps {
            echo 'Deploying....'
        }
    }
}
```

从上述代码的定义中可以看到，整个流水线有 3 个关键阶段：Build（构建）、Test（测试）、Deploy（发布）。Jenkins 提供了可视化的界面用于观察构建的过程，如图 12-7 所示。

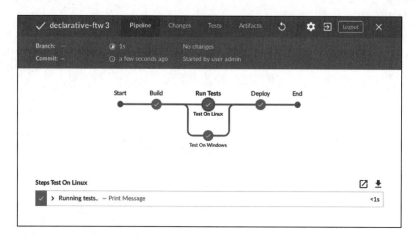

图 12-7　Jenkins 流水线 Web UI

在 GitLab 中，流水线是通过 .gitlab-ci.yml 来定义的，代码如下所示。

```
stages:
    - build
    - test

job1:
    stage: build
    script:
        - echo "This job runs in the build stage."

first-job:
    stage: .pre
    script:
        - echo "This job runs in the .pre stage, before all other stages."

job2:
    stage: test
    script:
        - echo "This job runs in the test stage."
```

与 Jenkins 类似，GitLab CI 后台也可以可视化地看到流水线的不同阶段，如图 12-8 所示。

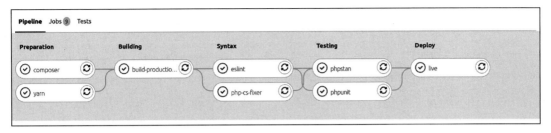

图 12-8　GitLab CI 流水线的 Web UI

无论 Jenkins 还是 GitLab CI，提供的几个原生阶段是不够用的，在实际生产中，往往会加入很多研发、测试的关键卡点。在 Omega 平台的规划中，我们也设计了一套流水线机制，如图 12-9 所示。

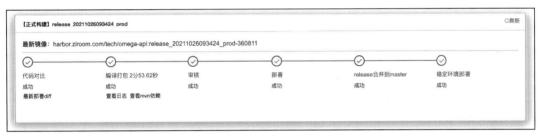

图 12-9　Omega 平台的流水线机制

除了原生的构建、测试、发布几个阶段，我们还增加了代码对比、审核、分支合并等几个关键步骤。还有一点与 Jenkins 及 GitLab CI 不同的是，为了实现公司级流水线的统一，降低研发人员的理解成本，Omega 平台的流水线不支持自定义节点，所有节点均由平台统一控制，可通过平台内部的流水线配置文件进行调整，核心代码如下。

```
pipelines:
  - name: pipeline-prod
    stages:
    - build
    - deploy
    - write_baseline
  diff_stats:
    stage: build
    description: "构建"
    actions:
    - name: build.status
        label: 构建中
        wait-for: GITLAB_PIPELINE_RESULT
        handler: com.ziroom.tech.omega.pipeline.actions.GitlabCiStatusAction
  ci:
    stage: ci
    actions:
```

```
   - name: ci.status
       detached: true
       handler: com.ziroom.tech.omega.pipeline.actions.CIStatusAction
k8s_deploy:
   description: "部署"
   stage: deploy
   manual: true
   manual-system: canaryDeploy
   actions:
   - name: canary.status
       label: "部署中"
       wait-for: PSEUDO_DEPLOY_RESULT
       handler: com.ziroom.tech.omega.pipeline.actions.KubeDeployStatusAction
write_baseline:
   description: "生成基线"
   stage: write_baseline
   actions:
   - name: baseline.generate
       label: "生成基线"
       handler: com.ziroom.tech.omega.pipeline.actions.GenerateBaselineAction
```

12.3.2　发布流水线

我们参考了 Jenkins 及 GitLab CI 的设计，两者作为竞品，功能基本相同，仅在开发者体验上有些许差异。

Jenkins 使用了 Groovy 脚本作为配置语言，非常灵活，代价是上手难度略高。GitLab CI 使用了 YAML 配置格式，采用声明式语法，虽然牺牲了灵活度，但提高了可读性，降低了上手门槛。

为了实现流水线可自主定制装配，并能灵活兼容各种流程，我们的初步思路是引入一个工作流引擎，降低整体的开发成本。在具体选型上，我们遇到了一些麻烦：一是各种工作流实现非常多，很难决定到底选哪种，逐一测试势必会付出非常高的成本；二是在考察了市面上常见的各种工作流引擎后，即使是号称轻量级的工作流引擎，对我们来说还是过于复杂，会引入许多不必要的复杂性。

重新整理思路后我们发现，其实并不需要一个完整的工作流引擎，我们想持续构建的流水线与其他需要工作流引擎的场景相比，具有以下特点。

❏ 内部 CI/CD 选型是确定的，不存在支持各种版本控制系统、构建工具、发布场景的需求。

❏ 状态机非常简单，基本是线性的。与其说是状态机，用任务编排来描述会更准确。

❏ 流程定制化程度不高，并且轻易不会修改。定位于企业内部使用的 CI/CD 系统，我们的标准构建流程是固定的，只在一些可选流程上存在区别。

可以发现，流水线的核心诉求是支持将有限的几种预定义状态进行组装。于是我们开始从头设计流水线引擎。Omega 流水线与 Jenkins、GitLab 流水线在设计思路上没有本质区别，都是通过对构建流程进行抽象，隔离出多个不同的执行阶段，并在每个阶段中配置多个独立的逻辑执行单元（Action）。使用 YAML 伪代码来描述，如下所示。

```
pipelines:
- name: pipeline-prod
    stages:
    - build

omega_ci:
    stage: build
    description: "构建"
    actions:
    - name: build.compile
        label: 开始构建
        handler: com.ziroom.tech.omega.pipeline.actions.GitlabTriggerCIAction
            # run gitlab-ci
    - name: build.status
        label: 构建中
        wait-for: GITLAB_PIPELINE_RESULT
        handler: com.ziroom.tech.omega.pipeline.actions.GitlabCiStatusAction
ci
```

在对当前所有需求进行整理后，为了简化实现难度，我们将所有的阶段、逻辑执行单元设计为依次串行执行。

在 YAML 定义中，我们可以看到一些节点标记了 wait-for 字段（如上面代码清单中的加粗部分），这表明了这些节点是异步节点。与异步节点相对应的是同步节点，同步节点运行完当前节点后，会自动顺序执行下一个节点，代码如下所示。

```
xxx:
    actions:
    - name: A
    - name: B
    - name: C
```

当该阶段开始执行时，会依次执行 A、B、C 三个逻辑执行单元。假设一个节点被标记为异步节点，例如实例中的 build.status action，代码如下所示。

```
omega_ci:
    stage: build
    description: "构建"
    actions:
    - name: build.compile
        label: 开始构建
        handler: com.ziroom.tech.omega.pipeline.actions.GitlabTriggerCIAction
            # run gitlab-ci
    - name: build.status
        label: 构建中
        wait-for: GITLAB_PIPELINE_RESULT
        handler: com.ziroom.tech.omega.pipeline.actions.GitlabCiStatusAction
```

当 build.compile 执行完毕后，并不会立刻开始执行 build.status，流水线会暂停，直到接收到 GITLAB_PIPELINE_RESULT 事件才会继续。而 GITLAB_PIPELINE_RESULT 事件由一段 GitLab Webhook 代码触发，如下所示。

```
class GitlabWebhookController {
    PipelineEngine pipelineEngine;

    @PostMapping("/callback/gitlab/ci")
    void handleMergeRequest(payload) {
        String pipelineId = findPipelineByReleaseBranch(payload.getSpec())

        pipelineEngine.signal(pipelineId, PipelineEvent
            .withType("GITLAB_PIPELINE_RESULT")
            .withPayload(payload)
        )
    }
}
```

12.3.3 为什么不支持完全自定义编排

在重新设计后的流水线中，所有的执行流程均被定义在后端，仍然不支持应用开发者自行修改。实际上，我们通过几个配置文件就完成了流水线的定义，代码如下所示。

```
- pipelines
  |
  |- pipeline-daily.yml
  |- pipeline-prod.yml
  |- ... 其他环境配置
```

每个环境根据流程不同，使用了不同的 YAML 文件进行配置。为什么设置这种决策？主要基于以下几个原因。

1. 内部流程相对固定

Jenkins 等开源系统作为通用 CI/CD 平台，必须保证流程的高度可定制性，每个公司、团队使用的发布流程可能不一样，平台的开发者无法约束使用者的实际流程。

Omega 作为公司内部的 CI/CD 平台，面对的流程是非常固定的，甚至由于规范约束，存在很多需要遵守的固定流程，这样我们的流水线其实没有太多可定制的空间。仅在某些可选流程上存在差异，例如代码上线是否需要通过单元测试，代码合并是否需要通过强制的代码审查。而这些可选项均可以通过固定的流水线流程配合应用级别的开关进行控制。

2. 去除流水线的配置成本

在公司内部流程基本固定的前提下，使用统一的流水线，开发人员无须关注流水线相关的配置，极大地简化了应用的接入流程。

对于 90% 以上的开发人员来说，在工作中，他们并不关注流水线由几个环节构成，平台对他们来说最大的价值是能高效地将代码部署、运行起来。

事实上，在平台稳定运行的 3 年来，接入了上千个应用，除去为了支持公司标准发布流程而进行的调整，没有任何开发团队提出自定义需求。

12.4　本章小结

本章我们首先讨论了应用镜像的构建与基础镜像的管理。为了提升相关工具的可维护性，我们在实际使用中，额外封装了相关工具辅助我们进行镜像生成，当然这一步是可选的，通过脚本一样可以达成相同的目的。

接着我们对比了两种常见的 CI 工具——GitLab CI 和 Jenkins。作为 GitLab 的内部组件，仅需按照 GitLab 页面提示部署 GitLab Runner，即可通过 GitLab API 快速实现自动化部署功能。

如果读者的公司没有使用 GitLab 作为源码管理工具，也可自行在 Jenkins 上进行实现。

最后我们介绍了内部流水线的实现，以及 GitLab CI 流水线不适用我们需求的原因。

在第 13 章，我们将介绍如何将本章构建的镜像运行起来。

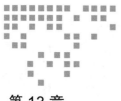

持 续 部 署

第 12 章我们通过镜像构建、剖析流水线了解了 CI 的实现过程，经过编译、打包、质量验证、测试之后，就会进入线上部署环节，也就是我们常说的 CD（Continuous Deployment，持续部署）。

本章重点介绍如何将应用镜像（Docker Image）发布到 Kubernetes 中，详细讲解需要创建的 Kubernetes 资源对象，如何组合使用这些对象，并将一个应用在 Kubernetes 上运行起来。

此外，我们的生产环境支持了灰度发布与金丝雀发布，我们是如何越过原生 Deployment 存在的诸多限制的呢？这些问题会在本章进行解答。

13.1 Kubernetes 资源管理

如何让应用程序在 Kubernetes 上运行起来？我们需要组合使用多种 Kubernetes 资源对象，并对它们进行合理的规划。在所有的资源对象中，最重要的当然是 Deployment，它描述了应用运行环境中最核心的内容：部署的应用镜像是什么以及容器运行需要多少资源。除此之外，我们还需要解决一些周边问题。

- ❑ 应用如何对外提供服务？
- ❑ 如何管理应用的配置文件？
- ❑ 各种资源对象如何隔离？

本节会深入介绍以上问题的解决方案。

13.1.1 Namespace 与集群规划

Namespace 是 Kubernetes 中进行资源隔离的机制。通常可以将不同用途的环境划分到不同的 Namespace 中以实现各种资源对象的隔离。例如，按照 10.2 节介绍的环境定义，我们可以做以下 Namespace 的规划，代码如下所示。

```
# 日常环境
kind: Namespace
apiVersion: v1
metadata:
    name: daily
---
# QA 环境
kind: Namespace
apiVersion: v1
metadata:
    name: qa
---
# 预发环境
kind: Namespace
apiVersion: v1
metadata:
    name: pre
---
# 正式环境
kind: Namespace
apiVersion: v1
metadata:
    name: prod
```

对于小型团队，简单的版本和名称区分就可以满足环境的管理需求，随着公司规模的扩大，组织架构上会划分出不同的业务线、事业部，应用数量会急剧膨胀，这时将所有应用全部放在同一个 Namespace 中就会显得捉襟见肘。我们可以从组织结构的维度对 Namespace 做进一步拆分，以两个事业部 bu1 和 bu2 的 Namespace 划分为例，代码如下。

```
# bu1 日常环境
kind: namespace
apiVersion: v
metadata:
    name: bu1-daily
---
# bu1 正式环境
kind: namespace
apiVersion: v1
metadata:
    name: bu1-prod
---
```

```
# bu2 日常环境
kind: namespace
apiVersion: v1
metadata:
    name: bu2-daily

---
# bu2 正式环境
kind: namespace
apiVersion: v1
metadata:
    name: bu2-prod
```

总结一下，我们将 Namespace 的命名规划为 { 部门 }-{ 环境 }，实现了按部门、环境的多级隔离机制。当然，如果团队进一步扩大，也可以按照相同的思路做进一步拆分，例如需要将集群范围内的多个子公司进行隔离时，我们可以将公司名称也加入 Namespace，变为 { 公司 }-{ 部门 }-{ 环境 } 的三级结构，读者可以根据自己的需求对命名结构进行扩展。

13.1.2　集群拆分

对于具备一定规模的公司，生产环境与非生产环境之间一定会利用防火墙等手段限制网络互通，以保证安全。在 13.1.1 节，我们已经对不同环境通过 Namespace 进行资源层面的隔离，如何将这些 Namespace 间的网络也隔离开呢？

第一种解决方案是利用 Kubernetes 网络插件，通过 Kubernetes 内置的网络策略，对不同 Namespace 之间的网络通信进行限制。这种方式在配置上过于复杂，且网络防火墙软件必然会引入额外的性能开销，最终我们没有采用这种方案。

第二种方案是将不同环境的 Namespace 在物理上进行隔离，复用 IaaS 层的网络防火墙。如何实现这一点呢？

首先，我们引入了一层虚拟 Namespace 的概念，用户仅需关注自己的应用需要部署到哪个虚拟 Namespace 下。然后，我们在不同的网络环境中，部署了独立的 Kubernetes 集群，并将虚拟 Namespace 映射到各个集群的物理 Namespace 中，如图 13-1 所示。

这样一来，不同网络环境中的集群自然受到 IaaS 层网络防火墙的保护，跨环境的 Pod 通信也会被禁止。

Namespace 均是英文，为了提升可读性，我们给所有的虚拟 Namespace 补充了中文名称。由于我们是按照部门粒度切分的 Namespace，因此使用了部门名称作为 Namespace 的中文名称。

在发布平台上，我们根据创建应用时选择的组织架构归属关系关联应该使用的 Namespace。例如，对于基础平台研发部开发的应用，我们会根据映射关系匹配出应当使用"基础平台研发部"这个 Namespace，如图 13-2 所示。

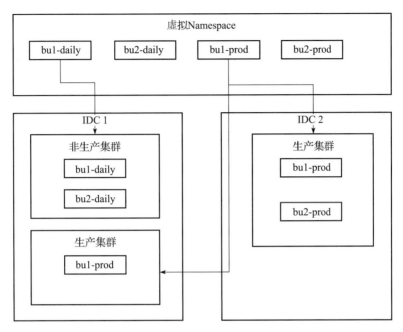

图 13-1　虚拟 Namespace 与集群映射

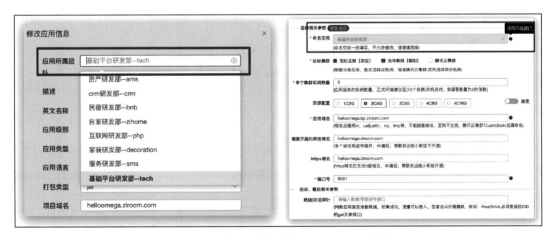

图 13-2　建立组织架构与 Namespace 关联

我们在世纪互联与光环新网等多个数据中心有自建的 Kubernetes 集群，同时在公有云上也有托管的集群。我们要求核心业务流程中涉及的应用，必须实现双数据中心部署，用户自行勾选需要部署的集群，即可快速实现双中心部署，如图 13-3 所示。

图 13-3 应用开发者自行选择部署的集群

13.1.3 Kubernetes 资源管理

为了将一个或一组应用部署在 Kubernetes 上并运行起来，需要组合使用多个资源，如图 13-4 所示。

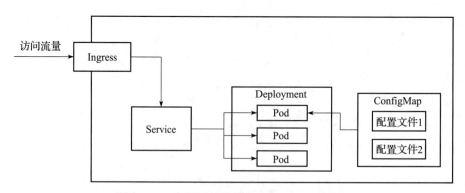

图 13-4 应用运行所需的 Kubernetes 资源

❑ Service 与 Ingress：分配域名并开通 Ingress 网关，结合 Service，让应用能够以 HTTP

或 TCP 方式供集群内、外进行访问。

❑ ConfigMap：用户在平台中托管的配置文件，会以 ConfigMap 的方式挂载到容器内，供应用进行访问。

❑ Deployment：控制应用容器的生命周期。

1. Service 与 Ingress

为了让应用对外提供服务，我们会为每个应用分配 1 个或多个域名。如图 13-5 所示，对于一个名为 yzm 的应用，我们会根据环境为其生成 yzm.*.tech.com 的域名，例如日常环境会开通 yzm.kt.tech.com，正式环境会开通 yzm.kp.tech.com。同时，用户也可以为应用申请额外的域名。

图 13-5 应用域名申请

我们会根据用户提供的配置信息生成对应的 Service 与 Ingress 配置，并推送到 Kubernetes

集群中。为了让平台上部署完毕的应用做到开箱即用，我们根据环境，划分出了多个 2 级子域名。

- ❏ .kt.tech.com：日常环境。
- ❏ .kp.tech.com：生产环境。
- ❏ 其他环境。

这些 2 级域名会通过 DNS 泛解析自动开通，这样应用在发布完成后，就能立刻拥有一个可访问的域名。对于无法通过泛解析覆盖的域名，例如从旧发布平台迁移过来的域名（图 13-5 中"需要开通的其他域名"），我们借助自动化运维平台的能力，为手动填写的域名配置 A 记录解析。

2. ConfigMap

无论是在传统的虚拟机、物理机环境，还是在容器环境，配置文件都是应用正常运行所必需的。例如，对于 Spring Boot 应用来说，每个环境都有独立的 application.yml 配置文件，各种日志框架也需要相应的配置才能正常运行（例如 logback.xml）。

在这些配置文件中，针对不同的环境，有不同的配置内容。比如 Redis 缓存的地址，不同环境的 Redis 服务器不一样，需要独立配置。有些配置由于内容敏感，不适合放在 Git 中进行管理，例如数据库密码、加解密所使用的密钥，需要与源码分开管理。

在传统的物理机、虚拟机部署模式下，这部分配置可以直接存放在服务器上。在无状态的容器环境下，如何解决这类问题呢？

我们在发布平台上，提供了配置文件托管功能，用户可将这些需要与源码独立管理的配置，维护在配置文件中，如图 13-6 所示。

图 13-6　托管配置文件

同时，发布平台提供了文件在线编辑功能，供用户快速对配置进行变更，如图 13-7 所示。

图 13-7 在线编辑 ConfigMap

这些在平台托管的配置文件，在部署时会以 ConfigMap 的方式声明在应用的 Deployment 中。

为了简化实现以及统一配置文件，对于平台托管的配置文件，我们硬性规定将其挂载到容器的 /app/conf 目录中，不支持任意路径的配置文件挂载。同时，为了降低应用的迁移成本，对于 Java 应用，我们在统一的启动脚本中将 /app/conf 目录同时加入 Java Classpath，代码如下所示。

```bash
#!/bin/bash

APP_HOME=/app
CONF_DIR=${APP_HOME}/conf

run() {
exec java ${JAVA_OPTS} -classpath ${CONF_DIR}:${LIB_JARS} ${JAVA_CLASS} $@
}
```

注意，对于 Spring Boot 应用，由于是通过 java -jar 方式启动的，Java 命令将不支持额外通过 -cp 或者 -classpath 参数传入的 Java Classpath，因此这时需要将 Spring Boot 应用的启动方式进行修改，代码如下所示。

```bash
!/bin/bash
# chkconfig: - 66 02
#v1.0#

# 使用 org.springframework.boot.loader.PropertiesLauncher 启动 Spring Boot 应用
```

```
# 需要声明 APP_JAR 环境变量，设置应用 Jar 名称

APP_HOME=/app
CONF_DIR=${APP_HOME}/conf
LIB_DIR=${APP_HOME}/lib
HOOKS_DIR=${CONF_DIR}

if [ -d ${CONF_DIR} ]; then
    export JAVA_OPTS="$JAVA_OPTS -Dloader.path=${CONF_DIR}"
fi

run() {
    exec java ${JAVA_OPTS} ${JAVA_MEM_OPTS} ${JAVA_TOOL_OPTIONS} -cp ${APP_JAR}
        org.springframework.boot.loader.PropertiesLauncher $@
}

run $@
```

3. Deployment

容器部署的方式有很多，比如 Deployment、StatefulSet、DaemonSet，对于企业内部的发布平台，简单易用是一个更重要的原则，因此我们在设计之初，定的大目标是以支持无状态应用为核心，即支持 Deployment 即可。

下面我们聚焦于 Omega 平台使用 Deployment 的几个重要环节。

（1）环境变量

Omega 平台将应用部署环境的元信息以环境变量的方式暴露给应用使用。

❑ APPLICATION_NAME：应用名称。

❑ APPLICATION_ENV：环境名称，如 daily/qa/prod。

❑ IDC：数据中心名称。

❑ CLUSTER_NAME：Kubernetes 集群名称。

这些环境变量为基础库的开发提供了极大的便捷。例如，我们可以通过这些环境变量组装出 Pinpoint 链路追踪代理的配置，代码如下所示。

```
APP=${APPLICATION_NAME:0:$MAX_LENGTH}
AGENT_ID=${HOSTNAME#*-deployment-}
AGENT_ID=${AGENT_ID:0:$MAX_LENGTH}

if [[ -f $PINPOINT_PATH/$PINPOINT_JAR ]]; then
    PINPOINT_AGENT="-javaagent:${PINPOINT_PATH}/${PINPOINT_JAR}"
    PINPOINT_AGENT="$PINPOINT_AGENT -Dpinpoint.applicationName=$APP"
    PINPOINT_AGENT="$PINPOINT_AGENT -Dpinpoint.agentId=$AGENT_ID"
    PINPOINT_AGENT="$PINPOINT_AGENT -Dpinpoint.container"

    export JAVA_OPTS="$JAVA_OPTS $PINPOINT_AGENT"
fi
```

此外，Omega 平台也支持应用研发自助配置需要的其他环境变量，如图 13-8 所示。

图 13-8 编辑环境变量

这些环境变量会在部署时添加到 Deployment 的环境变量部分。

（2）资源配额

运行容器绕不过去的一点是资源配额，Omega 平台允许开发人员根据需求设置需要使用的 CPU、内存等配额，如图 13-9 所示。

图 13-9 申请容器配置

这些资源的配置不会立即生效，而是会触发自动化审批流程，当相关人员（应用持有者）审核通过后，在下一次应用发布或者重启时生效。

同时，我们也根据环境给出了默认的资源配置建议，例如对于日常环境，我们会默认选中 1C2G 资源档位；对于生产环境，则会推荐最少 2C4G 的资源档位。当用户需要申请更多资源时，需要在工单中给出明确的资源使用说明，并触发 SRE 审核。

（3）基础组件初始化

在 12.1.3 节，我们留了一个问题——如何高效管理 Java Agent 这类基础组件？在 Omega 平台上线初期，我们将这些组件封装进基础镜像，让这些基础组件跟随应用编译打包进行更新。但是，当我们需要对基础组件进行升级时，会发现这样会带来很多问题。

1）变更流程长

在将基础组件放入基础镜像后，如果想让应用的组件更新到最新版本，则需要使用新版基础镜像完整构建一次应用。

2）基础镜像维护成本

基础镜像作为底层的基础设施，牵一发而动全身。一旦出现问题，就会影响所有使用该基础镜像的应用，于是我们在更新基础镜像时，需要慎之又慎，避免产生大面积影响。

我们在被这些问题折磨一番后，开始着手对流程进行优化——能不能让应用只要重启就能自动升级到最新版本？从这个思路出发，我们开始思考如何将基础组件从基础镜像中剥离出来，在运行时以某种方式挂载到容器中即可。

3）通过宿主机挂载基础组件

一种解决多 Pod 共享文件的方法是将所有基础组件维护在 Kubernetes Node 上，并在 Deployment 中将这些基础组件挂载进容器中，如图 13-10 所示。

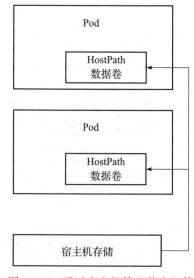

首先，我们将基础组件分发到所有 Kubernetes Node 中，并通过 HostPath 数据卷将这些位于宿主机上的基础组件挂载到容器里，各个容器就可以访问这些位于宿主机的基础组件了。这样，当升级基础组件时，将宿主机上的文件更新即可生效。

例如，我们要将某个代理从 0.1 版提升到 0.2 版，只需要将 0.2 版的代理包通过脚本批量下发到所有的 Kubernetes Node 上。这样，在下次应用重启后，就可以读取最新的代理文件。

这种方式也有一些缺点。

❑ 升级的原子性问题，当 Node 数量较多时，在升级过程中，需要控制好分发流程，避免容器使用未发布完成的基础组件。

图 13-10　通过宿主机管理共享组件

□ 由于所有容器共享同一份存储空间，需要设计比较复杂的流程以实现组件的灰度上线。

4）运行时动态下载

另一种方式是在容器启动时，根据基础组件配置，从远程服务器上动态下载基础组件，然后启动应用进程，如图 13-11 所示。

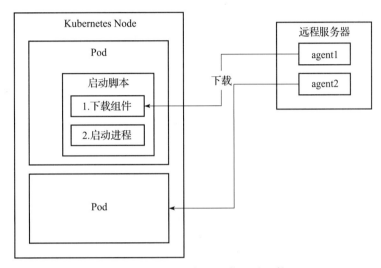

图 13-11　远程服务器下载基础组件

相对于宿主机共享存储来说，这种方式的灵活度有很大提升，并且可以实现根据运行环境、应用等对基础组件进行灰度升级。缺点在于，在容器启动时引入了外部依赖，带来了不确定性。

5）init-container

后来，我们将目光投向了 Deployment 的一个特性——init-container。init-container 可以在应用 Pod 启动前执行初始化操作，非常匹配基础组件安装这一需求。同时，在每次 Pod 重启时都会执行 init-container，也满足了基础组件重启即更新这一需求。

6）最终解决方案

我们将所有基础组件封装到一个名为 omega-initializer 的镜像中。在 Deployment 中声明一个由应用主容器和 init-container 共享数据的存储卷。init-container 在主容器启动前，只要将所有基础组件拷贝到共享数据卷中，即可让主容器访问到这些基础组件，代码如下所示。

```
initContainers:
  - command:
      - sh
      - -c
      - /init-container.sh /initializer-volume #1
```

```
        image: ...
        imagePullPolicy: IfNotPresent
        name: omega-initializer
        volumeMounts:
        - mountPath: /initializer-volume
            name: initializer-modules-volume
volumes:
- emptyDir: {}
    name: initializer-modules-volume #2
containers:
    image: ...
    volumeMounts:
        - mountPath: /home/ziroom/runtime/modules
            name: initializer-modules-volume #3
```

13.2 发布策略

使用 Kubernetes 容器平台之后，应用的更新和发布变得十分简单。在首次创建好 Deployment 后，后续更新应用版本时，仅需将 Deployment 中的镜像更新到最新版本，Kubernetes 即可自动停掉所有旧版本容器，同时使用新版本镜像启动新的容器，直至恢复 Deployment 要求的副本数。

测试环境没有太高的稳定性要求，也不需要在业务连续性层面投入太多的精力，可以采用这种简单直接的方式进行发布。即使新版本的镜像出现问题，也可以采用回滚等方式快速将应用恢复至正常运行状态。

实际上在生产环境中，我们有较高的业务连续性指标。如果直接更新所有容器的镜像版本，很可能由于代码 Bug 或其他因素，使得容器虽然能够看似正常地运行（探针返回正常结果），但无法正确处理业务请求。

于是我们在正式环境中设计了两种不同的更新策略：分批发布和金丝雀发布。让正式环境能够实现按需小批量更新，在小流量灰度验证通过后，再覆盖全部流量。

13.2.1 填写部署单

环境正式发布的第一步，需要填写部署单，如图 13-12 所示。

部署单描述了本次部署操作需要人工设置的各种选项，所有的部署单信息均会永久留档供后续审计使用。下边对几个主要选项进行介绍。

1. 上线内容

简要描述本次上线的具体原因。这部分内容的意义与 Git 提交日志相似，描述了本次部署发布的主要内容，建议引导用户尽可能填写有意义并能准确描述本次上线的文字。这样在后续回滚或故障定位时能帮助用户提供有效的信息。

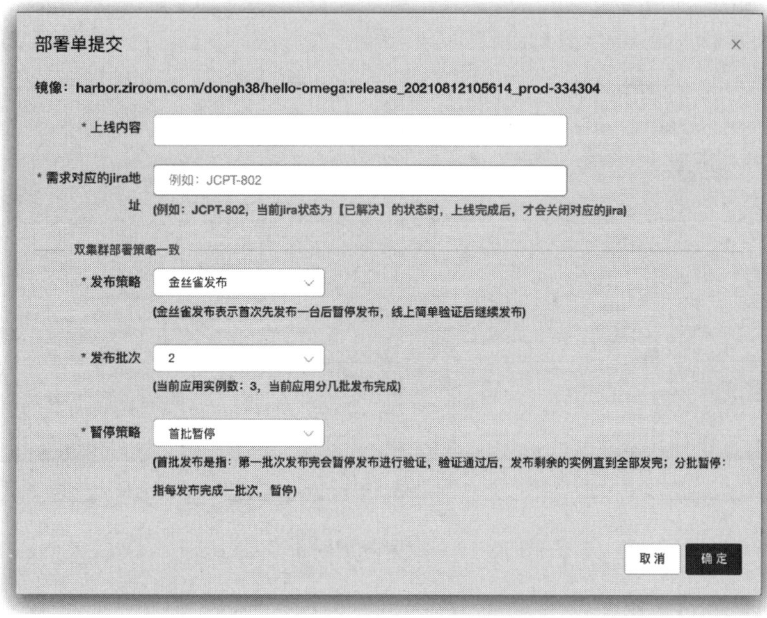

部署单提交 ✕

镜像: harbor.ziroom.com/dongh38/hello-omega:release_20210812105614_prod-334304

* 上线内容 _____

* 需求对应的jira地 例如: JCPT-802
址 (例如: JCPT-802, 当前jira状态为【已解决】的状态时, 上线完成后, 才会关闭对应的jira)

双集群部署策略一致

* 发布策略 金丝雀发布 ⌄
(金丝雀发布表示首次先发布一台后暂停发布, 线上简单验证后继续发布)

* 发布批次 2 ⌄
(当前应用实例数: 3, 当前应用分几批发布完成)

* 暂停策略 首批暂停 ⌄
(首批发布是指: 第一批次发布完成暂停发布进行验证, 验证通过后, 发布剩余的实例直到全部完毕; 分批暂停:
指每发布完成一批次, 暂停)

取消 确定

图 13-12 上线前填写部署单

2. 需求对应的 jira 地址

如果本次上线完成了某个 jira 任务, 则在此填写对应的 jira 任务 ID, 平台在发布成功后, 会自动变更改 jira 任务状态为 "已完成"。这个环节是发布平台与相关人效系统集成的核心步骤。可以帮助我们统计需求吞吐量等指标。

3. 发布策略

发布策略描述本次上线时容器的更新策略。用户可以在金丝雀发布与滚动发布两种方式中任选其一, 这两种发布方式会在下文详细介绍。

4 发布批次与暂停策略

根据应用配置的副本数以及每批次发布的数量, Omega 平台会自动计算分几次将应用的所有容器副本更新到最新版本, 如图 13-13 所示。例如应用配置为 8 个副本, 每批发布 2 个, 则需要为 4 批更新全部容器。

13.2.2 金丝雀发布

相较于 Deployment 原生的滚动发布 (RollingUpdate), Omega 平台实现了可暂停发布这一重要特性。用户在填写部署单时, 只要将发布类型选为金丝雀发布, 即可在版本更新过程中, 根据新版本容器的运行状态、是否有错误产生、对外接口工作是否正常, 随时决定继续更新还是回滚版本。

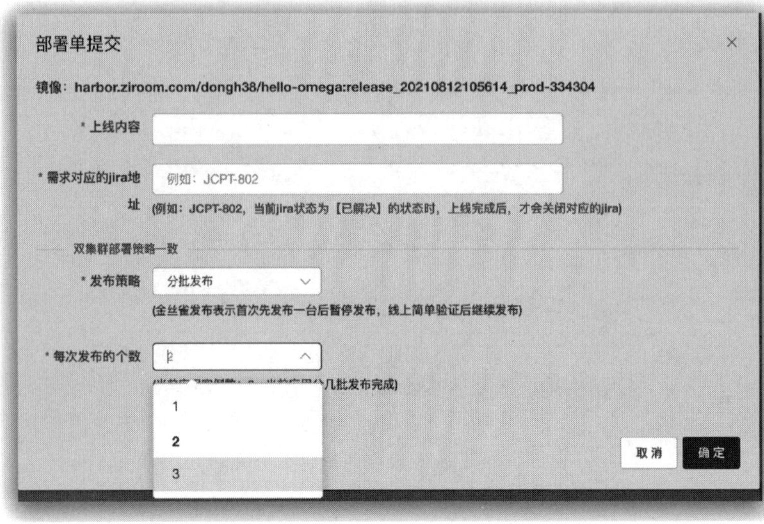

图 13-13 配置分批发布参数

选择金丝雀发布策略后，会先将一个线上容器更新到最新版本。这时部署者可通过应用日志及其他监控数据观察新版本镜像是否能够正常运行。如果新版本镜像运行出现问题，可点击回滚按钮一键回退应用到上一个正常运行的镜像，如图 13-14 所示。

图 13-14 可在发布过程中随时回滚

在首个新版本容器运行正常后，部署者可以点击继续按钮，将其他容器也更新到最新版本。根据部署单的配置，有两种暂停策略，如图 13-15 所示。

1. 每批暂停

每批暂停会在每个批次的容器升级完成后进入暂停状态，等待人工确认无误后，由人工触发下一批次容器的更新，如图 13-16 所示。

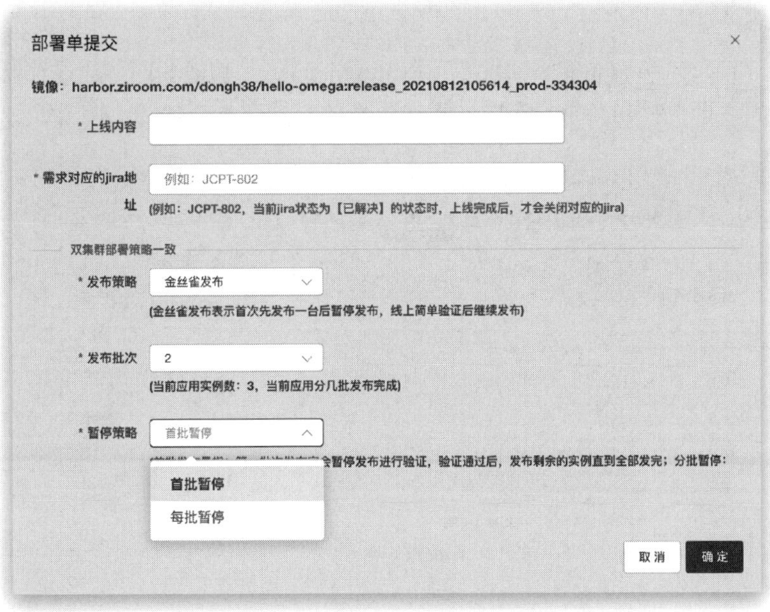

图 13-15　配置金丝雀暂停策略

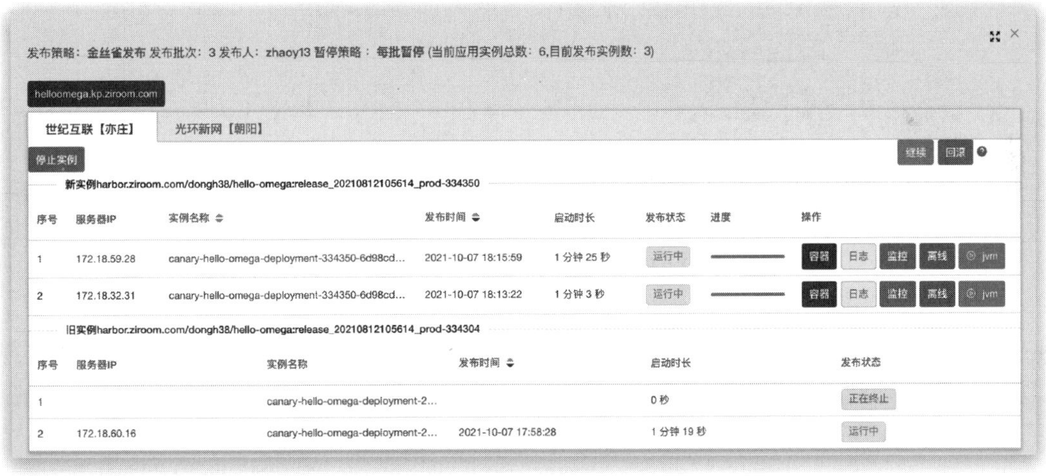

图 13-16　金丝雀每批暂停

2. 首批暂停

相对于每批暂停，如果对本次发布有充足的信心，可以选择首批暂停。这样在首个容器更新完成后，仅需依次点击"继续"，Omega 平台就会按照设定的批次，自动进行后续的更新操作，无须人工介入。

13.2.3 分批发布

分批发布与 Deployment 的滚动发布（Rolling Update）功能相同，通过控制 Deployment 的 maxSurge 属性即可控制分批发布中每批次更新的容器数量，如图 13-17 所示。

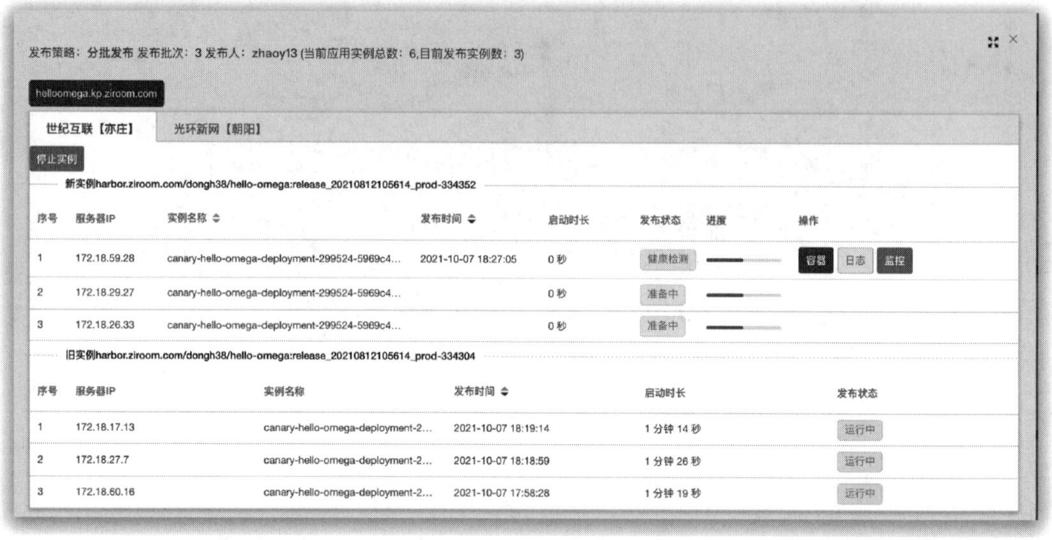

图 13-17　分批发布

13.3　优雅发布

随着互联网的发展，用户体验被推向一个全新的高度，无论前端还是后端都开始关注用户体验。在这个背景下，后端的持续发布既要保证发布高效敏捷，又要保证用户体验零损失，因此，优雅发布逐步成为持续部署过程中的一个重要环节。

优雅发布是指在应用更新的过程中，尽可能不出现任何请求处理失败的情况，不对业务的上下游产生任何影响，通常也称为不停机发布（Zero-Downtime-Deployment）。要实现这一目标，需要解决两个问题。

- ❏ 负载均衡器仅将请求分配给处于健康状态的容器，这个问题包含两方面，一方面不应将请求分配给未完全启动的容器；另一方面不应将请求分配给已经开始关闭的容器。
- ❏ 容器应实现优雅关机，即应用须等待当前已收到的所有请求处理完毕后，再进行实际的关机操作，不能把未处理完的请求直接抛弃掉。

13.3.1 容器探针

关于容器状态以及 Kubernetes 集群如何判断 Pod 是否处于健康（Ready）状态，可以参考第 5 章，本节不再赘述。

Omega 平台默认使用应用配置的端口，添加一个 TCP 类型的探针，如图 13-18 所示。

图 13-18　配置应用 TCP 探针

对于大部分应用，这个默认设置是可行的，例如 Spring Boot 或者 Dubbo 应用会在应用启动成功后再监听该端口，这与 Kubernetes 判断 Pod 为健康状态的结果是一致的。如果应用在完成初始化前就监听了端口，例如以 War 的形式部署在 Tomcat 中运行的应用，Tomcat 会在应用启动成功前就监听配置的端口，会导致 Kubernetes 误判应用状态，这时通过 Ingress 分配的请求均会处理失败。

针对这种情况，Omega 平台允许应用自定义一个 HTTP 探针，如图 13-19 所示。

这个自定义 HTTP 探针需要在应用真正启动成功后再返回 200 OK 状态码，这样 Kubernetes 就会保证在应用启动成功之后，再将该 Pod 加入负载均衡池。

13.3.2　摘除容器流量

对于通过 Ingress 对外提供服务的容器来说，依靠 Kubernetes 内建机制即可完成 90% 的容器流量摘除工作，但对于 Dubbo、Spring Cloud 或其他通过注册中心在调用侧进行负载均衡的应用来说，我们需要进行一些额外的处理。

首先需要说明一点，从容器开始关闭到 Ingress 或通过其他注册机制感知容器的最新状态是存在一定延迟的，这是由实例注册的异步处理机制所决定的，我们可以借助 Kubernetes 的 pre-stop 机制来缓解这一问题。

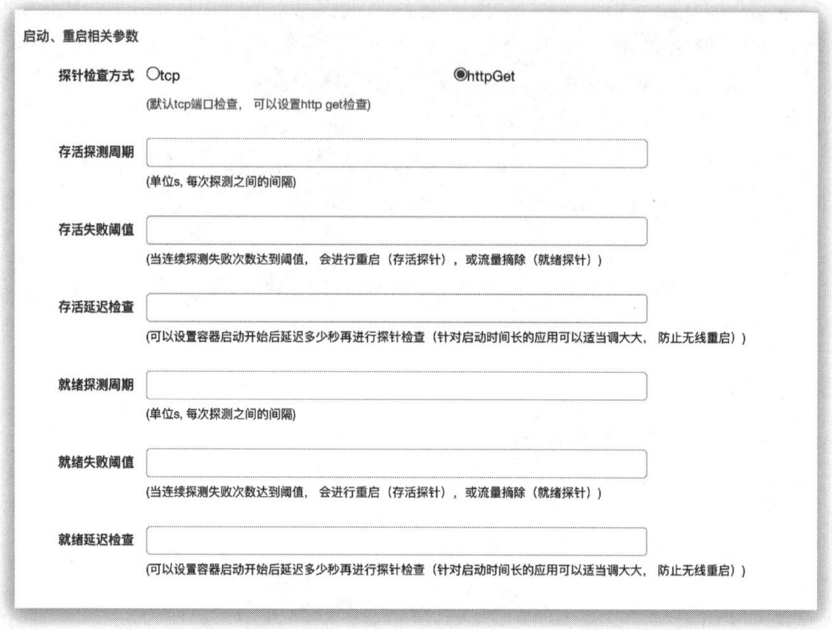

图 13-19 自定义 HTTP 探针

将关闭容器的过程拆解为如下 3 个阶段。

1）Kubernetes 触发容器关闭。

2）Kubernetes 执行 pre-stop 操作。

3）容器进程收到 Sig-Term 信号。

在第一个阶段，Kubernetes 会从 Service 的 Endpoint 中摘除容器 IP，于是我们可以在第二个阶段让容器休眠一段时间，延迟容器进程收取 Term 关闭信号的时间点，让 Ingress 能够提前进行节点的摘除。

1. 容器延迟关闭

Omega 平台在应用的 Deployment 中会统一设置一个 pre-stop 脚本，代码如下所示。

```
lifecycle:
    preStop:
        exec:
            command:
            - /bin/sh
            - -c
            - /app/bin/omega-stop.sh
```

可见，主要执行的命令是 omega-stop.sh 脚本，展开此脚本查看详情。

```
# pre-stop.sh
HOOKS_DIR=/app/conf
STOP_WAIT=10
if [ -f $HOOKS_DIR/pre-stop ]; then
        echo "$(date) --> Start $HOOKS_DIR/pre-stop"
            exec $HOOKS_DIR/pre-stop
fi
sleep $STOP_WAIT
```

这段脚本代码会检查容器中是否存在名为 /app/conf/pre-stop 的脚本，如果有则执行。然后让进程等待 10s 再执行退出操作。这样就保证了所有容器都拥有延迟关闭的能力。

2. 摘除注册中心节点流量

在统一的 pre-stop 脚本中，会尝试执行存放在路径 /app/conf/ 中名为 pre-stop 的脚本，这个脚本有什么用途呢？

对于使用了自定义注册中心的应用，由于注册中心的摘除通常是封装在框架内部的，意味着只有进程实际接收到 Term 信息时才开始摘除流量，那么统一的延迟关闭能力就失效了。/app/conf 是应用托管配置目录，这意味着应用研发者可以通过托管一个名为 pre-stop 的配置文件来实现在 pre-stop 中执行自定义逻辑的能力。

以 Dubbo 框架为例，Dubbo 提供了 QOS 管理机制，可以通过给 QOS 端口发送命令来提前摘除注册中心的节点，如图 13-20 所示。

图 13-20　容器关闭前主动摘除节点流量

由于脚本是在容器中直接执行的，可以打开 Dubbo QOS 仅本地（127.0.0.1）访问的限制，防止通过容器 IP 端口直接摘除容器流量。

对于其他没有提供通用节点摘除能力的框架，通常也提供了 API 让应用能够自行控制摘除节点的时机，于是可以自行封装对应接口进行摘除操作，例如通过 Nacos API 从注册中心摘除当前节点，代码如下所示。

```Java
@Autowaired
NacosAutoServiceRegistration serviceRegistration;

@PostMapping("/system/stop")
public BaseResponse stop(){
    serviceRegistration.stop();
}
```

然后使用与 Dubbo QOS 相同的方法，托管一个自定义关闭脚本，即可实现 Nacos 的实例摘除功能，如图 13-21 所示。

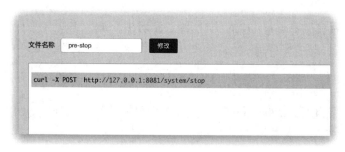

图 13-21　通过自定义脚本摘除容器流量

13.4　回滚

在日常的开发运维中，线上故障是不可避免的。开发人员为了快速恢复生产环境，最高频的操作就是回滚，把变更回退到上一个稳定版本。

回滚操作分为两种。

❑ 二进制回滚：使用上次发布时使用的二进制文件，重新进行一次发布，覆盖有问题的版本。

❑ 源码回滚：找到上次发布的 Tag，通过版本控制系统重置本次上线的源码，然后重新进行一次发布。

这两种方法无论是否使用容器，操作方式都是一样的。只是由于容器镜像的存在，为二进制回滚提供了极大的便利。只要在发布时记录下镜像的版本号，回滚时将 Deployment 使用的镜像设置为旧版本镜像即可。

对于发布平台，因为源码回滚与重新进行一次发布没有本质区别，所以在平台上仅支持二进制回滚这种方式。

在每次发布成功后，Omega 平台会完整记录本次发布的时间、操作人、镜像版本以及对应的发布结果，如图 13-22 所示。

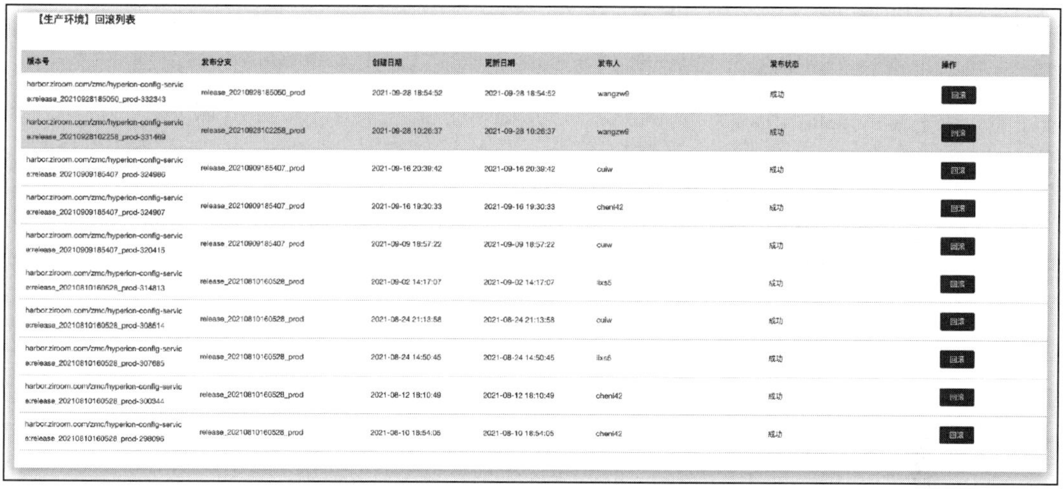

【生产环境】回滚列表

版本号	发布分支	创建日期	更新日期	发布人	发布状态	操作
harbor.ziroom.com/zmc/hyperion-config-service:release_20210928185050_prod-332343	release_20210928185050_prod	2021-09-28 18:54:52	2021-09-28 18:54:52	wangzw9	成功	回滚
harbor.ziroom.com/zmc/hyperion-config-service:release_20210928102258_prod-331469	release_20210928102258_prod	2021-09-28 10:26:37	2021-09-28 10:26:37	wangzw9	成功	回滚
harbor.ziroom.com/zmc/hyperion-config-service:release_20210909185407_prod-324986	release_20210909185407_prod	2021-09-16 20:39:42	2021-09-16 20:39:42	cuiw	成功	回滚
harbor.ziroom.com/zmc/hyperion-config-service:release_20210909185407_prod-324907	release_20210909185407_prod	2021-09-16 19:30:33	2021-09-16 19:30:33	chenl42	成功	回滚
harbor.ziroom.com/zmc/hyperion-config-service:release_20210909185407_prod-320415	release_20210909185407_prod	2021-09-09 18:57:22	2021-09-09 18:57:22	cuiw	成功	回滚
harbor.ziroom.com/zmc/hyperion-config-service:release_20210810160528_prod-314813	release_20210810160528_prod	2021-09-02 14:17:07	2021-09-02 14:17:07	lixs5	成功	回滚
harbor.ziroom.com/zmc/hyperion-config-service:release_20210810160528_prod-308614	release_20210810160528_prod	2021-08-24 21:13:58	2021-08-24 21:13:58	cuiw	成功	回滚
harbor.ziroom.com/zmc/hyperion-config-service:release_20210810160528_prod-307685	release_20210810160528_prod	2021-08-24 14:50:45	2021-08-24 14:50:45	lixs5	成功	回滚
harbor.ziroom.com/zmc/hyperion-config-service:release_20210810160528_prod-300344	release_20210810160528_prod	2021-08-12 18:10:49	2021-08-12 18:10:49	chenl42	成功	回滚
harbor.ziroom.com/zmc/hyperion-config-service:release_20210810160528_prod-298096	release_20210810160528_prod	2021-08-10 18:54:05	2021-08-10 18:54:05	chenl42	成功	回滚

图 13-22　平台会记录每次发布的容器镜像及发布结果

在需要回滚时，根据时间选择回滚的镜像，点击回滚按钮，然后等待 Kubernetes 将所有容器更新完成。

13.5　本章小结

本章主要介绍了将一个应用在 Kubernetes 集群上运行起来所必须的 Kubernetes 资源及用途。灵活使用这些资源对象，可以屏蔽掉底层的复杂度，有效降低用户的使用门槛。

针对生产环境的发布，我们介绍了金丝雀发布及滚动发布，这两种方法可以极大降低原生 Deployment 部署引发故障的概率。结合优雅发布，即使新版本容器出现问题，也不会对线上流量产生影响。

最后我们介绍了回滚的工作原理，大家可以看到基于容器的发布平台，实现回滚操作的便利性。

配套工具

我们现在对 CI/CD 的主体流程有了了解，但只有这些还不够。应用在容器化之后，由于运行环境的不可变性，以及容器 IP 会在每次发布后产生变化，因此用户每日使用的功能及操作习惯在新的平台上将无法延续。对于一个新平台，我们要尽可能降低用户在平台迁移时的替换成本。为此，我们在平台上集成了一些看似简单的配套工具，这些工具能解决很多研发人员日常遇到的问题。

14.1 研发工具集成

我们在 7.4 节介绍过容器销毁后的日志持久化方案以及如何构建基于 Web 技术的容器终端，本节介绍几种容器环境下常见问题的解决方法。

14.1.1 集成 Arthas

我们在排查和解决线上问题时，经常会依赖很多第三方工具。在常规的虚拟机环境下，这些工具往往只需要安装一次，即可持续使用。然而在容器环境下，容器每次重启，文件系统都会重置，那些临时安装的工具也会丢失，如果每次都重新安装将会非常麻烦。然而，也无法将这些工具都安装进基础镜像，一方面是会导致基础镜像变大；另一方面则是这种第三方工具非常多，我们也无法满足所有工具的维护需求。下面我们以 Arthas 为例，讲解一下解决方法。

Arthas 是阿里开源的一款 JVM 运行时诊断工具，它提供了诸如方法调用监控、堆内存实时看板、堆内存转储等方便易用的功能。

对于这种可以按需安装和使用的工具，我们在基础镜像中添加了一键下载和安装的脚本，并通过 WebShell 的登录提示告知用户使用方法，如图 14-1 所示。

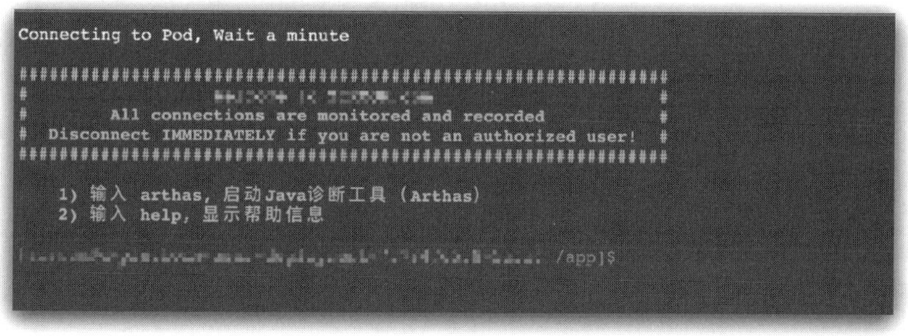

图 14-1　登录提示

容器内的 Arthas 命令，实际上是我们内置的一个下载和安装脚本，代码如下所示。

```
#!/bin/bash
# Tools for Omega Container.
# v-20200603

WORKDIR=$(pwd)
function runArthas(){
        if [ ! -f /opt/arthas/as.sh ]; then
        cd /opt \
        && wget http://internal-file-server/arthas-package.zip \
        && unzip -o -q arthas-package.zip -d  arthas
        fi
        sh /opt/arthas/as.sh
}
```

当用户执行这个脚本后，就会通过内部文件服务器下载并执行 Arthas。对于其他需要按需安装的工具，均可使用类似的方法解决。

14.1.2　Pinpoint 链路追踪

Pinpoint 是基于 Dapper 的一款开源分布式链路追踪工具，用于分析系统的总体结构以及分布式服务间的数据互联。在复杂的微服务场景下，它对线上问题的定位有着极大的帮助。

当然，在分布式链路追踪领域有很多类似的开源产品，这里以 Pinpoint 的对接作为范例，其他产品的对接可以参考本节的思路进行适配。

Pinpoint 的部署架构中包含 pinpoint-agent、pinpoint-collector、pinpoint-web 等多个组件。在容器平台与 Pinpoint 的对接中，需要解决两个问题，一个是 Pinpoint Agent 如何分发；另一个是 Pinpoint Agent 如何配置。在 12.1.3 节，我们已经详细介绍了相关基础组件的管理方法，Pinpoint Agent 也是使用相同的方法进行管理的。Pinpoint Agent 在容器化部署时，与传统的物理机或者虚拟机部署还有一些差异，我们在 Pinpoint Agent 启动时需要提供如下配置。

- ❑ pinpoint.applicationName：应用名称，可以从环境变量中获取当前应用的应用名称（在生成 Kubernetes Deployment YAML 时注入）。
- ❑ pinpoint.agentId：Agent ID，可以直接获取 Pod 名称，需要注意的是，这个配置项有最大长度限制。由于 Pod 名称中会附带完整的 Deployment 名称，因此在应用名称比较长时需要进行截断。
- ❑ pinpoint.container：标记当前 Agent 是在容器环境中运行，Pinpoint 会对标记为容器的 Agent 进行过期清理，避免遗留大量无效的实例干扰问题排查。

完整的配置脚本可以参考如下代码。

```
# PINPOINT_ENABLED 是由发布平台注入的环境变量
# 用户可以通过平台提供的开关控制是否开启 Pinpoint 链路追踪功能
if [ "${PINPOINT_ENABLED}" == "true" ]; then
    MAX_LENGTH=24
    # APPLICATION_NAME 是由发布平台注入的环境变量，内容是容器在平台的应用名称
    # 需要限制最大长度，否则 Agent 会启动失败
    APP=${APPLICATION_NAME:0:$MAX_LENGTH}

    AGENT_ID=${HOSTNAME#*-Deployment -}
    AGENT_ID=${AGENT_ID:0:$MAX_LENGTH}

    PINPOINT_PATH=/path-to-pinpoint-directory
    PINPOINT_JAR=`ls ${PINPOINT_PATH} | grep ".*pinpoint-bootstrap.*\.jar"`

    if [[ -f $PINPOINT_PATH/$PINPOINT_JAR ]]; then
        PINPOINT_AGENT="-javaagent:${PINPOINT_PATH}/${PINPOINT_JAR}"
        PINPOINT_AGENT="$PINPOINT_AGENT -Dpinpoint.applicationName=$APP"
        PINPOINT_AGENT="$PINPOINT_AGENT -Dpinpoint.agentId=$AGENT_ID"
        PINPOINT_AGENT="$PINPOINT_AGENT -Dpinpoint.container"
        export JAVA_OPTS="$JAVA_OPTS $PINPOINT_AGENT"
    fi
fi
```

14.1.3　Apollo 配置中心集成

Apollo 是由携程开源的一款分布式配置中心，发布平台也针对这款产品进行了深度集成。它能让应用除了框架必须的 appId 配置外，无须进行任何配置，即可自动识别需要连接的 meta 服务器地址。

使用 Apollo 配置中心时，应用需要声明连接的 metaserver 地址，根据 Apollo 文档所描述的，配置 metaserver 有 3 种方法。

- ❑ 第一种方法是在应用的 /META-INF/app.properties 中进行配置。
- ❑ 第二种方法是在应用部署服务器的 /opt/setting/server.properties 文件中进行配置。
- ❑ 第三种方法是通过 APOLLO_META 系统环境变量进行配置。

由于第一种方法需要开发人员自行配置，会对用户产生额外的负担，因此我们没有采纳。因为我们需要保证应用镜像是可以部署到任意环境的，所以第二种方法也被我们否决掉

了。最终我们采用了第三种方法——通过环境变量的方式进行配置。

当应用通过平台进行发布时，会在 Deployment 中根据部署环境动态生成 Apollo 的 metaserver 地址环境变量，如图 14-2 所示。

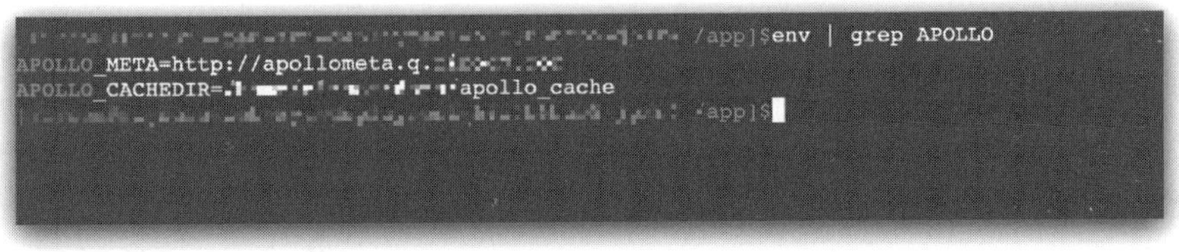

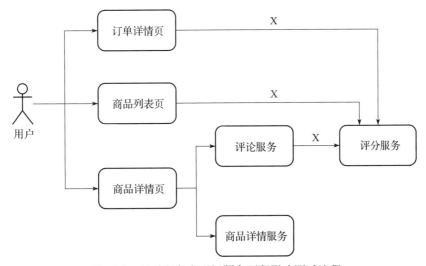

图 14-2　通过环境变量注入 Apollo 配置

当 Apollo SDK 读取到环境变量时，就可以连接到不同环境的 meta 服务上，避免出现连接错误环境导致的各种问题。

14.2　特性环境

在 11.1.3 节中，我们提到过一个 CI/CD 过程中经常遇到的问题——需求并行导致环境冲突。最开始平台的解决方案是允许同一个环境中同时部署多个特性分支，然后在同一个环境中进行测试。这个方案在大部分的实践中是没有问题的，但是，随着微服务链路越来越复杂，调用链路越来越长，这种方式也暴露出了一些问题。

往往一个服务出现故障，就会阻断整个链路。这种影响在变更频繁、稳定性相对较低的测试环境中更为严重，尤其对于一些扇入比（fan-in）非常大的基础服务，一旦在测试流程中出现任何问题，都有可能阻断所有上游应用的测试流程，如图 14-3 所示。于是，我们参考业界流行的特性环境（泳道环境）给出了第二种解决方案。

图 14-3　基础服务出现问题大面积影响测试流程

14.2.1　环境治理

解决问题的第一步是找到问题。环境不稳定的核心原因在于测试环境的 SLA 标准远不如生产环境严格。例如，测试环境没有规范的上线流程，代码本身也没有达到生产环境的上线标准。但是，测试环境也不能照搬生产环境的上线流程，这会导致研发效率严重下降。

在环境治理初期，我们也尝试过诸多方式来提升测试环境的稳定性。例如，增加测试环境的发布权限，仅允许测试人员在执行测试任务时进行发布。这种方式有一定的效果，保证了在测试过程中不会出现因为开发人员自行发布导致的中断，同时也增加了开发与测试人员沟通协调的时间成本。在问题修复的迭代过程中，测试与开发人员要反复沟通，效率非常低下。此外，这个方法无法彻底解决不同系统间因为测试导致的中断，即 A 系统在测试时，如果引入了新的逻辑或接口产生变更，依赖 A 系统的上游流程的测试就会被中断。此外，当有并行需求时，多个测试人员负责的分支有时也会互相影响。

以上问题可以抽象、总结为以下情况。

❑ 同一个系统内，多个分支互相影响。可以通过创建独立的专用特性环境进行解决，每个分支部署在一套独立的环境内，当出现并行需求时，可以同时启动多套特性环境。

❑ 多个系统间，不同需求互相影响。可以建立一套包含核心流程的稳定环境，上游服务仅依赖主干环境中的下游服务，这样便不会被特性环境中的测试代码影响，如图 14-4 所示。

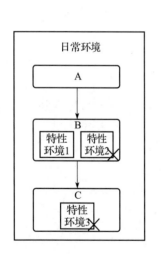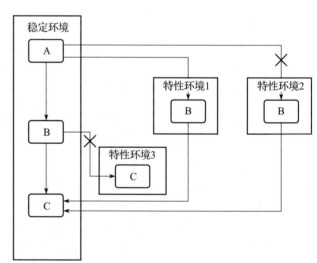

图 14-4　特性环境示意图

如果特性环境 1、2、3 三个分支在同一环境中进行集成测试，如图 14-4 左图，无论是特性环境 2、3 中的哪个出现问题，都会导致特性环境 1 的测试流程被阻断。而采用稳定环境加独立特性环境的方案后，如图 14-4 右图，由于 3 个特性分支独立部署在 3 个环境中，特性环境 2、3 即使出现问题，也不会干扰到特性环境 1 的集成测试。

14.2.2 环境申请

对于单系统测试来说，直接为应用分配独立的环境即可。但是，对于一些同时涉及多个系统的测试流程来说，我们需要将多个应用的特性环境打包在一起，组成一个部署多个应用的特性环境。

由于特性环境的主要用户是测试人员，同时我们采用了 jira 作为需求管理工具，因此我们使用 jira ID 作为环境标识，方便测试人员快速识别环境用途，如图 14-5 所示。

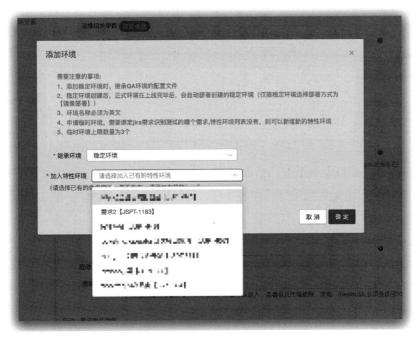

图 14-5　加入已有的特性环境

14.2.3 流量隔离

特性环境创建成功后，需要解决的核心问题是如何正确地将流量路由到这个环境中，避免稳定环境与各个特性环境互相影响。

这里不能简单地根据入口域名进行流量分配，如图 14-6 所示，特性环境可能处于调用链路的中间环节，例如部署了应用 B 的特性环境 1，我们需要首先访问稳定环境的应用 A，然后将应用 A 访问应用 B 的请求路由到特性环境 1 中。

我们可以将这个问题分两步来解决。

1）流量染色：将需要访问特性环境的请求进行标记，并在整个调用链路中传递，这样在调用链的任意环节，我们都能获取需要访问的环境信息。

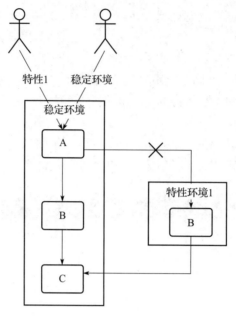

图 14-6　位于调用链路中间的特性环境

2）动态路由：在转发请求时，根据流量染色附带的环境信息，将请求转发到正确的环境中。这一步需要根据流量类型分别进行处理，我们将在本节详细介绍。

1. 流量染色

流量染色在业界有很多落地方案，绝大多数是通过特殊的 HTTP 头对请求进行标记，并且在整个链路中将标记环境的 HTTP 头进行透传。

例如，通过 Postman 测试接口时，指定 ziroom-env-tag 头为需要路由到的特性环境的名称，即可将请求路由到指定特性环境中，如图 14-7 所示。

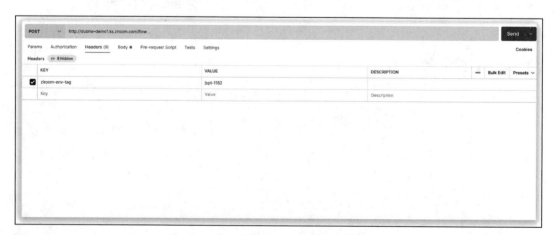

图 14-7　通过 HTTP 头标记请求转发的环境

应用在收到带有特殊标记的请求后，需要将环境标记记录在请求上下文中（例如 Java 中的 ThreadLocal），并在请求下游系统中将环境标记传递下去，如图 14-8 所示。

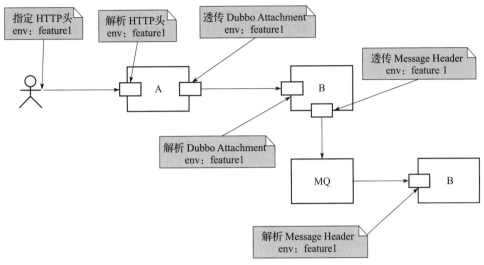

图 14-8　多种通信协议的环境标识透传

❑ 对于 HTTP 请求，同样使用 HTTP 头传递环境标识。
❑ 对于 Dubbo、gRPC 等 RPC 调用，可通过 Dubbo 的 Attachment 或者 gRPC 的 Metadata 进行传递，其他 RPC 框架也可以根据 Header 机制进行传递。
❑ 对于 RabbitMQ、RocketMQ、Kafka 等消息类，可通过对应的 Message Header 进行传递。

由于成本问题，我们没有对存储层进行特性环境隔离，而是让主干环境与特性环境复用同一套环境。

流量染色在业界有很多解决方案，但 90% 的方案都是与具体的微服务框架绑定的。我们在解决这个问题时，面对的现实是各个部门的微服务框架不统一，同时存在用 Java、PHP、Golang、Python 等语言编写的应用。幸运的是，在进行数据分析后发现，Java、PHP、Golang 覆盖了公司 99% 的应用，Java 在其中占据了 90% 的份额，并且使用 PHP 的团队均在逐步向 Golang 迁移。于是我们决定，对于 Java 类应用，通过 JavaAgent 字节码增强的方式，以非侵入的方式解决环境标识透传的问题，在这一步我们对主流的 Web 服务器（Tomcat 和 Undertow）、HTTPClient（Apache HttpClient、OkHttp）、RPC 框架（Dubbo 2.7+）提供了支持，并提供了 Golang 库供业务线接入。

2. 流量路由

在完成了流量染色后，下一步就要根据环境标识，将请求进行正确的路由。经过对公司内技术栈进行分析，我们发现需要解决以下几类流量的路由。

❑ HTTP 类流量：通过域名访问的 HTTP 流量，访问路径上通常存在一个代理层。

❑ RPC 类流量：特点是通过注册中心获取实例列表，节点间采用 P2P（Peer to Peer networking，对等网络）通信。

❑ MQ 类流量：应用间通过 RabbitMQ/RocketMQ 等消息中间件进行通信。

（1）HTTP 路由

由于 HTTP 路由存在一个代理层，因此相对比较容易解决。因为在实施特性环境时，我们的集群内已经部署了基于 Istio 的服务网格，所以我们通过 Istio 中 VirtualService 的路由能力轻松解决了 HTTP 的路由问题。

首先，我们在主干环境的 VirtualService 中添加特性环境的路由规则，代码如下所示。

```
apiVersion: networking.istio.io/v1beta1
kind: VirtualService
metadata:
    name: hello-omega-stable
spec:
    hosts:
    - hello-omega.ks.ziroom.com
    http:
    # 特性环境 feature-f1 开始
    - name: "f1-feature-route"
        match:
        - headers:
                ziroom-env-tag:
                    exact: "f1-feature"
        route:
        - destination:
                host: hello-omega-svc.f1-feature.svc.cluster.local
    # 特性环境 feature-f1 结束

    # 特性环境 feature-f2 开始
    - name: "f2-feature-route"
        match:
        - headers:
                ziroom-env-tag:
                    exact: f2-feature
        route:
        - destination:
                host: hello-omega-svc.f2-feature.svc.cluster.local
    # 特性环境 feature-f2 结束

    - name: "stable-route"
        route:
        - destination:
                host: hello-omega-svc.tech-stable,svc.cluster.local
```

可以看到，除去主干环境自身的 stable-route 外，每存在一个特性环境，我们都会向这个 VirtualService 中添加一个对应的路由条目，并在环境回收时删除。

此外，在特性环境的 VirtualService 中，我们也添加了用于环境标识 HTTP 头的规则，代码如下所示。

```
apiVersion: networking.istio.io/v1beta1
kind: VirtualService
metadata:
    name: hello-omega-vs
    namespace: {feature-env}
spec:
    hosts:
    # 省略
    http:
        - headers:
            request:
                set:
                    ziroom-env-tag: {feature-env}
```

这样，如果直接访问了特性环境的域名，就会在 HTTP 请求中自动添加正确的 HTTP 头。

（2）RPC 路由

RPC 路由与 HTTP 路由相比，最大的区别在于没有中间代理层，而是由客户端执行相应的负载均衡逻辑。于是，对于 RPC 类流量，我们需要针对具体的框架进行扩展。以 Dubbo 框架为例，服务消费者通过注册中心获取服务提供者的 IP 端口列表，并根据轮询等策略实现负载均衡。于是，我们需要针对 Dubbo 做以下扩展。

1）共享注册中心

由于客户端需要能够同时获取包含稳定环境与特性环境的节点列表，才能根据环境标识进行路由，于是我们让所有环境的实例注册到同一套注册中心上。在注册实例时，我们将部署的环境标识与 IP（Port）一同注册到注册中心中。

2）自定义路由

我们通过 Dubbo 的 SPI（Service Provider Interface，服务提供方接口）机制，注册了一个自定义的路由器实现。在 META-INF/dubbo 目录中添加一个名为 org.apache.dubbo.rpc.cluster.RouterFactory 的文件，内容如下所示。

```
dubheRouterFactory=com.ziroom.tech.ares.plugin.apache.DubheDubboRouterFactory
```

DubheDubboRouterFactory 包含具体的路由实现，如图 14-9 所示。

在客户端，根据流量染色携带的环境信息，优先筛选环境匹配的实例，如果实例不存在（对应应用的特性环境没有部署），则降级为主干环境实例。

以上描述了 Dubbo 框架的原理，其他 RPC 框架，比如 Spring Cloud，也可以参考 Dubbo 框架原理进行对应的扩展。

（3）RabbitMQ 动态路由

对于 RabbitMQ 的动态路由，我们通过创建专用的物理 RabbitMQ 交换机与队列（Queue）进行环境间消息的隔离，如图 14-10 所示。

```
@Activate
public class DubheRouterFactory implements RouterFactory {

    @Override
    public Router getRouter(URL url) {
        return new AbstractRouter() {
            @Override
            public <T> List<Invoker<T>> route(List<Invoker<T>> invokers, URL url, Invocation invocation) throws RpcException {
                String envName = RpcContext.getContext().getAttachment( key: "dubhe-env");
                if (envName == null) {
                    // 非染色环境, 仅返回 stable 实例
                    return invokers;
                }

                // 存在环境名称, 优先挑选版本匹配的 invoker
                List<Invoker<T>> versionMatchInvokers = new ArrayList<>();
                List<Invoker<T>> stableInvokers = new ArrayList<>();
                for (Invoker<T> invoker : invokers) {
                    if (envMatch(envName, invoker)) {
                        versionMatchInvokers.add(invoker);
                    } else if (isStable(invoker)) {
                        stableInvokers.add(invoker);
                    }
                }

                return versionMatchInvokers.isEmpty() ? stableInvokers : versionMatchInvokers;
            }
        };
    }

    1 usage
    private <T> boolean isStable(Invoker<T> invoker) {
        String version = invoker.getUrl().getParameter( key: "version");
        if (version == null) {
            return false;
        }

        return version.endsWith("-stable");
    }

    1 usage
    private <T> boolean envMatch(String envName, Invoker<T> invoker) {
        String version = invoker.getUrl().getParameter( key: "version");
        if (version == null) {
            return false;
        }

        String[] parts = version.split( regex: "-", limit: 2);
        String instanceEnv = parts[0];
        return envName.equals(instanceEnv);
    }
}
```

图 14-9　自定义 Dubbo 路由器

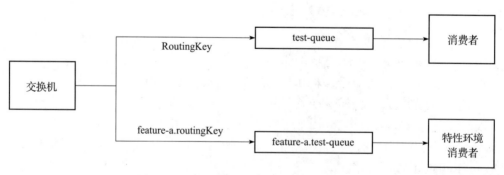

图 14-10　通过物理 Exchange 进行消息路由

例如对于一个名为 feature-a 的特性环境，如果部署其中的应用需要消费名为 test-queue

的队列，我们会在 RabbitMQ 中创建一个名为 feature-a.test-queue 的队列，供特性环境中的应用进行消费，避免它消费到主干环境的消息。然后，我们会根据原有队列 test-queue 的绑定关系，将特性环境名称附加到 RoutingKey 中，并添加一个新的 Binding。

我们引入了一个中间代理层 amqp-proxy 进行消息路由，如图 14-11 所示。

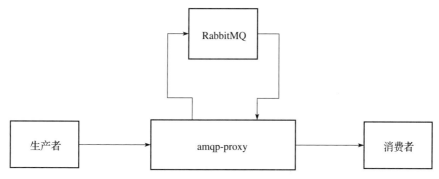

图 14-11　通过代理进行消息路由

在 amqp-proxy 收到待发布的消息后，会根据消息的环境头动态修改消息的 RoutingKey，实现将不同环境的消息，投递到不同的队列中。

下面我们通过一个模拟案例演示消息的生产与消费过程。假设我们有订单服务（order-service）与积分服务（credit-service），订单服务在用户订单支付成功之后，会使用路由键（key-order-complete）向 RabbitMQ 交换机（ex-order-dispatch）发送一条订单完成的消息，积分服务在收到消息后，会根据订单信息向订单的支付用户发放积分，流程如图 14-12 所示。

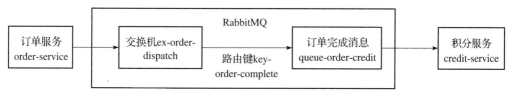

图 14-12　订单与积分发放业务流程

我们需要修改积分服务的积分发放规则，并为此创建了特性环境 feature-1，将积分服务部署到特性服务中，命名为 feature1-credit-service，如图 14-13 所示。

根据图 14-13 所描述的流程，要为这个业务场景部署一套特性环境，除了部署积分服务外，还需要创建积分服务依赖的 RabbitMQ 队列（feature-1.queue-order-credit），并通过路由键（feature-1.key-order-complete）将其绑定到交换机（ex-order-dispatch）上。

在 feature-1 环境下，订单服务完成订单支付后，会向交换机（ex-order-dispatch）发送消息，这时如果发现存在相应特性环境的路由绑定（feature-1.key-order-complete），则在发送消息时，便会修改路由键为 feature-1.key-order-complete，这样消息就会进入特性环境队列（feature-1.queue-order-credit）中，然后被特性环境中的 feature-1-credit-service 消费。

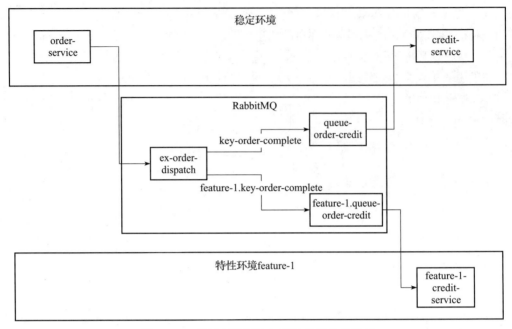

图 14-13 特性环境订单与积分发放业务流程

而稳定环境链路或者其他特性环境下，会发现不存在对应的绑定关系，于是使用原始的路由键（key-order-complete）发送消息，消息进入稳定环境队列（queue-order-credit），然后被稳定环境链路中的 credit-service 消费。

在流程中，检测环境路由键绑定关系以及修改路由键的工作都是由 amqp-proxy 完成的，从而可以实现无侵入的消息动态路由。

（4）RocketMQ 动态路由

对于 RocketMQ 的消息路由，我们选择了部署物理 Broker 进行隔离的方案，即每个特性环境中，除去应用实例外，还会额外部署该环境专用的 RocketMQ Broker，如图 14-14 所示。

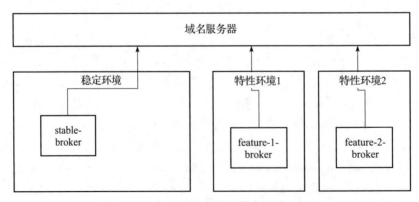

图 14-14 每个特性环境部署专用的 Broker

通过 RocketMQ 管理 API，直接在 Broker 实例上创建特性环境专用的队列，如图 14-15 所示。我们还是以订单与积分服务为例，演示在 RocketMQ 中如何动态路由消息。

与 RabbitMQ 不同的是，在使用 RocketMQ 时，要完整部署一套特性环境，我们需要在特性环境中部署物理 Broker，并使用 RocketMQ Admin API 在特性环境 Broker 上创建 Topic 的队列，如图 14-16 所示。

从实现逻辑上看，RocketMQ 的消息路由与 RPC 类的动态路由非常相似，是在客户端对分布在不同 Broker 上的队列进行负载均衡。我们可以根据环境信息，有选择性地将消息发送到指定环境的 Broker 上。要实现这一需求，首先我们需要同时扩展 RocketMQ 的生产者及消费者。

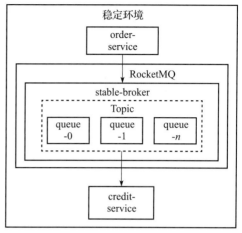

图 14-15　订单与积分发放业务流程

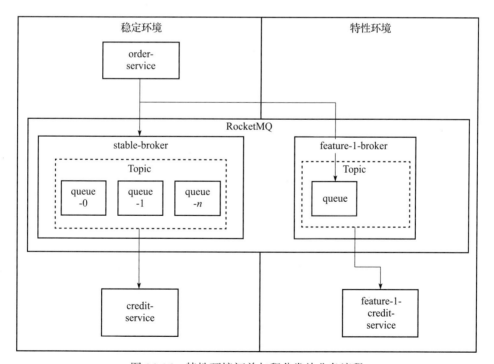

图 14-16　特性环境订单与积分发放业务流程

1）改造生产者

对于 RocketMQ 生产者的改造，我们需要扩展 MessageQueueSelector 接口，代码如下所示。

```java
public class DubheMessageQueueSelector implements MessageQueueSelector {
    private MessageQueueSelector defaultSelector = new SelectMessageQueueByRandom();
    @Override
    public MessageQueue select(List<MessageQueue> mqs, Message msg, Object arg) {
        String currentEnv = DubheContext.get();
        List<MessageQueue> stableQueues = new ArrayList<>();
        List<MessageQueue> envQueues = new ArrayList<>();
        for (MessageQueue messageQueue : mqs) {
            // #1
            if (messageQueue.getBrokerName().startsWith("stable-")) {
                stableQueues.add(messageQueue);
            } else if (currentEnv != null && messageQueue.getBrokerName().
                startsWith(currentEnv)) {
                // #2
                envQueues.add(messageQueue);
            }
        }
        if (stableQueues.isEmpty() && envQueues.isEmpty()) {
            return defaultSelector.select(mqs, msg, arg);
        }
    // #3
        return defaultSelector.select(envQueues.isEmpty() ? stableQueues :
            envQueues, msg, arg);
    }
}
```

需要注意的是，RocketMQ 的 Broker 不像 RPC 实例那样提供了可扩展的元数据，可用于附带明确的环境标识。我们对 Broker 命名进行规范，特性环境的 Broker 以特性环境的名称作为前缀，例如特性环境 feature-1 中的 Broker 被命名为 feature-1-broker（#1）。

在 feature-1 下，订单服务完成订单支付后，发送订单完成通知时，会检查所有可用的 Broker 列表，发现存在名为 feature-1-broker 的 Broker 实例后，将消息发送到 feature-1-borker 的队列中（#2），消息最终被特性环境 feature-1-credit-service 消费。

而稳定环境链路或者其他特性环境下，会发现不存在对应的 Broker，便将消息发送到稳定环境的 Broker 中，然后被主干链路中的 credit-service 消费。

2）改造消费者

对于 RocketMQ 消费者的改造，需要重写 RocketMQ 消费者的负载均衡算法，即将 RocketMQ 默认的基于地理位置（机房、机架）就近分配列队的算法，修改为基于部署环境分配，避免出现跨环境消费（特性环境消费稳定环境消息）的情况。

要实现这一点，我们首先要解决如何识别消费者部署环境的问题。与生产者遇到的问题一样，消费者节点同样没有用于额外携带环境信息的元数据，解决方法同样是将环境信息编码到消费者的 InstanceName。实现这一点，只需要在初始化消费者时，按规则设置好 InstanceName，如图 14-17 所示。

```
1 usage
private void initRocketMQPushConsumer() throws MQClientException {
    Assert.notNull(rocketMQListener, message: "Property 'rocketMQListener' is required");
    Assert.notNull(consumerGroup, message: "Property 'consumerGroup' is required");
    Assert.notNull(nameServer, message: "Property 'nameServer' is required");
    Assert.notNull(topic, message: "Property 'topic' is required");

    RPCHook rpcHook = RocketMQUtil.getRPCHookByAkSk(applicationContext.getEnvironment(),
        this.rocketMQMessageListener.accessKey(), this.rocketMQMessageListener.secretKey());
    boolean enableMsgTrace = rocketMQMessageListener.enableMsgTrace();
    if (Objects.nonNull(rpcHook)) {
        consumer = new DefaultMQPushConsumer(consumerGroup, rpcHook, new DubheAllocateMessageQueueStrategy(),
            enableMsgTrace, this.applicationContext.getEnvironment().
            resolveRequiredPlaceholders(this.rocketMQMessageListener.customizedTraceTopic()));
        consumer.setVipChannelEnabled(false);
        consumer.setInstanceName(RocketMQUtil.getInstanceName(rpcHook, consumerGroup));
    } else {
        log.debug("Access-key or secret-key not configure in " + this + ".");
        consumer = new DefaultMQPushConsumer(consumerGroup,
            rpcHook: null,
            new DubheAllocateMessageQueueStrategy(),
            enableMsgTrace,
            this.applicationContext.getEnvironment().
                resolveRequiredPlaceholders(this.rocketMQMessageListener.customizedTraceTopic()));
        consumer.setInstanceName(getInstanceName());
    }

    consumer.setNamesrvAddr(nameServer);
    consumer.setConsumeThreadMax(consumeThreadMax);
    if (consumeThreadMax < consumer.getConsumeThreadMin()) {
        consumer.setConsumeThreadMin(consumeThreadMax);
    }

    switch (messageModel) {...}

    switch (selectorType) {...}

    switch (consumeMode) {...}

    if (rocketMQListener instanceof RocketMQPushConsumerLifecycleListener) {
        ((RocketMQPushConsumerLifecycleListener) rocketMQListener).prepareStart(consumer);
    }
}
```

图 14-17　自定义 RocketMQ 队列负载均衡算法

我们将 InstanceName 划分为 4 段：{ 环境名称 }-{ 是否为稳定环境 }-{PID}-{ 计数器 }（#3），并将 InstanceName 设置给消费者（#2）。消费者会将本机 IP 添加到 InstanceName 中，避免出现冲突。最后使用我们扩展的 AllocateMessageQueueStrategy 分配队列（#1），代码如下所示。

```
@Override
public List<MessageQueue> allocate(String consumerGroup, String currentCID,
    List<MessageQueue> mqAll, List<String> cidAll) {
    // 省略部分代码
    List<MessageQueue> allocateResults = new ArrayList<>();
    // 1. 匹配同机房的队列
    String currentMachineZone = machineRoomResolver.consumerDeployIn
        (currentCID);
    List<MessageQueue> mqInThisMachineZone = mr2Mq.remove(currentMachineZone);
    List<String> consumerInThisMachineZone = mr2c.get(currentMachineZone);
    if (mqInThisMachineZone != null && !mqInThisMachineZone.isEmpty()) {
```

```
allocateResults.addAll(allocateMessageQueueStrategy.allocate(consumerGroup,
    currentCID, mqInThisMachineZone, consumerInThisMachineZone));
        }
        // 寻找没有匹配上区域（Zone）的 MessageQueueList
        for (String machineZone : mr2Mq.keySet()) {
            if (mr2c.containsKey(machineZone)) {
                continue;
            }
            // 2. 如果存在稳定环境，则把无消费者的 messageQueue 分配给稳定环境
            if (!stableClientIds.isEmpty()) {
                if (machineRoomResolver.consumerIsStable(currentCID)) {
allocateResults.addAll(allocateMessageQueueStrategy.allocate(consumerGroup,
    currentCID, mr2Mq.get(machineZone), stableClientIds));
                }
            } else {
                // 3. 如果没有基准环境，则把无消费者的 messageQueue 再次分配给 consumer
allocateResults.addAll(allocateMessageQueueStrategy.allocate(consumerGroup,
    currentCID, mr2Mq.get(machineZone), cidAll));
            }
        }
        return allocateResults;
    }
```

下面代码中引用的 DubheMachineRoomResolver 负责解析 clientID，并提取 clientID 中的环境名称作为队列的地理因子参数。

```
public class DubheMachineRoomResolver implements AllocateMachineRoomNearby.
    MachineRoomResolver {
    public String brokerDeployIn(MessageQueue messageQueue) {
        String brokerName = messageQueue.getBrokerName();
        String[] parts = StringUtils.split(brokerName, "-");
        return StringUtils.join(parts, "-", 0, parts.length - 1);
    }
    public String consumerDeployIn(String clientID) {
        String[] parts = StringUtils.split(clientID, "@");
        // parts[0]: clientAddr
        // {ip}@{env}-{0/1}-{pid}-{seq}
        String[] p2 = StringUtils.split(parts[1], "-");
        return StringUtils.join(p2, "-", 0, p2.length - 3);
    }
    public boolean consumerIsStable(String cid) {
        return consumerDeployIn(cid).equals("stable");
    }
}
```

14.3 数据驱动优化

本章主要介绍各种周边配套设施的建设，这些周边工具看似简单，却是开发人员日常必备的，能给开发工作带来极大便利。事实上在平台投入运营后，非常重要的一项工作就是

对平台进行持续优化与改进。本节主要讨论平台上线之后，平台运营者以及平台用户如何通过数据驱动进行平台优化。

14.3.1　找到黄金指标

彼得·德鲁克曾说过："如果你无法度量它，就无法管理它。"平台优化也是如此。平台优化的首要任务是定义黄金指标。对于一个容器化发布平台来说，有哪些关键指标需要考量、如何进行梳理呢？

从平台的核心流程出发，可以定义出流水线构建成功率、流水线运行时长、发布频率等多个指标，我们就其中相对重要的几个进行说明。

1. 流水线构建成功率

这个指标主要用来衡量发布系统自身的稳定性。发布系统最核心的功能就是将代码转化为可以运行的容器并运行起来，如果这个指标出现大的波动，需要引起平台运营者的高度重视，并立刻着手解决。

我们将流水线的构建过程定义为从执行构建开始到容器正常运行为止，当所有步骤都完成时，将这次构建标记为一次成功的构建。需要注意的是，影响流水线构建成功率的因素有很多，如平台 Bug、Kubernetes 集群资源不足、代码本身有问题（例如编译错误），或者配置问题导致容器启动失败。对于这一关键指标的解读也有一些需要注意的地方。

（1）关注变化趋势

构建成功率这一指标不可能持续维持理想状态，相对于绝对值，变化趋势更值得参考。

（2）错误分类

对于构建错误的记录，要分类统计。即使是非平台原因导致的构建失败，在出现异常时同样需要引起注意，例如内部 Maven 私服出现问题，或 Gitlab CI 服务器出现问题，都有可能导致大量应用构建失败。

2. 流水线运行时长

这个指标描述的是一次成功构建的持续时长，与构建成功率的定义类似。需要注意的是，这个指标包括运行成功的运行时长，失败可能出自不同的构建阶段，如果计算运行记录的总运行时长，失败的流水线运行记录会产生较大影响。由于失败的场景已经由成功率这个指标进行覆盖，因此这里仅记录成功的流水线运行时长。

对于这个指标，平台运营者追求的当然是越短越好。

（1）分阶段统计

由于流水线是由多个不同阶段的任务组合而成，整体运行时长就是这些子任务运行时长的总和，与常规的性能优化思路类似，想要降低总时长，需要首先定位热点，即流水线在哪一步消耗了最多的时间。从我们的经验来看，非生产环境往往大部分时间消耗在程序的编译与打包阶段，于是我们提升构建服务器的配置，并添加了更多的构建服务器，保证了构建效率。

（2）提升人工步骤效率

流水线的任务可以分为两类，一类是自动化运行的；另一类需要人工介入，例如生产环境构建流水线，就需要应用负责人审批通过后，才能进行发布。这一步由于涉及人的操作，因此时间往往不可控，但可以通过提供更高效的工具（移动 IM（Instant Messaging，即时通信）审批）、效能跑马图（多部门横向发布效率对比）等手段进行提升。

3. 发布频率

前面的两个指标主要描述平台的稳定性，而发布频率则是描述平台的运行态势。在平台推广阶段，运营者通过这个指标可以准确获取用户的真实接受程度。用户是否真的对你的平台满意，看看他们是否会持续使用就知道了。在平台进入稳定运营阶段后，这个指标在一定程度上也能反应开发人员的工作效率与工作饱和度。

14.3.2 仪表盘

定义出平台的黄金指标后，需要将它们进行线上化、可视化，以便进行下一步更有效的洞察。

针对研发指标的度量，业界有很多成熟的实践，我们有一个独立的效能度量平台可以对工程效能做全方位的诊断和度量。由于 Omega 平台主要的职责是持续交付，因此这里我们重点呈现交付类的指标，横向可以分为 CI 和 CD 两个过程，纵向可以分为交付能力和交付质量两个维度，如表 14-1 所示。

表 14-1　交付指标分类表

	CI	CD
交付能力	应用总数量	部署次数
	构建平均次数	异常发布次数
	构建平均时长	部署时长
	构建成功率	部署成功率
	集成分支数量	应用启动时长
	提测月均次数	回滚次数
交付质量	静态代码扫描成功率	构建平均时长
	阻断问题数量	回滚率
	单元测试覆盖率	线上缺陷密度
	代码审核覆盖率	—

我们会将这些核心仪表盘通过大屏，直接投放给团队，让运营团队可以快速获取平台的运行状态。同时，在例行周会中，我们也会根据这些仪表盘，对平台运行进行复盘，对出现异常的指标进行有针对性的修复与改进。对于开发团队来说，有几个指标的作用是比较大的。

1. 交付能力

交付能力更多的是指我们在单位时间内，交付的技术产出物。在架构设计阶段主要是指架构设计文档，在开发阶段主要是指代码，在 CI/CD 阶段主要是指构建和发布的次数。从宏观视角来看，构建发布越频繁，团队的交付能力就越强。我们重点关注应用数量、构建 / 发布次数、构建 / 发布时长、构建 / 发布成功率等几个指标，如图 14-18 所示。

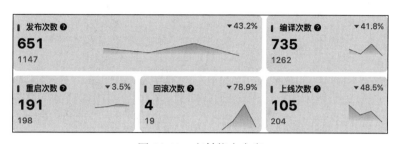

图 14-18　交付能力大盘

（1）应用数

随着微服务架构的普及，我们往往会把一个独立的微服务定义为一个应用，后台对应 GitLab 中的一个工程。因此，应用数可以宏观地理解为微服务的数量。应用数量代表了微服务的丰富程度，尽管从架构设计的角度我们呼吁高内聚、低耦合，尽量把服务拆细，但是我们还是要关注应用的数量，避免微服务泛滥。

过度的拆分会导致服务间的依赖关系变得极其复杂，运维成本急剧上升。以我所在的公司为例，2018 年的服务调用量大概是日均 3.5 亿次，700 个应用，到了 2020 年已经增长到 1000 余个应用，服务间的调用达到了日均 10 亿次。作为架构师或部门负责人，一定要关注应用量的变化，如图 14-19 所示。

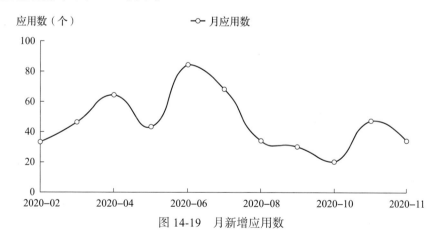

图 14-19　月新增应用数

（2）构建发布次数

构建与发布是开发人员衡量研发活动的主要指标之一。传统软件的发布周期都很长，但是在互联网企业中，能否支持高频的发布日渐成为衡量企业研发成熟度的一个重要标准。目前我公司的构建发布次数能达到每天 400 次，平均下来每个开发人员每天进行一次构建

发布操作。团队管理者可以通过对比所在团队的发布频率来分析周期交付情况，如图 14-20
所示。

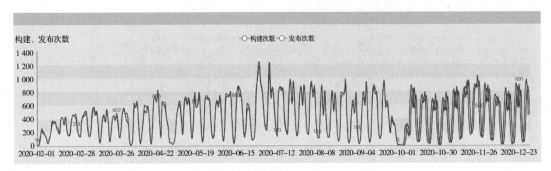

图 14-20　应用发布次数图

（3）异常构建发布次数

在发布次数这项指标中，有一组异常数据需要关注，即异常构建发布次数、非正常发
布日的上线次数、重启次数和回滚次数。异常构建发布次数是指因为编译报错、代码冲突、
配置错误、代码异常导致的非正常构建或发布的次数，在 CI 阶段关注的是构建成功率，在
CD 阶段关注的是回滚次数，如图 14-21 所示。

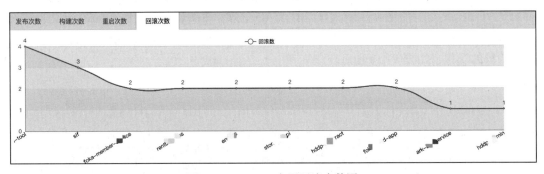

图 14-21　Top10 应用回滚次数图

对于回滚次数，大家比较熟悉，越少的回滚次数代表上线的成功率越高。回滚次数和
回滚时长越少越好，更快的回滚意味着我们的故障修复时长更短，对于用户损失也会更少。
重启次数其实是回滚的一种快速试探方案，同样也是越少越好。

相比回滚次数，有一个大家比较容易忽略的指标——非正常发布日的上线次数。虽然我
们说发布越高频越好，但是为了提升用户体验，有些时间段我们是不建议进行线上发布的，
比如周五、节假日前夕，在这样的日期进行发布，由于开发人员休假等因素，一旦出现线上
问题，可能导致修复不及时，进而会影响用户体验。

（4）构建发布成功率

与异常构建发布次数相对应的就是正常发布次数，发布成功率 = 正常发布次数 / 发布总

次数。发布成功率越高，开发人员返工的次数和花在构建发布的时间就越少，间接意味着工程质量越高。这个指标与异常构建发布次数在一定维度上也可以算作质量指标。

（5）构建发布时长

发布次数能够衡量开发人员的交付量，构建发布时长可用于衡量团队的交付吞吐率。在老的交付平台中，一些应用的平均编译、构建时长往往在 10 分钟左右，新的平台上线后，解决了一些合并代码、配置项冲突的问题，同时借助 Kubernetes 的新特性，大大缩短了应用的平均构建时长。

2. 交付质量

交付能力衡量的是工程交付的产量，交付质量是产研团队需要关注的另一项重要指标。相对来说比较重要的有单元测试覆盖率、代码审查覆盖率、阻断问题数量、启动时长等。

（1）单元测试覆盖率

近年来，"测试左移"的概念非常火热，单元测试就是测试左移中重要的一项活动。单元测试是对软件中最小的可测试单元进行检查和验证，往往由开发人员编写单元测试代码。通过单元测试，能够更早地发现系统 Bug，避免线上发生故障，提前扼杀潜在风险。单元测试覆盖率越高，代表代码的潜在 Bug 率越低。

当然，质量与效率两者往往不能兼得，提升单元测试覆盖率，必然会使开发人员花费更多的精力去承担测试的工作，降低研发交付的敏捷度。尽管单元测试覆盖率很重要，我们还是要在质量与效率间寻找一个平衡点，单元测试覆盖率达到一定的阈值即可，不用盲目地追求过高的覆盖率。如图 14-22 所示，某团队的单元测试覆盖率达到 29.2%，属于一个中等水平。

图 14-22　单元测试覆盖率图

（2）代码审查覆盖率

除了单元测试外，另一个从研发侧降低线上 Bug 的活动就是代码审查。通过代码审查能够在提交测试之前发现一些代码逻辑和代码规范上的漏洞，从而降低线上 Bug 率。

（3）阻断问题数量

发布平台在发布分支出现新增代码时，会触发 SonarCube 进行静态代码扫描，并将分析结果展示在构建流水线中，如图 14-23 所示。SonarCube 会根据我们配置的代码规范及各类规则扫描出不同级别的问题，例如阻断性问题、严重代码 Bug 以及各种代码坏味道，为了平衡代码质量及消费效率，我们没有采用严格卡点的方式，阻止研发人员发布有问题的代码，而是持续通过 Code Review 及限期整改的方式，提升代码质量。

项目名称：			Blocker-新增bug数	Blocker-新增坏味道	Blocker-新增漏洞	Critical-新增bug数	Major-新增bug数	Minor-新增bug数
分支名称：	master		0	0	0	0	2	0
项目地址：	git@							
扫描状态：	扫描成功							
任务ID： 700090	触发场景：手动触发	工程版本： 20220413090630-daily			发起人：		更新时间： 2022-04-13 10:51:25	

重新分析　查看扫描详情　查看历史扫描任务

图 14-23　SonarCube 静态代码扫描数据

（4）启动时长

启动时长指标描述的是容器被调度到 Node 后，从镜像下载完成至通过存活探针检测的时长。绝大多数的 Java 项目都可以在 2 分钟以内启动完成，部分遗留的大型单体应用启动时长可能达到 5 ～ 10 分钟。

过长的启动时间，会对应用的稳定性造成极大影响。一方面可能会导致存活探针误判，从而导致应用频繁重启；另一方面，在因 Node 健康情况或其他原因导致 Pod 被重新调度时，会使应用无法快速恢复到正常状态。对于这些启动时间过长的应用，一方面我们会调整存活探针的重试次数及检查间隔时间，让应用能够暂时运行起来；另一方面会辅助应用开发人员对应用进行优化，并通过启动时长跑马图追踪问题应用的改造进度，如图 14-24 所示。

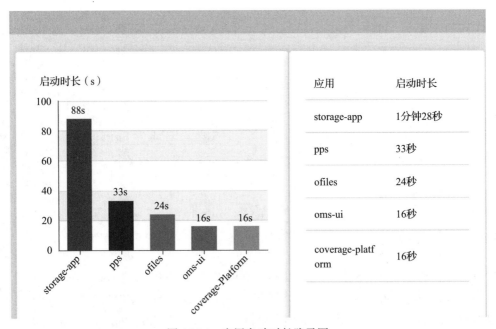

图 14-24　应用启动时长跑马图

除了上述指标，还有很多研发效能相关的数据值得度量和分析，有了数据的可视化，我们才能更好地诊断团队问题，为研发测试人员进行更精准的赋能。

14.4　本章小结

本章介绍了一系列周边工具的建设思路，讲解了多种典型问题的解决方法。限于篇幅不能将所有的工具都覆盖在内，通过这些问题的解决思路，大家可以举一反三，顺利解决类似的问题。

本章针对特性环境建设这一难题，对几个核心难点进行了讲解。虽然不同公司的交付流程会有差异，测试方式也有所不同，但环境隔离、流量染色、动态路由这些底层技术都是相通的，大家可以灵活组合，集成到各自的系统内。

平台上线只是一个开始，我们用了大约一年的时间，完成了整个公司 500 多个应用的容器化改造，在这个过程中，需要对平台进行持续优化，而优化的核心方法就是找到核心指标，用数据说话，进行更有针对性的改造。

第四部分 *Part 4*

云原生迭代

本书前面 3 个部分分别从运维侧和研发侧介绍了云原生的落地实践过程，用户能感知到的有 2 个平台，一个是面向运维侧的 SRE 平台，另一个是面向研发侧的 Omega 平台。

对于运维人员来说，如何快速推广到全员使用？对于研发人员来说，如何平滑迁移到新平台？这是 2 个非常重要的问题。第 15 章会重点介绍平台如何从试运行到 100% 覆盖。

架构是不断演进和迭代的，自如的云原生实践大概可以分为 2 个阶段，第一个阶段是完成容器化、服务编排、持续交付的架构升级；第二个阶段是完成服务网格的实际应用。第 16 章围绕服务网格的背景、实施过程、价值等几个维度来介绍服务网格的探索过程。

经过 2 年的云原生落地实践，总体来说，云原生架构对资源的使用率和研发人员的效率有巨大的提升，收益非常明显。在这个过程中，我们积累了一定的成功经验，同时也走了不少弯路，遇到过不少困难。第 17 章会对整体的得失做一个总结，供大家参考。

从试运行到 100% 覆盖

在项目技术方案完整落地并基于 Kubernetes 的 CI/CD 平台发布 Beta 版本后，平台进入运营推广阶段。这个阶段的任务是将全部项目从原来基于虚拟主机的发布流程迁移到基于容器的新发布平台上。而在这个阶段，团队也会面对不同的用户群体——"勇于尝鲜"的先行者、"谨慎对接"的观察者、"保持现状"的沉默者。对于新技术的应用，各业务线会有不同的想法，这完全可以理解。平台的推广方显然更希望赋能全部用户，让平台的价值最大化。

15.1　从 0 开始

对于一个新孵化项目的推广，一般先用内部系统试点。以会议室系统为例，这类内部非核心系统即使切换后出现异常也不会有太大影响。同时，这个阶段也可以用来沉淀文档，为后面的大范围推广做准备。

当推动内部项目从旧的发布系统（OS 平台）向新平台（Omega 平台）迁移时，我们发现项目初始化的过程最耗时费力。项目管理员需要初始化项目描述、代码库地址、项目负责人、权限分配等一系列项目相关的信息。

对于上述情况，我们在 Omega 平台的项目初始化阶段进行了优化，对可以自动拉取并同步的信息进行重新梳理，尽量让用户只须填写项目原地址与项目名称等少量内容。

15.1.1　内部试点

当一个项目可以顺滑地完成迁移、部署、试运行、正式上线这几个关键环节后，项目团队开始着手 Omega 平台的内部试点推广工作。在这一阶段，首先和"勇于尝鲜"的先行者沟通，这类人群所在团队要么受困于当前效率较低的 CI/CD 工具，要么希望引入更便捷、高效的 CI/CD 工具，以便为团队快速发展奠定基础。这些团队非常关注持续集成与发布环节的效率提升，在项目需求收集阶段，也提供了大量有效建议，如图 15-1 所示。

在项目内测通过后，先行者们迅速试用新的平台，Omega 维护小组的工程师也组织了宣导会，进行一次试讲。就这样，Omega 平台的第一批用户诞生了。通过外部视角的审视，Omega 项目团队也明确了后续正式推广与运营阶段的 3 个主要原则。

□ 标准化迁移流程，保证平台可用性。
□ 自主化迁移工具，降低迁移成本。
□ 持续提升易用性，建立平台口碑。

15.1.2　OS 与 Omega 并存阶段

一个应用完整地从 OS 迁移至 Omega 平台，完成的标志是将流量代理从原 Nginx 切换至 Kubernetes 集群

图 15-1　Omega 平台迭代建议

的 Ingress。在应用的迁移过程中，为防止应用程序从 KVM 平台切换到 Docker 后出现未知的异常与报错，我们在切换初期以灰度方式运行。灰度运行的百分比结合项目自身情况而定，一般为切换 25% 或 50% 的流量到 Kubernetes 集群，如灰度运行一周无异常则切换全部流量。同时，OS 平台的实例暂不回收，先手动设置为挂起状态，在 Omega 平台迭代几次后，开发人员会完全熟悉新的 CI/CD 流程并确保一切稳定运行，此时再提工单回收 OS 平台实例。

切换流程如图 15-2 所示，先在原 Nginx 代理层增加 Kubernetes 集群节点，实现灰度运行，如运行正常则切换全部流量通过 Ingress 代理至容器实例。

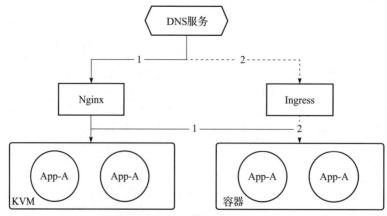

图 15-2　容器化流量切换

一个应用从 OS 平台切换至 Omega 平台，至少要稳定运行 2 ~ 3 周，在项目负责人确认后，才能回收 OS 平台的实例。而在 OS 平台与 Omega 平台并存期间，开发人员也更直观地感受到新平台的效率与操作的流畅度，这为新平台积攒了一定的口碑。

15.2　从 1% 到 10%

经过内部试点阶段的打磨，Omega 平台日趋完善。Omega 项目小组在迭代完成试点阶段收集的需求后，准备正式启动宣导，逐步推广。这一阶段正式开始云原生的推广，验证迁移工具的易用性，树立口碑，并且对外运营和推广平台，让外部用户也使用起来。

15.2.1　外部宣导：寻找早期用户

外部宣导从线上和线下两个渠道推进。线上，在老的发布平台与对接群增加 Omega 平台公告，引导用户体验新平台。线下，借助各类内部全员大会与沟通会，宣导项目。比如，业主业务线的技术团队整体技术栈比较新，团队成员喜欢拥抱新技术，经常在双周进行技术交流。我们在 8 月的一次例会上介绍了基于容器的 CI/CD 项目规划，大家表示非常期待。在项目正式上线后，业主业务线的技术团队踊跃尝鲜，为我们提供了很好的建议和想法。

这一阶段，主要面向的依旧是先行者，只不过是将范围扩大到全体开发人员，引入更多的外部视角，将平台打磨得日趋完善，为后面的大范围推广打好基础。

15.2.2　横向运营：覆盖新增应用

由于项目的目标是覆盖全部应用，因此在 Omega 平台正式上线后，新增应用统一安排在新平台部署和发布。根据对往年新增应用的统计，年度新增应用在 230 个以上，为避免应用上线不久就要进行迁移，为工程师增加额外负担，在与业务研发团队沟通后，确定新增应用在新平台运行。相当于原 OS 平台的应用属于历史存量应用，项目迁移目标可以在固定范围内。

15.2.3　纵向运营：覆盖某业务线

项目上线初期，大部分业务线浅尝辄止，虽然体验了新平台的种种好处，整个迁移过程也很顺利，但是对于核心业务的迁移，始终秉持着谨小慎微的态度，这是工程师对于生产环境的敬畏之心。在这时候，需要 Omega 项目组主动出击，推动项目前进。

在盘点了当前项目的推进程度后，项目团队选取了几条业务线进行沟通，项目组成员和业务线研发工程师对接，将核心业务逐步从 OS 平台切换至 Omega 平台，并实现业务线应用全覆盖。通过这种专项保障的推进方式，Omega 平台顺利完成了完整业务线的迁移。

15.3　从 10% 到 90%

通过从 1% 到 10% 的运营推广，Omega 平台的口碑已经初步建立。一个应用从迁移到灰度运行、再到正式运行的完整方案也打磨成熟，Omega 项目小组的成员信心倍增，接下来着手大范围推广。这个阶段的推广目标是覆盖所有可迁移项目，主要面向的用户是观察者与部分沉默者。

15.3.1　OKR 管理

在这一阶段的推广方案里，需要全体 Omega 项目组成员上阵，每个人对接几个研发部门，介绍新的 CI/CD 流程，演示 Omega 平台的操作方法，并展示项目迁移后的发布效率。为了保证项目推进的效率，项目团队以 OKR 的形式，制定每个人在这一阶段的目标、举措与行动计划，有针对性地开展推广工作。

为了便于推广与统计进度，我们在 AIMS 管理系统上线了项目状态看板，实时展示各部门的项目状态，如图 15-3 所示。

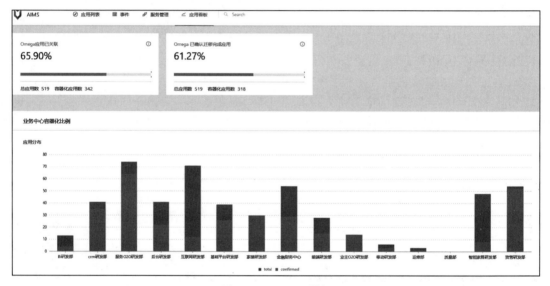

图 15-3　AIMS 系统

项目成员可以直观地了解待推进项目，有针对性地进行推广。在这一阶段，每位项目成员都临时客串售前工程师，持续推广平台，通过不懈努力，平台覆盖率逼近 90%。

15.3.2　迭代优化

伴随项目的大范围推广，Omega 平台的功能与 Kubernetes 的基础架构也不断遇到新的挑战。比如，迁移过程中遇到泛域名解析问题，传统的基于固定 IP 的通信认证问题，还有 Kubernetes 集群底层网络架构与数据中心网络适配的问题。在这些问题的背后，也可以看到应用程序从 OS 平台切换至 Omega 平台，不单单是 CI/CD 流程的切换，应用程序的运行环境从基于 KVM 的虚拟化基础设施切换至基于 Docker 的虚拟化基础设施，意味着其日常运行所需的一整套资源都需要有对应的解决方案。

在 Omega 平台功能方面，如白名单与绑定 Host 功能，我们发现大部分业务团队均有所涉及，属于日常项目运行与环境调试必备功能，因此快速迭代上线了该功能。在网络架构方面，Kubernetes 集群最初使用的网络通信架构为 Calico，随着集群的不断扩容，当准备进行多数据中心部署时，发现老数据中心的网络设备并不支持 BGP。在权衡了基础设施改造、网络架构调整、运维成本等多个因素后，最终我们将网络架构改为直接路由。

在进行架构选型时，最初的设计并没有考虑兼容运行在公有云的业务。在容器化改造的优势逐步显现后，运行在公有云上的智能家居业务也有了容器化的诉求。在这个背景下，团队调研了公有云的落地方案，最终选择将业务运行在腾讯云 TKE 实例上，并与 Omega 平台打通，实现兼容混合云的技术架构。

以上种种问题，都是在不同的历史背景下产生的。由此可见，没有放之四海皆准的云原生落地解决方案，要结合环境自身的特点，持续迭代。没有最好的，只有最适合的。

15.4 从 90% 到 100%

当 90% 的项目稳定运行在 Kubernetes 集群后，整个项目的推进已近尾声，但由于各种原因，还剩余 10% 的项目未迁移。

这些未迁移的项目使用了 KVM 资源，导致线上服务器资源不能完全回收。SRE 工程师还需要关注并处理 OS 与 Omega 两个平台的工单，同时这些项目也无法使用陆续推出的各种 DevOps 工具。基于种种原因，项目团队发起了斩尾行动，争取早日完成全部项目的迁移。

在对尚未迁移的项目进行梳理后，我们发现主要原因是平台未能满足以下 3 种需求。
- 定时任务类应用。
- 固定 IP 需求。
- 文件共享存储类需求。

文件共享类需求属于 Kubernetes 集群自身应该支持的，但功能还未开发完成。对于固定 IP 需求，Omega 项目团队经过讨论后认为并不适合在 Omega 平台层提供解决方案。项目团队与上述三类需求方以专项会议的形式进行了深入的沟通，提炼出需求背后的核心诉求。最终用以下方式提供解决方案。
- 由于各团队对定时任务的要求与使用方式不同，Kubernetes 原生的 CronJob 功能不能完全满足需求，因此单独开发了定时任务平台，业务研发团队可以将任务托管到平台执行。
- 经过深入沟通发现，固定 IP 需求主要用于通信认证，此类认证方式隐患很大，也存在单点问题，所以逐步放弃了 IP 认证方式。
- 对于文件共享存储类需求，通过在底层使用 Ceph 为应用提供存储功能，应用程序可以在 Omega 平台上选择挂载存储卷，也可以通过存储网关使用对象存储功能。

15.5　本章小结

回溯整个容器化推进过程，主要思路是在技术方案落地后，先通过内部项目打磨 Omega 平台的易用性，测试 Kubernetes 集群的稳定性。然后进行外部宣导，寻找早期用户，引入外部视角，共同打磨平台。在平台易用性进入比较成熟的阶段后，开始大范围推广。在推广期，先推动各业务线非核心项目试跑，再逐一聚焦业务线核心项目的迁移，实现 90% 项目覆盖。最后的斩尾行动，对剩余的 10% 特殊业务场景单独支持，最终达到了项目预期。

第 16 章将讲解云原生下基于 Istio 的 Service Mesh 实现，以及 Istio 能在服务治理领域提供哪些能力。

第 16 章 *Chapter 16*

基于 Istio 的 Service Mesh

本章介绍云原生下基于 Istio 的 Service Mesh 落地方案。首先从服务治理的概念、Istio 的架构和 Istio 在服务治理下提供的三大能力开始讲解，带领读者了解为什么 Istio 会在云原生时代成为服务治理的宠儿。了解 Istio 的架构和能力，会让读者在落地 Service Mesh 的过程中更全面地发挥 Istio 的优势。然后把我们在 Istio 落地过程中遇到的问题、使用的技术解决方案和原理倾囊相授，希望读者可以从中获得帮助。最后分享我们落地过程中的经验，主要讲述 Istio 应用场景和 Istio 平滑接入的方案，帮助读者在 Service Mesh 落地过程中得心应手。

16.1 Service Mesh

在微服务成为主流的当下，Kubernetes 成为编排微服务的事实标准，而 Istio 则是云原生下服务治理的宠儿，本节讲解服务治理和 Istio。

16.1.1 微服务带来的挑战

在现代的架构体系中，单体架构已经基本被微服务架构所替代。不同于 1.3 节介绍的微服务架构的优点，本节从 3 个角度介绍微服务的优点并引出它所带来的挑战。

❏ 开发角度：在微服务架构中，每个微服务的功能内聚，职责更单一，设计和功能扩展在自己的服务内就可以实现，并且可以选择不同的语言和框架来开发。

❏ 运维角度：在微服务架构中，每个微服务都可以独立部署，迭代速度更快，上线变更时带来的风险更小。

❏ 组织角度：研发团队中的成员可以分组负责不同的功能和微服务，用小组代替大组，便于敏捷开发。

　　虽然微服务带来了许多架构上的便利性，但是随着企业本身规模和业务的增长，微服务架构同样为组织带来了巨大的挑战。虽然微服务之间通过轻量级协议进行通信，但是当微服务数量大幅增加时，其相互间的调用关系也随之变得愈加复杂。比如我们在电商网站选购一件商品，整个流程对用户来说可能只有简单的搜索→浏览→加购→支付，其背后支撑的微服务可能却有成百上千个。

　　在这成百上千个微服务互相调用的过程中，会带来以下挑战。

- ❑ 在单体服务中，可以通过调用栈追踪调用过程中出现的问题，而微服务之间都是通过轻量级的网络协议进行通信的，这导致在跨进程通信中对分布式调用栈进行链路追踪变得更加困难。倘若一个面向用户的功能出现问题，要定位出故障的微服务就变得更难了。

- ❑ 在调用关系如此复杂的微服务架构中，当网络出现故障或抖动，或某个微服务出现问题时，大量依赖它的服务同样会变为不可用状态，严重时会出现微服务级联雪崩。如何在这种情况下保障 SLA 是非常大的挑战。

- ❑ 大规模的微服务之间通过轻量级协议进行通信，如何保障服务之间的通信安全也是不容忽视的问题。

- ❑ 众多微服务之间使用不同的语言和框架，如何调用对方，以及服务的注册、发现、负载均衡等一系列问题也需要解决。

　　为了更直观地感受微服务调用的复杂程度，图 16-1 展示了我们一个部门的 100 多个应用的局部服务调用关系。

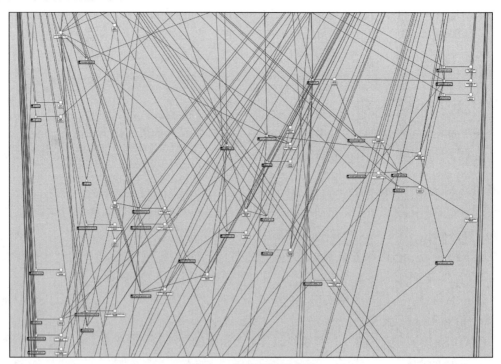

图 16-1　微服务调用关系

可见，服务间的关联关系非常复杂，为了解决上述问题和挑战，微服务的服务治理应运而生。

16.1.2　微服务治理的 3 种方式

微服务治理经历了 3 种方式的演进，使用第二种微服务治理方式的互联网企业居多，也有一些互联网企业还在使用第一种治理方式，下面对 3 种微服务治理方式进行详细介绍。

1. 应用程序中包含微服务治理逻辑

在微服务架构中，服务间不再是在朴素的进程内通信，取而代之的是通过轻量级的网络协议进行通信。那么，如何找到服务提供方？如何超时重试？当存在多个服务提供方时如何实现负载均衡？许多复杂的微服务治理问题逐步涌现出来。

倘若上述问题都需要微服务本身通过代码去解决，这样的解决方案无疑会消耗开发人员的时间和精力。类似的问题在大部分的微服务场景中都会出现，显然也会带来更多的代码重复。

在分布式服务早期，许多互联网企业就经历过这一过程，微服务之间的调用是通过硬编码对方的服务地址来实现的。如果有多个地址，调用端往往会自己编写一个简单的负载均衡算法、接口路由策略等，配合一些超时重试功能来实现微服务间的调用。这种方式的扩展性很差，一旦服务提供方的实例进行扩缩容或地址变更，服务调用就需要通过更新服务的提供方节点列表并重新发布服务来保证正常通信。而且当一个基础服务被多个调用方依赖时，变更将是一场灾难。图 16-2 是应用程序中包含微服务治理逻辑的示意图。

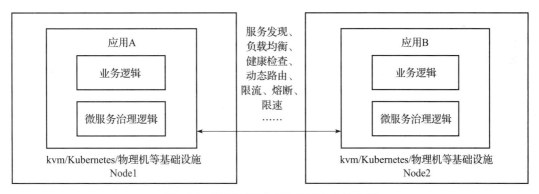

图 16-2　应用程序中包含微服务治理逻辑

2. 将微服务治理逻辑封装成 SDK

硬编码的微服务治理方式有很大的弊端，比如重复的代码、额外的工作量，并且每个微服务的开发人员不同，对微服务治理的逻辑和理解也不同，导致微服务治理的方案也参差不齐，因此第一种微服务治理方式的效果并不理想。此时在各大互联网公司中逐步演化出了一种新型微服务治理方式。

第二种微服务治理方式是将微服务治理逻辑封装成 SDK，开发人员使用统一的 SDK 或框架来实现服务发现、负载均衡、限流和熔断等微服务治理功能。一些微服务框架开始流行，这其中比较著名的当属 Dubbo 和 Spring Cloud 了。Dubbo 和 Spring Cloud 都是优秀的微服务框架，配套组件功能齐全。由于局限于 Java 语言（Dubbo 后来发布了 Go 版本，可以实现与 Java 版本的互相通信），很多其他语言的开发者抱怨跨语言的微服务治理成为盲区。

这时 Nginx 成为跨语言的微服务之间通信的首选，无成熟微服务治理框架的微服务之间或者跨语言的微服务之间使用 HTTP 这个应用最广泛的网络协议进行通信，通过域名访问并使用 Nginx 代理来做转发、负载均衡和健康检查。通过 Nginx 可以收集微服务之间调用的日志，并对日志做访问和调用分析。微服务的扩缩容等功能通过变更 Nginx 的配置来实现，这是现在很多互联网公司的做法。

图 16-3 是治理逻辑封装成 SDK 的微服务调用示意图。

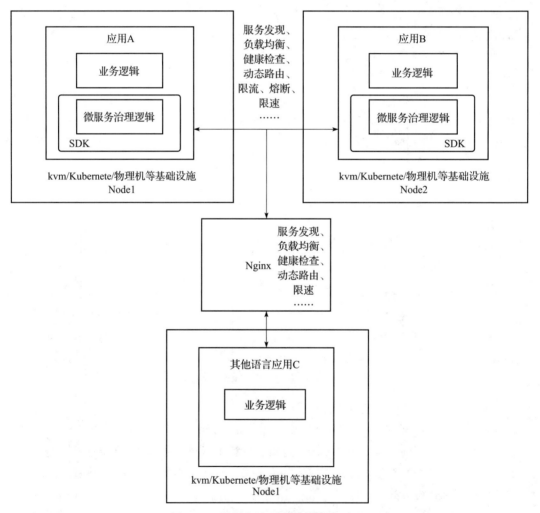

图 16-3　微服务治理逻辑封装成 SDK

3. 将微服务治理逻辑独立到应用进程之外

第二种微服务治理方式虽然解决了重复代码和维护成本的问题，但还是有以下缺点。

❑ 对业务进程有侵入。虽然统一封装成了 SDK，但微服务治理逻辑还是与业务代码在一个应用程序内，当 SDK 升级时，应用也需要发布更新。

❑ 存在跨语言问题。

❑ 虽然很多微服务治理框架号称开箱即用，但也有一定的接入和学习成本，每个开发人员学习和理解的程度不同，使用起来并不能达到理想的效果。

为了解决上述问题，诞生了一种新的方案：将微服务治理逻辑彻底从业务进程中剥离出来，这就是 Sidecar 模式。

在 Sidecar 模式下，开发人员的业务代码进程和微服务治理进程是互相独立的，不需要耦合，并且与开发语言无关，业务应用的升级和治理逻辑的 Sidecar 升级互相不影响。尤其是在微服务改造过程中，原有的老旧系统不需要做任何更改，搭配 Sidecar 即可。

图 16-4 是 Sidecar 模式的微服务之间的调用示意图。

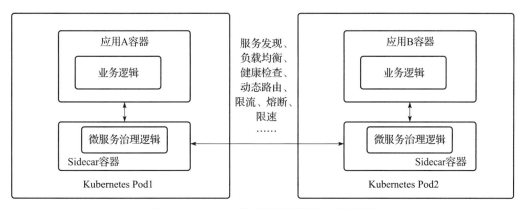

图 16-4　Sidecar 模式下的微服务之间的调用

在微服务容器化的今天，Istio 凭借 Sidecar 的无侵入式接入以及和 Kubernetes 相结合的特点迅速成为微服务治理的首选。

其实，Nginx 作为一款由 C++ 编写的高性能代理，也具有一定的 Sidecar 属性，但它在微服务治理方面的功能还是有些欠缺。例如，Nginx 的访问日志仅记录请求到达 Nginx 和 Nginx 请求到达上游节点的情况，调用方的请求到达 Nginx 之前的访问情况并无记录，如果网络出现抖动，请求可能无法到达 Nginx，或者从 Nginx 发出的请求无法到达上游服务，这时就无法判断客户端调用超时是因微服务的性能问题引起还是因网络问题引起。Nginx 支持基于令牌桶的限速，但不支持灵活的限流和熔断机制等高级的服务治理功能。

16.1.3　初步了解 Istio

Istio 是由 IBM、Google 和 Lyft 开发的服务网格开源的。它可以透明地接入分布式应用程序，并提供服务网格的三大优点——流量管理、安全性和可观察性。

Istio 支持各种微服务的部署环境，例如本地部署、云托管、Kubernetes 容器以及虚拟机上运行的服务程序。虽然 Istio 支持多种平台，但通常情况下还是与 Kubernetes 平台上部署的微服务一起使用。

从根本上讲，Istio 的工作原理是以 Sidecar 的形式将 Envoy 的扩展版本作为代理部署到每个微服务中。Istio 的组件较多，部署起来很复杂，在早期曾大受诟病，经过几次迭代后，已经只有控制面和数据面。

图 16-5 是数据面和控制面在 Kubernetes 中的架构。

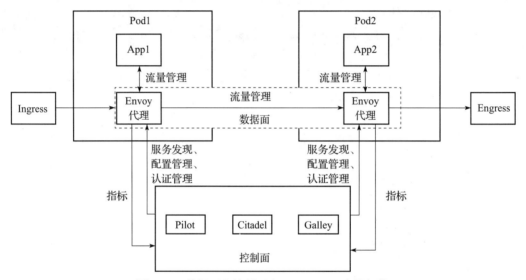

图 16-5　数据面和控制面在 Kubernetes 中的架构

1. 数据面

Istio 的数据面主要包括 Envoy 代理的扩展版本。Envoy 是一个开源的 Sidecar 模式的服务代理，可以将网络问题与应用程序分离开来。在部署了 Istio 的 Kubernetes 集群中，由于应用程序发送和接收的流量会被劫持到 Envoy 代理中，因此 Envoy 代理可以做到对应用程序的无侵入式接入。

Envoy 的核心是在 OSI 模型（Open System Interconnection reference molel，开放式系统互联通信参考模型）的 L3 和 L4 层运行的网络代理，它通过使用可插入的网络过滤器来执行连接处理。此外，Envoy 支持对 HTTP 的流量附加 L7 层过滤器，而且 Envoy 对 HTTP/HTTP2 和 gRPC 传输提供了非常好的支持。

Istio 作为服务网格，提供的许多功能实际上是由 Envoy 代理实现的，Envoy 代理内置的基础模块启用后就可以支持以下功能。

❑ 流量控制：Envoy 针对 HTTP/HTTP2、gRPC、WebSocket 和 TCP 流量，具备丰富路由规则和流量控制能力。

❑ 高级流量治理功能：Envoy 针对限速、限流、熔断、故障注入和自动重试等功能具
备开箱即用的特性。

❑ 安全性：Envoy 可以实施安全策略，也可以对微服务之间的通信做访问控制。支持
微服务之间通信的双向 TLS（Transport Layer Security，安全传输层）认证。

2. 控制面

控制面负责管理和配置数据面中的 Envoy 代理。在 Istio 架构中，控制面的核心组件是
Istiod，Istiod 负责将高级路由规则和流量治理规则转换为特定于 Envoy 的配置，并在运行
过程中下发给 Sidecar 容器。基于 Kubernetes 的可扩展性（可以自定义 CRD 和控制器），这
些配置都被抽象为 Kubernetes 中的自定义资源并存储到 ETCD 中。

我们回顾图 16-5 中数据面和控制面在 Kubernetes 中的架构，控制面曾经是一组相互协
作的独立组件，包括用于服务发现的 Pilot、用于配置的 Galley、用于证书生成的 Citadel 以
及用于扩展的 Mixer 等组件。由于复杂性问题，Pilot、Galley、Citadel 合并为组件 Istiod，
而组件 Mixer 则因为性能问题被下沉到 Sidecar 中。

从根本上说，Istiod 仍使用与先前各个组件相同的代码和 API。例如，Pilot 负责抽象特
定于平台的服务发现机制，并将其合成为 Sidecar 可以使用的标准格式。因此，Istio 可以支
持针对多个环境（例如 Kubernetes 或虚拟机）的服务发现。

此外，Istiod 还提供安全性支持，通过内置的身份和凭据管理，实现了强大的服务到服
务之间的最终用户身份验证。借助 Istiod，我们可以基于服务身份来实施安全策略，该过程
也充当证书颁发机构并生成证书，以促进数据面中的 TLS 通信。

16.1.4 Istio 提供的三大能力

Istio 使用强大的 Envoy 服务代理扩展了 Kubernetes，以建立一个可编程、应用程序感
知的网络。Istio 与 Kubernetes 和传统工作负载一起使用，为复杂的部署带来标准且通用的
流量治理、遥测和安全策略。

1. 无侵入的流量治理

Istio 的流量路由规则让我们可以轻松控制服务之间的流量和 API 调用。Istio 简化了断
路器、超时和重试等服务级别属性的配置，可以轻松实现一些流量治理功能，例如 AB 测
试、基于百分比流量的部署。Istio 还提供了开箱即用的可靠性功能，可以帮助应用更灵活
地应对相关服务或网络的故障。

Istio 的流量管理模型依赖于和服务一起部署的代理。我们的服务网格发送和接收的所
有流量（数据面流量）通过 Envoy 进行代理，从而轻松引导和控制网格周围的流量，无须对
服务进行任何更改。

2. 时刻了解服务调用情况

Istio 为网格内的所有服务通信生成详细的遥测数据。这种遥测提供了服务行为的可观

察性，使我们能够对应用程序进行故障排除、维护和优化，而不会给服务研发人员带来额外的负担。通过 Istio，我们可以全面了解受监控的服务如何与其他服务和 Istio 组件本身进行交互。

Istio 生成以下类型的遥测数据以提供服务网格整体的可观察性。

❑ 指标：Istio 根据监控的 4 个黄金信号（延迟、流量、错误和饱和）生成一组服务指标，还提供了网络控制面的详细指标，以及一组基于这些指标构建的默认网格监控仪表板。

❑ 分布式追踪：Istio 为每个服务生成分布式链路数据，让我们可以详细了解网格内的调用流和服务依赖关系。

❑ 访问日志：当流量流入网格内的服务时，Istio 可以生成每个请求的完整记录，包括源和目标元数据。

3. 安全策略

将单体应用分解为原子服务有多种好处，包括更好的敏捷性、可扩展性、服务重用能力等。然而，微服务也有特殊的安全需求。

❑ 为了防御中间人攻击，微服务需要流量加密。

❑ 为了提供灵活的服务访问控制，需要双向 TLS 和细粒度的访问策略。

❑ 为了确定谁在什么时间做了什么，需要配置审计工具。

Istio Security 提供了一个全面的安全解决方案。Istio 安全功能可以减少针对数据、端点、通信和平台的内部威胁和外部威胁。

Istio 安全功能提供强大的 TLS 加密策略以及身份验证、授权和审计工具来保护服务和数据安全。Istio 安全的目标如下。

❑ 默认安全：无须更改应用程序代码和基础架构。

❑ 纵深防御：与现有安全系统集成，提供多层防御。

❑ 零信任网络：在不信任的网络上构建安全解决方案。

在服务治理方面，Istio 提供了流量治理、遥测和安全三大能力。仅有这三大能力并不足以让它如此风靡，对应用程序的无侵入式接入和对 Kubernetes 的完美支持使得它在云原生下成为服务治理的宠儿。

16.2 开始接入 Istio：精准拦截服务的流量

在 Istio 的世界里，HTTP 享有最高的待遇。因为 Istio 对 HTTP 的流量治理策略是最丰富的，并且 HTTP 也是微服务之间通信使用最为广泛的协议，所以我们在 Service Mesh 落地的过程中，优先对 HTTP 流量进行治理。本节详细介绍我们是如何把 HTTP 的流量接入 Istio 服务网格中的。

下文提到的 HTTP 包含 HTTP1.0、HTTP1.1、HTTP2.0、gRPC 这 4 种协议。

16.2.1　我只想治理 HTTP 的流量

流量治理的第一步是将应用的 HTTP 流量拦截到 Envoy 中进行代理。Istio 使用 iptables 透明地劫持了应用进出口方向的流量，但是默认策略会拦截所有的 TCP 流量。一个应用除了会产生 HTTP 流量以外，还会产生与数据库、中间件等依赖组件通信的网络流量。如果将应用的这部分流量也做拦截，将会带来以下的问题。

- ❏ 在 Istio 流量治理的网络协议中，虽然对 HTTP 的治理最为完善，但对于数据库、中间件的治理还不是很成熟，许多协议的治理还停留在只能收集访问指标或 TCP 层面，并没有深入协议的应用层。
- ❏ 对于 Istio 流量治理中还不太完善的协议，如果我们将它们的流量拦截到 Envoy 代理，那么势必会给 Envoy 代理带来额外的负担，甚至有可能会严重影响性能。

在了解了以上两点后，我们采取的做法是只拦截我们想要治理的流量。

Istio 支持在 Pod.metadata.annotations 字段中配置键值对来定义流量的拦截策略，下面展示了 Istio 支持的 6 种字段类型。

```
traffic.sidecar.istio.io/excludeInboundPorts
traffic.sidecar.istio.io/excludeOutboundIPRanges
traffic.sidecar.istio.io/excludeOutboundPorts
traffic.sidecar.istio.io/includeInboundPorts
traffic.sidecar.istio.io/includeOutboundIPRanges
traffic.sidecar.istio.io/includeOutboundPorts
```

这 6 个字段类型中的前 3 个主要用于排除特定的端口和 IP，如果进行设置，就代表不拦截。只有在默认策略是拦截所有的流量时，才会使用它们去排除个别的端口和 IP 段，所以并不常用。

我们把重点放在后 3 个字段，这 3 个字段涉及 iptables、TCP/IP 等与网络相关的知识，只有对这 3 个字段有充分的了解，才能实现精准拦截服务的流量。

在讲解这 3 个字段的作用之前，我们先详细了解字段中 Inbound 和 Ourtbound 的含义。

16.2.2　Inbound 和 Outbound

Inbound 代表进入应用容器的流量，Outbound 代表从应用容器流出的流量。

Inbound 和 Outbound 与 Istio 在 iptables 上定义的链 ISTIO_INBOUND 和链 ISTIO_OUTPUT 息息相关。实际上 Istio 会把我们定义的 includeInboundPorts、includeOutboundIPRanges 和 includeOutboundPorts 三个字段的值作用到链 STIO_INBOUND 和链 STIO_INBOUND 上。图 16-6 展示了在 Istio 的服务网格中，应用 A 和应用 B 的 Inbound 和 Outbound 的流量。

图 16-6 中的应用 A 和应用 B 与它们的数据库和中间件的通信流量，都属于 Outbound 流量。如果我们想要治理应用 A 和应用 B 访问数据库与中间件的流量，就需要将 Outbound 方向的 3306 端口和 5672 端口的流量进行拦截。

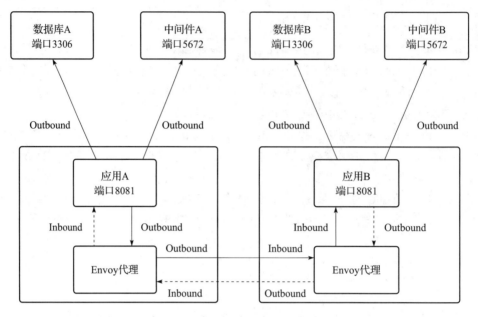

图 16-6　应用 A 和应用 B 在服务网格内的流量示意图

需要注意的是，数据库和部分 I/O 中间件目前都部署在物理机上，并没有部署在 Kubernetes 集群中。如果想要治理这些网格外的流量，除了拦截应用容器的 Outbound 流量以外，我们还需要在 Kubernetes 中为这些数据库或者中间件创建 ServiceEntry 资源对象，Istio 可以通过 ServiceEntry 对象来治理网格外的服务。

下面我们分析应用 A 和应用 B 之间通信流量的方向，这也是我们重点分析的 HTTP 流量。图 16-6 中应用 A 和应用 B 都是通过端口 8081 向外提供 HTTP 服务。我们先看看图中的实线箭头——应用 A 发起 HTTP 请求从而访问应用 B 的场景。

- 应用 A 和它的 Envoy 代理：因为 HTTP 的请求由应用 A 发起，所以对于应用 A 和它的 Envoy 代理来说，这个流量属于 Outbound 方向，端口号是 8081。
- 应用 B 和它的 Envoy 代理：因为 HTTP 的请求是访问应用 B 的 8081 端口，所以对于应用 B 和它的 Envoy 代理来说，这个流量属于 Inbound 方向，端口号也是 8081。

图 16-6 中虚线箭头表示应用 B 发起 HTTP 请求从而访问应用 A 的场景。流量的进出方向正好相反。

通过观察图 16-6 我们发现，Istio 会将服务调用方的 Outbound 流量拦截到 Envoy 代理，服务提供方的 Inbound 流量拦截到 Envoy 代理，从而实现服务治理的功能。

那么为什么 Istio 要把服务调用方和服务提供方的流量都重定向到它们的 Envoy 代理呢？这是因为 Istio 的服务治理策略，有些是在服务调用方的 Envoy 代理上执行的，有些则是在服务提供方的 Envoy 代理上执行的。表 16-1 列出了一些常用的服务治理功能的执行位置。

表 16-1　服务治理执行位置表

服务治理策略	服务调用方 Envoy 代理	服务提供方 Envoy 代理
路由管理	√	
负载均衡	√	
超时、重试	√	
重写、重定向	√	
服务认证	√	
遥测数据	√	√
限速		√
限流（连接池）	√	√
熔断（异常点检测）	√	

16.2.3　设置流量的拦截策略

了解了 Inbound 和 Outbound 之后，我们再来分析 16.2.1 节中提到的 3 个字段。

❑ traffic.sidecar.istio.io/includeInboundPorts：如果其值为列表 M，则拦截列表 M 中的目标端进入应用容器的流量，并重定向到 Envoy 代理。如果设置为字符串 *，则默认拦截所有进入应用容器的流量。如果设置为空列表，则禁用 Inbound 流量的拦截和重定向到 Envoy 代理的功能。

❑ traffic.sidecar.istio.io/includeOutboundIPRanges：如果其值为列表 N，则拦截列表 N 中的目标 IP 地址、从应用容器流出的流量，并重定向到 Envoy 代理。如果设置为字符串 *，则默认拦截所有从应用容器流出的流量。如果设置为空列表，则禁用 Outbound 流量的拦截和重定向到 Envoy 代理的功能。

❑ traffic.sidecar.istio.io/includeOutboundPorts：如果其值为 K，则拦截目标端口号为 K、忽略目标 IP、应用容器流出的流量，并重定向到 Envoy 代理。

以上为官方给出的字段说明，但是并不全面，这导致我们在使用过程中有可能出现问题，无法按预期精准地拦截我们想要治理的流量。下面以我们想要治理的 HTTP 流量为例进行介绍。

如果想要治理 HTTP 的流量，我们希望拦截服务调用方 Outbound 方向 80 和 443 端口的流量，并拦截服务提供方的 8081 端口（假设服务提供方启动的是 8081 端口提供 HTTP 服务）。那么按照图 16-6，我们给应用 A 和应用 B 设置的 Pod.metadata.annotations 字段详情如下。

```
metadata:
    annotations:
        traffic.sidecar.istio.io/includeInboundPorts: "8081"
        traffic.sidecar.istio.io/includeOutboundIPRanges: *
        traffic.sidecar.istio.io/includeOutboundPorts: 80, 443
```

其中 traffic.sidecar.istio.io/includeOutboundIPRanges 字段我们设置成 *，由于我们预想是拦截服务调用方 Outbound 方向的流量，因此目标 IP 匹配为所有端口，同时目标端口号是

80 或 443 的流量，这样能保证我们的服务作为调用方时，发起的所有 HTTP 请求都被拦截
到 Envoy 代理。

在实际运行中我们发现，应用 A 和应用 B 所有 Outbound 方向的流量均遭到了拦截。
Istio 会把我们定义的 includeInboundPorts、includeOutboundIPRanges 和 includeOutboundPorts
三个字段的值作用到 iptables 上，于是我们查看负责设置 iptables 策略的 Init 容器的日志，
发现实际的 iptables 策略如下所示。

```
Variables:
----------
PROXY_PORT=15001
PROXY_INBOUND_CAPTURE_PORT=15006
PROXY_TUNNEL_PORT=15008
PROXY_UID=1337
PROXY_GID=1337
INBOUND_INTERCEPTION_MODE=REDIRECT
INBOUND_TPROXY_MARK=1337
INBOUND_TPROXY_ROUTE_TABLE=133
INBOUND_PORTS_INCLUDE=8081
INBOUND_PORTS_EXCLUDE=15090,15021,15020
OUTBOUND_IP_RANGES_INCLUDE=*
OUTBOUND_IP_RANGES_EXCLUDE=
OUTBOUND_PORTS_INCLUDE=80, 443
OUTBOUND_PORTS_EXCLUDE=
KUBEVIRT_INTERFACES=
ENABLE_INBOUND_IPV6=false
DNS_CAPTURE=false
DNS_SERVERS=[],[]

Writing following contents to rules file:  /tmp/iptables-rules-
    1650193112931977834.txt323666764
* nat
-N ISTIO_INBOUND
-N ISTIO_REDIRECT
-N ISTIO_IN_REDIRECT
-N ISTIO_OUTPUT
-A ISTIO_INBOUND -p tcp --dport 15008 -j RETURN
-A ISTIO_REDIRECT -p tcp -j REDIRECT --to-ports 15001
-A ISTIO_IN_REDIRECT -p tcp -j REDIRECT --to-ports 15006
-A PREROUTING -p tcp -j ISTIO_INBOUND
-A ISTIO_INBOUND -p tcp --dport 8081 -j ISTIO_IN_REDIRECT
-A OUTPUT -p tcp -j ISTIO_OUTPUT
-A ISTIO_OUTPUT -o lo -s 127.0.0.6/32 -j RETURN
-A ISTIO_OUTPUT -o lo ! -d 127.0.0.1/32 -m owner --uid-owner 1337 -j ISTIO_IN_
    REDIRECT
-A ISTIO_OUTPUT -o lo -m owner ! --uid-owner 1337 -j RETURN
-A ISTIO_OUTPUT -m owner --uid-owner 1337 -j RETURN
-A ISTIO_OUTPUT -o lo ! -d 127.0.0.1/32 -m owner --gid-owner 1337 -j ISTIO_IN_
    REDIRECT
```

```
-A ISTIO_OUTPUT -o lo -m owner ! --gid-owner 1337 -j RETURN
-A ISTIO_OUTPUT -m owner --gid-owner 1337 -j RETURN
-A ISTIO_OUTPUT -d 127.0.0.1/32 -j RETURN
-A ISTIO_OUTPUT -p tcp --dport 80 -j ISTIO_REDIRECT
-A ISTIO_OUTPUT -p tcp --dport  443 -j ISTIO_REDIRECT
-A ISTIO_OUTPUT -j ISTIO_REDIRECT
COMMIT
```

我们重点看最后 3 条策略，前 2 条策略的作用是在 Outbound 方向拦截目标端口 80、443 的流量，并重定向到 Envoy 代理。第 3 条策略 -A ISTIO_OUTPUT -j ISTIO_REDIRECT 会把所有 Outbound 的流量都拦截并重定向到 Envoy 代理。这显然不是我们期望的。下面我们学习一下 Init 容器生成 iptables 策略的流程，挖掘问题的根本原因。

16.2.4　iptables 策略的创建流程和源码分析

1. 获取用户自定义的拦截策略

Istio 的 Sidecar 注入模块负责从我们定义的 Pod.metadata.annotations 字段中获取策略，并将策略渲染到 Init 容器的启动参数中，如下所示。

```
initContainers:
- args:
    - istio-iptables
    - -p
    - "15001"
    - -z
    - "15006"
    - -u
    - "1337"
    - -m
    - REDIRECT
    - -i
    - '*'
    - -x
    - ""
    - -b
    - "8081"
    - -d
    - 15090,15021,15020
    - -q
    - 80, 443
    image: docker.io/istio/proxyv2:1.10.5
    imagePullPolicy: IfNotPresent
    name: istio-init
```

我们在 Pod.metadata.annotations 字段中定义的策略被渲染成了 Init 容器的启动参数 -i、-b、-q。Init 容器执行 istio-iptables 程序后会将启动参数设置为变量，如下所示。

```
Variables:
```

```
----------
INBOUND_PORTS_INCLUDE=8081
OUTBOUND_IP_RANGES_INCLUDE=*
OUTBOUND_PORTS_INCLUDE=80, 443
```

2. 创建自定义的链并拦截 Inbound 方向的流量

Istio-iptables 程序会在 iptables 的 NAT 表中创建 4 个自定义的链，代码如下。

```
-N ISTIO_INBOUND
-N ISTIO_REDIRECT
-N ISTIO_IN_REDIRECT
-N ISTIO_OUTPUT
```

❑ ISTIO_INBOUND 链：进方向的策略集合。

❑ ISTIO_REDIRECT 链：出方向的重定向策略。

❑ ISTIO_IN_REDIRECT 链：进方向的重定向策略。

❑ ISTIO_OUTPUT：出方向的策略集合。

紧接着生成如下 6 条策略。

```
-A ISTIO_INBOUND -p tcp --dport 15008 -j RETURN                 # 1
-A ISTIO_REDIRECT -p tcp -j REDIRECT --to-ports 15001           # 2
-A ISTIO_IN_REDIRECT -p tcp -j REDIRECT --to-ports 15006        # 3
-A PREROUTING -p tcp -j ISTIO_INBOUND                           # 4
-A ISTIO_INBOUND -p tcp --dport 8081 -j ISTIO_IN_REDIRECT       # 5
-A OUTPUT -p tcp -j ISTIO_OUTPUT                                # 6
```

我们对这 6 条策略按顺序做下解析。

❑ 在 Inbound 方向的策略集合中追加策略，不拦截 15008 端口，这个端口是 Envoy 代理本身的健康检查端口。

❑ 设置 Outbound 方向的重定向策略，流量拦截后都转发到 Envoy 代理的 15001 端口。

❑ 设置 Inbound 方向的重定向策略，流量拦截后都转发到 Envoy 代理的 15006 端口。

❑ 将 Inbound 方向的策略集合应用到 PREROUTING 链中，因为 NAT 表的 PREROUTING 链负责处理进方向流量并可以重定向，所以要把 Inbound 反向的策略集合应用在这里。

❑ 在 Inbound 方向的策略集合追加策略，拦截目标端口号是 8081 的流量并重定向到 15006，这就是我们在 Pod.metadata.annotations 中定义的字段。

❑ 将 Outbound 方向的策略集合应用到 OUTPUT 链中，因为 NAT 表的 OUTPUT 链是负责处理出方向的流量并可以重定向，所以要把 Outbound 方向的策略集合应用到这里。

3. 防止流量的拦截和重定向的无限循环

紧接着有 8 条策略，代码如下。

```
-A ISTIO_OUTPUT -o lo -s 127.0.0.6/32 -j RETURN
-A ISTIO_OUTPUT -o lo ! -d 127.0.0.1/32 -m owner --uid-owner 1337 -j ISTIO_IN_REDIRECT
-A ISTIO_OUTPUT -o lo -m owner ! --uid-owner 1337 -j RETURN
```

```
-A ISTIO_OUTPUT -m owner --uid-owner 1337 -j RETURN
-A ISTIO_OUTPUT -o lo ! -d 127.0.0.1/32 -m owner --gid-owner 1337 -j ISTIO_IN_REDIRECT
-A ISTIO_OUTPUT -o lo -m owner ! --gid-owner 1337 -j RETURN
-A ISTIO_OUTPUT -m owner --gid-owner 1337 -j RETURN
-A ISTIO_OUTPUT -d 127.0.0.1/32 -j RETURN
```

这 8 条规则，主要是防止流量的拦截和重定向无限循环，以上文 #5 策略为例。

```
-A ISTIO_INBOUND -p tcp --dport 8081 -j ISTIO_IN_REDIRECT
```

这条策略会把进入应用容器并且目标端口是 8081 的 HTTP 流量拦截并重定向到 Envoy 代理，Envoy 代理对 HTTP 的流量进行处理后，如果没有触发限速、限流、熔断等策略，会将流量转发给应用容器。

这里就会遇到问题，因为应用容器的端口号是 8081，所以根据这条 iptables 策略，这个即将要转发给容器内应用的 HTTP 流量又被拦截并重定向到了 Envoy 代理。之后会无限重复这个流程。

为了防止这种情况的发生，前 7 条策略会区分流量的所属用户，如果是 Envoy 代理（uid/gid 1337）处理后发出的流量，那么就不再进行拦截，最后一条策略是对发给本地 127.0.0.1 的流量不进行拦截。

4. 拦截并重定向 Outbound 方向的流量

最后 3 条策略我们在 16.2.2 节已经分析过，具体的 iptables 策略如下。

```
-A ISTIO_OUTPUT -p tcp --dport 80 -j ISTIO_REDIRECT
-A ISTIO_OUTPUT -p tcp --dport  443 -j ISTIO_REDIRECT
-A ISTIO_OUTPUT -j ISTIO_REDIRECT
```

那么回顾一下我们设置的 Pod.metadata.annotations 字段。

```
metadata:
  annotations:
    traffic.sidecar.istio.io/includeInboundPorts: "8081"
    traffic.sidecar.istio.io/includeOutboundIPRanges: "*"
    traffic.sidecar.istio.io/includeOutboundPorts: 80, 443
```

我们想通过策略 traffic.sidecar.istio.io/includeOutboundIPRanges:"*" 和策略 traffic.sidecar.istio.io/includeOutboundPorts: 80, 443 实现拦截服务调用方 Outbound 方向并且目标端口号是 80 或 443 的流量，对目标 IP 不做限制。简言之，我们想要保证服务作为调用方时，发起的所有 HTTP 请求都被拦截到 Envoy 代理。但是最后一条策略 -A ISTIO_OUTPUT -j ISTIO_REDIRECT，会把目标端口号是 80 和 443 以外的其他流量也都拦截并重定向到 Envoy 代理。

到了这里，我们已经了解了整个 iptables 策略的创建和生成流程，但是问题还没有完全解决，我们还不了解 Pod.metadata.annotations 字段在生成策略时的顺序和具体的逻辑。这时候我们需要阅读源码来了解这些细节。

如图 16-7 是 traffic.sidecar.istio.io/includeOutboundPorts 策略在源码中具体实现。

```
725
726   func (cfg *IptablesConfigurator) handleOutboundPortsInclude() {
727       if cfg.cfg.OutboundPortsInclude != "" {
728           for _, port := range split(cfg.cfg.OutboundPortsInclude) {
729               cfg.iptables.AppendRule(iptableslog.UndefinedCommand,
730                   constants.ISTIOOUTPUT, constants.NAT, "-p", constants.TCP, "--dport", port, "-j", constants.ISTIOREDIRECT)
731           }
732       }
733   }
734
```

图 16-7　includeOutboundPorts 策略的执行方法

源码路径为 https://github.com/istio/istio/blob/master/tools/istio-iptables/pkg/capture/run.go。

traffic.sidecar.istio.io/includeOutboundPorts 策略是由 handleOutboundPortsInclude() 方法负责的，handleOutboundIncludeRules() 方法的职责比较单一，仅有 2 种情况。

❑ traffic.sidecar.istio.io/includeOutboundIPRanges 字段的值设置为长度大于 0 的列表时，会遍历列表，将列表中的目标端口并且是 Outbound 方向的流量都重定向到 Envoy 代理。

❑ traffic.sidecar.istio.io/includeOutboundIPRanges 字段的值设置为长度等于 0 时，也就是空列表，那么什么也不做，不拦截任何目标端口的流量。

如图 16-8 是 traffic.sidecar.istio.io/includeOutboundIPRanges 策略在源码中的具体实现。

```
194
195   func (cfg *IptablesConfigurator) handleOutboundIncludeRules(
196       rangeInclude NetworkRange,
197       appendRule func(command iptableslog.Command, chain string, table string, params ...string) *builder.IptablesBuilder,
198       insert func(command iptableslog.Command, chain string, table string, position int, params ...string) *builder.IptablesBuilder) {
199       // Apply outbound IP inclusions
200       if rangeInclude.IsWildcard {
201           // Wildcard specified. Redirect all remaining outbound traffic to Envoy.
202           appendRule(iptableslog.UndefinedCommand, constants.ISTIOOUTPUT, constants.NAT, "-j", constants.ISTIOREDIRECT)
203           for _, internalInterface := range split(cfg.cfg.KubevirtInterfaces) {
204               insert(iptableslog.KubevirtCommand,
205                   constants.PREROUTING, constants.NAT, 1, "-i", internalInterface, "-j", constants.ISTIOREDIRECT)
206           }
207       } else if len(rangeInclude.IPNets) > 0 {
208           // User has specified a non-empty list of cidrs to be redirected to Envoy.
209           for _, cidr := range rangeInclude.IPNets {
210               for _, internalInterface := range split(cfg.cfg.KubevirtInterfaces) {
211                   insert(iptableslog.KubevirtCommand, constants.PREROUTING, constants.NAT, 1, "-i", internalInterface,
212                       "-d", cidr.String(), "-j", constants.ISTIOREDIRECT)
213               }
214               appendRule(iptableslog.UndefinedCommand,
215                   constants.ISTIOOUTPUT, constants.NAT, "-d", cidr.String(), "-j", constants.ISTIOREDIRECT)
216           }
217           // All other traffic is not redirected.
218           appendRule(iptableslog.UndefinedCommand, constants.ISTIOOUTPUT, constants.NAT, "-j", constants.RETURN)
219       }
220   }
```

图 16-8　includeOutboundIPRanges 策略的具体实现

源码路径为 https://github.com/istio/istio/blob/master/tools/istio-iptables/pkg/capture/run.go。

traffic.sidecar.istio.io/includeOutboundIPRanges 策略是由 handleOutboundIncludeRules 方法负责的，通过分析图 16-8 的源码，我们可以知道 handleOutboundIncludeRules() 方法会

根据 traffic.sidecar.istio.io/includeOutboundIPRanges 的取值分 3 种情况进行处理。

- ❑ traffic.sidecar.istio.io/includeOutboundIPRanges 字段的值设置为 * 时，会追加策略 -A ISTIO_OUTPUT -j ISTIO_REDIRECT，即拦截所有 Outbound 方向的流量到 Envoy 代理。第 203 行到 205 行是针对有虚拟机的情况使用的，通过参数 traffic.sidecar.istio.io/kubevirtInterfaces 进行设置，我们通常不会使用。如果不设置 traffic.sidecar.istio.io/includeOutboundIPRanges 字段，Sidecar 注入程序默认为 *。
- ❑ traffic.sidecar.istio.io/includeOutboundIPRanges 字段的值设置为长度大于 0 的列表时，会遍历列表，将列表中的目标 IP 并且是 Outboud 方向的流量都重定向到 Envoy 代理。紧接着会添加一条策略 -A ISTIO_OUTPUT -j RETURN，直接退出当前的链（ISTIO_OUTPUT），即不再执行后面的策略。
- ❑ traffic.sidecar.istio.io/includeOutboundIPRanges 字段的值设置为长度等于 0 时，也就是空列表，那么什么也不做，不拦截任何 IP 的流量。

5. 问题的原因

如图 16-9 是 traffic.sidecar.istio.io/includeOutboundPorts 和 traffic.sidecar.istio.io/include-OutboundIPRanges 在源码中的执行顺序。

```
517
518            cfg.handleOutboundPortsInclude()
519
520            cfg.handleOutboundIncludeRules(ipv4RangesInclude, cfg.iptables.AppendRuleV4, cfg.iptables.InsertRuleV4)
```

图 16-9　策略的执行顺序

源码路径为 https://github.com/istio/istio/blob/master/tools/istio-iptables/pkg/capture/run.go。

通过分析图 16-9 的源码，我们可以看到 Outbound 方向的流量策略，基于目标端口的策略会优先执行，基于目标 IP 的策略后执行。

如果我们设置了 traffic.sidecar.istio.io/includeOutboundPorts 为 80、443，那么所有 Outbound 方向、目标端口号是 80 和 443 的流量都将被拦截到 Envoy 代理。紧接着执行 traffic.sidecar.istio.io/includeOutboundIPRanges 策略的时候，如果我们设置了它的值为 *，策略会忽略流量的目标端口，拦截所有的流量并重定向到 Envoy 代理。

正确的做法是禁用拦截和重定向的功能，设置 traffic.sidecar.istio.io/includeOutboundIPRanges 的值为空列表，即不做任何操作，直接将流量放行。

16.2.5　精准拦截 HTTP 流量

如果想精准拦截 HTTP 流量，我们希望拦截服务调用方 Outbound 方向 80 和 443 端口的流量，以及服务提供方 8081 端口（假设服务提供方启动 8081 端口提供 HTTP 服务）的流量。那么按照图 16-6，我们给应用 A 或应用 B 设置的 Pod.metadata.annotations 字段详情如下。

```
metadata:
    annotations:
        traffic.sidecar.istio.io/includeInboundPorts: "8081"
        # 设置空列表，禁用拦截和转发功能
        traffic.sidecar.istio.io/includeOutboundIPRanges: ""
        traffic.sidecar.istio.io/includeOutboundPorts: 80, 443
```

我们以应用 A（应用 B 和应用 A 是一样的）为例对这段配置进行分析。

❑ 应用 A 作为服务提供方，Inbound 方向拦截端口 8081 的流量。

❑ 应用 A 作为服务调用方，Outbound 方向拦截端口 80、443 的流量。忽略目标 IP 地址，保证应用 A 的所有 HTTP 请求都拦截到 Envoy 代理。

❑ 应用 A 作为服务调用方，在有了 Outbound 方向端口策略后，禁用基于目标 IP 地址的拦截策略，将其他流量直接放行。

iptables 作为 Istio 默认的拦截并重定向流量的工具，我们需要熟悉它，并且了解它在 Istio 中的作用。

16.3　数据面的配置管理

16.2 节我们学习了 Istio 拦截流量相关的知识，并且掌握了如何将流量精准拦截到 Envoy 代理，初步构成我们的服务网格。除此之外，Istio 提供了自定义修改 Sidecar 注入途径的功能，这样可以让我们更加个性化地定制数据面配置，帮助我们解决生产中遇到的问题。

16.3.1　Sidecar 注入原理

在学习数据面的配置管理之前，我们先来了解 Istio 是通过什么方式将配置信息应用到数据面的。

Sidecar 模式又称伴生容器模式，在 Kubernetes 集群的单个 Pod 中，我们可以编排多个容器，这些容器共享相同的网络命名空间和存储设备，这就是 Sidecar 模式的特性。

Istio 利用这个特性，给每一个应用容器的 Pod 注入了 Init 容器和 Envoy 代理容器。其中 Init 容器用来初始化 Iptables 策略并拦截应用容器的流量，Envoy 代理则按照我们定义的规则去处理应用容器的流量。那么 Init 容器和 Sidecar 容器是如何注入 Pod 模板的呢？答案就是 Kubernetes 的准入控制器（Admission Controller）。

1. 准入控制器

准入控制器会拦截 API Server 收到的请求，这个拦截动作发生在认证和鉴权之后，对象持久化到 ETCD 之前。拦截后会通过 Webhook 的方式通知用户。准入控制器支持 2 种类型的 Webhook，分别是 Validating 和 Mutating。

Validating 类型的 Webhook 可以根据用户自定义的准入策略决定是否拒绝请求。

Mutating 类型的 Webhook 可以根据自定义配置来对请求进行编辑。根据这两种 Webhook 的特性，Istio 使用 Mutating 类型的 Webhook，在用户定义的 Pod 持久化之前进行拦截并注入。Istio 定义的 Mutating 类型的 Webhook 如下。

```
apiVersion: admissionregistration.k8s.io/v1
kind: MutatingWebhookConfiguration
metadata:
    annotations:
        kubectl.kubernetes.io/last-applied-configuration: |
        ......
    labels:
        app: sidecar-injector
        ......
    managedFields:
    ......
    name: istio-sidecar-injector-1-10-5
    ......
webhooks:
- admissionReviewVersions:
    - v1beta1
    - v1
    clientConfig:
        ......
        service:
            name: istiod-1-10-5
            namespace: istio-system
            path: /inject
            port: 443
    failurePolicy: Fail
    matchPolicy: Equivalent
    name: rev.namespace.sidecar-injector.istio.io
    namespaceSelector:
        matchExpressions:
        - key: istio.io/rev
            operator: In
            values:
            - 1-10-5
        - key: istio-injection
            operator: DoesNotExist
    objectSelector:
        matchExpressions:
        - key: sidecar.istio.io/inject
            operator: NotIn
            values:
            - "false"
    reinvocationPolicy: Never
    rules:
    - apiGroups:
        - ""
        apiVersions:
```

```
- v1
operations:
- CREATE
resources:
- pods
scope: '*'
```

从 MutatingWebhookConfiguration 的定义中可以获取如下关键信息。

❑ rule：当发生 Pod 的创建动作时触发 Webhook。

❑ namespaceSelector 和 objectSelector：限定了触发 Webhook 的范围，至少需要匹配这
2 个标签规则中的 1 个。

❑ service：触发后将资源对象发送到目标 Web 服务器，这里配置为发送给命名空
间 istio-system 下的 istiod-1-10-5 服务（默认是 istiod，因为我们使用金丝雀升级
过 Istio 版本，所以名称有版本后缀），istiod-1-10-5 服务其实就是我们的控制面
Istiod。

Mutating 类型 Webhook 的作用：当符合 namespaceSelector 或 objectSelector 标签的
Pod 资源对象的创建请求到达 API Server 时，把这个请求数据转发给 Istiod 服务，之后按照
Istiod 修改后返回的 Pod 资源对象进行创建。

通过上面的学习我们了解到，可以通过给应用命名空间打标签的方式完成对应用 Pod
的 Sidecar 注入。

2. Pod 数据的加工

当符合标签的 Pod 创建请求到达 API Server 被拦截并转发给 Istio 后，Istio 对这个包
含 Pod 资源对象的请求做了哪些处理呢？我翻阅源码后，整理了简化后的流程，感兴趣的
读者可以自行阅读。源码路径为 https://github.com/istio/istio/blob/master/pkg/kube/inject/
webhook.go。

1）Istiod 提前创建好 Webhook 实例，并暴露 /inject 接口，接收 API Server 发送来的
请求。

2）接收到 API Server 发送的请求后，解析并将数据反序列化。

3）取出 Pod 数据，根据 Pod.metadata.annotations 字段、命名空间 istio-system 下的
ConfigMap 资源对象 istio、istio-sidecar-injector 等对 Pod 数据进行加工，构造出 Init 容器和
包含 Envoy 代理的 Sidecar 容器。

4）将数据加工并序列化后，发送给 API Server。

步骤 3）会读取我们在 Pod.metadata.annotations 定义的配置，包括我们在 16.2 节中定
义的流量拦截配置，也会读取命名空间 istio-system 下的 ConfigMap 资源对象 istio 和 istio-
sidecar-injector。这样就留给我们个性化定义 Sidecar 注入的空间。

资源对象 istio 负责管理服务网格的全局配置，而资源对象 istio-sidecar-injector 主要管
理 Sidecar 的注入配置。

16.3.2　管理 Envoy 代理日志

我们可以通过 ConfigMap 资源对象 istio 来管理 Sidecar 容器的 Envoy 代理日志，如下所示。

```
apiVersion: v1
data:
    mesh: |-
        accessLogEncoding: JSON
        accessLogFile: /dev/stdout
        accessLogFormat: '{"time": "%START_TIME%", "request_method": "%REQ(:METHOD)%",
            "request": "%REQ(X-ENVOY-ORIGINAL-PATH?:PATH)%", "http_protocol":
                "%PROTOCOL%",
            "status": "%RESPONSE_CODE%", "bytes-received": "%BYTES_RECEIVED%",
                "size": "%BYTES_SENT%",
            "request_time": "%DURATION%", "upstream_response_time": "%RESP(X-
                ENVOY-UPSTREAM-SERVICE-TIME)%",
            "http_forward": "%REQ(X-FORWARDED-FOR)%", "request-id": "%REQ(X-
                REQUEST-ID)%",
            "domain": "%REQ(:AUTHORITY)%", "upstream_addr": "%UPSTREAM_HOST%",
            "remote_addr": "%DOWNSTREAM_REMOTE_ADDRESS_WITHOUT_PORT%",
                "hostname": "%HOSTNAME%",
            "upstream_cluster": "%UPSTREAM_CLUSTER%", "requested_server_name":
                "%REQUESTED_SERVER_NAME%",
            "response_flags": "%RESPONSE_FLAGS%", "scheme": "%REQ(X-FORWARDED-
                PROTO)%",
            "http_user_agent":"%REQ(USER-AGENT)%", "http_referer":"%REQ(http_
                referer)%",
            "geoip_region_name":"%REQ(geoip_region_name)%",
            "upstream_cache_status":"%REQ(upstream_cache_status)%"}'
        defaultConfig:
            discoveryAddress: istiod-1-10-5.istio-system.svc:15012
            holdApplicationUntilProxyStarts: true
            proxyMetadata: {}
            tracing:
                zipkin:
                    address: zipkin.istio-system:9411
        enablePrometheusMerge: true
        rootNamespace: istio-system
        trustDomain: cluster.local
    meshNetworks: 'networks: {}'
kind: ConfigMap
metadata:
    annotations:
        kubectl.kubernetes.io/last-applied-configuration: |
    ......
    labels:
    ......
    name: istio-1-10-5
    namespace: istio-system
```

推荐将日志的输出格式字段 accessLogEncoding 设置为 JSON，方便我们使用 Fluent Bit

采集 Envoy 代理的日志。将 accessLogFile 字段设置为 /dev/stdout，即将日志的输出方式设置为标准输出。Istio 支持我们使用 accessLogFormat 字段来对日志进行格式化，下面对一些常用的字段进行讲解。

- %START_TIME%：HTTP 请求访问开始的时间。
- %REQ(:METHOD)%：HTTP 请求的方法。
- REQ(X-ENVOY-ORIGINAL-PATH?:PATH)%：HTTP 请求的路径。
- %PROTOCOL%：HTTP 请求的具体协议，值通常为 HTTP1.0、HTTP1.1、HTTP2.0。
- %RESPONSE_CODE%：HTTP 响应的状态码。
- %BYTES_RECEIVED%：HTTP 响应的字节数。
- "%BYTES_SENT%：HTTP 请求的字节数。
- %DURATION%：请求的整体耗时，单位为 ms。
- %RESP(X-ENVOY-UPSTREAM-SERVICE-TIME)%：上游服务器的响应时间，单位为 ms。
- %REQ(X-FORWARDED-FOR)%：下游客户端的真实 IP，这个字段需要 Envoy 开启添加请求头的功能才会生效。
- REQ(X-REQUEST-ID)%：下游客户端的 ID。
- %REQ(:AUTHORITY)%：HTTP 请求的域名。
- %UPSTREAM_HOST%：下游客户端的 IP。
- %DOWNSTREAM_REMOTE_ADDRESS_WITHOUT_PORT%：上游客户端的 IP。
- %UPSTREAM_CLUSTER%：标注 HTTP 的流量方向，值的格式通常为 "流量方向 | 端口号"。
- %REQUESTED_SERVER_NAME%：下游客户端的服务名称。
- %RESPONSE_FLAGS%：响应标识。
- %REQ(X-FORWARDED-PROTO)%：HTTP 跳转信息。
- %REQ(USER-AGENT)%：下游客户端的代理信息。
- %REQ(http_referer)%：如果 HTTP 请求是跳转过来的，那么现实跳转前的链接信息。
- %REQ(geoip_region_name)%：上游客户端 IP 的地理位置。
- %REQ(upstream_cache_status)%：下游的缓存状态。

采集这些 Envoy 日志的字段，可以帮助我们分析服务的响应情况，例如 TPS、TP95、状态码分布等。其中需要额外关注 2 个字段。

1. %RESPONSE_FLAGS%

这是 Envoy 代理独有的响应标识，可以帮助我们判断服务当前的状态。例如当服务触发了我们设置的限速规则后，这个字段通常会记录为 UO，当发生限流或熔断时，通常会记录为 UF 或 UH。

2. %UPSTREAM_CLUSTER%:

这是 Envoy 代理独有的标识，可以标识流量的方向。常见的值有 inbound|8081、outbound|8081、PassthroughCluster 等。

我们知道在 Istio 的服务网格中，一个 HTTP 请求会经过 2 个 Envoy 代理，一个是服务调用方 Sidecar 容器中的 Envoy 代理，另一个是服务提供方 Sidecar 容器中的 Envoy 代理。那么一次调用就会产生 2 份访问日志，这个标识可以帮助我们区分是哪个 Envoy 的日志。

我们通常是将 Inbound 方向和 Outbound 方向的日志分开收集，Outbound 方向的数据通常提供给 Grafana 看板使用，因为 Outbound 方向是服务调用方 Sidecar 容器中的 Envoy 代理日志，是 HTTP 请求的起点，包含 HTTP 请求在网络中传输的时间，更能反映服务调用方的请求情况。

而 Outbound 方向的日志我们也会收集，由于产生这个日志的 Envoy 代理和服务提供方容器在同一个网络空间中，拥有低延迟的特性，因此可以更加准确地反馈服务提供方的状态，避免网络抖动或故障原因引起的访问延时问题。

至于 PassthroughCluster，它记录的是网格内的服务访问网格外的服务的请求和响应状态。例如网格内的服务访问一些第三方提供的暴露在公网的服务或内网中一些没有部署在网格内的服务，收集这份日志可以让我们更全面地了解服务的状态。

16.3.3　定义容器的启动顺序

通过前面的学习，我们知道在 Istio 服务网格内，Sidecar 注入会将 Envoy 代理容器编排到 Pod 中，下面是一个示例应用 go-hello 在服务网格内的 Pod 模板。

```
apiVersion: v1
kind: Pod
metadata:
    annotations:
    ......

    labels:
        app: go-hello
        istio.io/rev: 1-10-5
    ......
    name: go-hello-deployment-544d8456c8-wsfcm
    namespace: tech-daily
    ......
spec:
    containers:
    - env:
        ......
        image: xxx.xxx.com/tech/go-hello:release_20211201163702_daily-457852
        imagePullPolicy: IfNotPresent
        ......
        name: omega-image          #go-hello 应用镜像名
```

```
    ......

- args:
    ......
    image: docker.io/istio/proxyv2:1.10.5
    imagePullPolicy: IfNotPresent

    name: istio-proxy          #Envoy 代理镜像名
    ports:
    ......
```

可以看到，Envoy 代理容器已经被注入 Pod 模板，模板中的 containers 字段是一个数组，可以定义多个容器，当 Pod 在 Kubernetes 集群中被创建后，Kubelet 组件会遍历 Pod 模板中的 containers 数组，按顺序启动数组中的容器。

我们的示例是先启动 go-hello 应用的容器，再启动 Envoy 代理的容器。如图 16-10 是 Kubelet 启动容器的流程。

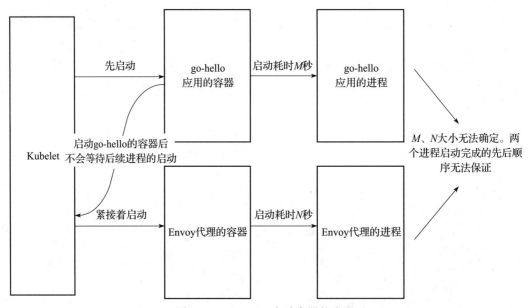

图 16-10 Kubelet 启动容器的流程

Kubelet 组件虽然会按照 Pod 模板中定义的顺序启动容器，但启动运行在容器内的进程并不是同步的，即 Kubelet 不会等待容器内的进程启动成功并且状态变为 ready 后再启动下一个容器。即使我们在 Pod 模板中将 Envoy 代理的容器放在第一位，两个进程的启动耗时也无法确定，有可能造成 go-hello 应用的进程先启动成功，Envoy 代理的进程后启动成功。

通过 16.2 节的介绍我们知道了，在容器启动之前，Istio 会通过注入的 Init 容器设置 Iptables 策略。这个 Init 容器启动后直到执行完成才会退出，这就意味着 Iptables 的策略在 Envoy 代理容器和 go-hello 容器启动前就已经生效。这时应用 go-hello 如果访问网格内的其他应用，流量就会被拦截到 Envoy 代理上，由于 Envoy 代理还没启动完成，因此本次访问就会失败。

更严重场景是，有些应用在启动过程会通过 HTTP 请求一些配置信息，并且依赖这些配置信息，如果请求失败就会直接退出。如何才能避免这种情况的发生呢？

其实 Istio 提供了 2 种方式保障 Envoy 代理优先于业务应用启动。一种方式的作用范围是网格内的所有应用容器，另一种方式的范围可以精确到单个应用。

要保证服务网格内所有 Pod 中的 Envoy 代理优先启动，我们可以通过配置命名空间 istio-system 下的 ConfigMap 资源对象 istio 来实现，具体配置如下。

```
apiVersion: v1
data:
    mesh: |-
        ......
        defaultConfig:
            discoveryAddress: istiod-1-10-5.istio-system.svc:15012
            holdApplicationUntilProxyStarts: true
            proxyMetadata: {}
        ......
kind: ConfigMap
metadata:
    ......
    name: istio-1-10-5
    namespace: istio-system
```

使用这种方式只需要配置 holdApplicationUntilProxyStarts: 字段值为 true。

另一种方式是给 Pod 加上 proxy.istio.io/config 注解，将 holdApplicationUntilProxyStarts 设置为 true，示例如下。

```
apiVersion: apps/v1
kind: Deployment
metadata:
    name: go-hello-deployment
spec:
    replicas: 2
    selector:
        matchLabels:
            app: go-hello
    template:
        metadata:
            annotations:
                proxy.istio.io/config: |
                    holdApplicationUntilProxyStarts: true
            labels:
                app: go-hello
        spec:
            containers:
            ......
```

我们重新部署 go-hello 应用后会发现 Pod 模板发生了变化，Pod 模板如下。

```
apiVersion: v1
kind: Pod
metadata:
......
spec:
    containers:
    - args:
    ......
        image: docker.io/istio/proxyv2:1.10.5
        imagePullPolicy: IfNotPresent
        lifecycle:
            postStart:
                exec:
                    command:
                    - pilot-agent
                    - wait
        name: istio-proxy
    ......
    - env:
        ......
        image: xxx.xxx.com/tech/go-hello:release_20211201163702_daily-457852
        ......
        name: omega-image
        ......
```

我们看到有两个地方发生了变化：

❑ Envoy 代理容器的位置被放在了 containers 数组的前面。

❑ Envoy 代理容器新增了 lifecycle 字段。

第一个改动可以保证 Envoy 代理容器会优先启动，第二个改动中的 wait 方法可以阻塞后面容器的启动，保证 Envoy 代理启动成功后再启动下一个容器。

16.3.4 注入 iptables 管理容器

在 Kubernetes 集群中，liveness（存活探针）负责应用的存活检查，readiness（就绪探针）负责应用的就绪检查。两种探针的工作方式类似，由 Kubelet 执行，并且都支持 3 种探测方式——TCP 探测、HTTP 探测和执行脚本探测。最后一种探测方式我们不建议使用。

在接入 Istio 服务网格后，推荐使用 HTTP 类型的探针，不推荐使用 TCP 类型的探针，这是因为 TCP 类型的探针在 Istio 服务网格中会失效。通过前面 16.2 节的学习，我们知道 Init 容器的 iptables 策略会将应用容器 Inbound 方向的服务端口流量拦截并重定向到 Envoy 代理。如果使用 TCP 类型的探针，Kubelet 的 TCP 探测请求会被重定向到 Envoy 代理，那么就意味着我们的探活对象并不是应用容器，而是 Envoy 代理。

而 HTTP 类型的探针就不会有这种问题。所有的 HTTP 探测规则，在 Pod 创建之前，经过 Sidecar 注入程序处理，会被重新编辑。为了让大家更容易理解，我们把自定义的探针和经过 Sidecar 注入程序处理后的探针做一个对比，代码如下。

```
livenessProbe:
    failureThreshold: 3
    httpGet:
        path: /health
        port: 8081
        scheme: HTTP
    initialDelaySeconds: 120
    periodSeconds: 20
    successThreshold: 1
    timeoutSeconds: 1
name: omega-image
ports:
- containerPort: 8081
    protocol: TCP
readinessProbe:
    failureThreshold: 3
    httpGet:
        path: /health
        port: 8081
        scheme: HTTP
    initialDelaySeconds: 10
    periodSeconds: 10
    successThreshold: 1
    timeoutSeconds: 1
-------------------Sidecar 注入编辑后 ---------------------
livenessProbe:
    failureThreshold: 3
    httpGet:
        path: /app-health/omega-image/livez
        port: 15020
        scheme: HTTP
    initialDelaySeconds: 120
    periodSeconds: 20
    successThreshold: 1
    timeoutSeconds: 1
name: omega-image
ports:
- containerPort: 8081
    protocol: TCP
readinessProbe:
    failureThreshold: 3
    httpGet:
        path: /app-health/omega-image/readyz
        port: 15020
        scheme: HTTP
    initialDelaySeconds: 10
    periodSeconds: 10
    successThreshold: 1
    timeoutSeconds: 1
```

可以看到，不管是存活探针还是就绪探针，它们配置中的路径和端口号都被改变了，改变后的端口号是 Envoy 代理的端口号，路径的格式是 </app-health/ 业务应用镜像 / readyz>。虽然改变后的探针对象变成了 Envoy 代理，但是 Envoy 代理实际上会把每次探测请求都转发给容器内的业务应用，这样依然可以保障探针的正确性。

如果使用 TCP 类型的存活探针和就绪探针，Sidecar 注入程序并不会对它们进行重新编辑。这样就会造成探针探测的是 Envoy 代理的端口。我们提供了一个方案去解决这个问题。

既然是 iptables 的策略将 Kubelet 的探测流量拦截到 Envoy 代理，那么我们就让 iptables 识别出 Kubelet 发来的请求，并且不再拦截和重定向。

具体的方案是在 Pod 中注入一个容器，这个容器中运行着管理 iptables 的程序。我们可以通过这个程序实时更改 iptables 策略，让 iptables 策略识别出 Kubelet 的流量并放行。

因为 Istio 提供了 Sidecar 注入配置文件来管理 Pod 的注入模板，所以我们不需要再去实现一个 Webhook，可以直接使用 Sidecar 注入配置文件将我们的 iptables 管理程序添加到 Pod 模板中。这个配置文件存放在命名空间 istio-system 下的 ConfigMap 资源对象 istio-sidecar-injector 中。下面是我们 iptables 管理程序容器在 istio-sidecar-injector 中的配置。

```
- name: ops-sidecar
  args:
  - start
  env:
  - name: POD_IP
    valueFrom:
        fieldRef:
            apiVersion: v1
            fieldPath: status.podIP
  - name: POD_PORT
    valueFrom:
        fieldRef:
            apiVersion: v1
            fieldPath: metadata.labels['xxx.com/port']
  image: "xxx.xxx.com/ops/sidecar:v0.6"
  imagePullPolicy: IfNotPresent
  lifecycle:
    postStart:
        exec:
            command:
            - /app/sidecar
            - wait
  ports:
  - containerPort: 17007
    protocol: TCP
    name: ops-sidecar
  resources:
    limits:
        cpu: "500m"
        memory: "128Mi"
```

```
        requests:
            cpu: "50m"
            memory: "64Mi"
    securityContext:
        allowPrivilegeEscalation: true
        privileged: true
        runAsGroup: 0
        runAsNonRoot: false
        runAsUser: 0
        readOnlyRootFilesystem: false
        capabilities:
            add:
            - NET_ADMIN
            drop:
                - ALL
```

在 containers 列表中 Envoy 代理容器是第一个元素，我们把 iptables 管理程序容器放在了后面，如果调换它们的位置也没有关系，因为在 16.3.3 节中我们通过参数 holdApplicationUntilProxyStarts: true 将 Envoy 代理容器设置为第一个启动的容器。无论我们如何改变列表顺序，Envoy 代理都会被 Sidecar 注入程序渲染到 containers 列表中的首个元素。我们重点看 env、lifecycle 和 securityContext 3 个字段的作用。

1. env

使用 DownwardAPI 将 Pod 的 IP 和应用服务的端口号暴露到环境变量中。Kubelet 使用 docker0 的 IP 对 Node 上的所有容器进行探测请求。因为 docker0 默认使用 Pod 的 IP 网段的第一个 IP，所以我们获取 Pod 的 IP 后，把 IP 的最后一位替换为 1 就得到了 Kubelet 的 IP。紧接着获取我们提前定义在标签上的服务端口号并暴露到环境变量中。这样我们的 iptables 应用程序就可以从环境变量中获取 Kubelet 的 IP 和探测的端口号。

2. lifecycle

在我们加入 iptables 管理程序容器后，Envoy 代理容器第一个启动，紧接着 iptables 管理容器启动，最后启动的是业务应用容器。使用 lifecycle 中的 wait 方法，可以保证 iptables 管理程序修改 iptables 并启动成功后再启动业务容器。

3. securityContext

因为 iptables 的执行需要一些特殊的权限，所以我们在这里设置 iptables 管理容器的权限。

图 16-11 是 iptables 管理程序中放行 Kubelet 探测流量的代码。

注意一点，需要将 ingressgateway 的 Pod 单独部署，如果和应用 Pod 部署到同一台 Node 上，ingressgateway 转发的流量会被认为是 Kubelet 的请求，因为它通常和 Kubelet 一样，使用 docker0 的 IP 与应用 Pod 通信。

我们开发 iptables 管理程序不仅是为了解决 TCP 类型探针的失效问题，在 16.2.5 节，我们提出了一个问题：如何拦截并重定向 Outbound 方向的目标端口号为 80 和 443，并且目标 IP 属于内网网段的流量？

```go
80  func InsertKubeletLiveniss() {
81      var cmd *exec.Cmd
82
83      podIP := os.Getenv( key: "POD_IP")
84      if podIP == "" {
85          panic( v: "not found HOST_IP")
86      }
87      podPort := os.Getenv( key: "POD_PORT")
88      if podPort == "" {
89          panic( v: "not found POD_PORT")
90      }
91
92      hostList := strings.Split(podIP, sep: ".")
93      hostList[3] = "1"
94
95      hostIP := strings.Join(hostList, sep: ".")
96
97      rules := []string{
98          //"iptables -t nat -N KUBELET_RETURN",
99          //"iptables -t nat -A KUBELET_RETURN -s " + hostIP + " -p tcp --dport " + podPort + " -j RETURN",
100         //"iptables -t nat -I PREROUTING -p tcp -j KUBELET_RETURN",
101         "iptables -t nat -I PREROUTING -s " + hostIP + " -p tcp --dport " + podPort + " -j RETURN",
102     }
```

图 16-11　放行 Kubelet 探测流量

没错，通过 iptables 管理程序可以完美地解决这个问题，所有的 iptables 策略都可以个性化定义并实时生效。它的作用不仅如此，在我们接入 Istio 服务网格之前，我们已经在很多地方使用了这个 Sidecar 容器。下面给读者提供 2 个场景进行参考。

- ❑ 构建 Mock 环境：拉取任意环境的应用容器到 Mock 环境中，通过 iptables 拦截 HTTP 流量到 Mock Server，将应用服务依赖的中间件流量拦截到 Mock 环境的中间件中，并隔离中间件。这些都不需要测试人员做任何配置更改。
- ❑ 网络安全：可以使用 iptables 管理应用容器的网络访问权限。例如，实时控制我们的应用可以访问哪些第三方公网接口，或者我们的接口可以被哪些 IP 访问（也可以使用 Istio 的安全策略实现），可以参考各大云厂商提供的基于 IP 和端口号的安全策略配置。

16.4　HTTP 的流量治理实践

在 Istio 的世界里，HTTP 是流量治理功能最丰富的 7 层协议。本节我们先学习 Istio 数据面 Envoy 的基础知识，为后面的实践做理论知识的储备。然后对 HTTP 流量治理中最常用、最有特色、最实用的 2 个功能进行讲解和实战。本节的所有示例会使用服务网格内命名空间 tech-daily 下的应用 go-hello 和 hello-omega 来做演示。

16.4.1　Istio 的数据面 Envoy

Envoy 代理作为 Istio 的数据面，所有服务网格中的策略最终都由它去执行。学习 Envoy 以及它和 Istio 的关系才能让我们使用起来得心应手。如果对 Envoy 的概念理解得不够深刻，那么在编写 Envoy Filter 时将会面临巨大困难。

图 16-12 是我总结的 Istio 和 Envoy 在服务网格中的架构。

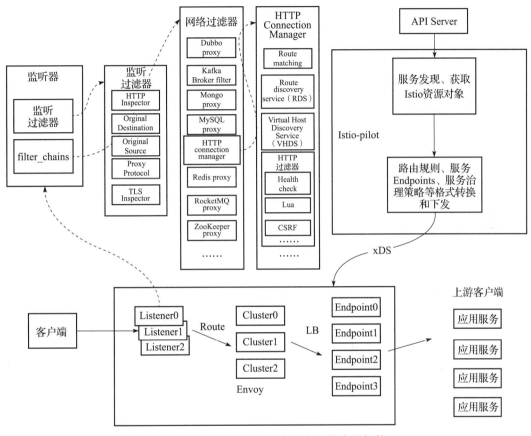

图 16-12　Istio 和 Envoy 在服务网格中的架构

对图 16-12 我们分两部分来分析，首先是 Istio 组件 Pilot 与 Envoy 的交互过程。

1）Pilot 使用 client-go 的 Informer 组件连接 API Server 获取集群中所有服务的 Service
和对应的 Endpoints 信息，这样就完成了服务的发现。

2）Pilot 也会从 API Server 中获取用户自定义的 VirtualService、DestinationRule 等 Istio
的 CRD 资源对象。这样就获取了用户自定义的服务治理策略。

3）Pilot 将服务的 Endpoints 信息和服务治理策略转化成 Envoy 能够识别的格式，并下
发给 Envoy 代理。

通过上面的流程，我们知道了 Istio 的控制面组件 Pilot、数据面组件 Envoy 和 Kubernetes
是如何一起工作的。

接下来我们分析图 16-12 中一个下游客户端的请求到达 Envoy 后是如何被处理的，在
这之前我们先了解 Envoy 的 4 种核心资源。

1. Listener

Listener 是 Envoy 打开的一个端口，用来接受客户端发起的请求。多个 Listener 之间是相互隔离的。Listener 除了监听端口以外还会配置 L3 或 L4 的过滤器。它的配置使用 xDS（Envoy 动态获取配置的传输协议，是一类发现服务的总称）中的 LDS（Listener Discovery Service，监听器发现服务）。

2. Cluster

Cluster 是对上游服务的抽象，每个上游服务都被抽象为一个 Cluster。Cluster 的配置主要有超时时间、连接池、Endpoints 等信息。它的配置使用 xDS 中的 CDS（Cluster Discovery Service，集群发现服务）和 EDS（Endpoint Discovery Service，端点发现服务）。

3. Route

上下游之间的桥梁，Listener 负责监听并接收来自下游客户端的请求，Cluster 负责将流量转发给具体的上游服务。而 Route 则决定了 Listener 接收到的流量要发送给下游的哪个 Cluster。它定义了数据的分发规则并负责 Virtual Host（虚拟主机）的定义，也负责 HTTP 头的增加、删除、更改等。此外它也负责超时重试。它的配置使用 xDS 中的 RDS（Route Discovery Service，路由发现服务）。

4. Filter

在 Istio 中我们习惯叫它 Envoy Filter。它类似一个插件机制，让用户可以在不侵入源码的基础上对 Envoy 做各个方面的增强。Envoy 通过它获得了强大的扩展能力，理论上 Envoy 利用 Filter 的机制可以实现任何协议的支持以及协议之间的转换，可以实现对流量的全方位定制和修改。

- ❑ 监听过滤器（Listener Filter）主要负责将数据交给 L3/L4 的网络过滤器。
- ❑ 网络过滤器（Network Filter）主要负责网络连接的处理，工作在 L3/L4。图 16-12 中展示了目前 Envoy 支持的网络过滤器。读者在使用时一定要认真阅读文档，目前有些 Envoy Filter 还不成熟。
- ❑ HTTP 过滤器主要负责 HTTP 流量的处理，在图 16-12 中我们可以看到，HTTP 过滤器是由特殊的网络过滤器 HTTP Connection Manager 管理的。

16.4.2　限速

在生产环境中，经常会遇到服务访问量突增的场景，访问量突增导致网络流量和服务并发量升高。如果超过了服务性能或网络带宽的极限就会导致线上故障。关于生产环境访问量突增的原因我总结了以下 4 点。

- ❑ 大多在促销、抢购、直播等场景下发生，这些场景具有短时间内高并发的特点。
- ❑ 对于新上线的应用服务，我们没有准确估算它的实际并发场景或并发量。
- ❑ 来自攻击者的非法访问、恶意爬取数据等行为。

❑ 一些通用性较强的应用服务，如登录系统、卡券发放系统、短信发送等，服务调用
方因为业务场景的需求，可能需要短时间内高并发地请求它们，但是没有通知这些
应用服务的负责人提前扩容服务。

为了保障流量突增场景下的 SLA，我们需要通过某些手段减小流量突增带来的影响。
这时可以使用限速对应用服务提供保护，并且防止网络带宽到达瓶颈。

限速规则通常设置在规定的时间内允许通过的请求数，如果超过这个阈值就会直接返
回 429 状态码。Istio 中的限速功能并不是内置的，而是通过名为 ratelimit 的 Envoy Filter 来
实现的，它使用的是令牌桶算法，一个典型的本地限速 Envoy Filter 如下。

```yaml
apiVersion: networking.istio.io/v1alpha3
kind: EnvoyFilter
metadata:
    name: go-hello-ratelimit-filter
    namespace: tech-daily
spec:
    workloadSelector:
        labels:
            app: go-hello
    configPatches:
        - applyTo: HTTP_FILTER
          match:
              context: SIDECAR_INBOUND
              listener:
                  filterChain:
                      filter:
                          name: "envoy.filters.network.http_connection_manager"
          patch:
              operation: INSERT_BEFORE
              value:
                  name: envoy.filters.http.local_ratelimit
                  typed_config:
                      "@type": type.googleapis.com/udpa.type.v1.TypedStruct
                      type_url: type.googleapis.com/envoy.extensions.
                          filters.http.local_ratelimit.v3.LocalRateLimit
                      value:
                          stat_prefix: http_local_rate_limiter
                          token_bucket:
                              max_tokens: 100
                              tokens_per_fill: 100
                              fill_interval: 5s
                          filter_enabled:
                              runtime_key: local_rate_limit_enabled
                              default_value:
                                  numerator: 100
                                  denominator: HUNDRED
                          filter_enforced:
                              runtime_key: local_rate_limit_enforced
                              default_value:
```

```
                numerator: 100
                denominator: HUNDRED
        response_headers_to_add:
            - append: false
                header:
                    key: x-local-rate-limit
                    value: 'true'
```

下面对关键字段进行讲解。

- workloadSelector：限定作用范围是应用 go-hello。
- configPatches：Envoy Filter 作用于 Envoy 的 HTTP 过滤器，并且是 Inbound 方向。
- token_bucket：设置令牌桶的大小为 100，每 5s 进行一次令牌桶的填充，一次填充 100 个。简言之，我们的限速策略是 5s 之内只允许通过 100 个 HTTP 请求。

由表 16-1 可知，限速规则是在服务提供方的 Envoy 代理中生效的，这里的限速规则是针对应用的一个实例，如果应用有 2 个实例，那么每一个实例的规则都是 5s 之内允许通过 100 个 HTTP 请求。对于服务整体来说，如果负载比较平均，那么就是 5s 之内允许通过 200 个 HTTP 请求。

接下来我们对这个规则进行验证，将 go-hello 应用的实例数设置为 1，那么 go-hello 应用的整体限速规则就是每 5s 只允许通过 100 个请求。我们通过 WebShell 登录应用的 hello-omega 容器，使用压测工具进行测试，限速规则测试结果如图 16-13 所示。

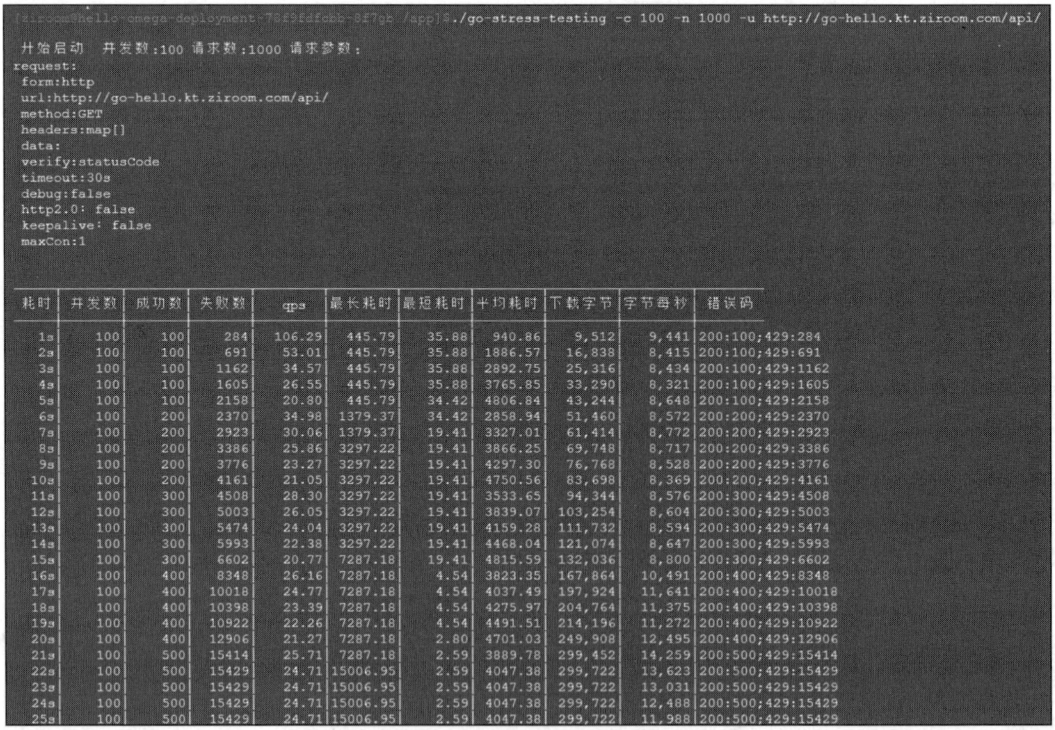

```
[ziroom@hello-omega-deployment-78f9fdfcbb-8f7gb /app]$./go-stress-testing -c 100 -n 1000 -u http://go-hello.kt.ziroom.com/api/

 开始启动  并发数:100 请求数:1000 请求参数:
request:
 form:http
 url:http://go-hello.kt.ziroom.com/api/
 method:GET
 headers:map[]
 data:
 verify:statusCode
 timeout:30s
 debug:false
 http2.0: false
 keepalive: false
 maxCon:1
```

耗时	并发数	成功数	失败数	qps	最长耗时	最短耗时	平均耗时	下载字节	字节每秒	错误码
1s	100	100	284	106.29	445.79	35.88	940.86	9,512	9,441	200:100;429:284
2s	100	100	691	53.01	445.79	35.88	1886.57	16,838	8,415	200:100;429:691
3s	100	100	1162	34.57	445.79	35.88	2892.75	25,316	8,434	200:100;429:1162
4s	100	100	1605	26.55	445.79	35.88	3765.85	33,290	8,321	200:100;429:1605
5s	100	100	2158	20.80	445.79	34.42	4806.84	43,244	8,648	200:100;429:2158
6s	100	200	2370	34.98	1379.37	34.42	2858.94	51,460	8,572	200:200;429:2370
7s	100	200	2923	30.06	1379.37	19.41	3327.01	61,414	8,772	200:200;429:2923
8s	100	200	3386	25.86	3297.22	19.41	3866.25	69,748	8,717	200:200;429:3386
9s	100	200	3776	23.27	3297.22	19.41	4297.30	76,768	8,528	200:200;429:3776
10s	100	200	4161	21.05	3297.22	19.41	4750.56	83,698	8,369	200:200;429:4161
11s	100	300	4508	28.30	3297.22	19.41	3533.65	94,344	8,576	200:300;429:4508
12s	100	300	5003	26.05	3297.22	19.41	3839.07	103,254	8,604	200:300;429:5003
13s	100	300	5474	24.04	3297.22	19.41	4159.28	111,732	8,594	200:300;429:5474
14s	100	300	5993	22.38	3297.22	19.41	4468.04	121,074	8,647	200:300;429:5993
15s	100	300	6602	20.77	7287.18	19.41	4815.59	132,036	8,800	200:300;429:6602
16s	100	400	8348	26.16	7287.18	4.54	3823.35	167,864	10,491	200:400;429:8348
17s	100	400	10018	24.77	7287.18	4.54	4037.49	197,924	11,641	200:400;429:10018
18s	100	400	10398	23.39	7287.18	4.54	4275.97	204,764	11,375	200:400;429:10398
19s	100	400	10922	22.26	7287.18	4.54	4491.51	214,196	11,272	200:400;429:10922
20s	100	400	12906	21.27	7287.18	2.80	4701.03	249,908	12,495	200:400;429:12906
21s	100	500	15414	25.71	7287.18	2.59	3889.78	299,452	14,259	200:500;429:15414
22s	100	500	15429	24.71	15006.95	2.59	4047.38	299,722	13,623	200:500;429:15429
23s	100	500	15429	24.71	15006.95	2.59	4047.38	299,722	13,031	200:500;429:15429
24s	100	500	15429	24.71	15006.95	2.59	4047.38	299,722	12,488	200:500;429:15429
25s	100	500	15429	24.71	15006.95	2.59	4047.38	299,722	11,988	200:500;429:15429

图 16-13 限速规则测试结果

我们分析一下图 16-13 中的压测过程。

❑ 我们使用压测工具 go-stress-testing 对应用 go-hello 的接口 go-hello.kt.ziroom.com/api/ 进行压测，共开启 100 个协程，每个协程访问 1000 次。

❑ go-stress-testing 每秒在屏幕上输出一次访问情况，包括状态码和数量。

❑ 可以看到，图 16-13 中 1 ～ 5s 和 5 ～ 10s 的数据，200 状态码的请求分别是 100 和 200，后面的过程也大致如此，每 5s 只增加了 100 个成功的请求。规则验证通过。

这是一个针对整个应用级别的限速规则，如果我们想要针对特定的接口设置限速规则应该怎么做呢？ Istio 的官方文档中并没有相关示例，我去查看 Envoy 的官方文档，对比了 Istio 的 Envoy Filter 语法和原生的 Filter 语法，编写如下限速规则。

```yaml
apiVersion: networking.istio.io/v1alpha3
kind: EnvoyFilter
metadata:
    name: filter-local-ratelimit-svc
    namespace: tech-daily
spec:
    workloadSelector:
        labels:
            app: go-hello
    configPatches:
    - applyTo: HTTP_FILTER
        match:
            context: SIDECAR_INBOUND
            listener:
                filterChain:
                    filter:
                        name: "envoy.filters.network.http_connection_manager"
        patch:
            operation: INSERT_BEFORE
            value:
                name: envoy.filters.http.local_ratelimit
                typed_config:
                    "@type": type.googleapis.com/udpa.type.v1.TypedStruct
                    type_url: type.googleapis.com/envoy.extensions.
                        filters.http.local_ratelimit.v3.LocalRateLimit
                    value:
                        stat_prefix: http_local_rate_limiter
    - applyTo: HTTP_ROUTE
        match:
            context: SIDECAR_INBOUND
            routeConfiguration:
                vhost:
                    name: "inbound|http|80"
                    route:
                        action: ANY
        patch:
            operation: MERGE
```

```
              value:
                  route:
                      rate_limits:
                          - actions:
                              - header_value_match:
                                      descriptor_value: prefix_path
                                      headers:
                                          - name: :path
                                              prefix_match: /api/test
              typed_per_filter_config:
                  envoy.filters.http.local_ratelimit:
                      "@type": type.googleapis.com/udpa.type.v1.TypedStruct
                      type_url: type.googleapis.com/envoy.extensions.filters.
                          http.local_ratelimit.v3.LocalRateLimit
                      value:
                          stat_prefix: http_local_rate_limiter

                          descriptors:
                           - entries:
                              - key: header_match
                                  value: prefix_path
                              token_bucket:
                                  max_tokens: 50
                                  tokens_per_fill: 50
                                  fill_interval: 5s

                          filter_enabled:
                              runtime_key: local_rate_limit_enabled
                              default_value:
                                  numerator: 100
                                  denominator: HUNDRED
                          filter_enforced:
                              runtime_key: local_rate_limit_enforced
                              default_value:
                                  numerator: 100
                                  denominator: HUNDRED
                          response_headers_to_add:
                          - append: false
                              header:
                                  key: x-local-rate-limit
                                  value: 'true'
                          token_bucket:
                              max_tokens: 200
                              tokens_per_fill: 200
                              fill_interval: 5s
```

下面对这个 Envoy Filter 做一个分析。

❑ workloadSelector：作用范围依然是应用 go-hello。

❑ configPatches：与整个应用级别的限速规则有些不同，除了作用于 Envoy 的 HTTP 过滤器，并且是 Inbound 方向以外，还需要作用于 ROUTE 下的虚拟主机 inbound|http|80。

注意，如果读者和我们一样使用 HTTP 访问网格内的服务并且使用 80 端口，虚拟主机一定要配置为 inbound|http|80。这个配置信息是在我反复测试生效后得出的结论，这个虚拟主机信息是从 Envoy 的配置文件中获取的。

- ❑ patch：使用 header_value_match 模块从请求头的信息中识别请求路径以 /api/test 开头的 HTTP 流量，并为这个路径的 HTTP 请求设置限速规则。
- ❑ token_buket：这里有 2 个 token_buket，第一个 token_buket 是针对以 /api/test 开头的接口设置的限速规则，第二个 token_buket 则是这个应用级别的限速规则。注意，应用级别的限速规则的 max_tokens 字段一定不能小于针对请求路径的限速规则的 max_tokens，否则限速规则无法生效。descriptors 字段需要 Istio 的版本在 1.9 及以上才会生效。

我们继续使用压测工具进行测试，图 16-14 是应用 go-hello 的整个应用级别的限速规则测试结果。

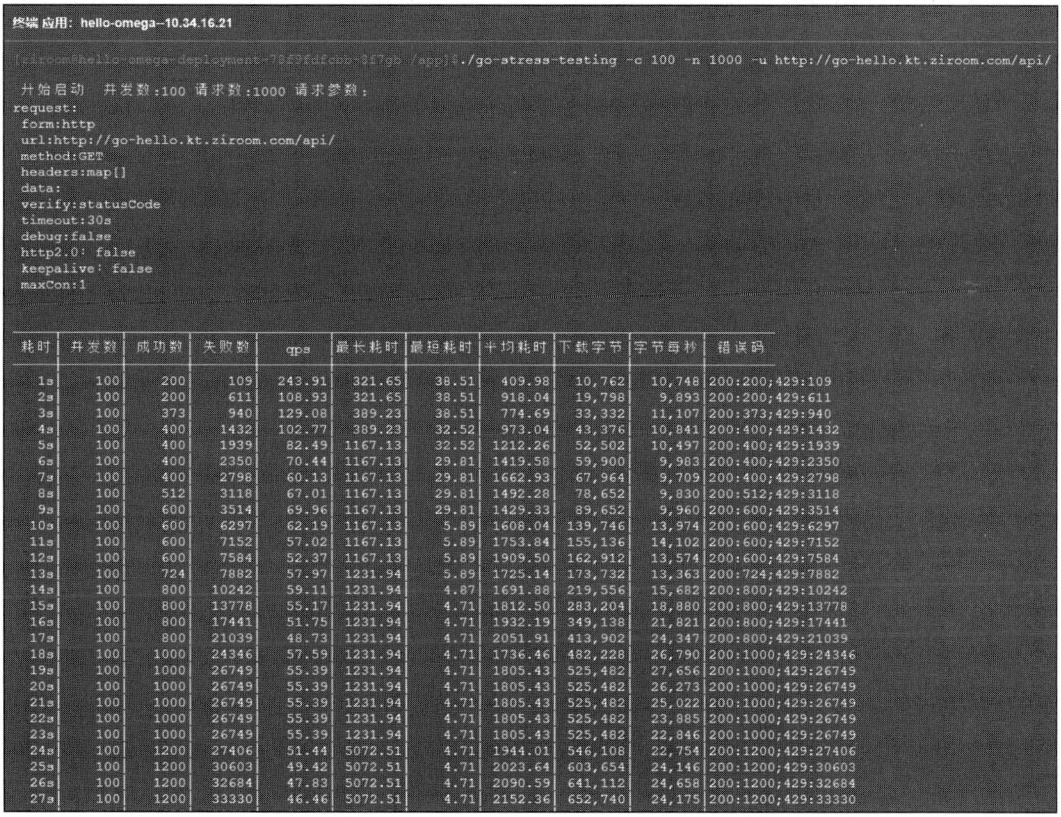

```
终端 应用: hello-omega--10.34.16.21
[ziroom@hello-omega-deployment-78f9fdfcbb-8f7gb /app]$./go-stress-testing -c 100 -n 1000 -u http://go-hello.kt.ziroom.com/api/
 开始启动  并发数:100 请求数:1000 请求参数:
request:
 form:http
 url:http://go-hello.kt.ziroom.com/api/
 method:GET
 headers:map[]
 data:
 verify:statusCode
 timeout:30s
 debug:false
 http2.0: false
 keepalive: false
 maxCon:1
```

耗时	并发数	成功数	失败数	qps	最长耗时	最短耗时	平均耗时	下载字节	字节每秒	错误码
1s	100	200	109	243.91	321.65	38.51	409.98	10,762	10,748	200:200;429:109
2s	100	200	611	108.93	321.65	38.51	918.04	19,798	9,893	200:200;429:611
3s	100	373	940	129.08	389.23	38.51	774.69	33,332	11,107	200:373;429:940
4s	100	400	1432	102.77	389.23	32.52	973.04	43,376	10,841	200:400;429:1432
5s	100	400	1939	82.49	1167.13	32.52	1212.26	52,502	10,497	200:400;429:1939
6s	100	400	2350	70.44	1167.13	29.81	1419.58	59,900	9,983	200:400;429:2350
7s	100	400	2798	60.13	1167.13	29.81	1662.93	67,964	9,709	200:400;429:2798
8s	100	512	3118	67.01	1167.13	29.81	1492.28	78,652	9,830	200:512;429:3118
9s	100	600	3514	69.96	1167.13	29.81	1429.33	89,652	9,960	200:600;429:3514
10s	100	600	6297	62.19	1167.13	5.89	1608.04	139,746	13,974	200:600;429:6297
11s	100	600	7152	57.02	1167.13	5.89	1753.84	155,136	14,102	200:600;429:7152
12s	100	600	7584	52.37	1167.13	5.89	1909.50	162,912	13,574	200:600;429:7584
13s	100	724	7882	57.97	1231.94	5.89	1725.14	173,732	13,363	200:724;429:7882
14s	100	800	10242	59.11	1231.94	4.87	1691.88	219,556	15,682	200:800;429:10242
15s	100	800	13778	55.17	1231.94	4.71	1812.50	283,204	18,880	200:800;429:13778
16s	100	800	17441	51.75	1231.94	4.71	1932.19	349,138	21,821	200:800;429:17441
17s	100	800	21039	48.73	1231.94	4.71	2051.91	413,902	24,347	200:800;429:21039
18s	100	1000	24346	57.59	1231.94	4.71	1736.46	482,228	26,790	200:1000;429:24346
19s	100	1000	26749	55.39	1231.94	4.71	1805.43	525,482	27,656	200:1000;429:26749
20s	100	1000	26749	55.39	1231.94	4.71	1805.43	525,482	26,273	200:1000;429:26749
21s	100	1000	26749	55.39	1231.94	4.71	1805.43	525,482	25,022	200:1000;429:26749
22s	100	1000	26749	55.39	1231.94	4.71	1805.43	525,482	23,885	200:1000;429:26749
23s	100	1000	26749	55.39	1231.94	4.71	1805.43	525,482	22,846	200:1000;429:26749
24s	100	1200	27406	51.44	5072.51	4.71	1944.01	546,108	22,754	200:1200;429:27406
25s	100	1200	30603	49.42	5072.51	4.71	2023.64	603,654	24,146	200:1200;429:30603
26s	100	1200	32684	47.83	5072.51	4.71	2090.59	641,112	24,658	200:1200;429:32684
27s	100	1200	33330	46.46	5072.51	4.71	2152.36	652,740	24,175	200:1200;429:33330

图 16-14　应用 go-hello 的整个应用级别的限速规则测试结果

可以看到，图 16-14 中每 5s 只新增 200 个访问成功的请求数，但是第 3 秒的数据似乎不对，如果了解令牌桶算法，那就不奇怪了。令牌桶内的令牌是间隔 5s 填充一次，我们的压测程序刚刚发起请求时，令牌桶已经在 2s 前填充过了，等到发起请求的第 3s，令牌桶会再填充一次，所以在第 3s 就有新的请求访问成功了。

图 16-15 是应用 go-hello 的接口 /api/test 的限速规则测试结果，结果依然正确。

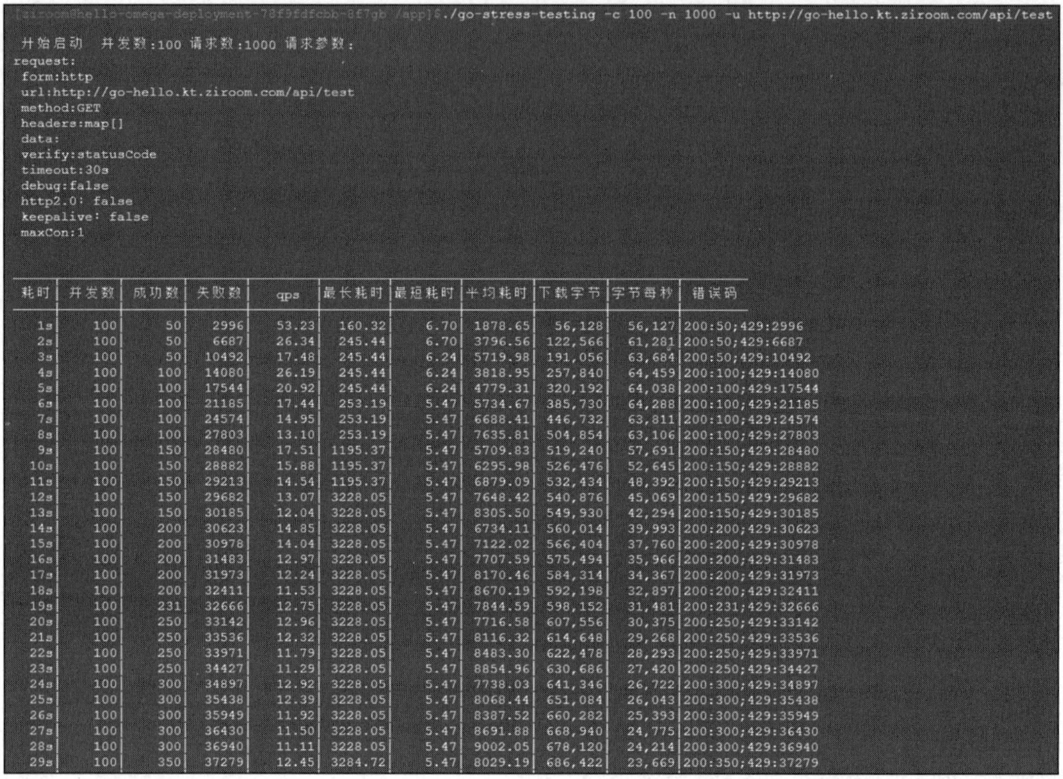

```
[ziroom@hello-omega-deployment-78f9fdfcbb-8f7gb /app]$ ./go-stress-testing -c 100 -n 1000 -u http://go-hello.kt.ziroom.com/api/test
开始启动  并发数:100 请求数:1000 请求参数：
request:
form:http
url:http://go-hello.kt.ziroom.com/api/test
method:GET
headers:map[]
data:
verify:statusCode
timeout:30s
debug:false
http2.0: false
keepalive: false
maxCon:1
```

耗时	开发数	成功数	失败数	qps	最长耗时	最短耗时	平均耗时	下载字节	字节每秒	错误码
1s	100	50	2996	53.23	160.32	6.70	1878.65	56,128	56,127	200:50;429:2996
2s	100	50	6687	26.34	245.44	6.70	3796.56	122,566	61,281	200:50;429:6687
3s	100	50	10492	17.48	245.44	6.24	5719.98	191,056	63,684	200:50;429:10492
4s	100	100	14080	26.19	245.44	6.24	3818.95	257,840	64,459	200:100;429:14080
5s	100	100	17544	20.92	245.44	6.24	4779.31	320,192	64,038	200:100;429:17544
6s	100	100	21185	17.44	253.19	5.47	5734.67	385,730	64,288	200:100;429:21185
7s	100	100	24574	14.95	253.19	5.47	6688.41	446,732	63,811	200:100;429:24574
8s	100	100	27803	13.10	253.19	5.47	7635.81	504,854	63,106	200:100;429:27803
9s	100	150	28480	17.51	1195.37	5.47	5709.83	519,240	57,691	200:150;429:28480
10s	100	150	28882	15.88	1195.37	5.47	6295.98	526,476	52,645	200:150;429:28882
11s	100	150	29213	14.54	1195.37	5.47	6879.09	532,434	48,392	200:150;429:29213
12s	100	150	29682	13.07	3228.05	5.47	7648.42	540,876	45,069	200:150;429:29682
13s	100	150	30185	12.04	3228.05	5.47	8305.50	549,930	42,294	200:150;429:30185
14s	100	200	30623	14.85	3228.05	5.47	6734.11	560,014	39,993	200:200;429:30623
15s	100	200	30978	14.04	3228.05	5.47	7122.02	566,404	37,760	200:200;429:30978
16s	100	200	31483	12.97	3228.05	5.47	7707.59	575,494	35,966	200:200;429:31483
17s	100	200	31973	12.24	3228.05	5.47	8170.46	584,314	34,367	200:200;429:31973
18s	100	200	32411	11.53	3228.05	5.47	8670.19	592,198	32,897	200:200;429:32411
19s	100	231	32666	12.75	3228.05	5.47	7844.59	598,152	31,481	200:231;429:32666
20s	100	250	33142	12.96	3228.05	5.47	7716.58	607,556	30,375	200:250;429:33142
21s	100	250	33536	12.32	3228.05	5.47	8116.32	614,648	29,268	200:250;429:33536
22s	100	250	33971	11.79	3228.05	5.47	8483.30	622,478	28,293	200:250;429:33971
23s	100	250	34427	11.29	3228.05	5.47	8854.96	630,686	27,420	200:250;429:34427
24s	100	300	34897	12.92	3228.05	5.47	7738.03	641,346	26,722	200:300;429:34897
25s	100	300	35438	12.39	3228.05	5.47	8068.44	651,084	26,043	200:300;429:35438
26s	100	300	35949	11.92	3228.05	5.47	8387.52	660,282	25,393	200:300;429:35949
27s	100	300	36430	11.50	3228.05	5.47	8691.88	668,940	24,775	200:300;429:36430
28s	100	300	36940	11.11	3228.05	5.47	9002.05	678,120	24,214	200:300;429:36940
29s	100	350	37279	12.45	3284.72	5.47	8029.19	686,422	23,669	200:350;429:37279

图 16-15　应用 go-hello 的接口 /api/test 的限速规则测试结果

读者是不是发现 Envoy Filter 真的很难理解，这里给大家一个建议，多去使用 istioctl proxy-config 命令获取 Envoy 的配置信息并与你编写的 Envoy Filter 做对比，深刻了解 Route、Cluster 这些资源在 Envoy 中的作用。

Filter 的使用在 Envoy 官网文档中介绍得比较全面，是 Envoy 的配置语法。而在 Istio 中，需要你用 Envoy Filter 这个资源对象表达出来。多熟悉原生的语法和 Envoy Filter 的表达语句，并且多做一些对比，慢慢就可以熟练地编写自己想要的 Envoy Filter。

16.4.3　限流和熔断

在 16.4.2 节我们学习了如何为服务设置限速规则，防止在流量突增的场景下因网络和服务到达性能瓶颈引起生产故障。仅对服务的请求设置限速规则是不够的，下面我们学习对应用服务进行保护的另外一种重要手段——限流和熔断。

1. 微服务架构下保障 SLA 的挑战

Hystrix 是一个微服务架构中处理调用之间延迟和故障的库，用于防止微服务调用的联级故障导致的服务整体不可用，目的是增加整体服务的弹性。

在复杂的分布式架构中，如果一个应用 A 依赖于 30 个服务，每个服务可以保证可用率在 99.99%，那么应用 A 的可用率是 99.99% 的 30 次方，约为 99.7%。99.7% 的可用率意味着什么呢？

❑ 应用 A 的 10 亿次请求中的 0.3% 会失败，也就是 300 万次请求会失败。

❑ 即使其他服务具有 99.99% 可用率这样出色的指标，应用 A 每个月的停机时间也在 2 小时以上。

然而在实际生产中情况会更加糟糕，即使所有的服务都运行良好，一个服务有 0.001% 的概率出现故障，对整个系统都会产生很大的影响。

2. 联级故障

在远程调用时，如果请求一直没有得到远程服务的响应，会导致客户端的连接无法释放，对应的资源（HTTP 线程池资源、数据库或中间件的连接池资源等）也无法释放。在持续一段时间后，累计了较多这种远程调用，最终将服务的资源耗尽，把服务拖垮导致服务不可用。这时依赖这个服务的其他服务也会出现一定程度的不可用，图 16-16 展示了这种远程调用响应延时造成的联级故障。

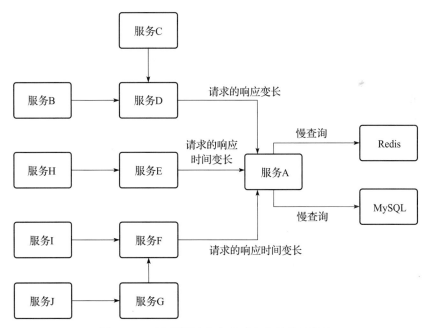

图 16-16　远程调用响应延时造成的联级故障

从图 16-16 中我们看到，服务 A 因为 Redis 或 MySQL 的慢查询导致对服务 D、E、F 的请求处理时间变长。服务 D、E、F 远程调用服务 A 使用的 HTTP 连接一直得不到释放，就会因为连接池耗尽无法提供服务。这时，依赖它们的其他服务也会出现一定程度的不可用。在实际生产环境中，服务之间的依赖关系更加错综复杂。

3. Istio 的限流和熔断

业内经常讨论的是熔断这一个词，但我习惯称呼熔断为限流和熔断，因为限流和熔断在 Istio 中对应的是连接池管理和异常点检测 2 个功能。限流和熔断主要应用于微服务架构下的分布式调用，可以有效防止联级故障。

下面对 Istio 的限流和熔断进行讲解，尽管它与 Hystrix、Sentinel 的具体实现有些不同，但核心的设计思路和达到的效果是一样的。

❑ 为每个服务都设置一个连接池，在连接池满时直接失败并返回 503 状态码。

❑ 开启一个计时器，如果在规定的时间内访问一个服务节点的失败次数达到了设定的阈值，就将这个节点从访问列表中剔除，先隔离一个固定时间，再尝试加入访问列表。如果依然触发失败阈值，那么隔离的时间会翻倍。也就是说，如果连续失败，下一次隔离的时间是固定时间乘以隔离次数，隔离时间会越来越长。

从这个设计思路里我们可以看到，限流和熔断在微服务架构下的作用如下。

❑ 在服务调用过程中发生故障和延迟时提供一个容错。

❑ 阻止复杂的分布式系统中出现联级故障。

❑ 快速失败并快速恢复。

4. 限流和熔断实战

在 Istio 中，我们可以通过 Kubernetes 资源对象 DestinationRule 定义限流和熔断策略。下面我们依然使用 go-hello 应用做示例，先给 go-hello 应用定义虚拟主机和路由信息，创建资源对象 VirtualService 如下。

```
apiVersion: networking.istio.io/v1beta1
kind: VirtualService
metadata:
    name: go-hello-vs
    namespace: tech-daily
spec:
    gateways:
    - mesh
    - go-hello-gw
    hosts:
    - go-hello.kt.ziroom.com
    http:
    - match:
        - uri:
            prefix: /
      route:
      - destination:
            host: go-hello-svc.tech-daily.svc.cluster.local
```

VirtualService 的作用如下。

- ❑ go-hello 的域名是 go-hello.kt.ziroom.com。
- ❑ 所有匹配 / 开头的请求都转发到命名空间 tech-daily 下的服务 go-hello-svc 中。go-hello-svc 就是应用 go-hello 的 Service 对象。强烈建议读者使用 < 服务名 . 命名空间 . svc.cluster.local> 的格式。
- ❑ 这个 VirtualService 关联了 go-hello 的网关资源对象 go-hello-gw。

下面是应用 go-helllo 的网关定义。

```
apiVersion: networking.istio.io/v1beta1
kind: Gateway
metadata:
    name: go-hello-gw
    namespace: tech-daily
spec:
    selector:
        app: istio-ingressgateway
    servers:
    - hosts:
        - go-hello.ziroom.com
      port:
          name: https
          number: 443
          protocol: HTTPs
      tls:
          mode: SIMPLE
          privateKey: /etc/istio/ziroom-secret/tls.key
          serverCertificate: /etc/istio/ziroom-secret/tls.crt
    - hosts:
        - go-hello.kt.ziroom.com
      port:
          name: http
          number: 80
          protocol: HTTP
```

网关定义了网格外的服务可以使用 https://go-hello.ziroom.com 和 http://go-hello.kt.ziroom 通过 ingressgateway 访问应用 go-hello。

go-hello 的虚拟主机和网关都定义好了，下面开始设置限流策略，即连接池管理策略，代码如下。

```
apiVersion: networking.istio.io/v1beta1
kind: DestinationRule
metadata:
    name: go-hello-dr
    namespace: tech-daily
spec:
    host: go-hello-svc.tech-daily.svc.cluster.local
    trafficPolicy:
        connectionPool:
```

```
    http:
        http1MaxPendingRequests: 50
        http2MaxRequests: 50
    tcp:
        maxConnections: 3000
```

在连接池的管理策略中，我们将最大 TCP 连接数设置为 3000，HTTP 请求的最大等待数设置为 50。接下来开始验证，我们依然使用压测工具 go-stress-testing 进行测试，图 16-17 为应用 go-hello 的限流测试。

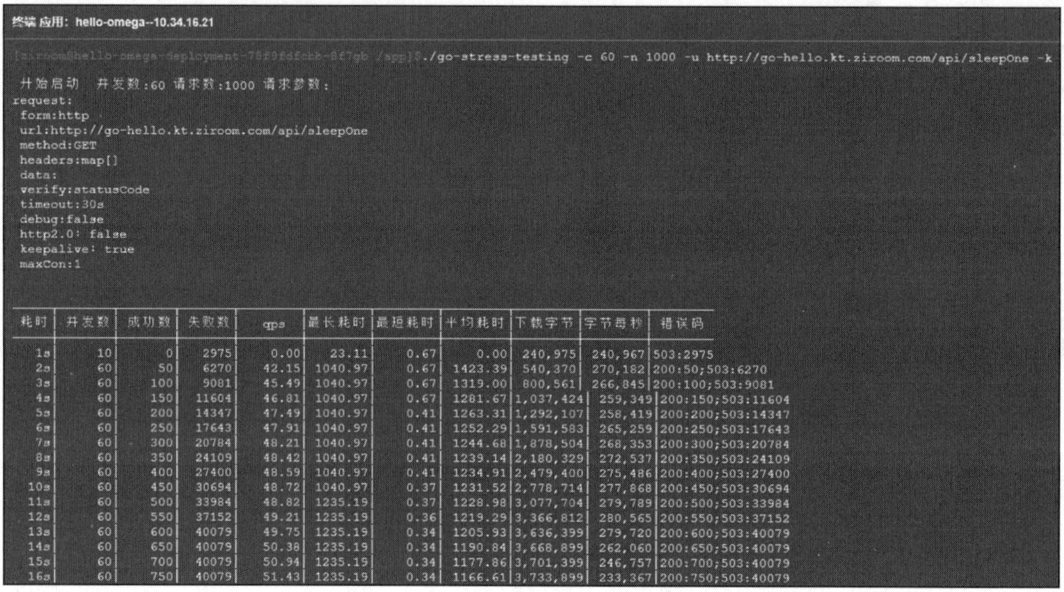

终端 应用：hello-omega--10.34.16.21

```
[ziroom@hello-omega-deployment-78f9fdfcbb-8f7gb /app]$./go-stress-testing -c 60 -n 1000 -u http://go-hello.kt.ziroom.com/api/sleepOne -k
 开始启动  并发数:60 请求数:1000 请求参数:
request:
 form:http
 url:http://go-hello.kt.ziroom.com/api/sleepOne
 method:GET
 headers:map[]
 data:
 verify:statusCode
 timeout:30s
 debug:false
 http2.0: false
 keepalive: true
 maxCon:1
```

耗时	并发数	成功数	失败数	qps	最长耗时	最短耗时	平均耗时	下载字节	字节每秒	错误码
1s	10	0	2975	0.00	23.11	0.67	0.00	240,975	240,967	503:2975
2s	60	50	6270	42.15	1040.97	0.67	1423.39	540,370	270,182	200:50;503:6270
3s	60	100	9081	45.49	1040.97	0.67	1319.00	800,561	266,845	200:100;503:9081
4s	60	150	11604	46.81	1040.97	0.67	1281.67	1,037,424	259,349	200:150;503:11604
5s	60	200	14347	47.49	1040.97	0.41	1263.31	1,292,107	258,419	200:200;503:14347
6s	60	250	17643	47.91	1040.97	0.41	1252.29	1,591,583	265,259	200:250;503:17643
7s	60	300	20784	48.21	1040.97	0.41	1244.68	1,878,504	268,353	200:300;503:20784
8s	60	350	24109	48.42	1040.97	0.41	1239.14	2,180,329	272,537	200:350;503:24109
9s	60	400	27400	48.59	1040.97	0.41	1234.91	2,479,400	275,486	200:400;503:27400
10s	60	450	30694	48.72	1040.97	0.37	1231.52	2,778,714	277,868	200:450;503:30694
11s	60	500	33984	48.82	1235.19	0.37	1228.98	3,077,704	279,789	200:500;503:33984
12s	60	550	37152	49.21	1235.19	0.36	1219.29	3,366,812	280,565	200:550;503:37152
13s	60	600	40079	49.75	1235.19	0.34	1205.93	3,636,399	279,720	200:600;503:40079
14s	60	650	40079	50.38	1235.19	0.34	1190.84	3,668,899	262,060	200:650;503:40079
15s	60	700	40079	50.94	1235.19	0.34	1177.86	3,701,399	246,757	200:700;503:40079
16s	60	750	40079	51.43	1235.19	0.34	1166.61	3,733,899	233,367	200:750;503:40079

图 16-17　应用 go-hello 的限流测试

对整个测试进行如下说明。

- 压测工具开启 60 个协程，模拟 60 个客户端的并发访问，每个客户端连续请求 1000 次。
- 因为 go-hello 应用的接口 /api/sleepOne 含有休眠 1s 的逻辑，所以这个接口的响应时间是 1s，而压测工具的输出间隔也是 1s，这样便于我们观察限流测试是否准确。
- 从图 16-17 中可以看到，因为接口的响应时间是 1s，连接池数量是 50，所以每秒只有 50 个请求成功。其余的请求都快速失败，并且返回状态码 503。

接下来我们看看熔断功能的设置，在设置熔断策略之前，我们先对应用 go-hello 进行模拟。我在应用 go-hello 中新增了两个接口用来模拟故障，如图 16-18 所示为故障模拟代码。

代码中使用 Gin 框架，第一个函数用来改变 trouble_simulate.Fault 的值，对应的接口是 /api/changeFaultStatus，接口的作用是模拟故障的开关。第二个函数会根据 trouble_simulate.Fault 的值来决定是否要返回 500 状态码，并且休眠 1s，对应的接口是 /api/getFaultStatus。接口的作用是获取当前服务的状态。

```
133  func ChangeFaultStatusHandler(c *gin.Context) {
134      appG := app.Gin{C: c}
135
136      if trouble_simulate.Fault {
137          trouble_simulate.Fault = false
138          appG.Response(http.StatusOK, e.SUCCESS, data: "changed")
139          c.Abort()
140      }
141      trouble_simulate.Fault = true
142      appG.Response(http.StatusOK, e.SUCCESS, data: "changed")
143
144  }
145
146  func FaultStatusHandler(c *gin.Context) {
147      appG := app.Gin{C: c}
148      time.Sleep(time.Second * time.Duration(1))
149      if trouble_simulate.Fault {
150          appG.Response(http.StatusInternalServerError, e.ERROR, data: "Fault 500")
151          c.Abort()
152      }
153      appG.Response(http.StatusOK, e.SUCCESS, data: "health")
154  }
```

图 16-18　故障模拟代码

这样一来，我们可以将应用 go-hello 设置成 2 个实例，通过访问 http://PodIP:8081/api/changeFaultStatus 模拟其中一个节点的故障，测试我们设置的熔断策略是否生效。

接着我们定义熔断（异常点检测）策略，代码如下。

```
apiVersion: networking.istio.io/v1beta1
kind: DestinationRule
metadata:
    name: go-hello-dr
    namespace: tech-daily
spec:
    host: go-hello-svc.tech-daily.svc.cluster.local
    trafficPolicy:
        connectionPool:
            http:
                http1MaxPendingRequests: 10000
                http2MaxRequests: 10000
            tcp:
                maxConnections: 10000
        outlierDetection:
            baseEjectionTime: 5s
            consecutive5xxErrors: 50
            interval: 5s
            maxEjectionPercent: 100
            minHealthPercent: 0
```

具体的作用如下。

❏ 对限流策略即连接池的设置做了调整，参数都设置成 10 000，尽可能不让它触发，这样就不会影响我们对熔断的测试。

❑ interval：我们设置为 5，每 5s 为一个检查周期。

❑ consecutive5xxErrors：5*xx* 发生的次数，这里的 5*xx* 包含 HTTP 状态码 500、502、503、504。如果不想包含状态码 500，可以使用参数 consecutiveGatewayErrors（网关错误）替代 consecutive5xxErrors，consecutiveGatewayErrors 只包含状态码 502、503、504。这两个字段可以一起使用，因为 consecutive5xxErrors 包含了 consecutiveGatewayErrors。如果 consecutiveGatewayErrors 的值大于、等于 consecutive5xxErrors，则 consecutiveGateway-Errors 不生效。这里我们设置为 50 个，将每 5s 触发 50 次 500 状态码的上游实例隔离。

❑ MaxEjectionPercent：触发熔断后，可以隔离的上游服务器百分比。假如我们有 4 个实例，设置值为 25，隔离一个实例（4×25%=1）后，即使有其他实例触发了熔断阈值，也不会被隔离。我们这里设置为 100，意味着只要实例到达熔断的阈值，就会被隔离。

❑ minHealthPercent：最小健康上游服务器百分比。在健康的实例数低于设定的阈值后，Envoy 代理会进入恐慌模式，忽略上游实例的健康状态，直接将流量转发到上游的所有实例。这里我们设置为 0，即使所有的上游实例都被隔离，流量也不转发到上游实例。无可用的上游实例后，Envoy 代理会给下游客户端直接返回 503 状态码。

我们的熔断策略：应用 go-hello 的一个实例在处理请求的过程中，如果 5s 内发生了 50 次 500 错误状态码，就将这个实例隔离 5s，不管应用 go-hello 有几个实例，只要触发熔断阈值，就将这个实例隔离。即使所有上游实例都被隔离，请求依然不会被转发到上游实例，Envoy 代理直接返回 503 状态码。

下面验证熔断策略是否生效，首先部署应用 go-hello，让我们新增的两个接口生效，应用 go-hello 部署后的界面如图 16-19 所示。

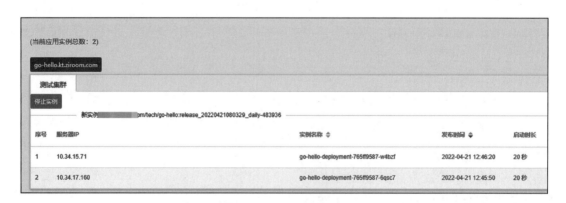

图 16-19 应用 go-hello 部署后的界面

部署后我们登录应用 hello-omega 的 WebShell，对其中 Pod IP 是 10.34.15.71 的实例进行 3 次 HTTP 请求。如图 16-20 所示，改变应用 go-hello 的接口 /api/faultStatus 的 HTTP 状态码。

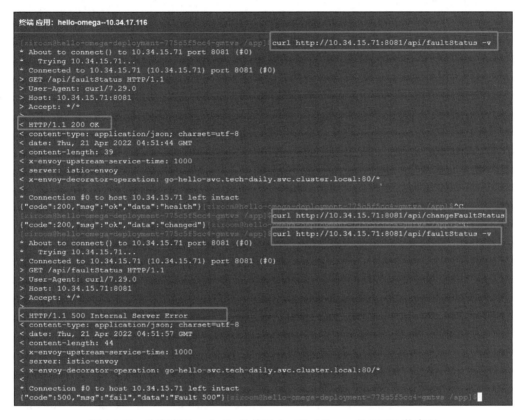

图 16-20　改变应用 go-hello 的接口 /api/faultStatus 的 HTTP 状态码

这时，我们通过域名访问 go-hello 应用，它的一个节点会一直返回 500 的 HTTP 状态码。我们成功模拟了应用 go-hello 中一个实例出现故障。

下面开始熔断的测试，我们在 hello-omega 的容器内使用压测工具 go-stress-testing 对应用 go-hello 进行压测。图 16-21 所示为应用 go-hello 的熔断测试。

我们看图 16-21 最右侧一列的状态码和数量统计，500 的状态码中 74、147、216 这 3 个数量存在的时间段，正是故障实例被隔离的时间段。分别对应 5s、10s、15s，误差可能会在 2 ～ 3s。每次隔离时间结束，Envoy 代理将故障实例重新添加到上游的访问列表中，我们会发现 500 的状态码会有所增加，这就是熔断的快速失败和快速恢复机制。参数 baseEjectionTime、consecutive5xxErrors、interval 都得到了验证。

耗时	开发数	成功数	失败数	qps	最长耗时	最短耗时	平均耗时	下载字节	字节每秒	错误码
1s	0	0	0	0.00	0.00	0.00	0.00			
2s	50	26	24	24.89	1061.80	1029.82	2008.96	3,006	1,502	200:26;500:24
3s	50	50	50	24.39	1061.80	1002.65	2049.79	6,100	2,033	200:50;500:50
4s	50	76	74	24.86	1061.80	1001.73	2011.36	9,106	2,276	200:76;500:74
5s	50	126	74	30.96	1061.80	1001.73	1615.21	11,056	2,211	200:126;500:74
6s	50	176	74	34.67	1061.80	1001.73	1442.02	13,006	2,167	200:176;500:74
7s	50	226	74	37.16	1061.80	1001.73	1345.68	14,956	2,136	200:226;500:74
8s	50	276	74	38.94	1061.80	1001.73	1284.02	16,906	2,113	200:276;500:74
9s	50	326	74	40.28	1061.80	1001.73	1241.23	18,856	2,095	200:326;500:74
10s	50	376	74	41.32	1061.80	1001.73	1210.21	20,806	2,080	200:376;500:74
11s	50	400	100	39.56	1061.80	1001.73	1263.78	23,900	2,172	200:400;500:100
12s	50	426	124	38.33	1061.80	1001.73	1304.58	26,906	2,242	200:426;500:124
13s	50	453	147	37.38	1061.80	1001.73	1337.76	29,868	2,297	200:453;500:147
14s	50	503	147	38.32	1061.80	1001.73	1304.65	31,818	2,272	200:503;500:147
15s	50	553	147	39.14	1061.80	1001.73	1277.61	33,768	2,251	200:553;500:147
16s	50	603	147	39.84	1061.80	1001.73	1255.06	35,718	2,232	200:603;500:147
17s	50	653	147	40.46	1061.80	1001.73	1235.90	37,668	2,215	200:653;500:147
18s	50	703	147	41.00	1061.80	1001.73	1219.52	39,618	2,200	200:703;500:147
19s	50	753	147	41.48	1061.80	1001.73	1205.28	41,568	2,187	200:753;500:147
20s	50	803	147	41.92	1061.80	1001.73	1192.79	43,518	2,175	200:803;500:147
21s	50	853	147	42.31	1061.80	1001.73	1181.80	45,468	2,165	200:853;500:147
22s	50	903	147	42.66	1061.80	1001.73	1172.08	47,418	2,155	200:903;500:147
23s	50	953	147	42.98	1061.80	1001.73	1163.34	49,368	2,146	200:953;500:147
24s	50	1003	147	43.26	1061.80	1001.73	1155.90	51,318	2,138	200:1003;500:147
25s	50	1053	147	43.52	1061.80	1001.73	1148.86	53,268	2,130	200:1053;500:147
26s	50	1079	171	42.82	1061.80	1001.73	1167.78	56,274	2,164	200:1079;500:171
27s	50	1103	197	42.39	1061.80	1001.73	1187.89	59,368	2,198	200:1103;500:197
28s	50	1134	216	41.68	1061.80	1001.73	1199.68	62,154	2,219	200:1134;500:216
29s	50	1184	216	41.97	1061.80	1001.73	1191.42	64,104	2,210	200:1184;500:216
30s	50	1234	216	42.24	1061.80	1001.73	1183.85	66,054	2,201	200:1234;500:216
31s	50	1284	216	42.49	1061.80	1001.73	1176.86	68,004	2,193	200:1284;500:216
32s	50	1334	216	42.72	1061.80	1001.73	1170.39	69,954	2,186	200:1334;500:216
33s	50	1384	216	42.94	1061.80	1001.73	1164.41	71,904	2,178	200:1384;500:216
34s	50	1434	216	43.15	1061.80	1001.73	1158.85	73,804	2,172	200:1434;500:216
35s	50	1484	216	43.34	1061.80	1001.73	1153.69	75,804	2,165	200:1484;500:216
36s	50	1534	216	43.52	1061.80	1001.73	1148.83	77,754	2,159	200:1534;500:216
37s	50	1584	216	43.70	1061.80	1001.73	1144.29	79,704	2,154	200:1584;500:216
38s	50	1634	216	43.86	1061.80	1001.66	1140.01	81,654	2,148	200:1634;500:216
39s	50	1684	216	44.02	1061.80	1001.57	1135.96	83,604	2,143	200:1684;500:216
40s	50	1734	216	44.16	1061.80	1001.57	1132.18	85,554	2,138	200:1734;500:216
41s	50	1784	216	44.30	1061.80	1001.50	1128.59	87,504	2,134	200:1784;500:216
42s	50	1834	216	44.44	1061.80	1001.47	1125.20	89,454	2,129	200:1834;500:216
43s	50	1884	216	44.56	1061.80	1001.47	1122.01	91,404	2,125	200:1884;500:216
44s	50	1934	216	44.68	1061.80	1001.47	1118.97	93,354	2,121	200:1934;500:216
45s	50	1984	216	44.80	1061.80	1001.47	1116.09	95,304	2,117	200:1984;500:216
46s	50	2010	240	44.38	1061.80	1001.47	1126.65	98,310	2,137	200:2010;500:240
47s	50	2034	266	43.93	1061.80	1001.47	1138.05	101,404	2,157	200:2034;500:266
48s	50	2062	288	43.59	1061.80	1001.47	1146.93	104,322	2,173	200:2062;500:288
49s	50	2112	288	43.72	1061.80	1001.47	1143.56	106,272	2,168	200:2112;500:288

图 16-21　应用 go-hello 的熔断测试

我们继续对应用 go-hello 剩余的实例进行 HTTP 请求，将接口的 HTTP 状态码变为 500，模拟所有实例不可用的场景。如图 16-22 所示为所有实例都不可用的熔断测试。

从图 16-22 中可以看到，500 状态码中 194、385、577 存在的时间段，基本上就是所有实例被隔离的时间段。图中没有请求返回 200 状态码，所有的实例都被隔离了，Envoy 代理也并没有发生恐慌，隔离期间 Envoy 代理直接给下游客户端返回 HTTP 状态码 503。参数 maxEjectionPercent、minHealthPercent 也得到了验证。

Istio 在 HTTP 流量治理的实现上与 Hystrix、Sentinel 相比毫不逊色，但更难得的是它在出色地完成任务的同时，对应用程序是无侵入的。而限流和熔断对于工作在一线的 SRE 来说，就是保障 SLA 的利器，合理利用限流并配合熔断，可以让我们的 SLA 提升到一个更高的水平。

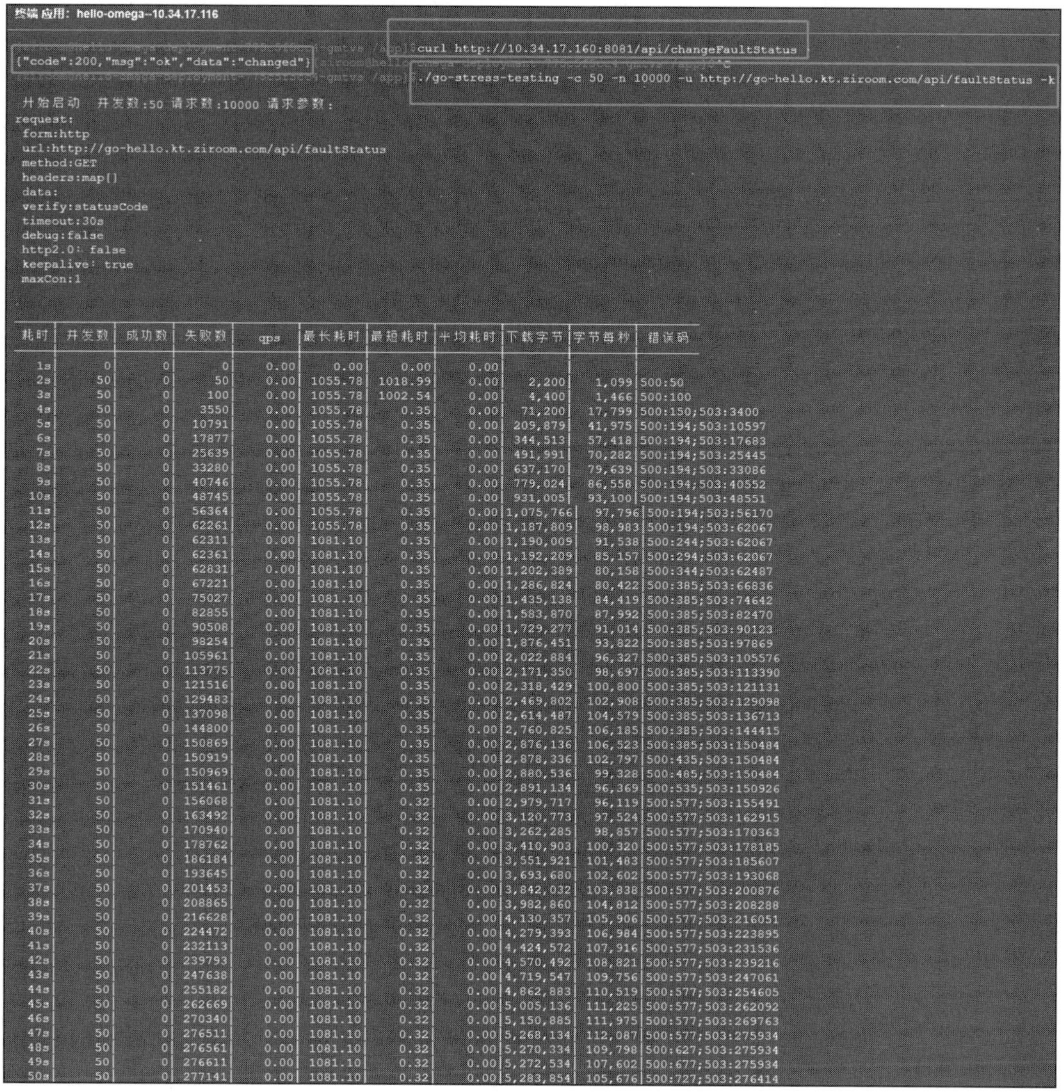

```
终端 应用: hello-omega--10.34.17.116

{"code":200,"msg":"ok","data":"changed"}        curl http://10.34.17.160:8081/api/changeFaultStatus

                                         ./go-stress-testing -c 50 -n 10000 -u http://go-hello.kt.ziroom.com/api/faultStatus -k

开始启动  并发数:50 请求数:10000 请求参数：
request:
 form:http
 url:http://go-hello.kt.ziroom.com/api/faultStatus
 method:GET
 headers:map[]
 data:
 verify:statusCode
 timeout:30s
 debug:false
 http2.0: false
 keepalive: true
 maxCon:1
```

耗时	并发数	成功数	失败数	qps	最长耗时	最短耗时	平均耗时	下载字节	字节每秒	错误码
1s	0	0	0	0.00	0.00	0.00	0.00			500:50
2s	50	0	50	0.00	1055.78	1018.99	0.00	2,200	1,099	500:50
3s	50	0	100	0.00	1055.78	1002.54	0.00	4,400	1,466	500:100
4s	50	0	3550	0.00	1055.78	0.35	0.00	71,200	17,799	500:150;503:3400
5s	50	0	10791	0.00	1055.78	0.35	0.00	209,879	41,975	500:194;503:10597
6s	50	0	17877	0.00	1055.78	0.35	0.00	344,513	57,418	500:194;503:17683
7s	50	0	25639	0.00	1055.78	0.35	0.00	491,991	70,282	500:194;503:25445
8s	50	0	33280	0.00	1055.78	0.35	0.00	637,170	79,639	500:194;503:33086
9s	50	0	40746	0.00	1055.78	0.35	0.00	779,024	86,558	500:194;503:40552
10s	50	0	48745	0.00	1055.78	0.35	0.00	931,005	93,100	500:194;503:48551
11s	50	0	56364	0.00	1055.78	0.35	0.00	1,075,766	97,796	500:194;503:56170
12s	50	0	62261	0.00	1055.78	0.35	0.00	1,187,809	98,983	500:194;503:62067
13s	50	0	62311	0.00	1081.10	0.35	0.00	1,190,005	91,538	500:244;503:62067
14s	50	0	62361	0.00	1081.10	0.35	0.00	1,192,209	85,157	500:294;503:62067
15s	50	0	62631	0.00	1081.10	0.35	0.00	1,202,389	80,158	500:344;503:62487
16s	50	0	67221	0.00	1081.10	0.35	0.00	1,286,824	80,422	500:385;503:66836
17s	50	0	75027	0.00	1081.10	0.35	0.00	1,435,138	84,419	500:385;503:74642
18s	50	0	82855	0.00	1081.10	0.35	0.00	1,583,870	87,992	500:385;503:82470
19s	50	0	90508	0.00	1081.10	0.35	0.00	1,729,277	91,014	500:385;503:90123
20s	50	0	98254	0.00	1081.10	0.35	0.00	1,876,451	93,822	500:385;503:97869
21s	50	0	105961	0.00	1081.10	0.35	0.00	2,022,884	96,327	500:385;503:105576
22s	50	0	113775	0.00	1081.10	0.35	0.00	2,171,350	98,697	500:385;503:113390
23s	50	0	121516	0.00	1081.10	0.35	0.00	2,318,424	100,800	500:385;503:121131
24s	50	0	129483	0.00	1081.10	0.35	0.00	2,469,802	102,908	500:385;503:129098
25s	50	0	137098	0.00	1081.10	0.35	0.00	2,614,487	104,579	500:385;503:136713
26s	50	0	144800	0.00	1081.10	0.35	0.00	2,760,825	106,185	500:385;503:144415
27s	50	0	150869	0.00	1081.10	0.35	0.00	2,876,136	106,523	500:385;503:150484
28s	50	0	150919	0.00	1081.10	0.35	0.00	2,878,336	102,797	500:435;503:150484
29s	50	0	150969	0.00	1081.10	0.35	0.00	2,880,536	99,328	500:485;503:150484
30s	50	0	151461	0.00	1081.10	0.35	0.00	2,891,134	96,369	500:535;503:150926
31s	50	0	156068	0.00	1081.10	0.32	0.00	2,979,717	96,119	500:577;503:155491
32s	50	0	163492	0.00	1081.10	0.32	0.00	3,120,773	97,524	500:577;503:162915
33s	50	0	170940	0.00	1081.10	0.32	0.00	3,262,285	98,857	500:577;503:170363
34s	50	0	178762	0.00	1081.10	0.32	0.00	3,410,903	100,320	500:577;503:178185
35s	50	0	186184	0.00	1081.10	0.32	0.00	3,551,921	101,483	500:577;503:185607
36s	50	0	193645	0.00	1081.10	0.32	0.00	3,693,680	102,602	500:577;503:193068
37s	50	0	201453	0.00	1081.10	0.32	0.00	3,842,032	103,838	500:577;503:200876
38s	50	0	208865	0.00	1081.10	0.32	0.00	3,982,860	104,812	500:577;503:208288
39s	50	0	216628	0.00	1081.10	0.32	0.00	4,130,357	105,906	500:577;503:216051
40s	50	0	224472	0.00	1081.10	0.32	0.00	4,279,393	106,984	500:577;503:223895
41s	50	0	232113	0.00	1081.10	0.32	0.00	4,424,572	107,916	500:577;503:231536
42s	50	0	239793	0.00	1081.10	0.32	0.00	4,570,492	108,821	500:577;503:239216
43s	50	0	247638	0.00	1081.10	0.32	0.00	4,719,547	109,756	500:577;503:247061
44s	50	0	255182	0.00	1081.10	0.32	0.00	4,862,883	110,519	500:577;503:254605
45s	50	0	262669	0.00	1081.10	0.32	0.00	5,005,136	111,225	500:577;503:262092
46s	50	0	270340	0.00	1081.10	0.32	0.00	5,150,885	111,975	500:577;503:269763
47s	50	0	276511	0.00	1081.10	0.32	0.00	5,268,134	112,087	500:577;503:275934
48s	50	0	276561	0.00	1081.10	0.32	0.00	5,270,334	109,798	500:627;503:275934
49s	50	0	276611	0.00	1081.10	0.32	0.00	5,272,534	107,602	500:677;503:275934
50s	50	0	277141	0.00	1081.10	0.32	0.00	5,283,854	105,676	500:727;503:276414

图 16-22　所有实例都不可用的熔断测试

16.4.4　平台效果展示

图 16-23 是限速策略在 PaaS 平台的申请页面。

图 16-24 是限流和熔断在 PaaS 平台的申请页面。

研发人员可以通过平台配置并申请限速、限流和熔断策略，SRE 审批后就会生效。研发人员不需要做任何代码的改动，他们负责的服务就可以具备限速、限流和熔断的能力。

图 16-23　限速规则申请页面

图 16-24　限流与熔断申请页面

16.5　经验分享和总结

1. Istio 的使用场景

不管是容器化和还是服务网格，支撑它们不断推广的通常是降低成本、提高效率、提升 SLA 三方面。运维部和基础架构部作为后台技术部门，对业务研发团队提供支撑、赋能、引领。充分了解这些理念，可以让我们对技术的思考更加全面，也更加有利于新技术的落地。

利用 Istio 提供的三大能力，挖掘 Istio 的使用场景并解决生产环境的痛点，有利于服务网格的落地。我总结了一些 Istio 的使用场景，供读者参考。

- ❑ 将限流、熔断、超时、重试等 HTTP 流量治理功能平台化，让业务研发人员可以自主申请这些功能，充分保护业务应用的弹性。
- ❑ 利用 Istio 的资源对象 PeerAuthentication 对应用做双向 TLS 加密，提高应用安全性，大大提升项目上线前的安全审核效率。
- ❑ 使用 Istio 的资源对象 AuthorizationPolicy 对应用做访问控制，可以完美替代传统 IP 白名单，不再受固定 IP 的限制。
- ❑ Istio 的流量镜像功能，可以轻松地将生产环境的宝贵流量复制到其他环境，赋能质量部门。
- ❑ 利用 Istio 的 HTTP 路由功能修改头信息，可以做到流量的染色和应用环境的隔离，极大提高研发人员开发新特性的效率和测试人员的测试效率。
- ❑ 利用 Istio 的 HTTP 路由功能，根据 HTTP 头信息区分流量，转发到不同的服务版本，可以按地区或用户属性等，对新的算法进行 AB 测试。
- ❑ 使用 Istio 的流量调度策略和服务子集功能，可以实现金丝雀发布，保障生产环境快速迭代下的 SLA。
- ❑ 利用 Istio 的 Envoy 代理日志和应用链路信息，绘制应用拓扑，收集调用链信息，快速定位生产故障。
- ❑ 利用 Istio 的故障注入功能，配合 ChaosBlade 构建混沌工程。提前收集应用在故障下的表现并改进。

以上是我们已经落地或正在落地的使用场景。希望读者在收获技术的同时也要懂得利用技术做有意义的事。

2. Istio 的接入和 Kubernetes 集群的升级

很多公司正在初步使用 Kubernetes 或 Kubernetes 在生产环境中已经稳定运行了一段时间，如果想要接入 Istio 服务网格，那么对 Kubernetes 集群版本也有要求，如果读者正在使用的 Kubernetes 集群不支持对应的 Istio 版本，就需要对 Kubernetes 进行升级。下面给出一个升级 Kubernetes 的方案。

对于 Kubernetes 的升级，如果版本跨度较大，在线升级是非常困难的，我们在落地

Istio 的过程中使用了如下方法。

- ❑ 提前构建几套新的 Kubernets 集群，新集群使用较新的 Kubernetes 和 Istio 版本，Node 规模较小。
- ❑ 修改与 Kubernetes 交互的 PaaS 平台所有服务的代码，兼容所有集群。
- ❑ 开发迁移工具，将业务应用对应在 Kubernetes 集群的资源对象迁移到新集群，尤其做好 Inbound 和 Outbound 的处理，并设置正确的 Pod.metadata.annotations 字段。如果不治理 Dubbo 等协议，要做好应用类型的盘点，关闭流量拦截功能。必要时可以编写工具，去注册中心抓取服务信息，保证服务信息的准确性和实时性。
- ❑ PaaS 平台做好应用服务迁移前后的标记，相关的服务程序要兼容新旧集群同时在线。对用户无感知，用户使用体验和迁移前后无区别。
- ❑ 梳理应用迁移的流程并制作文档，尽量将所有流程自动化。
- ❑ 初期对非生产环境进行迁移，迁移过程积极收集业务研发的反馈。如果有任何问题，及时解决并修复。解决方案尽量不对业务研发做任何修改。
- ❑ 迁移过程不断回收老集群的 Node，添加新集群的 Node，充分利用资源。
- ❑ 应用迁移做好快速回滚方案，尽量保持应用在新旧集群同时在线，稳定运行后再回收旧集群的实例。

以上是我们在接入 Istio 服务网格时的整体方案和注意事项，这个方案可以极大减小生产环境发生故障的风险并降低 Istio 的接入成本。

16.6 本章小结

Istio 以出色的 Sidecar 模式成为服务治理的宠儿，提供了无侵入的流量治理、安全性和可观察性三大能力。接入 Istio 之前需要充分了解拦截流量的工作原理，帮助我们更加精准地治理流量。学习 Sidecar 的原理和管理 Sidecar，帮助我们实现个性化定义服务网格。了解 Envoy 代理和它在 Istio 集群中的作用，有助于增强我们对流量治理策略的理解，应用起来更加得心应手。充分利用好限速、限流、熔断，可以保护我们的服务，提升 SLA。本章我们还讨论了 Istio 的使用场景和平滑接入方案，助力读者更早落地 Service Mesh。

第 17 章 *Chapter 17*

云原生的得与失

经过了 2 年的探索实践，自如完成了从分布式服务到云原生架构的跨越，目前已具备 5 套 Kubernetes 环境，超过 40 个 Node，单 Node 支持超过 100 个 Pod，支撑公司超过 1000 个应用日均 400 次发布。在这 2 年的企业实战中，公司的基础架构有了很大的提升，尤其是持续交付体系得到了全面的改进。同时，在这个过程中也遇到了很多曲折和困难，在架构升级过程中踩了一些非常隐蔽的坑。本章对这 2 年在云原生落地实践过程中的得与失做一个复盘和总结。

17.1 云原生落地的收益

在引入一项新技术或升级一个架构之前，最重要的工作就是计算投入产出比。云原生落地确实对技术团队产生了非常不错的收益，最直接的效果就是降本和增效。

17.1.1 降本

在企业中，技术部门大多被算作成本部门，在 CEO 或 CTO 的眼中，无论是做中台还是做云原生，很重要的一个目的就是降低成本。云原生落地大大降低了 IT 成本和运维成本，我们可以从宏观和微观两个视角来分析。

1. 宏观视角

从云厂商的角度来看，如果 CPU 的使用率不足 35%，则认为服务器的使用是不饱和的。在使用 Kubernetes 之前，一台物理机一般支持 12 ～ 18 个 KVM。以表 17-1 所示的某中心资源使用率为例，我们可以看到，整体 CPU 使用率只有 5%，远没达到有效使用的水平。

表 17-1　某中心资源使用率

O2O 中心资源使用率平均值								
数据库			应用系统			综合计算		
CPU	内存	磁盘	CPU	内存	磁盘	CPU	内存	磁盘
0.064	0.762	0.375	0.036	0.576	0.456	0.05	0.669	0.416

升级 Kubernetes 之后，一台 Node（物理机）可以支持超过 100 个 Pod，使用率普遍提升 6～8 倍，相当于节省了 60% 的服务器资源。CPU 使用率达到了 30%。

2. 微观视角

宏观视角我们看到更多的是 IT 的维度，对于研发侧，如何更直观地衡量降本效果呢？为了直观反映一个应用占了多少服务器资源，我定义了一个度量标尺——微服务资源使用率（应用资源使用率）。

从研发人员的角度看，大家更多面向的是一个个微服务（应用），微服务的访问是"冷热不均"的，有的微服务调用非常高频，有的非常低频。如果为不同频度的微服务分配同样的资源，显然会使服务器的资源使用率大打折扣。

如表 17-2 所示，一共有 615 个应用，对应 615 个代码仓库。我们来计算服务器与应用的比值，拿每个环境的服务器数量除以应用数 615，比如生产环境的应用资源使用率 = 生产环境服务器数（125）/ 应用数（615）。计算结果为 0.2，也就是平均一个微服务要占 0.2 个物理机资源。相应地，可以计算其他环境的应用资源使用率。

表 17-2　微服务资源使用率

分类	生产环境服务器数（个）	测试环境服务器数（个）	应用数（个）	平均使用率	生产环境的应用资源使用率	测试环境的应用资源使用率
业务应用（KVM）	125	43	615	0.27	0.2	0.07
业务应用（容器化）	30	5	615	0.057	0.049	0.008

而在容器化之后，这个比值变为生产环境服务器数（30）/ 应用数（615）= 0.049，相比之前的 0.2 来看，一个微服务占用的服务器资源量少了 75%。

与微服务资源使用率对应，从服务器的视角看，我们也想看看每台服务器支撑的应用量，如表 17-3 所示。这里我们定义了另一个概念——应用杠杆率，即单位服务器资源支撑应用的数量。比如在 KVM 下，平均每套服务器环境能够支持 14.4 个应用，然而换成容器后平均可以支持 60 个，可见，容器化可以大大撬动服务器的使用效率，因此我们说容器化的杠杆率比 KVM 高。

表 17-3　服务器支撑应用量

服务器承载力	生产环境	测试环境	平均
KVM	14.4	23.3	16.7
容器	60	60	60

有了容器的应用杠杆率，我们如何预估需要多少台 Node 来支撑原有的服务呢？可以使用如下公式。

$$Node 数量 = 原服务器数量 \times 原 KVM 杠杆率 / 容器化杠杆率$$

以生产环境为例，即 $125 \times 14.4/60 = 30$ 台。我们再来计算容器下的应用资源使用率，如表 17-4 所示，发现生产环境的应用资源使用率大大降低，一个微服务从原来占用 0.2 个服务器资源，下降到了 0.03，也就是一台服务器可以更多承载 6 倍的微服务数量。

表 17-4　服务器使用率

分类	生产环境	测试环境	总计	平均使用率	生产环境的应用资源使用率	测试环境的应用资源使用率
业务服务	30	16.67	46.67	0.05	0.03	0.08

以服务器数来看，累计节省 95 台服务器。

17.1.2　增效

云原生的另一个收益就是大大提升工程效率，释放生产力。

从运维的角度来看，原来交付一台服务器大致会经历确认配置型号驱动→配置远程管理卡→部署操作系统→录入配置管理系统→初始化配置→确认网络可通信→交付业务方等 7 个步骤，平均需要 3 个小时。在 Kubernetes 环境下，扩容一台新 Node，只需要操作系统与网络初始化→平台化组件部署→工程师验证三步。而且在 Kubernetes 下，边际效用明显，批量扩容 1 台服务器与扩容 10 台服务器耗时差不多，对于大规模的资源交付，Kubernetes 完全秒杀传统的虚拟化。

对于运维效率提升最大的是弹性伸缩，当线上遇到突发故障时，很多时候采取的举措是快速构建一个相同服务的镜像。在传统的架构模式下，新构建一个服务可能至少需要半小时用于环境准备、服务编译、重新部署等工作，而在云原生架构下，新拉起一组同样的服务到生产环境，也许只需要 1 分钟。

除了更高的交付效率，云原生还有一个更难能可贵的特性——环境与依赖一致性保障。借助 Kubernetes 的管理能力，一个应用所依赖的环境与组件都打包在一个镜像中，在开发环境中调试好的应用，可以如预期的一样运行在测试环境与生产环境中，开发与运维人员不必再耗费精力处理环境不一致引发的各种问题。同时，当一个基础组件由于各种原因需要升级时，运维人员只需要维护好镜像，即可便捷地更新全体目标应用程序。

从开发的角度来看，原来的上线应用，从准备发布到发布完成，平均耗时 25 分钟，而在新的 CI/CD 平台上，平均只需要 5 分钟，上线效率提升了 4 倍。

原来创建新应用，需要经历代码仓库申请→服务器资源申请→域名申请→运维交付的过程，可能需要 4 小时。而在新的平台下，创建新应用像云平台一样即申即用。原来的"合并代码"操作可能需要 5 分钟，同时还可能出现分支混乱、合并出错等问题，而在新的平台下合并代码只须点一下按钮，无须考虑合并遗漏等问题。对于回滚操作，以前需要先做代码分支的回退，再做线上包的回滚。新的平台下，回滚操作只须找到已发布的历史记录，一次点击即可轻松完成历史版本的回滚。

值得一提的是网格，以限流为例，如果给 600 个微服务全部加上限流服务，受限于每个团队的节奏和成熟度，可能需要十几天的时间。网格的出现，使限流的控制达到分钟级别，极大地提升了公司服务治理的能力。

17.1.3　标准化

云原生带来的另一个比较大的收益就是标准化。提升比较明显的包括基础环境与版本标准化、发布部署标准化、分支管理标准化、环境标准化、网格标准化。

1. 基础环境与版本标准化

在运维管理过程中，很容易出现操作系统、中间件多版本并存的情况，我们经常会在已有的版本上修修补补，打各种各样的补丁。不同的版本会导致不同的环境差异，不同的环境差异就会引发各种线上问题。云原生引入了不可变基础设施的理念，对老的版本或环境不会侵入，新的环境都会通过标准的 Dockerfile、YAML 文件来统一描述，基本避免了因为版本不标准而引发的线上问题。

2. 发布部署标准化

标准的 CI/CD 平台，本身就是对公司持续交付的平台化实现，平台中的标准流水线、工具、卡点就是发布部署规范的产品化体现。比如新需求上线就是要创建新的特性分支，因为老的分支都被删掉或隐藏了，开发完成后必须合并，由测试人员授权才能进入集成。代码的合并权限已被收回，合并代码的事只能交给平台来做，只能先从测试环境到预发环境再到生产环境，不能越级直接上线。

类似的流程把发布和部署做得非常标准，每个团队的发布规则都是一样的，再也不会出现不同团队发布和部署方式不一致的问题。

3. 分支管理标准化

之前的架构下，每个团队有一套独立的分支管理标准，有的是 Git flow，有的是基于测试分支开发，有的是基于主干分支开发，因分支使用混乱导致的生产环境故障率长期处于高位。而云原生模式下标准的 Aone Flow 代码分支流程，基本上使由分支产生的故障率降到了 0，研发人员再也不用担心分支管理的问题。

4. 环境标准化

在旧的持续部署流程中，环境众多，包括开发环境、测试环境、准生产环境、预发环境、生产环境，甚至在哪个环境进行测试，不同的团队都有不同的标准。CI/CD 平台规范了三大环境的流水线关系，测试运维人员再也不用争吵应该用哪套环境来进行测试。同时，同样的代码在测试环境无 Bug，而生产环境有 Bug 的问题再也没有了。

5. 网格标准化

在旧的架构模式下，不同团队的超时机制、限流机制、熔断机制参差不齐，甚至大部分团队是没有这些质量保证机制的。同时，之前基础架构团队给出的一些中间件接入标准大部分是有侵入的 SDK 形式，研发人员多多少少都有接入时的抵触情绪，服务网格的出现，使研发人员接入标准化插件的动作变得极其轻量且统一。

17.1.4　组织能力提升

以上收益是从实际的工程角度进行分析的，我觉得云原生的落地带给团队组织能力的提升才是最大的收益。在新架构的探索过程中，运维团队要完成最重要的人才能力转型，这个过程是极其阵痛的，让传统的应用运维工程师全部突破自己的舒适区去学习编程，学习新的架构，对团队的信心和执行力都是一个极大的挑战。幸运的是，大家完成了自我的突破，应用运维完成了向 SRE 的转型，基础架构完成了 DevOps 体系的建设。

17.2　经验和教训

无论从组织还是效率上，云原生的落地都带来了很大的收益。在我看来，更值得关注的应该是在云原生探索过程中获得的宝贵的经验和教训。

17.2.1　成功经验

成功的第一点是赢得领导的支持。架构设计有两种方式，一种是自顶向下，另一种是自底向上。云原生架构落地也是一样的，而在我司的这次实践中，起关键作用的还是第一种——自顶向下，即得到 CTO 的支持。

新的架构是一种颠覆性的改变，对历史的应用架构和组织架构都有可能是一种强烈的冲击，稍有不慎，极有可能倒在模式创新的路上，赢得技术一把手的支持至关重要。仅凭一腔热血去落地一项新技术，很容易出师未捷身先死。CTO 很早就看到了 DevOps 体系的重要价值，当基础架构提出落地容器化、改造 CI/CD 的时候，CTO 的支持为架构团队扫平了很多阻力。

取得成功的第二点是坚持变革的信念，突破舒适区，全员向 π 型人才转型，具备云原生必备的技术能力。

取得成功的第三点是中台产品化理念，像打磨产品一样打磨技术平台，Docker、Kubernetes、Mesh 除了对运维人员有技术壁垒，对研发人员也一样有很高的技术门槛。

虽然云原生好、新的 CI/CD 平台好，但是如果突破研发人员已有的习惯，让大家手写 Dockerfile 或 RC 文件、每次发布后切换 Pod IP 去查日志，那么即使这个平台能做到 100 分，大大提升开发上线发布的效率，也会因为替换成本过高而使大部分开发人员拒绝使用。在云原生落地的过程中，产品化程度是极其重要的一环，一定要把平台作为一个产品来构建，一定要让用户无缝迁移，新功能即开即用。

取得成功的第四点是持续运营。梁宁提到，用户体验要关注"头羊"用户，即第一批用户。新的平台，新的理念，要特别注意运营好你的"头羊"，如果没有得到好的服务，他们很难再次回来使用你的产品，后续的推广将会举步维艰。对于 Bug、用户反馈一定要快速修复，做到 10 分钟内必须响应，帮助第一批用户快速成为云原生的原住民，后续就可以分业务线分批逐步发展我们的新用户了。

云原生落地之路并不是一帆风顺的，无论是在运维侧还是研发侧，我们都走过不少冤枉路，下面把曾经遇到的"坑"汇总到一起，分享给在云原生之路探索的你。

17.2.2 运维侧的教训

运维侧最核心的目标就是保障 Kubernetes 集群的稳定性，在搭建 Kubernetes 集群的过程中，我们遇到了 2 个比较严重的问题，一个是容器产生僵尸进程，另一个是内核 Bug 引起的 Kubelet 负载飙升。

1. 容器产生僵尸进程

Web 终端僵尸进程是困扰我们很久的问题，表现为当研发人员重启 Pod 时，发现集群中存在偶发的一些状态为 Not Ready 的节点，非常诡异，百思不得其解。后来发现原来是过多的 Bash 进程触发了 containerd-shim 的一个 Bug 所致。让我们一起来剖析问题的前因后果。

（1）问题描述

在集群正常运行过程中，运维人员隔一段时间就会收到集群节点 Not Ready 的告警，当 Not Ready 状态持续一段时间后，Kubernetes 集群为了保持服务的高可用就会自动触发保护机制，进行整机迁移。

导致节点状态变为 Not Ready 的原因有很多，经排查发现，状态变为 Not Ready 的 Node 上存在一些处于 terminating 状态的 Pod，这些 Pod 的状态一直停留在 terminating，无法正常终止。同时，在 Node 上执行 docker ps 命令，发现命令无法正常输出，一直在等待 Docker 返回结果。由于 Kubelet 同样依赖 Docker 相关命令探测容器状态，就会导致 Kubelet 内部的健康检查超时，进而引发 Node 状态被标记为 Not Ready。为什么 docker ps 命令会卡死呢？经过进一步排查发现，所有出现问题的 Node 上均存在僵尸进程，并且这些僵尸进程均是由这些持续处于 terminating 状态的 Pod 所创建。

（2）问题原因

为了便于开发人员调试和实时查看容器日志，发布平台提供了 Web 终端功能，让研发人员可以在浏览器中直接进入容器，并执行各种命令。

Web 终端通过 WebSocket 技术连接一个后端服务，该后端服务会调用 API Server 提供的 exec API（通过 client-go 实现），在容器中启动一个 Bash 进程，并将该 Bash 进程的标准输入、输出流与 WebSocket 连接到一起，最终实现了基于 Web 技术的终端。

问题就出现在这个 Bash 进程上，由于该进程并不是由容器父进程（Pid 0）派生的，而是由 containerd-shim 派生出来的，如图 17-1 所示，因此当容器被关闭时，Bash 进程无法收到容器父进程发送的退出信号，需要等待 Kubelet 通知 containerd-shim，由 containerd-shim 发送 killall 指令给容器内的所有进程，并等待这些进程退出。

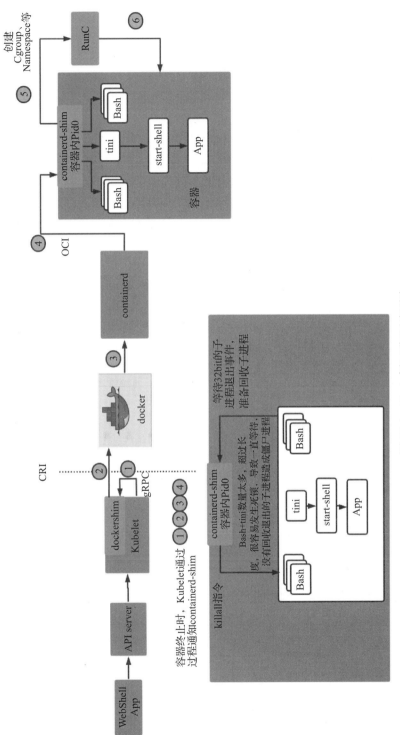

图 17-1 Bash 僵尸进程原理图

containerd-shim 在实现这一步时，使用了一个长度为 32 的阻塞 Channel（Golang 的一种数据结构）来侦听子进程的退出事件，如果子进程较多，触发的退出事件会充满整个 Channel，进而触发 containerd-shim 出现死锁，无法正确回收子进程，从而导致产生了僵尸进程。而在 containerd-shim 发生死锁后，Kubelet 一旦运行 docker inspect 命令查看该容器状态，对应的线程便会挂起，最终导致 Node 进入 Not Ready 状态。

（3）解决方案

定位到问题后，解决问题的核心思路是减少 containerd-shim 下派生的子进程 Bash 的数量上，我们通过 4 步来解决该问题。

1）优化 Web 终端代码，在用户关闭浏览器窗口后（WebSocket 连接断开），模拟发送 CTRL+C 和 exit 命令给 Bash 进程，触发 Bash 进程主动退出，如图 17-2 所示。

2）设置 Web 终端的超时时间，在 Web 终端空闲 10 分钟后（WebSocket 上没有数据传输），触发其主动退出。

3）如果用户使用了 Vim 等会抢占终端输入流的命令，便无法使用第 1）步的方法退出 Bash 进程，我们在每台 Node 上添加了定时任务，主动清理存活 30 分钟以上的 Bash 进程。

4）尽量避免使用 exec 类型的探针，而是使用 HTTP 探针替代，exec 探针同样是在 containerd-shim 下派生子进程，也容易造成子进程过多。

```
44
45    // executor回调读取web端的输入
46    func (handler *streamHandler) Read(p []byte) (size int, err error) {
47        var (
48            msg        *ws.WsMessage
49            xtermMsg xtermMessage
50        )
51
52        // 读web发来的输入
53        if msg, err = handler.wsConn.WsRead(); err != nil {
54            if handler.closeError != nil {
55                log.WithFields(log.Fields{"status": "200"}).Info("close conn of k8s")
56                return
57            }
58
59            var exitMsg = "\u0003\nexit\n"
60            handler.closeError = err
61            size = len(exitMsg)
62            copy(p, exitMsg)
63            err = nil
64            log.WithFields(log.Fields{"send content": "CTRL + C and exit"}).Info("exit bash")
65            return
66        }
67
68        // 解析客户端请求
69        if err = json.Unmarshal(msg.Data, &xtermMsg); err != nil {
70            return
71        }
72 }
```

图 17-2　通过 exit 命令主动关闭终端进程

2. 内核 Bug 引起的 Kubelet 负载飙升

（1）问题描述

在测试阶段发现，当集群运行一段时间后，研发人员在发布新应用时 Pod 的创建非常缓慢，Web 终端连接超时，Prometheus 获取数据经常丢失，集群宿主机 CPU 负载飙升。

（2）问题分析

从 Pod 创建的过程开始排查，我们使用 kubectl describe 命令查看 Pod 的创建过程，发现从 Pod 资源对象的创建到调度到具体 Node 的耗时很短，说明调度器没有问题。而在 Pod 调度完成后，Kubelet 拉取镜像和创建容器等动作耗时较长，我们怀疑是 Kubelet 的问题，经查看发现 Kubelet 使用的 CPU 时间片偶尔会达到 400% 左右，系统调用占比较高，最高达到 40%，随后开始对 Kubelet 进行 CPU 性能分析。

GitHub 上有相同的问题，地址为 https://github.com/google/cadvisor/issues/1774。

红帽官方也有此 Bug 的讨论，地址为 https://bugzilla.redhat.com/show_bug.cgi?id=1795049。博文很长，总结要点如下。

在 Kubernetes 集群中，网络延迟会升高到 100ms。这是由于内核做了太多的工作（在 memcg_stat_show 中）导致网络依赖出现软中断。文章中的例子和我们遇到的场景类似，都是因为 cAdvisor 从 /sys/fs/cgroup/memory/memory.stat 中获取监控数据引发的。

（3）解决方案

1）使用 shell 命令 <time cat /sys/fs/cgroup/memory/memory.stat> 检查耗时，如果耗时大于 1s，甚至超过 10s，那么可以判定当前系统的内核存在上面描述的 Bug。

2）使用 shell 命令 <echo 2 > /proc/sys/vm/drop_caches > 可以减缓网络延时，但治标不治本。

3）禁止 Kubelet 使用 cAdvisor 收集 Cgroup 信息，这样会失去部分监控数据。

4）升级内核版本。

其中方案 1）、2）、3）属于临时方案，推荐使用方案 4），升级内核版本，我们将内核版本升级到 4.19.113-300.el7.x86_64 后，就避免了这个问题。

17.2.3　开发侧的教训

除了运维侧踩了很多坑，开发侧同样也遇到了不少棘手的问题。

1. 运营问题（使用方式和习惯的改变）

在平台推广初期，尽管新平台相较老平台在各方面都有了很大程度的提升，但平台的推广并没有收到令人满意的效果。这里主要存在开发习惯、迁移成本以及对于一个新产品的不信任等因素，因此，基础架构团队经过深入的用户调研和分析后，决心大力运营平台推广，主要从技术手段和人力手段两个维度并行展开。

在技术层面，针对老平台提供一键迁移代码仓库、一键托管配置文件等效率工具，帮助用户低成本地从老平台迁移到新平台，避免因为烦琐的操作而耗费用户的耐心。

在人力层面，为公司的每个业务技术团队分配专人进行推进，手把手协助业务团队做应用迁移。这一步看似低效，在实际执行中效果非常好。人与人、面对面的沟通，更容易建立业务线技术团队对新平台的信任，帮助他们初步迁移几个应用后，后续的迁移均是由各个业务线研发人员自主进行的，实际消耗时间成本并不高。同时，在手把手帮助业务线迁移的过程中，可以从用户视角观察产品交互效果，这个过程也帮助我们找到了很多平台存在的缺陷，大大促进了平台的进一步优化。

2. IP 白名单访问控制

在应用进行容器化部署的过程中，也暴露出了现有架构不合理的地方，比如在解决访问鉴权问题时，过度依赖 IP 白名单。IP 白名单是一种低成本且能初步满足需求的鉴权机制，但存在不灵活、不易扩展等问题，例如很容易出现上游应用部署实例进行变更或者扩容时，下游应用没有及时修改 IP 白名单，导致访问被拒绝，从而引发线上故障。同时 IP 白名单也不是一种足够安全的鉴权机制，尤其是 IP 可能会被回收并重新分配给其他应用使用，这时如果没有及时回收原有 IP 上的授权，很有可能引发权限泄露。

在应用进行容器化改造后，由于我们直接使用的是原生的网络方案，在容器被重新调度后，容器的 IP 会发生改变，这样便无法沿用 IP 白名单鉴权机制。为此我们从访问方以及服务提供方两个方向入手，制定了 3 个阶段的改造方案。

第一阶段，添加代理层。我们在访问方与服务提供方二者之间，部署了一套 Nginx 代理服务器，将 Kubernetes Ingress 的 IP 作为服务提供方的上游客户端地址，配置进入 Nginx 相应域名的上游客户端。对访问方进行改造，将原始服务提供方的域名替换为代理服务器的域名。改造后，从服务提供方视角观察到的访问方 IP 变为代理服务器的 IP，这时将代理服务器的 IP 配置进服务提供方的 IP 白名单后，无论访问方的 IP 如何变化，都不会被服务提供方的 IP 白名单限制了。

第二阶段，提供服务方改造。在第一阶段实施完成后，虽然访问方实现了容器化改造，但在服务提供方留下了安全漏洞，只要获取新加入的代理层 IP，即可将自己伪装成刚刚完成容器化改造的应用，并以该应用的身份调用服务提供方。在第二阶段，我们要对服务提供方进行改造，让其支持 API Key、对称签名等与 IP 无关的访问控制机制，以抵御代理层引入的安全风险。

第三阶段，访问方改造。在服务提供方完成与 IP 无关的访问控制机制后，访问方应随之做改造，以支持新的访问控制方式。这时访问方就可以将服务提供方的地址从代理服务器切换回服务提供方的真实地址了。在经过一段时间的验证后，访问方即可将代理服务器的 IP 从 IP 白名单列表中移除，最终完成整个改造方案。

3. 流量平滑迁移

在平台推广初期，除去试水的新应用，很大一批应用是从老发布平台迁移到容器化平台上的。在迁移过程中，我们必须帮助用户将老平台的流量平滑、逐步迁移到新平台上。

我们通过在原有 Nginx 代理中，添加 Kubernetes Ingress IP 的方式，进行一段时间的灰度发布，逐渐调高 Kubernetes 流量的权重，直至将 100% 的流量迁移至 Kubernetes。在切换初期，我们并不会直接调整 DNS，而是将 Ingress IP 加入域名的上游客户端，例如以下 Nginx 配置代码片段。

```
upstream xxx.tech.com {
    server 10.16.55.210:8081 max_fails=3 fail_timeout=30s weight=10;
    server 10.16.55.211:8081 max_fails=3 fail_timeout=30s weight=10;
    server 10.216.15.96:80 max_fails=3 fail_timeout=30s weight=1;
    server 10.216.15.196:80 max_fails=3 fail_timeout=30s weight=1;
}
```

其中 10.16.55.* 段是应用的原始服务节点，而 10.216.15.96 与 10.216.15.196 是 Ingress 的 IP 地址，将 Ingress IP 加入域名的上游客户端中后，流量就可以根据我们配置的 weight 参数再均摊到多个节点中。通过逐步增大 Ingress 节点的 weight 值，将应用原节点的 weight 值降为 0，再持续运行一段时间后，即可将 DNS 直接配置解析到 Ingress 中，完成流量的最终切换。

在切换过程中，有以下需要注意的问题。

❏ 在迁移过程中，新需求上线时，业务线研发需要在新 / 老两个平台上同时上线，切记不能忘记更新原有平台的应用代码。

❏ 由于额外添加了一层代理，外部观察到的容器响应时间会比实际的高，这时需要从应用本身去观测性能指标，并与老平台的应用进行对比。

❏ 额外的代理层除了会对响应时间造成影响，还会额外记录一份响应日志，即访问会在原 Nginx 服务器上记录一次，同时在 Ingress 服务器上也记录一次。在迁移过程中，很难完全排查这部分统计误差。

4. 上线后的分支要不要删除？

Aone Flow 分支模型虽然灵活，但会在代码仓库中创建大量短生命周期的分支，有两种分支需要进行定期清理。

第一种是发布分支。每次有特性分支从发布分支退出时，就会导致相应环境的发布分支被重新创建，如图 17-3 所示。

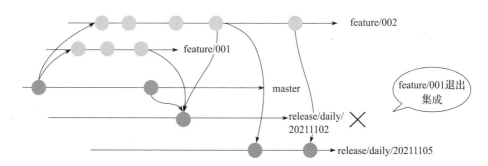

图 17-3 特性分支退出并重建发布分支

在特性分支（feature/001）退出后，我们会创建新的发布分支（release/daily/20211105），这时旧发布分支（release/daily/20211102）的生命周期便结束了，特性分支（feature/002）的后续提交均会合并到新的发布分支（release/daily/20211105）上，此时旧发布分支便可以被安全地删除。

注意，虽然删除发布分支一般不会导致代码丢失，但如果在该发布分支上解决过代码合并冲突，这部分解决合并冲突的工作需要在新的发布分支上重新进行一次。如果之前发生冲突时，是在特性分支上解决的，就无须重复进行冲突的解决了。这也是遇到分支冲突时，推荐在特性分支上解决冲突的原因。

第二种需要清理的分支是特性分支。在特性分支被发布到正式环境，并且合并到主干分支后，即可标记特性分支为可以被删除。与发布分支重建后，老发布分支可被立刻删除不同，我们对特性分支采取了延迟删除的策略，每周将历史上已经处于冻结状态的特性分支进行清理。

为什么不立刻删除已经上线的特性分支呢？这是因为虽然特性分支已经被合并到主干分支，但可能在上线后发现代码存在 Bug，需要进行及时修复，这时最高效的方式是在引入Bug 的特性分支上进行代码修改，并立刻进行回归测试，然后重新上线修复。但特性分支在上线后，状态会被标记为已冻结，无法重新上线，这时发布平台可以从已冻结的特性分支中快速复制并得到一个新的分支，进行上线修复。如果我们在特性分支上线后，立刻删除该特性分支，就无法做到这一点了。

17.2.4　QA 集锦

除了上述运维侧和开发侧遇到的一些大问题，还有一些在云原生落地过程中遇到的小问题，这里做一个 QA 集锦。

Q：新的云原生下开发人员改变习惯会不会很困难？

A：如果直接将 Docker 或 Kubernetes 暴露给开发人员，那么一定会存在很大的切换成本。在平台设计时，我们通过各种技术手段尽可能屏蔽了这方面的问题，例如通过调用GitLab API 实现流程自动化，通过声明式配置自动生成 Dockerfile 以及应用镜像，支持通过Web 终端直接登录容器等。对于开发人员来说，除了需要接受容器化后出现的一些新的限制，使用体验与原有平台不会出现翻天覆地的变化。

Q：预发布和生产环境上是如何隔离的？屏蔽影响的方式是怎么样的？

A：预发环境与生产环境使用相同的网络环境，有权限访问所有生产环境的接口以及数据库。首先，我们会为预发环境分配独立的域名，以及与生产环境隔离的注册中心（ZooKeeper 和 Nacos），这样可以防止生产环境误调用到预发环境的实例。其次，通过统一封装的消息队列即定时任务组件，在预发环境默认配置下不会消费生产环境的消息队列，防止预发环境误消费生产环境的消息，并暂停所有定时任务在预发环境运行，避免污染生产环境的数据库。最后，对于核心的业务接口，我们会通过权限拦截的方式，仅允许部分只读接口被预发环境调用。通过以上手段，可有效避免预发环境对生产环境造成影响。

Q：从微服务到云原生，研发的改造成本有多大？

A：改造成本并不高。云原生本身就是微服务的一种很好的载体，容器以及以 Kubernetes

为代表的容器调度平台在某种程度上也促进了微服务架构的流行。对于已经使用微服务架构的研发团队来说，最主要的改造成本在于熟悉新平台的构建配置，在运行时方面对于微服务架构的应用几乎与原平台没有区别。

Q：自如的 Omega 平台是由运维人员开发的吗？ SRE 和运维人员的配比是怎样的？手工运维和自动运维的比例是怎样的？

A：Omega 平台由运维人员与开发人员联手打造。这个合作的方式很有借鉴意义，下面是他们的分工。

开发人员：负责平台的整个前端 UI、元数据管理、持续集成和发布的流水线、研发常用工具等设计和开发。

运维人员：负责资源的申请、代码发布、Web 终端、历史日志、运维工具、Kubernetes 和 Istio 前置 API 的封装等设计和开发。

伴随云原生的落地，原应用运维人员也完成了向 SRE 的转型。同时在持续集成与持续交付方面，只有在应用的申请时，需要 SRE 花 1 分钟去审核资源配置的合理性，后续代码的提交、编译打包、合并、发布等均不需要运维人员介入，实现了业务研发自助上线。

Q：JVM 从传统微服务转向云原生有没有做过哪些处理？

A：为了保证开发人员迁移应用的平滑性，我们在构建基础镜像时使用了与老平台完全一致的 JDK 版本。在老平台部署的应用，通常会在应用中放置一个 jvm.properties 配置文件，其中包含了所有的 JVM 参数，新平台同样兼容了这一配置方式。

Q：上容器之前的业务调研思路和关键点是什么？

A：在最初构思新的发布平台时，最重要的目的还是降本增效，一方面提升产研团队的研发效率，将各种线下、人工操作实现线上化、自动化；另一方面要提升服务器的运行效率，降低服务器成本。上容器只是实现这一目的的一种手段。我们在调研时，主要关注当前研发效率的瓶颈在哪里，产研团队的痛点有哪些，能最大限度利用服务器资源的方案是什么。基于这些问题我们进行了多轮用户调研及访谈，通过技术方案讨论，最终确定了以容器化、云原生作为新发布平台的基础。

Q：双中心的高可用方案是什么？有什么需要注意的事项？

A：双中心的高可用方案通过前端的全局负载均衡（Global Server Load Balance，GSLB）进行流量调度。流量经过 GSLB 分发到各个 Kubernetes 集群后，经由 Ingress 代理到各应用。Ingress 使用 DaemonSet 方式部署在 Kubernetes 集群边缘节点上，并通过 Keepalived 实现了 Ingress 单点故障后的流量切换。

落地基于云原生的双中心高可用方案时，主要从流量接入层、应用业务层与数据服务层三方面进行规划。其中，流量接入层要关注如何制定一个合适的流量切换策略；应用业务层需要关注当发生节点或者站点级故障，应用 Pod 集中迁移时，整个 Kubernetes 集群是否有足够的资源在预期的时间内完成切换与故障自愈；数据服务层较为复杂，需要结合业务场景与数据组件特性，制订对应的技术方案，同时还需要在业务改造成本、可靠性、运维成本等方面进行决策。

Q：混合云方案有没有落地，落地的方案是什么样的？

A：混合云初步落地的方案是 Omega 平台支持公有云与私有云的部署。对于无状态应用，当私有云资源不足时，可以直接在公有云扩容。在落地方案选型方面，由于已经有了比较成熟的容器化体系，因此直接选择基于公有云的基础设施构建 Kubernetes 集群，然后接入当前平台管理。

Q：有哪些稳定性问题是需要额外关注的？

A：需要额外关注 ETCD 的维护。伴随云原生的逐步落地与推广，会有各种各样的场景使用 ETCD，同时伴随 Kubernetes 集群规模的扩大，ETCD 的压力也会逐步上升。对于 ETCD 的操作需要统一规划，对于 ETCD 的运行状态与数据备份也应该是 Kubernetes 集群运维的重点之一。

还需要额外关注 Node 资源配置方案。伴随业务系统容器化，其 DevOps 工具链也不可避免地在各 Node 部署，如日志收集、监控、安全扫描等组件。同时，一些定时任务、数据同步组件相较于业务系统，磁盘 I/O 与网络 I/O 开销较大。因此，需要结合各类业务场景特性制定合理的资源分配策略与资源调度策略，避免相互影响。

17.3 展望

架构是不断迭代的，云原生也是不断演进的，随着社区的成熟，CNCF 对于云原生的定义也在不断丰富。我们对云原生的实践也在不断更新中，对于未来的 2 年，还有一些新的方向在规划中。

17.3.1 资源调度

在 Kubernetes 的调度器中，调度算法依赖的是 Pod 分配的 requests 字段。这个字段值通常是由用户预先定义好的，并非集群节点实时使用的 CPU 和内存情况，这样会导致有些节点的个别应用的 CPU 和内存实际使用较高，在调度器看来却与其他节点使用相似。当创建新的 Pod 时，很可能还会继续分配到实际负载较高的节点，导致资源调度不均衡。

Kubernetes 允许自定义调度器来替代默认的调度器算法，这样可以根据实际的业务情况来调度资源的使用，我们计划根据实际使用的 CPU 和内存情况来动态调度资源，使得 Node 的使用更加均衡。

17.3.2 HPA

HPA（Horizontal Pod Autoscaler，Pod 水平自动弹性伸缩）是 Kubernetes 通过对 Pod 中运行容器各项指标（CPU 占用率、内存占用率、网络请求量）的检测，实现对 Pod 实例个数的动态新增和减少。早期的 Kubernetes 版本只支持 CPU 指标的检测，因为它是通过

Kubernetes 自带的监控系统 heapster 实现的。Kubernetes 1.8 版本后，heapster 已经弃用，资源指标主要通过 Metrics API 获取，这时支持检测的指标就变多了（CPU、内存等核心指标和 QPS 等自定义指标）。

我们已经升级了 Kubernetes 的版本，将会根据一些核心应用的使用情况，预先设置好 HPA 策略，在并发较高或者应用频繁 GC 等情况导致 CPU 或内存使用率突增时，动态扩展应用的实例，保障 SLA。

17.3.3　冷热部署

在企业的实际场景中，我们发现有的微服务调用非常高频，有的非常低频；有的是 CPU 密集，有的是 I/O 密集。最常见的是大数据应用与业务应用，大数据应用是典型的 CPU 密集型应用，大量计算非常消耗 CPU 资源。相反，业务应用大部分是内存密集型，非常消耗内存。

由于业务特性，大数据应用一般都是在业务低峰期（通常是凌晨）执行离线任务，因此在线业务与离线业务的业务高峰期基本不存在交集，通常在夜间时段，在线业务的服务器利用率非常低，而此时却有大量的离线业务需要执行，我们希望找到一种方法，让离线业务能在在线业务低峰期时去使用空余资源，从而提升资源使用率。

方案 1：虚拟机弹性虚拟化

通过 OpenStack 类虚拟化技术，在业务低峰期弹性扩容出虚拟机供 Hadoop 集群使用。

优势：方案实施简单，从 Hadoop 集群视角来看虚拟机就是一台独立 Node。业界大多使用该方案，有足够多的成功案例供参考。

劣势：需要 IaaS 层有足够完善的虚拟化及弹性扩容基础，目前自如自建 IDC 内还没有使用类似 OpenStack 的虚拟化平台。

方案 2：手动调度 KVM 或胖容器

在没有弹性虚拟化平台的现状下，可以手动划分一批物理机资源，通过临时拉起 KVM 或 Docker 方式启动 Node-Manager。

优势：同方案 1。

劣势：

❑ 资源调度不够灵活，无法根据物理机负载灵活分配资源。

❑ 自动化程度不高，依赖人工运维。

❑ 胖容器方式可能存在与 YARN Cgroup 冲突的问题。

方案 3：扩展 YARN 调度器

通过扩展 YARN 调度器，将作业以 Kubernetes Job 方式运行，如图 17-4 所示。

优势：充分利用 Kubernetes 灵活的细粒度资源调度能力，资源利用率提升度最高。

劣势：

❑ 业界未看到类似方案，不确定实际可行性。

❑ 需要对 YARN 做扩展，实现成本及难度较大。

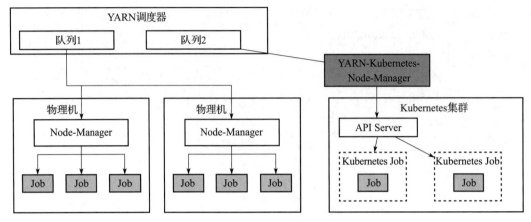

图 17-4　YARN 集群扩展

目前来看方案 2 最具可行性，可以在短期内进行可行性测试。从长远来看，方案 3 也具备一定的可行性，并且资源利用率最高。

17.4　本章小结

本章介绍了云原生实践的成本与收益、经验与教训。云原生架构对服务器资源的管控更加灵活，大大提升服务器的利用率，对于运维成本也有大幅降低。同时对于业务应用有很高的弹性和灵活性，能够避免很多标准化、手工的线上问题，使企业的基础架构更加标准和稳定。同时，云原生落地过程并不是一帆风顺的，在开发侧和运维侧都有不少采坑的经验。最后，送给想要落地云原生的读者几点建议。

- ❑ 优先使用云厂商的 Kubernetes 体系，不要闭门造轮子。
- ❑ 倘若决定落地云原生，首先要统一思想（低门槛不是问题），做好业务调研，搜集用户的痛点。
- ❑ 推进节奏柔和，步子不要迈得太大。
- ❑ 持续运营，做好一个服务者。
- ❑ 持续迭代。